Arzneitherapie

bei Heimtieren

für die Kitteltasche

Susanne E. Kaiser, Berlin

2., aktualisierte und erweiterte Auflage
Mit 12 Tabellen

WVG Wissenschaftliche Verlagsgesellschaft mbH Stuttgart

Anschrift der Autorin
Susanne E. Kaiser
Kilstetter Straße 24
14167 Berlin
Susanne.E.Kaiser@ScienceScription.de

Bibliografische Information der Deutschen Nationalbibliothek
Die Deutsche Nationalbibliothek verzeichnet diese Publikation in der Deutschen Nationalbibliografie; detaillierte bibliografische Daten sind im Internet über http://dnb.d-nb.de abrufbar.

ISBN 978-3-8047-2386-3

Birkenwaldstr. 44, 70191 Stuttgart
www.wissenschaftliche-verlagsgesellschaft.de
Printed in Germany
Satz: Dörr + Schiller GmbH, Stuttgart
Druck und Bindung: Ludwig Auer, Donauwörth
Umschlaggestaltung: Atelier Schäfer, Esslingen

Vorwort zur 2. Auflage

Die erste Auflage dieses Buches ist bei unseren Lesern sehr gut angekommen. Daher haben Verlag und Autor beschlossen, die 2. Auflage nicht nur durchzusehen, sondern zwei neue Kapitel mit hinein zu nehmen. Chinchillas sind mittlerweile sehr beliebte Heimtiere geworden, die wegen ihrer Aktivität in den Abendstunden auch von berufstätigen Erwachsenen gerne gehalten werden. Frettchen nehmen einen kleinen Teil der Kleintiersprechstunde in Anspruch. Doch auch sie werden als Heimtier immer beliebter und sollen daher nicht fehlen. Und obwohl der Titel des Buches auch in der zweiten Auflage „Arzneitherapie bei Heimtieren" lautet, sind natürlich Hund und Katze mit inbegriffen.

Im Ganzen möchte ich allen Praxis-Frischlingen mit diesem Buch ein kompaktes Nachschlagewerk an die Hand geben, das ihnen gerade in der ersten Zeit beim selbstständigen Diagnostizieren und bei der Auswahl der richtigen Behandlungen hilfreich sein soll. Auch erfahrene Kolleginnen und Kollegen werden hoffentlich in den Ratschlägen zur unterstützenden Therapie mit Homöopathika und Phytotherapeutika einige Anregungen finden.

Apothekern, die immer wieder von Tierbesitzern Fragen zur Selbstmedikation von Heimtieren gestellt bekommen, soll dieses Kitteltaschenbuch einen schnellen Überblick über Haltungs- und Fütterungsfehler, Krankheitsbilder und Therapiemöglichkeiten verschaffen.

Weder bei der Auswahl der Krankheitsbilder noch bei Therapiemöglichkeiten oder Arzneimittelauswahl wird Anspruch auf Vollständigkeit erhoben. An dieser Stelle sei auf die umfangreiche Fachliteratur verwiesen.

Keinesfalls kann dieses Buch ein tiermedizinisches oder pharmazeutisches Studium ersetzen! Und ich möchte ausdrücklich davor warnen, Homöopathie und Phytotherapie als harmlos oder frei von Nebenwirkungen zu sehen. Beides sind sehr wirkungsvolle Methoden, die nur mit entsprechender Ausbildung zum vollen Nutzen des Tieres eingesetzt werden können.

Ich danke allen Lesern, die uns so rasch zu einer zweiten Auflage verholfen haben und Herrn Dr. Eberhard Scholz, der mir die Erstellung der ersten Auflage überhaupt erst ermöglicht hat. Einen besonderen Dank möchte ich an Dr. Rainer Mohr senden, für seine Unterstützung und seine Geduld während der Überarbeitung der 2. Auflage.

Berlin im Mai 2007 Susanne E. Kaiser

Inhaltsverzeichnis

Abkürzungen

Ap	Apothekenpflichtig
DMSO	Dimethylsulfoxid
FeLV	Felines Leukämie-Virus
FIP	Feline infektiöse Peritonitis
fv	freiverkäuflich
H. c. c.	Hepatitis contagiosa canis
HCH	Hexachlorcyclohexan
i. p.	intraperitoneal
LCM	Lymphozytäre Choriomenigitis
Rp	Rezeptpflichtig
sp., spp.	Species (wenn genaue Art unbekannt)
TA	Tierarzneimittel mit Bezug nur über Tierärzte
ZNS	Zentralnervensystem

Einleitung

Beim Umgang mit Arzneimitteln müssen einige wichtige Bestimmungen beachtet werden. Als gesetzliche Grundlage für die Arzneitherapie beim Heimtier gilt in Deutschland das Arzneimittelgesetz (AMG) vom 24. August 1976, zuletzt geändert durch das 11. Gesetz zur Änderung des Arzneimittelgesetzes vom 27. August 2002. Es soll für die Sicherheit im Verkehr mit Arzneimitteln sorgen, v. a. was die Qualität, Wirksamkeit und Unbedenklichkeit angeht. In einem Zulassungsverfahren muss der Hersteller eines Arzneimittels nachweisen, dass sein Produkt diesen Anforderungen gerecht wird.

Generell gilt für Tiere, die der Lebensmittelgewinnung dienen, dass bei ihnen nur solche Arzneimittel angewendet werden dürfen, die für diese Tierart explizit zugelassen sind. Bei den Heimtieren ist das Kaninchen von dieser Regelung betroffen. Anders als beim Pferd, das durch die Eintragung „nicht zur Schlachtung bestimmt“ im so genannten Equidenpass von dieser Regel befreit werden kann, ist auch für solche Kaninchen, die als reine Gesellschaftstiere im Kinderzimmer gehalten werden, keine Ausnahme möglich. Die Behandlung eines Kaninchens mit anderen als für diese Tierart zugelassenen Arzneimitteln erfolgt gemäß § 56 a Abs. 2 AMG durch das Umwidmen von Arzneimitteln durch eine Tierarzt, wenn das Tier ansonsten ernstlich gefährdet wäre, und wenn keine Gesundheitsgefährdung für den Menschen durch Rückstände zu befürchten ist.

Als Ausweichpräparate im Falle eines solchen „Therapienotstandes“ sollte zunächst auf Präparate zurückgegriffen werden, die für die entsprechende Tierart, jedoch für eine andere Indikation zugelassen sind. Findet sich kein passendes Präparat, dürfen als nächstes solche Präparate verwendet werden, die für andere Tierarten zugelassen sind, die ebenfalls der Lebensmittelgewinnung dienen. Erst wenn der Behandelnde auch dort nicht fündig wird, darf er oder sie auf andere Tierarzneimittel und schließlich sogar auf Humanarzneien zurückgreifen.

Bei allen Arzneimitteln muss darauf geachtet werden, dass eine für das Tier geeignete Zubereitung gewählt wird. Für kleine Heimtiere wie Hamster oder Vögel eignen sich solche Präparate, die mit dem Wasser oder Futter verabreicht werden können. Homöopathische Globuli können im Mörser fein zerrieben werden. Ein hoher Alkoholgehalt in Tropfen ist meist nur für größere Hunde zu tolerieren, Katzen reagieren auf alkoholhaltige Präparate, die p.o. verabreicht werden mit starkem Speicheln. Vögel sollten generell keine alkoholhaltigen Medikamente erhalten.

Arzneimittel, die dem Apotheker/-in ohne Verschreibung durch den Tierarzt/-ärztin zur Verfügung stehen, sind farbig hervorgehoben.

Homöopathische Arzneimittel können wie folgt dosiert werden: Hund, Katze 5–10 Globuli, 0,5–1 Tablette, 5–10 Tropfen, 1–2 ml Injektionslösung; Kaninchen, Meerschweinchen, Ratte und Schildkröte bis zu 8 Globuli, 0,5–1 Tablette, 5–8 Tropfen, 1 ml Injektionslösung; Hamster und Vögel jeweils im Trinkwasser bis zu 5 Globuli, 0,5 Tablette, bis zu 5 Tropfen (Vorsicht Alkoholgehalt!), Trinkampullen (z.B. Engystol®) werden ebenfalls unter das Trinkwasser gemischt. Tiefpotenzen (D1–D8) werden 2–3-mal täglich gegeben, mittlere Potenzen (<D22) 1–2-mal täglich, Hochpotenzen (>D22) entsprechend dem jeweiligen Fall. In akuten Fällen kann eine Dosis D30 alle 30 Minuten bis zur Besserung verabreicht werden. Einzelne Dosen D200 oder D1000 werden oft einmalig oder für einen Zeitraum von mehreren Wochen verabreicht.

Bei der **Phytotherapie** müssen ebenso wie bei der Allopathie mögliche Nebenwirkungen und Wechselwirkungen mit anderen Arzneimitteln berücksichtigt werden. Einige Pflanzen haben zum Beispiel ein nicht zu unterschätzendes allergisches Potential (z.B. Echinacea). Der Vorteil von Fertigpräparaten gegenüber den Arzneidrogen ist, dass der Wirkstoffgehalt konstant und damit kalkulierbar ist. Besonders bei Drogen mit stark wirksamen Inhaltsstoffen (z.B. Digitalis) ist die exakte Dosierbarkeit wichtig, um Vergiftungen oder starken Nebenwirkungen vorzubeugen. Bei Drogen mit weniger starken Inhaltsstoffen ist das Vergiftungsrisiko zwar geringer. Dennoch sollten auch sie nur zeitlich begrenzt und in der entsprechenden Dosierung angewendet werden.

Aufgüsse werden je nach Herstelleranweisung zubereitet. Drogen mit ätherischen Ölen werden mit kochendem Wasser aufgebrüht und zugedeckt 5–10 Minuten ziehen gelassen (Infus). Rinden- und Wurzeldrogen müssen gekocht werden, um ihnen die Wirkstoffe zu entziehen (Dekokt): je nach Droge zwischen 1–20 Minuten. Im Kaltauszug wird die Droge mit kaltem Wasser bedeckt mehrere Stunden stehen gelassen (meistens 6–8 Stunden).

Um die Akzeptanz der Zubereitungen zu erhöhen, können Honig, Sirup oder Traubenzucker zugegeben werden. Die Anwendungsdauer für Teetrinkkuren erstreckt sich über den gesamten Heilungszeitraum (z.T. mehrere Wochen). Es handelt sich aber auch hierbei um Arzneimittel, die nicht unbegrenzt gegeben werden dürfen.

Hund

1 Anatomische und physiologische Besonderheiten

Der Hund ist ein Omnivore (Allesfresser). Je nach Rasse wiegen Hunde zwischen 2 kg (Zwerg- und Toy-Rassen) und bis zu 75 kg (Irischer Wolfshund, Bernhardiner). Das wichtigste Sinnesorgan des Hundes ist die Nase, gefolgt vom Gehör. Hunde sehen keine Farben wie der Mensch, dafür ist ihr Sehvermögen in der Dämmerung ausgezeichnet. Hunde schwitzen nicht. Nur an den Ballen haben sie wenige Schweißdrüsen, die kaum zur Temperaturregelung beitragen. Wärme geben Hunde über die Zunge ab; ein enger Maulkorb kann darum bei hohen Umgebungstemperaturen zu Probleme führen. Der Magen des Hundes ist auf riesige Nahrungsmengen eingestellt. Bei Bedarf kann er sich bis zur Beckensymphyse ausdehnen.

Je nach Rasse unterscheiden sich Hunde von Größe, Charakter, Bewegungsdrang und Verwendbarkeit grundlegend voneinander. Vor der Anschaffung sollte darum genau überlegt werden, welchen Ansprüchen das Tier genügen soll.

Körperinnentemperatur: 37,5–39,0 °C (Welpe bis 39,5 °C)

Atmung: 15–30 Atemzüge pro Minute

Puls: 80–120 Schläge pro Minute

Geschlechtsreife: (1. Läufigkeit bei der Hündin): 7–10 Monate

Brunsthäufigkeit: 2-mal jährlich: Frühjahr und Herbst (manche Rassen nur 1-mal, z. B. Basenji)

Zyklusdauer: 15–21 Tage; davon:

- Proöstrus (Vorbereitungsphase vor dem Eisprung): 9 Tage
- Östrus (Zeitfenster um den Eisprung): 6–12 Tage; Eisprung erfolgt im mittleren Drittel dieser Phase.

Trächtigkeitsdauer: 63 Tage

Absetzalter: 12 Wochen

2 Haltung, Pflege, Fütterung

Der Hund ist ein **Rudeltier**. Er braucht **Gesellschaft** und **Kontakt zu Artgenossen**. Wichtig ist die **Sozialisierung** bereits im Welpenalter: freies Spielen mit Artgenossen ohne Leine, mehrmals pro Woche, sollte bis ins hohe Alter ermöglicht werden. Erste Verhaltensregeln gegenüber dem Menschen sollten das Tier schon im Alter von wenigen Wochen erlernen (Stubenreinheit, Gewöhnung an feste Futterzeiten und Futterplatz, das Gehen an der Leine ohne zu zerren oder hineinzubeißen). Mit sechs bis acht Monaten sollte das **„Kleine Einmaleins": Sitz, Platz, Komm, Bleib**, bekannt sein, mit zwölf Monaten sollte es beherrscht werden.

Stadthunde sind nicht generell schlechter gehalten als Hunde auf dem Lande. Der Stadt- wie der **Landhund** braucht tägliche Spaziergänge, Freilauf ohne Leine in geeigneten Gebieten und Sozialkontakte. Eine reine Grundstückshaltung ist nicht artgerecht, ebenso wenig wie eine Wohnungshaltung mit weniger als einer Stunde Auslauf täglich.

Zur **Fütterung** eignen sich herkömmliche Fertigfutter. Wichtig ist ein Futter ohne Zuckerzusatz (siehe Zutatenliste) und möglichst ohne Konservierungs-, Farb- und andere Hilfsstoffe, da diese Allergien auslösen können. Die **Futtermenge** hängt von der Größe des Hundes, seinem Alter und der Bewegungsfreude ab: je kleiner, älter und weniger lauffreudig, umso weniger Kalorien benötigt das Tier. Trockenfutter ist konzentrierter als Nassfutter, Seniorfutter meist kalorienärmer und Welpenfutter gehaltvoller.

Die Fütterung sollte idealer Weise **2-mal täglich** erfolgen (Welpen entsprechend ihrem Alter bis zu 5-mal) und zwar an jedem Tag der Woche. Der legendäre Fastentag bringt nachweislich keinerlei Nutzen für das Tier. Als **Leckerei** zwischendurch eignen sich kalorienarme Snacks: Reiscracker oder Kaustäbchen aus Rinderhaut. Auch hierbei sollte auf zuckerfreie, fettarme Produkte geachtet werden. **Knochen**, vor allem rohe, eignen sich **nicht als Hundefutter**. Splitter können den Darm verletzen und generell führen Knochen zu Verstopfungen bis hin zum Darmverschluss.

Fell und Ohren: Langhaarige Hunde müssen täglich gebürstet werden. Geeignet sind Brüsten, Striegel und Kämme mit abgerundeten Borsten bzw. Zinken, sowie Fellpflegehandschuhe mit Gumminoppen. Verfilzte Stellen herausschneiden, da sich unter ihnen Infektionen entwickeln können (Pyodermie) und sie wahre Biotope für Parasiten darstellen. Für kurzhaarige Rassen eignen sich neben den Fellpflegehandschuhen auch Striegel (ähnlich einem Pferdestriegel) aus Metall mit angeschärften Zacken, die das Fell nicht durchdringen, sondern nur lose Deckhaare entfernen.

Im Winter bei Langhaarrassen die Haare zwischen den Ballen kurz schneiden, um zu vermeiden, dass sich Eisklumpen an diesen Haaren festsetzen und die Ballen wundreiben.

Soll der Hund **im Sommer** geschoren werden, stets die Tasthaare im Gesicht stehen lassen. Die Rute nicht mitscheren, da sich der Hund ansonsten schlecht heilende Wunden an der Rute zuziehen kann.

Das **Baden mit Shampoos oder Seifen** sollte die Ausnahme bleiben (z.B. als medizinische Anwendung bei Hautkrankheiten).

Ohrenreinigung: Ob und wie häufig eine Ohrenreinigung nötig ist, hängt individuell vom Einzeltier ab. Hänge- und Halbstehohren sind auf Grund der schlechteren Belüftung oft pflegebedürftiger als Stehohren. **Vorgehensweise:** Je nach Größe des Hundes eine entsprechende Menge Ohrreiniger (z.B. Bay-O-Pet® Ohrenspülung, Epi-Otic®, Kamillenohrreiniger®) in die Ohrmuschel geben, den Gehörgang nah am Schädel mit den Fingern massieren und den Hund anschließend den Kopf schütteln lassen. Das so gelockerte Ohrenschmalz und den Schmutz mit einem Taschentuch auswischen. Bei viel dunklem Sekret, Rötung im Inneren des Ohrs, Juckreiz oder Schmerzhaftigkeit den Tierarzt aufsuchen: Verdacht auf eine Otitis externa.

3 Allgemeine Therapiehinweise

Sulfonamide können beim Hund nach systemischer Verabreichung eine Entzündung von Bindehäuten und Hornhaut (Keratokonjunktivitis sicca) hervorrufen. Bei größeren Rassen wie dem Dobermann wurde auch von Gelenkentzündungen in Folge einer Sulfonamid-Behandlung berichtet. Enrofloxacin, Tetracycline und Griseofulvin dürfen nicht bei Jungtieren oder tragenden oder säugenden Muttertieren angewendet werden. NSAIDs (Nicht-steroidale Antiphlogistika wie Acetylsalicylsäure oder Diclofenac) können zu schweren Magenblutungen und sogar zum Magendurchbruch führen, vor allem im Zusammenhang mit Corticosteroiden. Große Dosen Paracetamol können zu Leberversagen führen. Azepromazin (Vetranquil®) sollte bei kurznasigen Rassen und dem Greyhound mit Vorsicht dosiert werden. Es kann zu paradoxen Erregungszuständen führen. Ivermectin (Ivomec®) darf nicht bei Bobtails, Collies, ihren Mischlingen und Kreuzungen angewendet werden, da es zu starken ZNS-Symptomen führt.

Bei übergewichtigen Hunden können manche Narkosemittel (z. B. Thiobarbiturate) sehr lange nachwirken, da sie in das Fett umverteilt und von dort nach und nach freigesetzt werden. Auch der Greyhound reagiert auf Thiobarbiturate mit langem Nachschlaf.

Ein unkooperativer Hund kann zum Problem werden, wenn ihm beispielsweise täglich Ohrentropfen verabreicht werden müssen. Wie bei der Erziehung des Tieres muss der Behandelnde Konsequenz und Geduld aufbringen, um sein Ziel zu erreichen. Dreht das Tier ständig den Kopf weg, muss der Behandelnde ebenso konsequent nachsetzen, ohne dabei laut oder ungeduldig zu werden. Oft geben die Tiere schon nach einigen Minuten auf und lassen die Prozedur über sich ergehen. Egal wie lange der erste Versuch dauert – merkt das Tier, dass sein Besitzer den längeren

Atem hat, wird es beim nächsten Mal schon weniger Widerstand zeigen.

Tab. 1: Arzneistoffe für den Hund

Arzneistoff	Dosierung	Anwendung
Antibiotika		
Amoxicillin	10 mg/kg	s.c., i.m., p.o.
Ampicillin	20–30 mg/kg	i.m., p.o. 3-mal tgl.
Benzylpenicillin + Procainpenicillin	bis 30 000 I.E./kg	i.m., s.c.
Cefalexin	15–25 mg/kg	p.o. alle 12 Stunden
Chloramphenicol	30 mg/kg	i.m., p.o. alle 12 Stunden
Chlortetracyclin	20–50 mg/kg	p.o. in 2–3 Portionen
Clindamycin	5,5 mg/kg	p.o. alle 12 Stunden
Doxycyclin	10 mg/kg	p.o. alle 12 Stunden
Enrofloxacin	5 mg/kg	p.o., s.c.
Erythromycin	10–20 mg/kg 5–10 mg/kg	s.c. alle 12 Stunden o. 4-mal tgl.
Gentamicin	4 mg/kg	s.c., i.v., 1. Tag alle 12 Stunden, ab 2. Tag alle 24 Stunden
Kanamycin	bis 15 mg/kg	s.c., p.o. in 3–4 Portionen
Lincomycin	10 mg/kg 20 mg/kg	i.m. alle 12 Stunden p.o. alle 12 Stunden
Marbofloxacin	2 mg/kg	s.c., i.m., p.o.
Oxytetracyclin	5–15 mg/kg	s.c., p.o. alle 12 Stunden
Antimykotika		
Clotrinalzol		lokal
Griseofulvin	25 mg/kg (mikronisiert) 2,5 mg/kg (ultramikronisiert)	p.o. p.o.
Ketoconazol	10–30 mg/kg	p.o. in 3 Portionen
Miconazol	1 : 50 verdünnt	lokal
Antiparasitika		
Amitraz	0,05 %ige Lösung	lokal, nicht ausspülen

Arzneistoff	Dosierung	Anwendung
Bromociclen	0,03–0,085 %ige Lösung	baden, waschen, sprühen
Febantel	10–25 mg/kg	p. o. 3-mal alle 12 Stunden
Fenbendazol	50 mg/kg	p. o. für 3 Tage
Fipronil	7,5–15 mg/kg	lokal alle 1–3 Monate
Flubendazol	22 mg/kg	p. o.
Imidacloprid	10 mg/kg	lokal alle 4 Wochen
Ivermectin	200–600 µg/kg (Demodikose)	p. o. tgl. über 14 Tage
	0,2 mg/kg	s. c.
Lufenuron	10 mg/kg	p. o. alle 4 Wochen
Mebendazol	20 mg/kg	p. o.
Praziquantel	5 mg/kg	p. o., 2-mal i. m. im Anstand von 24 Stunden gegen Echinokokken
Propoxur	als Halsband oder Puder 1 %ig	äußerlich 1–2-mal pro Woche
Pyriproxifen	2 mg/kg	lokal alle 4 Wochen
Pyrantel	14,5 mg/kg (= 5 mg Base/kg)	p. o.
Selamectin	6 mg/kg	Spot-On
Narkotika, Sedativa		
Acepromazin	1–2 mg/kg	p. o.
	0,5 mg/kg	i. v.
	0,5–1 mg/kg	i. m.
Diazepam	1 mg/kg	i. m., s. c.
Medetomidin	10–80 µg/kg	i. m., i. v.
Propionylpromazin	0,1–0,3 mg/kg	i. v.
Propofol	6 mg/kg	i. v.
Thiopental	15–30 mg/kg	i. v.
Xylazin	1–3 mg/kg	i. m., (i. v.)
+ Ketamin	6–10 mg/kg	i. m., (i. v.) 10 Minuten später

Arzneistoff	Dosierung	Anwendung
Analgetika		
Acetylsalicylsäure	25 mg/kg	p.o. alle 8 Stunden
Metamizol	20–50 mg/kg	i.m., i.v. alle 12–24 Stunden
Phenylbutazon	20–60 mg/kg 2–18 mg/kg	i.m.,.p.o. Dauertherapie
Tolfenaminsäure	4 mg/kg	p.o., i.m.
Sonstige		
Acetylcystein	5 mg/kg	p.o. bis zu 3-mal täglich
Bromhexin	0,5 mg/kg 1 mg/kg	i.m. p.o.
Cimetidin	5 mg/kg	i.v. alle 12 Stunden
Clomipramin	1–2 mg/kg	p.o. alle 12 Stunden
Doxapram	1–2 mg/kg	i.v.
Furosemid	2 mg/kg 0,5–1 mg/kg	i.v., i.m., s.c., p.o. initial p.o. als Dauertherapie
β-Methyldigoxin	0,01 mg/kg	p.o.
Metoclopramid	0,1–0,3 mg/kg	p.o., i.m., s.c. bis zu 3-mal tgl.
Oxytocin	0,15–1 mg/kg	i.v., i.m., s.c.
Phenobarbital	5–6 mg/kg	p.o.
Pimobendan	0,5 mg/kg	p.o. in 2 Portionen
Prednisolon	1–2 mg/kg	s.c., i.v., i.m., p.o.

4 Haut und Haarkleid

Hauterkrankungen sind ein sehr großes Problemfeld. Oft gehen verschiedene Erkrankungen Hand in Hand (z.B. Allergien mit Pilzerkrankungen oder bakteriellen Infektionen), die einzeln diagnostiziert und behandelt werden müssen. Neben äußerlichen Einflüssen (z.B. Parasiten, Allergenen, ungeeigneten Pflegeprodukten) können auch Futtermittelallergien oder Autoimmunerkrankungen die Hautgesundheit negativ beeinflussen. In schwierigen Fällen kann ein Fachtierarzt weiterhelfen.

4.1 Milbenbefall

4.1.1 Demodikose

Krankheitsursachen: *Demodex canis,* geschwächtes Immunsystem
Symptome, Diagnose: Vor allem bei jungen Hunden, oft in Zusammenhang mit einer Schwächung des Immunsystems. Übertragung von der Mutter auf den Welpen beim Saugakt. Rötung, Schuppung und Pustelbildung, manchmal mit Juckreiz. Anfänglich rund um die Schnauze und die Augen, an den Pfoten, im weiteren Verlauf Ausbreitung auf die Vorderbeine und den Rumpf.

Zu Demodikose neigen: Beagle, Bobtail, Boston-Terrier, Chihuahua, Dalmatiner, Dänische Dogge, Dobermann, Englische Bulldogge, Pyrenäenhund, Shar Pei, Teckel, Vorstehhunde.

Die Milben sitzen tief in den Haarbälgen, ein mikroskopischer Nachweis ist darum oft schwierig. Einen entzündeten Haarbalg mit einer Gefäßklemme kräftig ausquetschen und das Exsudat auf einen Objektträger streichen. Die Demodexmilben erscheinen unter dem Mikroskop zigarrenförmig.

Behandlungsstrategie: Bekämpfung der Parasiten, Stärkung des Immunsystems

Allgemeine Maßnahmen

- Scheren der betroffenen Stellen (Einverständnis des Besitzers einholen),
- Kratzen und Beknabbern der betroffenen Stellen unterbinden (Halskragen, T-Shirt überziehen).

Allopathie

- Lokal: Waschungen mit Amitraz (Ectodex®) als 0,0125%ige Lösung für kleine Hunde, bis zu 0,15%ig für große Hunde; zuerst wöchentlich, nach Besserung ausschleichend,
- systemisch: Ivermectin (Ivomec®) p.o., 200–600 µg/kg täglich über 14 Tage oder s.c. 0,2 mg/kg,
  Wichtig: Nicht bei Bobtail, Sheltie, Collie und deren Mischlingen anwenden!
- gegen den Juckreiz juckreizhemmende Mittel p.o. eingeben, lokal Lotionen, Salben,
- Stärkung des Immunsystems mit Paraimmunitätsinducern (Baypamune®).

Homöopathie Nur ergänzend!

- Monopräparate, je nach Arzneimittelbild: Sulfur D6; 3-mal täglich oder D30, 2-mal pro Woche; Stärkung des Immunsystems mit Echinacea D1,
- Kombinationspräparate: Dermisal®, Cutis compositum®, zur Stärkung des Immunsystems PetMun®.

Phytotherapie

- Einreibungen mit Lorbeer- oder Hauswurzöl, das mit ätherischen Ölen von Teebaum, Lavendel, Thymian oder Nelken versetzt werden kann,
- Waschungen oder Bäder mit Aufguss aus Thymian, Schafgarbe, Lavendel, Efeu. Gegen die Hautentzündung helfen Waschungen mit Zinnkraut- oder Stiefmütterchentee, Walnussblätterabsud und Molkebäder, sowie Shampoos mit Teebaumöl je nach Größe des Tieres 1 Teelöffel bis 1 Esslöffel pro Waschung),
- äußerliche Anwendung von Perubalsam, Schafgarben- oder Zinnkraut-Salben,

- Verfütterung von Knoblauch (roh oder als Pellets),
- regelmäßige Bäder mit schwefelhaltigen Präparaten (1–2-mal pro Woche bis zur Besserung).

4.1.2 Räude

Krankheitsursache: *Sarcoptes canis*

Symptome, Diagnose: Alle Altersklassen, alle Rassen. Vor allem an Kopf, Ohrrändern, Nasenrücken, Augenbogen, Unterbauch, Schenkelinnenflächen ausgeprägter Juckreiz, Haarausfall, schuppige Haut. In der Randregion einer veränderten Hautstelle ein tiefes Geschabsel nehmen (bis kapillares Blut austritt), in 10%iger Kalilauge bis zur Auflösung erhitzen und unter dem Mikroskop untersuchen.

Behandlungsstrategie: Bekämpfung der Milben am Tier und in der Umgebung, Optimierung der Haltungsbedingungen, Stärkung des Immunsystems

Allopathie

- Waschungen mit Akariziden 1–2-mal pro Woche über 2–4 Wochen: Metrifonat (Neguvon®), 0,15%–2%ige wässrige Lösung, Pyrethrum,
- Präparate mit Selamectin als Spot-On (z.B. Stronghold®), 6 mg/kg,
- **Wichtig:** Umgebung mit behandeln! Spielsachen, Bürsten, Futternäpfe, Halsbänder, Leinen etc. desinfizieren, Decken heiß waschen, Liegeplätze mit Antiparasitika behandeln: z.B. Bolfo-Plus-Spray®.

Homöopathie Nur unterstützend!

- Monopräparate, je nach Arzneimittelbild: Sulfur D6, 3-mal täglich oder D30, 2-mal pro Woche; Stärkung des Immunsystems mit Echinacea D1,
- Kombinationspräparat: Dermisal®, Cutis compositum®, zur Stärkung des Immunsystems mit PetMun®.

Phytotherapie

- Einreibungen mit Lorbeer- oder Hauswurzöl, das mit ätherischen Ölen von Teebaum, Lavendel, Thymian oder Nelken versetzt werden kann,
- Waschungen oder Bäder mit Aufguss aus Thymian, Schafgarbe, Lavendel, Efeu. Gegen die Hautentzündung helfen Waschungen mit Zinnkraut- oder Stiefmütterchentee, Walnussblätterabsud und Molkebäder, sowie Shampoos mit Teebaumöl (je nach Größe des Tieres 1 Teelöffel bis 1 Esslöffel pro Waschung),
- äußerliche Anwendung von Perubalsam, Schafgarben- oder Zinnkraut-Salben,
- Verfütterung von Knoblauch (roh oder als Pellets),
- regelmäßige Bäder mit schwefelhaltigen Präparaten (1–2-mal pro Woche bis zur Besserung).

4.1.3 Ohrräude

Krankheitsursache: *Otodectes cynotis*

Symptome, Diagnose: Sehr selten. Betroffene Körperteile: innere Ohrmuschel und äußerer Gehörgang, vor allem bei Schlappohren. Mit dem Otoskop sind die Milben als sich bewegende Punkte leicht auszumachen.

Allgemeine Maßnahmen

- Ohr gründlich reinigen (z.B. mit Bay-O-Pet® Ohrenspülung, Epi-Otic®, Kamillenohrreiniger®),
- Kratzen unterbinden (Halskragen).

Allopathie

- Lokal: Kombinationspräparate mit antibiotischer, antientzündlicher und antiparasitärer Wirkung (Fuciderm®, Penochron® N),
- systemisch: Ivermectin (Ivomec®) 0,2 mg/kg s.c. **Wichtig:** nicht bei Bobtail, Sheltie, Collie und deren Mischlingen anwenden!
- Spot-On-Präparate mit Selamectin (Stronghold®) 6 mg/kg.

Homöopathie Nur unterstützend!

- Monopräparate, je nach Arzneimittelbild: Sulfur D6, 3-mal täglich oder D30, 2-mal pro Woche; Stärkung des Immunsystems mit Echinacea D1,
- Kombinationspräparate: Dermisal®, Cutis compositum®, zur Stärkung des Immunsystems PetMun®.

Phytotherapie

- Einträufeln von Calendulatinktur in den Gehörgang,
- Einreibungen mit Lorbeer- oder Hauswurzöl, das mit ätherischen Ölen von Teebaum, Lavendel, Thymian oder Nelken versetzt werden kann,
- äußerliche Anwendung von Perubalsam, Schafgarben- oder Zinnkraut-Salben,
- Verfütterung von Knoblauch (roh oder als Pellets).

4.2 Haarlingsbefall

Krankheitsursache: *Trichodectes canis*

Symptome, Diagnose: 1,5 mm lang, platt, gelblich. Deuten auf schlechten Pflegezustand hin.

Behandlungsstrategie: Bekämpfen der Parasiten, Optimierung der Fütterung und der Haltungsbedingungen

Allgemeine Maßnahmen

- Das Fell mit einem entsprechenden Fellpflegeshampoo (z.B. Bolfo®) gut waschen und anschließend trocknen,
- das Lager, alle Liegeplätze und Spielzeuge gut reinigen und desinfizieren,
- regelmäßige Fellpflege (s. Kap. 2), ausgewogene Ernährung.

Allopathie

- Fenthion (Tiguvon®), Fipronil (z.B. Frontline®) oder Propoxur Puder (Bolfo®-Puder),
- Wachstumsregulatoren Methopren, Hydropren, Fenoxycarb, Lufenuron (z.B. Program®) alle 4 Wochen 10 mg/kg p.o.

Phytotherapie

- Äußerliche Anwendungen zur Abwehr von Insekten: Einreibungen, Waschungen, Bäder mit Aufguss aus Thymian, Rainfarn, Lavendel. Walnussblätter-Absud, Essigwasser, Shampoos, die mit Teebaumöl angereichert sind,
- Duftöl gegen Insekten: Pflanzliches Öl mit ätherischem Ölen von Teebaum, Lavendel, Thymian, Zitronenmelisse und Nelken versetzen und bei Bedarf aufträufeln,
- Verfüttern von Knoblauch (roh oder als Pellets),
- Kräuterkissen mit insektenabwehrender Wirkung für das Lager: Knoblauch, Lavendel, Rainfarn, Thymian.

4.3 Flohbefall

Krankheitsursachen: *Ctenocephalides canis* und *C. felis*
Symptome, Diagnose: 1–8 mm lang, braun, sehr flink. Gefunden wird meist nur der Kot: schwarzbraune Krümel, teilweise j-förmig gebogen. Verrieben auf nassem Küchenkrepp hinterlassen diese Krümel rötliche Spuren (Reste der Blutmahlzeit). Kot und Speichel der Flöhe können als Allergene wirken und die Flohdermatitis hervorrufen.
Behandlungsstrategie: Bekämpfung der Flöhe in der Umgebung und auf dem Tier, Behandlung der entzündlichen Reaktionen
Allgemeine Maßnahmen

- Umgebungshygiene! Nur 5% der gesamten Flohpopulation leben auf dem Tier selbst. Die restlichen 95% befinden sich in der Umgebung des Tieres. Staubsaugen u. Beutel sofort entsorgen, Waschbares waschen, Empfindliches 3–4 Tage einfrieren.

Allopathie

- Imidacloprid als Spot-On (Advantage®), Fenthion als Spot-On (Tiguvon®), Pyriproxyfen (Cyclio®), Nitenpyram (Capstar®), Fipronil (Frontline®), Propoxur Puder (Bolfo® Flohschutzpuder),
- gegen den Juckreiz entzündungshemmende Mittel wie Prednisolon 0,5–2 mg/kg/Tag s. c. oder p. o.,

- Wachstumsregulatoren z. B. Lufenuron (Program®, alle 4 Wochen 10 mg/kg p. o.),
- Umgebungsbehandlung mit Antiparasitika wie Pyriproxyfen (z. B. Bolfo® aktiv).

Homöopathie Nur unterstützend!

- Monopräparate, je nach Arzneimittelbild: Sulfur D6, 3-mal täglich oder D30, 2-mal pro Woche; Stärkung des Immunsystems mit Echinacea D1,
- Kombinationspräparate: Dermisal®, Cutis compositum®, zur Stärkung des Immunsystems PetMun®.

Phytotherapie

- Äußerliche Anwendungen zur Abwehr von Insekten: Einreibungen, Waschungen, Bäder mit Aufguss aus Thymian, Rainfarn, Lavendel. Walnussblätter-Absud, Essigwasser, Shampoos, die mit Teebaumöl angereichert sind,
- Duftöl gegen Insekten: Pflanzliches Öl mit ätherischem Ölen von Teebaum, Lavendel, Thymian, Zitronenmelisse und Nelken versetzen und bei Bedarf aufträufeln,
- Verfüttern von Knoblauch (roh oder als Pellets),
- Kräuterkissen mit insektenabwehrender Wirkung für das Lager: Knoblauch, Lavendel, Rainfarn, Thymian.

4.4 Zeckenbefall

Krankheitsursachen: Gattungen *Ixodes, Haemaphysalis, Dermacentor, Rhipicephalus.*

Zecken leben in hohem Gras und niedrigem Gebüsch und lauern dort auf ihren Wirt (Mensch, Hund, Katze, Wildtiere etc.). Bevor sie sich festbeißen, kriechen sie bis zu vier Stunden auf der Suche nach einer Bissstelle auf der Hautoberfläche bzw. dem Fell herum. Fellpflege nach einem Spaziergang ist empfehlenswert.

Problematisch sind die von der Zecke übertragenen Krankheiten wie die Lyme-Borreliose, die auch den Hund befallen kann. Die im ersten Krankheitsstadium typische Hautentzündung rund um die Bissstelle (Erythema migrans) wird beim Hund wegen des

Fells oft übersehen. Die Symptome des 2. und 3. Krankheitsstadiums treten erst Wochen oder Monate später an Herz, Haut und Gelenken auf und werden häufig nicht als Borreliose-Erkrankung erkannt.

Symptome, Diagnose: Größe: Je nach Entwicklungsstadium 1 mm bis 1,5 cm. Im dichten Fell oft schwer zu finden. Als kleine, harte bis weich-elastische Fremdkörper auf der Haut ertastbar.

Allgemeine Maßnahmen

- Manuelle Entfernung mit Zeckenzange: möglichst nah an der Haut ergreifen und behutsam gerade nach oben herausziehen. Nicht drücken, keine Hausmittel wie Klebstoff, Nagellack oder Balistol® auftragen: Im Todeskampf werden eventuell mitgeführte Krankheitserreger (z. B. Borrelien) in großen Mengen in den Wirt injiziert.
- Infizierte Bissstellen, in denen noch der Zeckenkopf steckt, ausschaben und antibiotisch behandeln.

Allopathie

- Zur Therapie und Prophylaxe Spot-On-Präparate mit Permethrin (z. B. Exspot®), Imidacloprid (z. B. Advantage®), Fipronil (z. B. Frontline®).

Phytotherapie

- Äußerliche Anwendungen zur Abwehr von Insekten: Einreibungen, Waschungen, Bäder mit Aufguss aus Thymian, Rainfarn, Lavendel. Walnussblätter-Absud, Essigwasser, Shampoos, die mit Teebaumöl angereichert sind,
- Duftöl gegen Insekten: Pflanzliches Öl mit ätherischen Ölen von Teebaum, Lavendel, Thymian, Zitronenmelisse und Nelken versetzen und bei Bedarf aufträufeln,
- Verfüttern von Knoblauch (roh oder als Pellets).

4.5 Pyodermie

Krankheitsursachen: Primär *Staphylococcus aureus* und *Staphylococcus intermedius*; *Pseudomonas*- und *Proteus*-Arten oft als „Trittbrettfahrer“ bei Vorerkrankungen wie Demodikose.

Symptome, Diagnose: Oft bei großen Rassen mit dichtem Fell (Deutscher Schäferhund, Berner Sennenhund, Leonberger) als so genannte **„hot spots"** in der warmen Jahreszeit. Starker Juckreiz, sehr schmerzhafte, nässende, wunde Stellen. In Hautfalten als **Intertrigo**, z. B. bei Shar Pei. Eine **Follikulitis** betrifft oft Junghunde und Kurzhaarrassen und besteht aus kleinen Abszessen in den Haarfollikeln. Die oberflächliche Pyodermie bei Welpen und Junghunden heißt **Impetigo** und besteht zunächst aus rötlichen Flecken, aus denen sich Pusteln entwickeln, die später aufplatzen. Sie entwickelt sich vor allem durch Mängel in der Haltung und Fütterung.
Erregernachweis und Antibiogramm durch Abstrich und Anzüchtung auf geeigneten Nährmedien

Behandlungsstrategie: Bekämpfung der Infektion, Unterdrücken des Juckreizes, Wiederherstellung der Hautfunktion, Optimierung der Haltungsbedingungen und Fütterung

Allgemeine Maßnahmen

- Scheren der betroffenen Hautstellen (Besitzer muss einverstanden sein!),
- Waschungen mit Wasserstoffperoxid (2–3 %ig) oder antibakterieller Waschlotion (z. B. Lactaderm®),
- Kratzen und Benagen unterbinden (Halskragen),
- Haltungsbedingungen optimieren, Bürsten und Kämme regelmäßig desinfizieren, bei der Fellpflege darauf achten, die Haut nicht zu verletzen (z. B. durch scharfe Metallborsten),
- Spezialfutter zur Unterstützung der Hautfunktion (z. B. Dermatosis FP® Response Formular von Iams).

Allopathie

- Juckreiz vermindern: 0,55 mg/kg/Tag Prednisolon p. o. für 3–5 Tage,
- örtliche Behandlung mit antibiotikahaltigen Lotionen oder Salben, z. B. Panolog®, Peroxiderm®,
- in schweren Fällen systemische Antibiotika: Lincomycin mit Spectinomycin (Spektolin®), 30 mg/kg i. m. über 3–5 Tage; Enrofloxacin (Baytril®), 10–20 mg/kg p. o. 3-mal täglich über

2–3 Wochen, Marbofloxacin (Marbocyl®), 2 mg/kg/Tag p.o., Clindamycin (z.B. aniclindan®), 5,5 mg/kg p.o. 2-mal täglich 10 Tage lang,
- Stärkung des Immunsystems: Paraimmunitätsinducer, z.B. Baypamune® 1 ml pro Tier s.c.,
- Vitamin-Gaben.

Homöopathie

- Monopräparate, je nach Arzneimittelbild: Hepar sulfuris D6, D12, D30, D200; Myristica sebifera D3; Silicea D6, D12, D30, D200,
- Kombinationspräparate: Schwef-Heel®, Vetokehl® Not D5, Vetokehl® Sub D4, Dermisal®, Staphylosal®, Mercurius Heel S®, Sulfur compositum®, Echinacea compositum®, Sulfur Oligoplex®, Hepar sulfuris oligoplex®, Ranocesan H®, Naranotox®;
- Stärkung des Immunsystems mit PetMun®.

Phytotherapie

- Lokale Anwendungen: Kompressen, Bäder, Waschungen, Umschläge mit Tinkturen oder 10–20%igen Lösungen von Calendula, Kamille oder Echinacea. Bäder mit Nussbaumblättern. Fertigprodukte: Kamillosan®, Kamilloplant®, Wundbalsam®.

4.6 Allergien

Krankheitsursachen: Übermäßige Immunreaktion auf bestimmte Stoffe:

- Exogene Allergene: Hausstaub, Pollen, Flohallergie, Duft- und Hilfsstoffe in Waschmitteln (womit wird die Schlafstelle gereinigt?), Schimmelpilze, Bakterien, Kunstfasern, Wolle, Stroh, andere Haustiere usw.,
- endogene Allergene: Futtermittelallergie (Fisch, Fleisch, Milch, Getreide, Konservierungsmittel, Farbstoffe usw.), Medikamentenunverträglichkeit (Impfstoffe usw.),
- Allergien ungeklärter Herkunft.

Rassen, die zu allergischen Hautreaktionen neigen: Boston-Terrier, Boxer, Collie, Dalmatiner, Dänische Dogge, Dobermann, Golden

Retriever, Irish Setter, Labrador Retriever, Lhasa Apso, Mops, Schnauzer, Shar Pei, Cairn Terrier, Drahthaar Terrier, Scottish Terrier, West Highland White Terrier.

Behandlungsstrategie: Vermindern der Immunreaktion, Vorbeugung weiterer Allergieschübe, Optimierung der Fütterung und der Haltungsbedingungen

Allgemeine Maßnahmen

- Allergen identifizieren, ausführliche Anamnese: Neues Haustier (Katze, Vögel)? Neues Körbchen, Halsband, Futter, Waschmittel? Neue Möbel, Teppiche? Impfungen? Etc. Antikörpertiter-Bestimmung im Labor, wenig aussagekräftig bei Futterallergien (IgG, IgM), gut bei Hausstaub- oder Pollenallergien (IgE),
- Futtermittelallergien: Eliminationsdiät, mit Reis und Magerquark beginnen, bis die Symtome abgeklungen sind. Nach und nach andere Futterkomponenten versuchen. Reaktionen treten nach 4–24 Stunden auf. Hypoallergenes Spezialfutter zur Unterstützung der Hautfunktion (z.B. Dermatosis FP® Response Formular von Iams).

Allopathie

- Waschen der entzündeten Hautpartien mit Wasserstoffperoxid (2–3%ige Lösung) oder speziellen Pflegeshampoos (z.B. Dermiten®),
- anschließend lokal juckreizhemmende Lotionen, sekundäre Hautinfektionen lokal mit anitbiotischen und/oder antimykotischen Präpraraten behandeln (z.B. Surolan®),
- Juckreiz hemmen z.B. mit Prednisolon, 0,5–2 mg/kg s.c. oder Kombinationspräparaten, in chronischen Fällen oft erfolglos; keine Dauerlösung!
- Hyposensibilisierung: Herstellung des Serums nach erfolgter Antikörper-Bestimmung im Labor, Injektionen im Wochenabstand über einen Zeitraum von 10–12 Wochen.

Homöopathie zur Unterstützung der Heilung

- Monopräparate, je nach Arzneimittelbild: Apis D4, D30; Cardiospermum D3, D4, D30,

- Kombinationspräparate: Antiallergicum N Truw®, Bellis oligoplex®, Scabiosa oligoplex®, Sulfur oligoplex®, Vetokehl Not® D5, Vetokehl Sub® D4, Graphites Homaccord®, Cutis compositum®, Mercurius Heel® S, Sulfur compositum®, Dermisal®, Staphylosal®, Bellis Komplex 164®, Graphites Komplex 166®, Scabiosa Komplex 162®, Pfx graphites 308®, Naranocut H®, Pfx H 8®, Pfx Vinca 115®, Mercurius solubilis Similiaplex®, Hepar sulfuris Similiaplex®.

Phytotherapie

- Kompressen, Bäder, Waschungen, Umschläge mit Tinkturen oder 10–20%igen Lösungen von Calendula, Kamille, Echinacea oder Johanniskraut. Bäder mit Nussbaumblättern. Waschungen mit Zinnkraut- oder Stiefmütterchen-Aufguss, Walnussblätter-Absud, Molkebäder. Auftragen von Calendula Salbe oder Öl, Echinacea Salbe oder Johanniskraut Öl,
- Fertigpräparate: Kamillosan®, Kamilloplant®, Wundbalsam®.

Physikalische Maßnahmen

- Kratzen und Lecken verhindern! Kragen umlegen, betroffene Stellen abdecken (z.B. großen Hunden ein T-Shirt überziehen, kleinen Hunden einen Baby-Strampler),
- lokale Kühlung mit Gelpacks (nicht bei Infektionen der Haut); allgemein: nicht zu lange und nicht zu kalt!

4.7 Entzündungen der Drüsen des Analbereichs

4.7.1 Analdrüsen

Die Analdrüsen (innen in der Analschleimhaut) gehen über in die **Zirkumanaldrüsen**, die rings um den After liegen. Links und rechts des Afters münden die **Analbeuteldrüsen**.

Symptome, Diagnose: Allgemein bei Erkrankungen des Zirkumanalbereichs: Belecken des Afters, plötzliches Setzen mit eingezogener Rute, Rutschen auf dem Anus („Schlittenfahren“, tritt u.U. auch bei Infektionen mit Darmparasiten oder Durchfall auf!).

4.7.2 Zirkumanaldrüsen

Krankheitsursache: Bakterielle Mischinfektionen
Symptome, Diagnose: Vor allem bei älteren Rüden, kreisförmige Schwellung rund um den Anus, die Drüsen treten deutlich hervor und eitern. Bei längerer Entzündung können sich Tumore bilden.
Behandlungsstrategie: Bekämpfung von Juckreiz und Infektionen
Allopathie

- Antibiotische, desinfizierende Salben (z.B. Betaisodona®),
- gegen den Juckreiz Hämorrhoiden-Salben,
- Tumore operativ entfernen.

Homöopathie

- Monopräparate, je nach Arzneimittel: Aesculus hippocastanum D3; Silicea D6.

Phytotherapie

- Heiße Kamillenumschläge.

4.7.3 Analbeutel

Krankheitsursache: Entleerungsstörungen der Duftdrüsen, oft bei chronisch zu weichem Stuhl, z.T. auch idiopathisch.
Symptome, Diagnose: Das Sekret dickt zunächst ein und bietet einen Nährboden für Krankheitserreger. Infektionen entstehen, später Vereiterungen bis hin zum Durchbruch nach außen (Analbeutelfistel). Nachweis der Erreger für ein Antibiogramm im Labor.
Behandlungsstrategie: Entleerung der Analbeuteldrüsen, Bekämpfung von Juckreiz und Infektionen.
Allgemeine Maßnahmen

- Manuelle Entleerung: Rute hochhalten, Analbeutel mit dem Daumen ertasten (liegen auf „4 Uhr" und „8 Uhr") und gegen den Zeigefinger drücken. **Wichtig:** immer ein Küchenkrepp o.Ä. davor halten und Handschuhe tragen (starke Geruchsentwicklung)!
- Bei stärkeren Entzündungen hat das Tier z.T. erhebliche Schmerzen bei dieser Prozedur, darum auf die Sicherheit aller Beteiligten achten und evt. Maulkorb benutzen.

Allopathie

- Desinfizierende Spülungen (z.B. Kamilloplant®, pur oder verdünnt 1:5 mit physiologischer Kochsalzlösung),
- bei stärkeren Infektionen Analbeutel anschließend mit Hilfe einer Knopfkanüle mit Antibiotikum-Suspension füllen (z.B. Tardomyocel®),
- Heilt die Entzündung nicht aus, kann der Analbeutel verödet (mit Lugol'scher Lösung) oder operativ entfernt werden.

Homöopathie

- Monopräparate, je nach Arzneimittelbild: Asa foetida D4; Calcium sulfuricum D6; D12; Causticum D12, D30,
- Kombinationspräparate: Traumeel®, Mercurius Heel®, Echinacea compositum®, Infitraumex®, Hewetraumen®.

Phytotherapie

- Spülungen der Analbeutel mit Calendula-, Salbei- oder Kamillelösung, Salben aus Kamille, Salbei, Hamamelis,
- Fertigpräparate: Kamilloplant®, Kamillosan®, Vulnoplant®.

4.8 Pilzinfektionen

Krankheitsursachen: *Microsporum-* und *Trichophyton*-Arten (Dermatophytose) oder *Malassezia-* und *Candida*-Arten (Dermatomykose). Übertragbar auf den Menschen!

4.8.1 Dermatophytose

Symptome, Diagnose: Fleckiger, kreisrunder Haarausfall, z.T. abgebrochene, stoppelige Haare, schuppige bis wunde, nässende Haut. Manche Arten leuchten unter der Wood'schen Lampe. Sicherung der Diagnose über Histologie und Pilzkultur.

Behandlungsstrategie: Bekämpfung des/der Erreger, Stärkung des Immunsystems, Optimierung der Haltungsbedingungen.

Allgemeine Maßnahmen

- Oft Spontanheilung nach ein bis drei Monaten,
- unterstützend Scheren der betroffenen Stellen (nur mit Einverständnis des Besitzers!),

- Spezialfutter zur Unterstützung der Hautfunktion (z. B. Dermatosis FP® Response Formular von Iams).

Allopathie

- Lokal: Antimykotika, z. B. Surolan®, Enilconazol 0,2 %ige Lösung (Imaverol®), 2-mal pro Woche für 2–4 Wochen,
- antibiotische Salben gegen Sekundärinfektionen (z. B. Betaisodona®),
- in schweren Fällen und bei Immunsuppression Griseofulvin (Likuden®), 20–100 mg/kg in 2 Portionen täglich mit dem Futter über 4–6 Wochen (**Wichtig:** nicht für tragende Tiere!),
- Stärkung des Immunsystems: Paraimmunitätsinducer, z. B. Baypamune® 1 ml pro Tier,
- Vitamin-Gaben.

Homöopathie

- Monopräparate, je nach Arzneimittelbild: Microsporie-Nosode D30, D200; Trichophytie-Nosode D30, Sulfur D6, D12, D30,
- Kombinationspräparate: Vetokehl Trich® D5, Vetokehl Ver® D5, Pefrakehl® D6, Coenzyme compositum®, Cutis compositum®, Psorinum-Injeel®.

Phytotherapie

- Waschungen, Bäder, Betupfen: Propolis (10 %ige Lösung oder Salbe); Tinktur oder 10–20 %ige Lösungen von Echinacea, Calendula; Betupfen mit Teebaumöl (pur oder 10–20 %ig); Klettenwurzel als Öl oder Abkochung/Aufguss, Seifenrinde und Seifenkraut als Abkochung/Aufguss,
- unterstützend Waschungen mit Essigwasser, Zinnkraut-Aufguss, Molke.

4.8.2 Dermatomykose

Krankheitsursachen

Candida-Arten: Vor allem an Schleimhäuten (weiße Plaques) und an ständig feuchten Stellen der kutanen Haut (feuchte, rote Erosionen),

Malassezia-Arten: Oft im Gehörgang, in den Analbeuteln, Rektum, Vagina. Juckende Plaques an den Lippen und in Hautfalten. Mykotische Otitis: Kopfschütteln, Juckreiz und Schmerzhaftigkeit am Ohr, starker Geruch.

Symptome, Diagnose: Abstrich, färben mit Methylenblau oder Schnellfärbung. Es zeigen sich bei Candida sprossende Zellen (Blastokonidien) und Pseudohyphen, bei Malassezia breite kolbenförmige Auswüchse des Myzels (Phialiden).

Behandlungsstrategie: Bekämpfung der Erreger, Normalisierung des Hautbildes.

Allgemeine Maßnahmen

- Immunsystem stärken: evt. immunsuppressive Medikamente absetzen,
- betroffene Hautstellen scheren, waschen und so trocken wie möglich halten.

Allopathie

- *Candida*-Arten: Haut oder Gehörgang 4-mal täglich mit Nystatin (Moronal®) versorgen. Schleimhaut: lokal Breitspektrumantimykotika: Clotrimazol (Canesten®, Fungizid®), Miconazol (Daktar®),
- *Malassezia*-Arten: pH-Wert im Ohr mit verdünntem Essig absenken (Indikatorpapier zur Kontrolle). Lokale Behandlung mit Miconazol (Daktar®), Nystatin (Moronal®), Tiabendazol, Jodophor, Chlorhexidin.

Homöopathie und Phytotherapie Siehe Dermatophytose

4.9 Warzen

Krankheitsursachen: Genaue Ursache noch unbekannt, jedoch oft unter Beteiligung eines DNS-Papovavirus. Kommt bei Hunden häufig vor.

Symptome, Diagnose: Äußeres Erscheinungsbild: von kleinen, weißlichen Plaques bis zu größeren, blumenkohlartigen Wucherungen (1 mm bis 2 cm). Befallen sind Wangenschleimhaut,

Zunge, Gaumen, Kehlkopf und Kehldeckel, Lippen, Haut, Augenlider, Bindehäute und Hornhaut des Auges.

Behandlungsstrategie: Entfernen der Zubildung, Normalisierung der Hautbildes, Unterstützung des Immunsystems.

Allgemeine Maßnahmen

- Oft spontane Rückbildung innerhalb von 3 Monaten.

Allopathie

- Chirurgisch entfernen, vereisen oder kautern,
- kleinere Warzen „abdrehen“,
- es bleibt eine dauerhafte Immunität gegen das Virus.

Homöopathie

- Monopräparate, je nach Arzneimittelbild: Thuja D1, D6; Antimonium crudum D4,
- Kombinationspräparate: Psorinum-Injeel®, Galium-Heel®, Thuja-Injeel®, Acidum nitricum-Injeel®, Abropernol®, Causticum compositum®, Calcium carbonicum®.

4.10 Schuppen (Seborrhoe)

Krankheitsursachen: Chronische Hauterkrankung, z.T. mit erhöhter Fettproduktion. Manche Rassen neigen verstärkt zur Schuppenbildung. Ursächlich können zudem sein:

- Hormonschwankungen (Über- oder Unterproduktion von männlichen bzw. weiblichen Hormonen),
- Unterfunktion der Schilddrüse,
- Nahrungsfaktoren (Mangel an Proteinen, Zink, Vitamin A, Fettsäuren),
- chronische Verdauungsprobleme,
- Diabetes mellitus,
- granulomatöse Talgdrüsenentzündung,
- Ektoparasiten,
- Allergien,
- Hautpilze,
- Autoimmunerkrankungen,

- Tumorerkrankungen,
- Bakterienerkrankungen und Bakterienallergien.

Seborrhoea sicca: Trockene Schuppen; weiße bis graue, nicht haftende Schuppen. Haarkleid trocken und stumpf. Typisch bei: Irish Setter, Deutscher Schäferhund, Teckel, Dobermann, schwarzer Labrador.

Seborrhoea oleosa: Fettige Schuppen; bräunlich-gelbe, verklumpte Schuppen; starker Geruch und fettiges Fell. Typisch bei Cocker Spaniel, Springer Spaniel, Shar Pei.

Seborrhoische Dermatitis: Zusätzliche Hautentzündungen; in späten Stadien vermehrte Pigmentierung. Typisch bei Cocker und Springer Spaniel, West Highland White Terrier, Basset.

Wichtig: Eine primäre Seborrhoe kann zwar gelindert, aber nicht geheilt werden!

Behandlungsstrategie: Entfernen von Schuppen und Krusten, Verminderung des Fettfilms und des Geruchs, Linderung des Juckreizes, Eindämmung der Entzündung.

Allgemeine Maßnahmen

- Waschungen mit medizinischen Shampoos (z.B. Sebolytic®, Sebumol®, Octiderm®),
- Fell kurz scheren oder trimmen,
- Nahrungsergänzung z.B. Dermanorm® Öl, Docatin®, EFA-CP®,
- eventuell Nahrungsumstellung auf spezielle Hautdiät (z.B. Dermatosis F/P Response formular von Iams).

Homöopathie

- Monopräparate, je nach Arzneimittelbild: Calcium carbonicum D12, D30; Graphites D8; Causticum Hahnemanni D12, D30; Thuja D15; Natrium chloratum D6, D30; Sulfur D12, D30,
- Kombinationspräparate: Schwef-Heel®, Abropernol®, Causticum compositum®, Graphites-Homaccord®.

5 Krallen

5.1 Wolfskrallen

Überzählige Krallen an der Innenseite der Hinterläufe. Bei einigen Rassen erwünscht, bei den meisten jedoch unerwünscht. Außerhalb des Rassestandards ist eine operative Entfernung medizinisch meist nicht notwendig und zudem nur empfehlenswert, wenn es sich um ein einzelnes Zehenglied oder die solitäre Kralle handelt. Ist ein kompletter Zeh mit Verbindung zum Mittelfuß vorhanden, kann sich die Entfernung schwierig gestalten.
Wolfskrallen müssen in der Regel geschnitten werden, da sie sich nicht ablaufen und einwachsen können.

5.2 Verletzungen

Krallenverletzungen können langanhaltend bluten und sind für das Tier sehr schmerzhaft. Gefährlich sind sie in der Regel nicht.

Allgemeine Maßnahmen

- Weitgehend vom Krallenbett gelöste Krallenteile vorsichtig entfernen,
- Blutungen mit Wasserstoffperoxid (3 %ig) oder mit einem Kauter zum Stillstand bringen, die Wunde reinigen.

Allopathie

- Lokal antibiotische oder desinfizierende Salben (z.B. Betaisodona®),
- liegt das Krallenbett teilweise oder ganz frei, Pfotenverband anlegen,
- systemische Antibiose nur bei heftiger Infektion (starke Schwellung und vermehrte Wärme des umliegenden Gewebes, Eiterbildung, evtl. erhöhte Körperinnentemperatur): z.B. Enrofloxacin (Baytril®), 3-mal täglich 10–20 mg/kg p.o. für 8–

10 Tage. Wahlweise Marbofloxacin (Marbocyl®), 2 mg/kg/Tag p.o. für 8–10 Tage.

Homöopathie

- Monopräparate, je nach Arzneimittelbild: Arnica D3, D4, D30; Calendula D2; Ledum D4; Hamamelis D3; Staphisagria D6, D30; Rhus toxicodendron D6, D30; Ruta D2, D4.
- Kombinationspräparat: Traumeel®.

Phytotherapie

- Waschungen mit Aufguss aus Arnica, Calendula, Kamille, Hamamelis,
- Betupfen mit der Tinktur,
- Auftragen von Salben mit Arnica, Calendula, Kamille, Hamamelis,
- Fertigpräparate: Kamilloplant®, Wundbalsam®, Kamillosan®.

5.3 Pilzinfektionen (Onchomykose)

Krankheitsursache: *Trichophyton mentagrophytes*

Jährlich werden rund 10000 Infektionsfälle beim Menschen mit *Trichophyton mentagrophytes* bekannt. Besonders Kinder zur Hygiene im Umgang mit Hunden anhalten!

Symptome, Diagnose: Trockene, spröde Krallen, starke Deformation, eventuell Ablösung der gesamten Kralle vom Krallenbett

Allopathie

- Oft Spontanheilung nach 1–3 Monaten,
- unterstützend vor allem bei Krallenverlust antimykotische Salben oder Lotionen (Surolan®, Fungur®M Creme, Fungizid® ratiopharm),
- antibiotische Salben gegen Sekundärinfektionen,
- in schweren Fällen und bei Immunsuppression ein Anitmykotikum, z.B. Griseofulvin (Likuden®), 20–100 mg/kg in zwei Portionen täglich mit dem Futter.

Homöopathie

- Monopräparate, je nach Arzneimittelbild: Trichophytie-Nosode D30, D200; Arsenicum album D6, D12, D30; Sepia D30, D200.
- Kombinationspräparate: Vetokehl Trich® D5, Vetokehl Ver® D5, Pefrakehl® D6, Coenzyme compositum®, Cutis compositum®, Psorinum-Injeel®.

Phytotherapie

- Waschungen, Bäder, Betupfen: Propolis (10%ige Lösung oder Salbe); Tinktur oder 10–20%ige Lösungen von Echinacea, Calendula; Betupfen mit Teebaumöl (pur oder 10–20%ig); Klettenwurzel als Öl oder Abkochung/Aufguss, Seifenrinde und Seifenkraut als Abkochung/Aufguss,
- unterstützend Waschungen mit Essigwasser, Zinnkraut-Aufguss und Molke.

6 Augen

6.1 Bindehautentzündung (Konjunktivitis)

Krankheitsursachen: Zugluft (z.B. Autofahren bei offenem Fenster), Reizungen (Abgase oder Lösungsmittel), Allergien, mechanische Reize (Fremdkörper, Staub, Trauma, Entropium oder Ektropium), Bakterien, Viren.

Symptome, Diagnose: Anschwellen und kräftige Rotfärbung der Bindehäute, verstärkter Tränenfluss, z.T. auch eitrig-gelblich, vermehrtes Blinzeln, auf hellem Fell bei längerer Erkrankung Verfärbungen.

Behandlungsstrategie: Abstellen der Ursachen, Bekämpfen der Erreger.

Allgemeine Maßnahmen

- Verkrustetes Sekret mit weichem Tuch und isotonischer Kochsalzlösung oder Kräuteraufguss entfernen. **Wichtig:** Keinen Kamillenaufguss an das Auge bringen (wirkt austrocknend und evtl. Verschlimmerung durch allergische Reaktion),
- um Hornhautschäden auszuschließen, einen Färbetest mit Fluorescein durchführen (Hornhautschäden färben sich leuchtend hellgelb, in diesem Fall keine Corticosteroide anwenden),
- mechanische Reize ausschalten: bei Entropium oder Ektropium operative Korrektur erwägen.

Allopathie

- Mit antibiotischen (und antientzündlichen) Augensalben, je nach Präparat 3–5-mal täglich über mindestens 5 Tage: z.B. Yxin® Augentropfen, Aquapred-N®, Gent-Ophtal®, Oleomycetin®.

Homöopathie

- Monopräparate, je nach Arzneimittelbild: Euphrasia D2, D3; Apis D4, D6, D30; Pulsatilla D4, D6, D30.

- Kombinationspräparate: Keratisal Tropfen®, Pfx Euphrasia 130®, Pfx Cineraria I 9®, Vetokehl Not®, Quentakehl D6®, Euphrasia Oligoplex®, Oculoheel®, Belladonna Homaccord®, Conjunctisan Augentropfen®, Allergosal®.

Phytotherapie

- Bindehautsack-Spülungen und Augenkompressen mit Aufguss aus Fenchel, Augentrost, Calendula oder 5–10%igen Lösungen von Augentrost-, Hypericum- oder Calendulatinktur.

6.2 Hornhautentzündung (Keratitis)

Krankheitsursachen: Traumata (Biss, Schlag, Stoß, Distichiasis, Entropium), starke UV-Einwirkung, Viruserkrankungen, übergreifende Infektionen aus der Umgebung (z.B. Bindehäute), angeborene Veranlagung (z.B. beim Deutschen Boxer).

Symptome, Diagnose: Weißliche Trübung der Hornhaut (Hornhautödem), im weiteren Krankheitsverlauf einsprossende Blutgefäße (oberflächlich oder tief), Tränenfluss, Zusammenkneifen des Auges, Lichtscheue. Ob weitere Teile des Auges betroffen sind (Kammer, Linse, Ziliarmuskel, Glaskörper, Netzhaut...) und wie tief die Entzündung geht, kann der Tierarzt mit einem Augenspiegel feststellen.

Behandlungsstrategie: Beseitigung der Ursache, entzündungshemmende und antibiotische Maßnahmen, evtl. operatives Vorgehen, Stimulation der Hornhautregeneration.

Allopathie

- Wichtig: Bei Hornhautdefekten keine Corticosteroide anwenden,
- bei Virusinfektionen: Aciclovir (z.B. Zovirax® Augensalbe) und Paraimmunitätsinducer (z.B. Baypamune®). Bei bakteriellen Infektionen: Augensalben oder Augentropfen z.B. Terramycin®, Gent-Ophtal®, Oleomycetin®,
- Epithelschutz und -regeneration: Augensalben oder Tropfen mit Dexpanthenol (z.B. Pan-Ophtal®) oder Vitamin A (z.B.

Regepithel®); Keratokonjunktivitis sicca: Ciclosporin (Optimmune®).

Homöopathie

- Monopräparate, je nach Arzneimittelbild: Mercurius solubilis D6, D12; Mercurius sublimatus corrosivus D6; Silicea D6, D12, D30,
- Kombinationspräparate: Keratisal®, Euphrasia-Injeel®, Cornea suis-Injeel®, Aethiops 19 Komplex®, Pfx Conium 133®, Pfx Euphrasia 130®, Pfx Cineraria I 9®.

Phytotherapie

- Ausspülungen oder Kompressen mit Aufguss von Calendula und Augentrost oder Calendula- und Augentrosttinkturen (5–10%ige Lösung) oder entsprechende Augentropfen/-salben.

6.3 Grauer Star (Katarakt)

Krankheitsursachen: Trübung der Linse. Häufig als „Altersstar" durch degenerative Prozesse oder als Folgeerscheinung eines Diabetes mellitus. Auch nach schweren Augenentzündungen oder Traumata.

Symptome, Diagnose: Trübung der Linse ohne sichtbare Entzündungszeichen bei ungestörtem Allgemeinbefinden

Behandlungsstrategie: Behandlung des Grundleidens, Anregung des Augenstoffwechsels

Allopathie

- operative Entfernung der eingetrübten Linse bei stark eingeschränkter Sehfähigkeit.

Homöopathie

- Monopräparate, Waterloo-Kur: Calcium fluoratum D12 (7 Tage), Magnesium fluoratum D6 (17 Tage), Magnesium fluoratum D12 (17 Tage), Magnesium carbonicum D8 (4 Wochen),

- Kombinationspräparate: Mucokehl D5 Augentropfen®, Pfx. Cineraria I 9®, Pfx Secale 134®, Pfx Conium 133®, Coenzyme compositum®, Lens suis-Injeel®.

Phytotherapie

- Einträufeln einer Lösung von Cineraria in das Auge mehrmals täglich als Dauertherapie.

7 Ohren

7.1 Gehörgangsentzündung (Otitis externa, Ohrenzwang)

Krankheitsursachen: Meist Mischinfektionen mit Pilzen *(Malassezia, Candida)* und Bakterien (Staphylokokken, Streptokokken, *Proteus, Pseudomonas, E. coli)*, Fremdkörper (Spelzen, Grannen, Splitter). Entstehung begünstigt durch starke Behaarung des Gehörgangs (Pudel, Schnauzer, Vorstehhunde), Stellung und Form der Ohrmuschel (Laufhunde, Basset, Irish Setter), vor allem tief angesetzte Behänge und starke Behaarung an der Innenseite. Manche Rassen vererben eingeengte Gehörgänge (Deutsche und Belgische Schäferhunde, Akita Inu) oder tiefe Knorpelfalten (Neufundländer, Münsterländer, Sennenhunde, Bernhardiner), die ein ungünstiges Mikroklima fördern. Bei beidseitigem Befall evtl. Allergie. Befall mit Milben *(Otodectes cynotis)* ist selten.
Symptome, Diagnose: Juckreiz, Schmerzen und in schweren Fällen Torticollis. Erregernachweis und Antibiogramm durch Abstrich und Anzucht im Labor auf geeigneten Nährmedien.

7.1.1 Gehörgangsentzündung ohne parasitäre Beteiligung

Krankheitsursachen: Mischinfektionen mit Bakterien und Pilzen, Fremdkörper.
Symptome, Diagnose: Sehr häufig! Das Krankheitsbild reicht von einer einfachen Rötung über Hautverdickungen mit Schuppenbildung, vermehrte Ansammlung von Ohrenschmalz (braunschwarz, krümelig), wunde, krustige Stellen bis zu starker Eiteransammlung in der gesamten Ohrmuschel. **Wichtig:** Dieses Krankheitsbild wird von vielen Laien und auch Tierärzten mit dem ähnlich aussehenden Ohrmilbenbefall der Katze verwechselt. Die Ohrmilben

des Hundes sind unter dem Otoskop als kleine wandernde Punkte zu erkennen und haben die Ohrräude (s. Kap. 4.1.3) zur Folge.

Allgemeine Maßnahmen

- Reinigung des Gehörgangs mit speziellem Ohrenreiniger (z.B. Bay-O-Pet® Ohrenspülung, Epi-Otic®, Kamillenohrreiniger® Albrecht, Otifree®). Die Ohrmuschel mit dem Ohrreiniger füllen und nah am Schädel massieren, das gelöste Sekret gründlich auswischen,
- Haare auszupfen, Hängeohren evtl. einige Tage oben auf dem Kopf befestigen, um eine bessere Belüftung des äußeren Gehörgangs zu gewährleisten,
- Fremdkörper müssen mit dem Otoskop ausfindig gemacht und entfernt werden. Die Erkrankung kann hochgradig schmerzhaft sein. Bei schwierigen Patienten darum vor der Manipulation einen Maulkorb anlegen.

Allopathie

- Behandlung mit speziellen antibiotischen Ohrmedikamenten (meistens Kombipräparate): Aurizon®, Surolan®,
- bei ständig wiederkehrenden Otitiden oder Therapieresistenz kann eine operative Erweiterung des äußeren Gehörgangs (nach Hinz oder nach Zepp) erwogen werden.

Homöopathie

- Monopräparate, je nach Arzneimittelbild: Hepar sulfuris D6, D12, D30; Silicea D6, D12, D30; Sulfur D6, D12, D30,
- Kombinationspräparate: Mercurius Heel S®, Psorinum-Injeel®, Staphylosal®, Cepa Komplex 305®, Graphites Komplex 166®, Pfx Hepar sulfuris®, Vetokehl Not D5®, Mercurius Solubilis Similiaplex®, Pascotox®.

Phytotherapie

- Einträufeln von unverdünnten Echinacea- oder Calendulatinkturen in den gereinigten Gehörgang mehrmals täglich, alternativ ölige Propolis-Präparate,
- Fertigpräparate: Biomol®, Kamilloplant®, Vulnoplant®.

7.1.2 Gehörgangsentzündung mit parasitärer Beteiligung

Krankheitsursache: Die Ohrmilbe *Otodectes cynotis*, ist beim Hund äußerst selten. Siehe Kapitel 4.1.3

7.2 Bluterguss am Außenohr (Othämatom)

Krankheitsursache: Oft infolge einer nicht behandelten Otitis durch heftiges Kopfschütteln und Kratzen.

Symptome, Diagnose: Plötzlich aufgetretene Umfangsvermehrung (von kirschgroß bis zur Beteiligung des gesamten Außenohrs) an Innen- und/oder Außenseite des Außenohrs. Die Haut ist vom Knorpel gelöst, die Umfangsvermehrung fühlt sich fest-elastisch und vermehrt warm an.

Behandlungsstrategie: Ursache (Otitis, Ekzem) beheben, Operation als Therapie der Wahl

Allgemeine Maßnahmen

- Hochbinden des betroffenen Ohres (doppelseitiges Klebeband), um weitere Verletzungen der Ohrmuschel zu verhindern,
- konservatives Vorgehen: Punktieren oder abwarten, bis sich der Bluterguss organisiert hat. Abheilung erfolgt mit erheblicher Deformation der Ohrmuschel.

Allopathie

- Behandlung der Otitis externa mit entsprechenden Präparaten (Surolan®, Penochron®), siehe Kapitel 7.1,
- Unterstützung des Organisationsvorgangs mit hepatinhaltigen Salben,
- operativ: Eine s-förmige Inzision in die Haut über dem Hämatom setzen und einen speziellen Schwamm mit zahlreichen großen (min. 1 cm lang) Stichen (nicht-resorbierbarer Faden) auf die Ohrmuscheln nähen. Auf diese Weise wird Druck erzeugt, der ein Wiederauffüllen der Wundhöhle mit Blut verhindert. Fäden und Schwamm nach 6 Wochen entfernen.

Homöopathie

- Monopräparate, je nach Arzneimittelbild: Arnica D4, D6, D30; Hamamelis D2, D3, D4.
- Kombinationspräparate: Varicylum®-S Salbe, Varicylum®-N Tropfen, Traumeel®, Cinnamomum Homaccord®, Infitraumex®, Traumisal®, Sangostyptal®, Hewetraumen®, Symphytum Similiaplex®, Virgamelis-Creme®, Pfx Arnica 126®, Pfx Hamamelis 235®, Arnica-loges Gel®, Kytta Salbe/Plasma®.

Phytotherapie

- Salben oder Lösungen von Calendula, Arnica, Hypericum.

Physikalische Maßnahmen:

- Kühlen mit Gelkissen.

7.3 Schwerhörigkeit, Taubheit

Krankheitsursachen:

- Verschluss des Gehörgangs durch Ohrenschmalz oder Gewebewucherungen infolge einer chronischen Otitis,
- Erkrankungen des Mittelohrs (und folglich Schallleitungsstörungen),
- Erkrankungen des Innenohrs:
  - Folgen einer Hirnhautentzündung,
  - Schäden am Hörnerven z.B. durch ototoxische Antibiotika, Blei, Kohlenmonoxid,
  - Schädelfrakturen,
  - traumatische Schalleinwirkungen,
  - Infarkte im Bereich des Innenohrs.
- Weitere mögliche Ursachen:
  - genetisch bedingte Taubheit bei gesprenkelten oder getigerten Rassen (Sheltie, Collie, Teckel, Dalmatiner),
  - Albinismus: weißes Fell, hellblaue Augen, roter Augenhintergrund und damit vererbte Gehörlosigkeit.

Symptome, Diagnose: Keine Reaktion auf laute Geräusche, „Ungehorsam“ (reagiert nur noch auf optische Reize).

Behandlungsstrategie: Soweit möglich Behandlung der Grunderkrankung.

Allopathie

- Bei akut auftretender Schwerhörigkeit kann ein Therapieversuch mit Vitamin-B-Komplex und Phenylbutazon (z. B. Arthridog®) 40 mg/kg/Tag p.o. verteilt auf 3 Portionen unternommen werden, die Prognose ist jedoch ungünstig.

Homöopathie

- Kombinationspräparate: Placenta compositum®, Blutgefäßtropfen (Cosmochema)®.

8 Mund- und Rachenraum

8.1 Zahnstein (Odontolithiasis) und Zahnbelag

Krankheitsursachen: Entsteht aus Speichelbestandteilen, Bakterien und Futterresten, in die sich Mineralien einlagern. Oft einseitig in Folge von schmerzhaften Zahnerkrankungen (Brüchen, tiefe Karies), Vorstufe: bräunlicher Zahnbelag, vor allem Außenseiten der Fang- und Backenzähne.
Symptome, Diagnose: Raue, bräunliche Auflagerungen vor allem an den Zahnaußenseiten, Zahnfleischentzündungen, Mundgeruch.
Behandlungsstrategie: Bekämpfung von Entzündungen und Infektionen des Zahnfleischs, Entfernen der Beläge, Optimierung der Fütterung.

Allgemeine Maßnahmen

- Den Zahnbelag herunterputzen,
- spezielle Zahnpasten: z.B. Canikler® Enzym, Denticur® Zahnpasta Hühnchengeschmack,
- spezielle Futtersorten: z.B. Eukanuba® Dental Formular,
- Zahnputzstreifen mit Enzymbeimengung (z.B. Denticur® Kaustrips oder Kaustriplets).

Allopathie

- Gegen Infektionen im Maulbereich Spiramycin (Suanatem®) 10–12 mg/kg i.m., i.v., s.c. 1-mal täglich,
- nach Abheilung (oder Besserung) Zahnstein unter Kurznarkose mit einem Ultraschallgerät entfernen. Anschließend die Zähne mit Chlorhexidin-Haftsalbe (Denticur Guard LA®, Dentisept®) versiegeln.

Homöopathie

- Kombinationspräparate gegen Entzündungen von Zahnfleisch und Schleimhäuten: Acidum nitricum-Injeel®, Carbo vegetabilis-Injeel®, Mercurius sublimatus corrosivus-Injeel®, Belladonna Homaccord®, Traumeel®, Echinacea compositum®, Mucosa compositum®, Chamomilla-Injeel®, Calcium carbonicum-Injeel®, Arnica-Injeel®, Borax-Injeel®, Kreosotum-Injeel®, Mercurius solubilis Hahnemanni-Injeel®.

8.2 Persistierende Milchzähne

Krankheitsursache: Unzureichende oder gar keine Rückbildung der Milchzahnwurzel durch die Knochenfresszellen (Osteoklasten), betroffen sind häufig die Fangzähne.

Behandlungsstrategie: Entfernung der Milchzähne samt Wurzel, um Zahnfehlstellungen im persistierenden Gebiss vorzubeugen.

Allopathie

- Operative Entfernung des Zahns samt Wurzel; **wichtig:** nicht die Wurzelspitze abbrechen!

Homöopathie Zur Unterstützung der Wundheilung nach der Operation!

- Monopräparate: Arnica D3, D4; Staphisagria D6,
- Kombinationspräparate: Traumeel®, Arnica-Injeel®.

Phytotherapie

- Bepinseln oder Kompressen mit Aufguss oder Tinktur von Kamille, Calendula oder Arnika.

Physikalische Maßnahmen:

- Kühlen der Operationswunde nach der Operation.

8.3 Zahnkaries und Pulpitis

Krankheitsursachen: Entsteht beim Hund durch die gleichen Ursachen wie beim Menschen: Der Zahnschmelz wird durch die Ausscheidungen von Bakterien (z.B. *Lactobacillus acidophilus)* angegriffen und zerstört. Im weiteren Fortschreiten kann die Pulpahöhle, die Nerven, Blutgefäße und Bindegewebe enthält, angegriffen werden. Infektionen können so bis tief in den Kieferknochen vordringen und nach außen durchbrechen (Zahnfistel).

Symptome, Diagnose: Braun-schwarze Verfärbung der kariösen Stellen, Zahnfisteln in der Maulhöhle und im Gesichtsbereich, Anschwellen einer Gesichtshälfte, verminderte Futteraufnahme, Mundgeruch. Nachweis einer Pulpitis im Röntgenbild.

Behandlungsstrategie: Bekämpfung der Infektion, Behandlung der Zahndefekte, Optimierung der Fütterung

Allgemeine Maßnahmen

- Zahnbelag herunterputzen,
- spezielle Zahnpasten: z.B. Canikler® Enzym, Denticur® Zahnpasta Hühnchengeschmack,
- spezielle Futtersorten: z.B. Eukanuba® Dental Formular,
- Zahnputzstreifen mit Enzymbeimengung (z.B. Denticur® Kaustrips oder Kaustriplets), Zucker vermeiden!
- weitergehende Zahnbehandlungen werden nicht in jeder Tierarztpraxis angeboten. Manche Praxen arbeiten auch mit Human-Zahnärzten zusammen. Der einfache Kleintierpraktiker wird stark angegriffene Zähne unter Narkose ziehen.

Allopathie

- Zahnerhaltende Methode: Plaques entfernen. Kariöse Stellen mit einem Bohrer exkavieren und größere Defekte nach Desinfektion mit Composite-Füllmaterial ausgleichen,
- bei angegriffener Pulpa wird das kranke Wurzelmaterial (Nerven, Gefäße, Bindegewebe) entfernt und eine Wurzelfüllung eingelegt, anderenfalls Zahnextraktion,
- bei starken Infektionen, vor allem wenn das umliegende Knochengewebe mit betroffen ist, eine antibiotische Nachbehandlung durchführen: z.B. Spiramycin (Suanatem®) 10–12 mg/kg einmal täglich i.v., i.m., s.c., p.o. über 10 Tage.

Homöopathie

- Kombinationspräparate gegen Entzündungen von Zahnfleisch und Schleimhäuten: Acidum nitricum-Injeel®, Carbo vegetabilis-Injeel®, Mercurius sublimatus corrosivus-Injeel®, Belladonna Homaccord®, Traumeel®, Echinacea compositum®, Mucosa compositum®, Chamomilla-Injeel®, Calcium carbonicum-

Injeel®, Arnica-Injeel®, Borax-Injeel®, Kreosotum-Injeel®, Mercurius solubilis Hahnemanni-Injeel®.

8.4 Gingivitis

Krankheitsursachen: Zahnstein, Futterreste oder Fremdkörper (kleine Haare, Grannen, Holz- oder Knochensplitter), die in Zahnfleischtaschen festsitzen.

Symptome, Diagnose: Hellrotes, geschwollenes Zahnfleisch, Neigung zum Zahnfleischbluten, vermehrter Speichelfluss, Mundgeruch, vorsichtiges Verhalten bei der Futteraufnahme.

Behandlungsstrategie: Bekämpfung der Ursache, Bekämpfung der Infektion, Linderung der Schmerzen, Stärkung des Immunsystems

Allopathie

- Entfernen aller mechanischer Ursachen (Zahnstein!) führt oft zur Spontanheilung,
- bei eitrigen Infektionen antibiotische Therapie: z.B. Suanatem®, 10 mg/kg p.o. 1-mal täglich über 10 Tage,
- zur Stärkung des Immunsystems mit Paraimmunitätsinducern (z.B. Baypamune®, 1 ml/Tier).

Homöopathie

- Monopräparate, je nach Arzneimittelbild: Mercurius solubilis D8; Mercurius sublimatus corrosivus D6; Apis mellifica D4,
- Kombinationspräparate: Belladonna Homaccord®, Traumeel®, Echinacea compositum®, Mucosa compositum®, Chamomilla-Injeel®, Calcium carbonicum-Injeel®, Arnica-Injeel®, Borax-Injeel®, Kreosotum-Injeel®, Mercurius solubilis Hahnemanni-Injeel®.

Phytotherapie

- Bepinseln oder Kompressen mit Aufguss oder Tinktur von Kamille, Calendula oder Arnika.

9 Nase

9.1 Leitsymptom Nasenbluten (Epistaxis)

Krankheitsursachen: Traumata, Ulcera, Tumore, Blutgerinnungsstörungen, Vergiftungen (z.B. mit Cumarin = Rattengift), Hepatitis contagiosa canis (H.c.c.), Leishmanien, Zahnextraktionen, Zahnwachstumsstörungen, heftiges Niesen, Pilzbefall.
Wichtig: Nicht verwechseln mit Blut aus der Lunge, z.B. nach einem Unfall (hellrot, schaumig), oder aus dem Rachenraum (mit Speichel versetzt).
Behandlungsstrategie: Stoppen der Blutung, Beseitigung der Ursache, Unterstützung des Kreislaufs und der Blutgerinnung.

Allgemeine Maßnahmen

- Ruhigstellung des Tieres (Sedierung),
- Nasenlochtamponade mit Gelatineschwamm.

Allopathie

- Parenterale Gabe von Vitamin K (Konakion®) je nach Schwere 0,25–5 mg/kg i.v. 2-mal täglich und Calcium (Calcium-gluconicum-Lösung 24%, je nach Größe 2–10 ml),
- Blutstillende Präparate können sowohl parenteral als auch lokal angewendet werden.
- Spezifische Leishmaniose-Behandlung s. Fachliteratur.

Homöopathie

- Monopräparate, je nach Arzneimittelbild: Erigeron D2, D3; Phosphorus D200; Millefolium D3, D4,
- Kombinationspräparate: Cinnamomum-Homaccord®, Hamamelis-Homaccord®, Phosphor-Homaccord®, Melilotus-Homaccord®, Arnica-Injeel®.

Physikalische Maßnahmen:

- Kühlung der Nackengegend und des Nasenrückens.

9.2 Nasenschleimhautentzündung (Rhinitis)

Krankheitsursachen: Erkältungen, Allergien, Infektionskrankheiten (Staupe, H. c. c.), Reizungen (Staub, Rauch, Desinfektionsmittel), Pilzerkrankungen, Fremdkörper (dann meist einseitig), Tumore, Gaumenspalten, Zahnwurzelvereiterungen mit Durchbruch in die Nasenhöhle, Zahnwachstumsstörungen.

Symptome, Diagnose: Häufiges Niesen, Ausprusten, Nasenreiben, reichlich wässriger bis eitriger Nasenausfluss aus einem oder beiden Nasenlöchern, verklebte Nasenlöcher und Nasenspiegel.

Nachweis der Erreger mit einem Nasentupfer und Anzüchtung im Labor.

Behandlungsstrategie: Ursache beheben, Erleichterung der Atmung.

Allgemeine Maßnahmen

- Verkrustungen mit Paraffin oder Pflanzenöl entfernen,
- Nasenspiegel häufig einfetten (Vaseline, Bepanthen® Wund- und Heilsalbe).

Allopathie

- Richtet sich nach dem Krankheitsgrund,
- bei bakteriellen Infektionen lokale Behandlung mit antibiotischen Augentropfen, z.B. Gent-Ophtal®, alle 6 Stunden 2–3 Tropfen je Nasenloch,
- bei eitrigem Ausfluss und gestörtem Allgemeinbefinden mit erhöhter Körperinnentemperatur systemische antibiotische Therapie, je nach Erreger.

Homöopathie

- Monopräparate, je nach Arzneimittelbild: Allium cepa D3, D4, D6; Luffa D4, D6; Cinnabaris D4, D6,
- Kombinationspräparate: Naso Heel S®, Rapako® comp Nasenspray, Mucosa compositum®, Euphorbium compositum®, Sinapsis nigra Oligoplex®, Infi Eupatorius®, Infi Myosotis®, Infi Echinacea®, Kalium chloratum I/II Similiaplex®, Sinupas®, Pfy Sinapis 107®, Pfx Cepa®, Pfy Lemna®.

Phytotherapie

- Inhalationen mit Emser Salz, Kamille oder ätherischen Ölen von Latschenkiefer, Eukalyptus, Pfefferminze, Thymian.

Physikalische Maßnahmen:

- Rotlicht-Bestrahlung 30 Minuten pro Tag.

9.3 Sonderfall allergische Rhinitis

Krankheitsursachen: Übermäßige Immunreaktion auf bestimmte Stoffe (Pollen, Speichel anderer Haustiere, Hausstaub etc.)

Behandlungsstrategie: Allergen identifizieren, dann Allergenkontakt minimieren. Behandlung der Symptome, Hyposensibilisierung

Allgemeine Maßnahmen

- Allergenkontakt minimieren: Bei Pollen- und Hausstauballergien Lager häufig waschen, Spaziergänge so wählen, dass Tageszeit und Örtlichkeit möglichst wenig belastend sind,
- Anfeuchten der Schleimhäute durch Luftbefeuchter und Meerwasser-Nasentropfen.

Allopathie

- Ermittlung des Allergens durch Bestimmung des IgE im Blut. Anschließend Hyposensibilisierung durchführen,
- symptomatisch: Diphenhydramin (Benadryl®) 1–2 mg/kg i.m. oder i.v., oder lokal (Azelastin: Allergodil® Nasenspray, Augentropfen),
- bei jährlich wiederkehrenden Allergieschüben von kurzer Dauer (max. 6 Wochen) kann ein Depot-Cortison (depot medrate®) erwogen werden.

Homöopathie

- Monopräparate; je nach Arzneimittelbild: Galphimia D6; Formicicum (oder Acidum formicicum), D4, D12, D30,
- Kombinationspräparat: Allergosal®.

Phytotherapie

- Inhalationen mit Salzwasser (Meersalz, Emser Sole).

10 Atmungsorgane

10.1 Leitsymptom Husten

Krankheitsursachen: Erkältungen (Pharyngitis), Bronchitis, Asthma, Lungenerkrankungen, Zwingerhusten, Herz-Kreislauf-Erkrankungen („Herzhusten“), Allergien, Reizungen der oberen Atemwege (Staub, Rauch, Lösungsmittel etc.), Fremdkörper im Rachen, kollabierenden Trachea (vor allem bei Zwergrassen).
Behandlungsstrategie: Richtet sich nach der Grunderkrankung
Um das Leitsymptom Husten richtig einzuordnen, müssen die Begleitsymptome genau erfasst werden: Manchmal ist ein chronischer Husten, der ohne weitere klinische Auffälligkeiten auftritt, auch auf ein zu enges Halsband zurückzuführen, vor allem bei undisziplinierten Hunden, die stark an der Leine zerren. In solchen Fällen kann ein Geschirr oder ein so genanntes Halti Abhilfe schaffen.

10.2 Bronchitis

Krankheitsursachen: Mischinfektionen mit Bakterien oder Viren, Immunsuppression z.B. durch Auskühlung, Vitaminmangel
Symptome, Diagnose: Die häufigste Erkrankung des Atemapparates beim Hund. Kräftiger, anfallsweiser feucht-lockerer Husten, im Heilungsverlauf z.T. Übergang zu trockenem Reizhusten, verschärftes vesikuläres Atemgeräusch z.T. mit Rasselgeräuschen
Behandlungsstrategie: Bekämpfung der Infektion, Lösen des Schleims, Erleichterung der Atmung, Stärkung des Immunsystems
Allopathie

- Schleimlösende Mittel wie Bromhexin oder Acetylcystein, z.B. Bisolvon® 0,25–2 g/Tier/Tag,
- bei trockenem Reizhusten (vor allem in der Nacht) Antitussiva, z.B. Benadryl® Hustensaft, 0,1–0,3 mg/kg,

- bei hohem Fieber systemische antibiotische Therapie: Chloramphenicol 50 mg/kg p.o., Doxycyclin (z.B. Ronaxan®) 10 mg/kg 2-mal tgl., Oxytetracyclin (z.B. Terramycin®) 5–15 mg/kg 2-mal tgl., Enrofloxacin (z.B. Baytril®) 5 mg/kg täglich p.o. oder parenteral über 10 Tage,
- Stärkung des Immunsystems mit Paraimmunitätsinducern, z.B. Baypamune®, 1 ml pro Tier.

Homöopathie

- Monopräparate, je nach Arzneimittelbild: Cuprum aceticum D4, D6; Ipecacuanha D6; Tartarus stibiatus/emeticus D4, D6,
- Kombinationspräparate: Bronch Injektopas®, Bronchialis Heel®, Droperteel®, Tartephedreel®, Cefasept®, Eupatorium Komplex 18®, Pulmonaria Spezial 110®, Febrisal®, Bronchi/Plantago compositum®.

Phytotherapie gegen Entzündung und Krämpfe der Atemwege:

- Inhalationen mit Meersalz, Emser Salz, Kamille oder ätherischen Ölen von Pfefferminze, Salbei, Thymian, Eukalyptus.

Phytotherapie trockener Reizhusten:

- Zubereitung aus Eibisch, Malve, Spitzwegerich, Huflattich, Königskerze, Isländisch Moos, Süßholz als Tee, Sirup, Hustensaft, Frischpflanze. Fertigpräparate, z.B. Kneipp Spitzwegerich-Pflanzensaft Hustentrost®.

Phytotherapie feuchter Husten:

- Inhalationen mit Menthol oder ätherischen Ölen von Thymian, Anis, Fenchel, Menthol, Eukalyptus.

Physikalische Maßnahmen:

- Prießnitz-Umschläge: feuchtwarme Wickel um den Brustkorb über 20–30 Minuten.

10.3 Zwingerhusten (Canine Laryngotracheitis, Canine Tracheabronchitits)

Krankheitsursachen: Hochansteckende Infektionskrankheit, die sich bei engem Kontakt schnell ausbreitet (z.B. in der Hundepension, bei einem Ausstellungsbesuch oder auf dem Übungsplatz),

Mischinfektion mit verschiedenen Viren (Adeno-, Parainfluenza-, Reo- und humane Influenzaviren) und Bakterien *(Bordetella bronchiseptica, E. coli*, Klebsiellen, *Pseudomonas*, Mykoplasmen).

Symptome, Diagnose: Kurzer, trockener, anfallsweise auftretender Husten, der durch Druck auf die Trachea auszulösen ist. Sehr hartnäckig, sehr ansteckend, Nachweis der Erreger aus Rachenabstrich im Labor.

Behandlungsstrategie: Bekämpfung der Erreger, Erleichterung der Atmung, Stärkung des Immunsystems.

Allgemeine Maßnahmen

- Lokaler Impfschutz durch intranasale Gabe von NobiVac BbPi®, (Wirkungseintritt nach 48 Stunden); zu empfehlen z. B. vor einem Pensionsaufenthalt oder einer Ausstellung,
- parenteraler Impfschutz meist im Kombinationsimpfstoff (z. B. Canimed® SHPPi forte).

Allopathie

- Schleimlösende Mittel wie Bromhexin oder Acetylcystein, z. B. Bisolvon® 0,25–2 g/Tier/Tag,
- bei trockenem Reizhusten (vor allem in der Nacht) Antitussiva, z. B. Benadryl® Hustensaft, 0,1–0,3 mg/kg,
- bei hohem Fieber systemische antibiotische Therapie, z. B. Doxycyclin (z. B. Ronaxan®) 10 mg/kg 2-mal tgl., Oxytetracyclin (z. B. Terramycin®) 5–15 mg/kg 2-mal tgl., Enrofloxacin (z. B. Baytril®) 5 mg/kg täglich p. o. oder parenteral über 10 Tage.

Homöopathie

- Monopräparate, je nach Arzneimittelbild: Bryonia D4, D6, D30; Drosera D4, D6; Phosphor D6, D12,
- Kombinationspräparate: Vetokehl Not® D5, Quentakehl® D6, Ipecacuanha Oligoplex®, Jodum Oligoplex®, Kreosotum Oligoplex®, Myosotis Oligoplex®, Roth's Ropulmin N®, Calcium carbonicum compositum®, Infi Drosera®, Infi Eupatorius®, Bronch Injektopas®, Corallium Similiaplex®, Belladonna Homaccord®, Echinacea compositum®, Cefasept®, Bronchi/Plantago compositum®.

Phytotherapie gegen Entzündung und Krämpfe der Atemwege:

- Inhalationen mit Meersalz oder Emser Salz oder ätherischen Ölen von Kamille, Pfefferminze, Salbei, Thymian, Eukalyptus.

11 Herz und Kreislauf

11.1 Herzklappeninsuffizienz und Herzinsuffizienz

Krankheitsursachen: Durch einen degenerativen Prozess verändern sich die Herzklappen (vor allem die Mitralklappe) ab dem mittleren Lebensabschnitt von einem ursprünglich feinen, dünnen, durchsichtigen Gewebe zu einem derben, blumenkohlartig aussehenden Wulst. Auf Grund des fehlenden Klappenschlusses strömt ein Teil des Blutes wieder zurück ins Herz. Das Herz muss mehr arbeiten, um die gleiche Menge Blut zu transportieren. Als Folge kann eine krankhafte Verdickung der linken Herzwand auftreten. Bei weit fortgeschrittener Krankheit können Herzrhythmusstörungen (Tachyarrhythmien) auftreten.

Symptome, Diagnose: Viele Patienten leben beschwerdefrei. Bei stärker veränderten Herzklappen: Konditionsschwierigkeiten, Husten (z.T. mit viel Schleim), Atembeschwerden. Später staut sich das Blut in die Lunge und Leber zurück, es kommt zu Wasseransammlungen im Brust- und Bauchraum: belastender Husten, nächtliche Unruhe, vermehrtes Trinken und starke Konditionsschwäche, systolisches, zischendes, fauchendes Herzgeräusch im Bereich des 5. Zwischenrippenraums. In manchen Fällen mit musikalisch klingendem, lautem „Möwenschrei". Die Intensität der Geräusche und damit der Grad der Veränderung wird in die Phasen I–IV eingeteilt.

Nachweis der Schwere der Veränderungen am Herzen durch EKG und/oder Ultraschall, Blutwerte geben über die Belastungen des Herzmuskels, der Leber und der Niere Aufschluss.

Behandlungsstrategie: Unterstützung des Herzens (bessere Pumpleistung bei langsamerem Puls), Kreislauf entlasten (Diurese), Rhythmusstörungen beseitigen.

Allgemeine Maßnahmen

- Futterumstellung auf natriumarmes Futter (z.B. Heart Programme® von Royal Canine), mehrmals täglich in kleinen Portionen,
- Gewichtsreduktion bei Übergewicht,
- Ruhe und körperliche Schonung.

Allopathie

- Herzprobleme sollten grundsätzlich vom Tierarzt behandelt werden!
- Unterstützung des Herzen: ACE-Hemmer: Benazeptril (z.B. Fortecor®) 0,25–0,5 mg/kg 1-mal täglich p.o., Enalapril (Cardiovet®, Enacard®) 0,5 mg/kg 1–2-mal täglich p.o., Quinapril (Accupro®) 0,5–0,75 mg/kg p.o. 1-mal täglich.
- Herzglykoside: Methyldigoxin (Lanitop®) initial 0,02 mg/kg p.o., nach 7–10 Tagen auf 0,01 mg/kg p.o. reduzieren (Erhaltungsdosis). **Wichtig:** Es sind individuelle Schwankungen von 50–200% möglich!
- Diurese: Furosemid (Lasix®, Dimazon®) 1–2 mg/kg p.o., i.m., i.v. **Wichtig:** Furosemid spült verstärkt Kalium mit aus, darum Serumspiegel kontrollieren!
- Verminderung der Nachlast auf das Herz, z.B. Nepresol®, 0,5–2 mg/kg 2-mal täglich p.o.
- Herzrhythmusstörungen beseitigen: Propafenon (Rhythmonorm®) 3 mg/kg p.o. alle 8 Stunden; Propranolol (z.B. Dociton®, Obsidan®, Propra-ratiopharm®) 0,2–1 mg/kg p.o. 3-mal täglich.

11.2 Herzinsuffizienz und Altersherz

Homöopathie

- Monopräparate, je nach Arzneimittelbild: Acetum hydrocyanicum D4, D6; Laurocerasus D3, D6,
- Kombinationspräparate: Infi-Crataegus®, Cor/Cor forte Injektopas®, Cranolin®, Cactus compositum®, Cor compositum®, Habstal-Cor®.

Phytotherapie

- Pflanzen: Weißdorn, Königin der Nacht, Maiglöckchen, Adonisröschen, Meerzwiebeln; wegen der z.T. starken Wirkung wird die Anwendung von Fertigpräparaten (s.u.) empfohlen.
- Fertigpräparate: Tensitruw® Tropfen, Cefascillan®, Löwe-Komplex®, Viscorapas-Duo®, Cardiacum 1® oder 2® Pascoe S, Crataepas 100®, Naranocor®/Naranocor H®, Sedocardin®, Crataegus-Heel S®, Oxacant®/Oxacant forte®, Convastabil®.

11.3 Anaphylaktischer Schock

Ein Schockgeschehen (z.B. nach Bienen- oder Wespenstich) entsteht innerhalb weniger Sekunden bis Minuten und kann lebensbedrohliche Formen annehmen. In den Sommermonaten erscheinen oft Besitzer mit Tieren, die sich nach einer Schockreaktion selbst wieder erholt haben.

Krankheitsursachen: Überreaktion auf Antibiotika, Kontrastmittel, Seren, Gifte u.v.m.

Symptome, Diagnose: Unterschiedlich, von plötzlicher heftiger Unruhe über Hautquaddelbildung bis zum typischen Schockbild: flacher, schwacher Puls (gefühlt an der A. saphena innen am Oberschenkel), blasse Schleimhäute, flache, schnelle Atmung, Bewusstseinsverlust.

Behandlungsstrategie: Kreislauf stabilisieren, Ausschüttung weiterer Schockhormone verhindern, Gefäßwände abdichten.

Allgemeine Maßnahmen

- Ein anaphylaktischer Schock bedarf der sofortigen Behandlung durch einen Tierarzt!
- Das Tier warmhalten, bei Bewusstlosigkeit die Zunge aus dem Maul ziehen (Erstickungsgefahr).
- Hilfreich sind Bachblüten Rescue® Remedy-Tropfen.
- Bei Atem- und Kreislaufstillstand: Herzmassage mit der linken Vorderextremität: kreisförmig nach vorne und oben wegführen, kreisförmig nach hinten und unten zurückführen und kräftig auf den Thorax drücken.

- Beatmung Mund-zu-Nase: Die Nase des Patienten mit einem Taschentuch abdecken (Hygiene!), die Schnauze mit beiden Händen zuhalten und nach jeder 3. Herzmassage Luft einblasen.
- Wichtig: Vorsicht, wenn das Tier wieder zu sich kommt! Auch friedliche Tiere können unberechenbar reagieren!

Allopathie

- Venenkatheter legen, körperwarme Infusion mit NaCl 0,9%. Glucocorticoide gegen Schockhormone: Dexamethason (Voren®) 2–5 mg/kg langsam i.v.,
- abdichten der Gefäßwände: Calciumgluconat 24% 0,5 ml/kg langsam (!) i.v.,
- bei Herzstillstand Epinephrin 0,1–0,5 mg/Tier i.c., Herzmassage,
- bei Atemstillstand Dopamin 10 µ/kg/min.

Homöopathie Nur unterstützend:

- Monopräparate, je nach Arzneimittelbild: Veratrum album D4; Arnica D30.

12 Verdauungstrakt

12.1 Leitsymptom Erbrechen

Krankheitsursachen: Infektionen (s.a. Kap. 12.2 bis 12.4), aufgenommene Fremdkörper, Vergiftungen (Gifte können gefressen, eingeatmet oder über die Haut aufgenommen werden), Stress, Kinetosen (Autofahrt).

Hunde, vor allem Welpen und Junghunde, erbrechen sich häufig. Das gelegentliche Hochwürgen von zuvor gefressenem Gras zusammen mit gelblichem Schleim und Haaren ist ein arttypisches Verhalten und deutet nicht auf eine Erkrankung hin.

Erbrechen dient dem Entfernen von Krankheitserregern oder Giften aus dem Verdauungstrakt und sollte nur dann medikamentös unterbunden werden, wenn es über mehrere Stunden anhält und/oder das Tier zur Dehydrierung neigt.

Allgemeine Maßnahmen

- In einfachen Fällen ohne nennenswerte Erhöhung der Körpertemperatur hilft oft ein Fastentag mit anschließender Fütterung von Schonkost (gekochtes Hühnchen, Reis, Magerquark für 2–3 Tage).
- Während des Fastentages Traubenzucker ins Trinkwasser mischen oder auf Elektrolyt-Trinklösungen ausweichen.
- Beginn der Fütterung mit kleinen Portionen lauwarmem Futters mit speziellen Futterzusätzen (z.B. Dia-Fit® Hunal).

Symptome: Auf ein ernsteres Krankheitsgeschehen deuten hin

- häufiges Erbrechen über einen längeren Zeitraum (länger als 6–8 Stunden),
- hohes Fieber (> 40 °C),
- gleichzeitiger starker Durchfall,
- stark gespannte Bauchdecke (Zeichen für Schmerz) und/oder aufgeblähtes Abdomen,
- Blut im Erbrochenen (und im Kot),

- starke Mattigkeit, Bewusstseinseintrübung,
- ständig wiederkehrendes Erbrechen mit gleichzeitiger Abmagerung.

12.2 Leitsymptom Durchfall

Krankheitsursachen: Wie das Erbrechen ist der Durchfall ein Symptom bei einer Vielzahl von Erkrankungen: Allergien, Infektionen, Parasitenbefall, Vergiftungen usw.
Milch und unvergorene Milchprodukte können bei erwachsenen Hunden Durchfall auslösen.

Allgemeine Maßnahmen

- In einfachen Fällen ohne nennenswerte Erhöhung der Körpertemperatur hilft oft ein Fastentag mit anschließender Fütterung von Schonkost (gekochtes Hühnchen, Reis, Magerquark für 2–3 Tage).
- Während des Fastentages Traubenzucker ins Trinkwasser mischen oder auf Elektrolyt-Trinklösungen ausweichen.

Symptome: Auf ein ernsteres Krankheitsgeschehen deuten hin:

- hohes Fieber (> 40 °C),
- großer Wasserverlust (eventuell durch gleichzeitiges Erbrechen),
- Blutbeimengungen,
- starke Schmerzen (hochgezogenes, gespanntes Abdomen, Krämpfe).

12.3 Akute Magenschleimhautentzündung (Gastritis)

Krankheitsursachen: Infektionen (z. B. Staupe, Leptospirose, Parvovirose), Allergien, Vergiftungen, Parasiten, Fremdkörper, zu heißes oder kaltes Futter, permanenter Stress.

Symptome, Diagnose: Erbrechen, vor allem nach Futter- oder Wasseraufnahme, vermehrtes Grasfressen und Gähnen, z. T. Schmerzen (hochgezogenes, gespanntes Abdomen, Krämpfe).

Behandlungsstrategie: Ursachenbekämpfung, Flüssigkeits- und Elektrolytzufuhr, Beruhigung des Magens, Normalisierung der Säureproduktion, Stressvermeidung.

Allgemeine Maßnahmen

- Das Röntgenkontrastmittel mit Bariumsulfat eingeben (1–2 ml/kg): beruhigt den Magen und ist gleichzeitig für eine eventuelle weitergehende Untersuchung nützlich.
- Fastentag einlegen: Elektrolytlösungen (Korvimin gastro®, NaCl 0,9% oder Traubenzucker-Lösungen) oder Kräuteraufgüsse mit Traubenzucker zu trinken geben.
- Am zweiten Tag mit Schonkost beginnen: gekochtes Hühnchen, Reis, Magerquark, Hüttenkäse oder Spezialfutter (z.B. Intestal Formular®).
- Langfristig Futterumstellung auf Schonkost (z.B. Hill's Lamm und Reis).
- Stress vermeiden!

Allopathie

- Bei einfachen Infektionen des Magen-Darm-Trakts antibiotische Therapie, z.B. mit Amoxicillin 10 mg/kg 2-mal täglich p.o. (z.B. Clamoxyl®); Enrofloxacin (Baytril®) 5 mg/kg p.o., s.c.,
- gegen Krämpfe und Schmerzen Metamizol (Novalgin®) 20–50 mg/kg i.m., s.c. und/oder Butylscopolamin (Buscopan®) 0,4–0,8 mg/kg s.c. oder als Zäpfchen (eines enthält 7,5 mg),
- Brechreiz ausschalten: z.B. mit Metoclopramid (Befedo®, MCP Hexal®, Paspertin®) 0,1–0,3 mg/kg p.o., s.c. oder Dimenhydrinat (Vomex A®) 4–8 mg/kg i.v., i.m., s.c., p.o. bis zu 3-mal täglich,
- Flüssigkeitsmangel ausgleichen mit Infusionen mit NaCl oder Vollelektrolyt-Lösung,
- zur Stabilisierung der Darmflora Futterzusätze mit Darmbakterien (z.B. CaniBac®).

Homöopathie

- Monopräparate, je nach Arzneimittelbild: Ipecacuanha D6; Arsenicum album D6; Veratrum album D4, D6,

- Kombinationspräparate: Gastricumheel®, Vomitusheel®, Gastri L90 N®, Mucosa compositum®, Nux vomica Homaccord®, Spascupreel®, Spasmo-Injektopas®, Cefaspasmon®, Allergosal®.

Phytotherapie

- Gegen Entzündungen und Krämpfe der Schleimhaut: Aufguss aus Kamille, Pfefferminze, Melisse, Süßholz, Gänsefingerkraut, Ringelblume,
- Schleimhautschutz: Kaolin, Bolus alba, Pektin, Heilerde: bis zu 3 Teelöffel täglich in lauwarmem Wasser gelöst eingeben; Schleime aus Leinsamen, Hafer, Reis,
- Regulation der Verdauung: Aufguss aus Kamille, Pfefferminze, Melisse, Anis, Fenchel, Kümmel,
- Fertigpräparate: Stullmisan®, Cefagastrin®, Gastritol®, Infitrakt®.

12.4 Darmentzündung (Enteritis)

Krankheitsursachen: Infektionen (Corona- und Rotaviren, Parvoviren, *E. coli*, Salmonellen), Fütterungsfehler, Parasitenbefall (Würmer), Vergiftungen.

Oft gekoppelt mit Erbrechen **(Gastroenteritis).**

Behandlungsstrategie: Beseitigung der Ursache, Entlastung des Magen-Darm-Trakts, Ersetzen der fehlenden Flüssigkeit, Beseitigung von Krämpfen und Schmerzen, Stabilisierung der Darmschleimhaut, Bindung und Ausscheidung von Giftstoffen, Regulierung der Darmflora.

Allgemeine Maßnahmen

- Fastentag mit anschließender Schonkost: gekochtes Hühnchen, Reis, Magerquark oder Spezialfutter (z.B. Intestinal Formular®) für 2–3 Wochen,
- während des Fastentages Traubenzucker ins Trinkwasser mischen, Kräuteraufgüsse oder Elektrolyt-Trinklösungen (z.B. Korvimin gastro®) geben.

Allopathie

- Amoxicillin 10 mg/kg 2-mal täglich p.o.(z.B. Clamoxyl®); Trimethoprim mit Sulfonamid 15–25 mg/kg s.c., i.m., p.o. 1-mal täglich; Enrofloxacin (Baytril®) 5 mg/kg s.c., p.o. 2-mal täglich; Orbifloxacin (Orbax®) 2,5 mg/kg 1-mal täglich; Kombipräparate, z.B. aniMedica® Durchfallsuspension,
- gegen Krämpfe und Schmerzen Metamizol (Novalgin®) 20–50 mg/kg i.m., s.c. und/oder Butylscopolamin (Buscopan®) 0,4–0,8 mg/kg s.c. oder als Zäpfchen (eines enthält 7,5 mg),
- bei massiver bakterieller Infektion mit Endotoxinbelastung: Flunixin-Meglumin (Finadyne®) 1 mg/kg i.v., s.c. **Wichtig:** Nicht zusammen mit anderen Antiphlogistika anwenden, nicht bei Verdacht auf Magendrehung oder Magen- oder Darmdurchbruch!
- Flüssigkeitsmangel ausgleichen mit Infusionen mit NaCl 0,9 % oder Vollelektrolytlösungen,
- Wiederherstellung der Darmflora: z.B. Proof-Care® Darm-Gel oder CaniBac®.

Homöopathie

- Monopräparate, je nach Arzneimittelbild: Arsenicum album D4, D6, D12, D30; Mercurius solubilis D6, D12; Pyrogenium D8,
- Kombinationspräparate: Dysenteral®, Infi Rheum®, Diarrheel®, Veratrum Homaccord®, Podophyllum compositum®, Infi Tormentilla®, Mucosa compositum®, Nux vomica-Homaccord®.

Phytotherapie

- Krampflösend, entzündungshemmend: Aufguss aus Kamille, Schwarztee, Fenchel,
- Schleimhautschutz: Aufguss oder Abkochung von Tormentillwurzel, Heidelbeere, Eichenrinde; Schleim aus Leinsamen, Reis, Apfelpektin; Lösung in lauwarmem Wasser zum Eingeben mit Tonmineralien, Bolus alba, Heilerde, je 1–3 Teelöffel,
- Regulierung der Darmflora mit Bäcker- oder Bierhefe,
- Fertigpräparate: Durchfallpulver®, Stullmisan®, Dysticum®.

12.5 Panleukopenie der Hunde (Parvovirose)

Krankheitsursache: Canines Parvovirus (CPV)

Symptome, Diagnose: Hochansteckend! Betroffen sind vor allem Welpen und Junghunde, auch ältere Tiere mit unzureichendem Impfschutz.

Gastroenteritische Form: starkes Erbrechen, wässrig-schleimig-blutiger Durchfall, schwere Störung des Allgemeinbefindens, 10–15 % aller Patienten sterben.

Kardiopulmonale Form: schwere Herzschäden mit allen Folgesymptomen (u.a. Wasseransammlungen in Brust- und Bauchraum), bis zu 100 % aller Patienten sterben, bei den anderen bleiben Herzschäden zurück.

Behandlungsstrategie: Siehe Enteritis (s. Kap. 12)

Prophylaxe: Impfungen, in Endemiegebieten dreifache Grundimmunisierung (s. Kap. 15.1): meist als Kombinationsimpfstoff (z.B. Canimed® SHP+LT).

12.6 Bauchspeicheldrüsenentzündung (Pankreatitis)

Krankheitsursachen: Noch nicht restlos geklärt, vermutlich übermäßige Stimulation der Bauchspeicheldrüse durch Fastentage und/oder übermäßig fette Nahrung. Da die Verdauungsenzyme nicht abfließen können, verdaut sich das Organ selbst. Es betrifft vor allem übergewichtige Hunde ab dem mittleren Lebensalter. Jeder zweite Patient stirbt an den Entzündungsfolgen.

Symptome, Diagnose: Unterschiedlich, je nach Lage und Ausdehnung der Entzündung: leichtere Formen mit leichten Darmbeschwerden. Typisch ist das „akute Abdomen“: plötzliches, heftiges Erbrechen, kein Kotabsatz, gespannte, aufgetriebene Bauchdecke, im Blutbild meistens eine signifikant erhöhte α-Amylase.

Behandlungsstrategie: Hemmung der Pankreas-Aktivität, Schockbekämpfung, Schmerzbekämpfung, antibiotische Vorsorge gegen Infektionen im entzündeten Gebiet.

Allgemeine Maßnahmen

- Vollständiger Nahrungs- und Flüssigkeitsentzug (auch kein Wasser!) über mindestens 8 Tage,
- anschließend fettfreies Diätfutter.

Allopathie

- Hemmung der Pankreas-Aktivität: Cimetidin (Tagamet®) 5–10 mg/kg p. o. alle 6–8 Stunden oder Ranitidin (Sostril®) 0,5–2 mg/kg p. o. 2–3-mal täglich,
- Schockbekämpfung und Ernährung des Patienten über einen Verweilkatheter mit Glucose- und Elektrolytinfusionen,
- Schmerzbekämpfung: Metamizol und Butylscopolamin (Buscopan®),
- Antibiotischer Schutz der entzündeten Drüse: Amoxicillin (Clamoxyl®) 10 mg/kg 2-mal täglich s. c., p. o.

Homöopathie

- Monopräparate, je nach Arzneimittelbild: Acidum phosphoricum D6, D30, Eichhornia D2,
- Kombinationspräparate: Pancreas comp. PLV®, Traumeel®, Lachesis compositum®, Phytolacca-Injeel (forte)®.

Phytotherapie

- Findet im akuten Stadium keine Verwendung.

12.7 Magendrehung

Krankheitsursachen: Ursächlich ist eine Bindegewebsschwäche in der Magenaufhängung, gemeinsam mit starker Bewegung bei gefülltem und/oder aufgegastem Magen (Wälzen, Springen). Durch die Verdrehung des Magens werden Blutgefäße, die Speiseröhre und die Milz spiralig aufgedreht, es kommt rasch zu kolikartigen Schmerzen und Schocksymptomen.

Symptome, Diagnose: Betroffen sind vor allem große (Bernhardiner, Berner Sennenhund, Deutsche und Dänische Dogge, Deutscher Schäferhund, Setter) und auch mittelgroße Hunde. Es erkranken zweimal mehr Rüden als Hündinnen. Plötzliche, starke

Aufblähung, Unruhe, Würgen ohne Erbrechen, Schmerzäußerungen, Schocksymptome.

Behandlungsstrategie: Schockbehandlung, rasche operative Rückverlagerung des Magens. Je länger der Zustand besteht, desto größer sind die Gewebeschäden an den betroffenen Organen. Unbehandelt stirbt das Tier innerhalb weniger Stunden durch Kreislaufversagen.

Allgemeine Maßnahmen

- Zur Prophylaxe mehrmals täglich in kleinen Portionen füttern,
- nach der Fütterung 2 Stunden Ruhepause einlegen, kein Spiel, kein Spaziergang,
- keine blähenden Futtermittel (Getreideflocken gar nicht oder nur in Maßen, vor allem beim älteren Hund!),
- Hunde niemals über den Rücken drehen (auch nicht bei tierärztlichen Untersuchungen, z.B. bei Röntgenaufnahmen unter Sedierung),
- zur Stärkung des Bindesgewebes Kieselsäure-Präparate.

Homöopathie Zur Prophylaxe:

- Monopräparate zur Stärkung des Bindegewebes: Calcium fluoratum D6, D12, D30, D200; Silicea D12, D30, D200,
- Kombinationspräparate: Silicea-Injeel®.

12.8 Wurmbefall

12.8.1 Spulwürmer

Krankheitsursachen: *Toxocara canis* und *Toxascaris leonina*

Toxocara canis wird von der Mutter schon im Mutterleib und/oder nach der Geburt über die Milch auf die Welpen übertragen. *Toxascaris leonina* überträgt sich durch Schmutzinfektionen.

Symptome, Diagnose: Geblähter Bauch, mangelnde Gewichtszunahme, Entwicklungsstörungen.

Die Wurmeier sind im Stuhl nachweisbar (Sedimentationsmethode).

Behandlungsstrategie: Welpen alle 14 Tage entwurmen, erwachsene Tiere mindestens 3–4-mal im Jahr.

Allopathie

- Orale Wurmkuren mit Mebendazol, Flubendazol, Fenbendazol, Nitroscanat (z. B. Welpan®, Banminth®, Lopatol®).

Homöopathie Nur unterstützend zur Allopathie:

- Kombinationspräparate: Abrotanum-Injeel®, Tanacet-Heel®, Mucosa compositum®, Calcium carbonicum-Injeel®.

12.8.2 Peitschenwürmer

Krankheitsursache: *Trichuris vulpis*

Symptome, Diagnose: Vor allem bei Hunden im Alter bis 2 Jahre: Chronische Dünndarmentzündung, Durchfälle, Meteorismus, Entwicklungsstörungen; Nachweis der Eier im Stuhl.

Behandlungsstrategie: Welpen alle 14 Tage entwurmen, erwachsene Tiere mindestens 3–4-mal im Jahr.

Allopathie

- Orale Wurmkuren, z. B. mit Febantel (Rintal®), Flubendazol (Flubenol®) oder Kombinationspräparaten, z. B. Welpan®.

Homöopathie Nur unterstützend zur Allopathie:

- Kombinationspräparate: Abrotanum-Injeel®, Tanacet-Heel®, Mucosa compositum®, Calcium carbonicum-Injeel®.

12.8.3 Fadenwürmer

Krankheitsursache: *Strongyloides stercoralis*

Wichtig: kann auch Menschen infizieren!

Symptome, Diagnose: Vor allem bei Welpen, die in unhygienischen Verhältnissen aufgezogen werden. Chronische Dünndarmentzündung, Durchfälle, Meteorismus, Entwicklungsstörungen; Nachweis der Eier im Stuhl.

Behandlungsstrategie: Welpen alle 14 Tage entwurmen, erwachsene Tiere mindestens 3–4-mal im Jahr.

Allopathie

- Orale Wurmkuren, z. B. mit Febantel (Rintal®), Flubendazol (Flubenol®) oder Kombinationspräparaten, z. B. Welpan®.

Homöopathie Nur unterstützend zur Allopathie:

- Kombinationspräparate: Abrotanum-Injeel®, Tanacet-Heel®, Mucosa compositum®, Calcium carbonicum-Injeel®.

12.8.4 Bandwürmer

Krankheitsursachen: *Dipylidium caninum, Echinococcus granulosus* u. a.

Wichtig: Die Larven können beim Menschen lebensbedrohliche Krankheiten hervorrufen!

Symptome, Diagnose: Nachweis der Eier im Stuhl (Flotationsmethoden); evtl. reiskornartige Bandwurmglieder am After oder im Stuhl zu finden **(Vorsicht:** infektiös für den Menschen!).

Behandlungsstrategie: mindestens 3–4-mal im Jahr entwurmen; Floh- und Haarlingsbekämpfung (dienen als Zwischenwirte für *Dipylidium caninum*).

Allopathie

- Orale Wurmkuren mit Praziquantel (z. B. Droncit®, im Kombinationspräparat Drontal plus®).

Homöopathie Nur unterstützend zur Allopathie:

- Kombinationspräparate: China-Injeel®, Abrotanum-Injeel®, Tanacet-Heel®, Mucosa compositum®, Calcium carbonicum-Injeel®.

12.9 Fremdkörper

Krankheitsursachen: Fremdkörper werden oft unbemerkt vom Hund gefressen, z. B. während eines Spaziergangs oder in einem unbeobachteten Moment am Küchenmülleimer. Neben verschluckten Spielzeugen (Bälle, Holzstücke) werden in der Hast oft Verpackungen (z. B. von Würstchen, Käse usw.) verschluckt. Vorsicht im Raucherhaushalt: Beim Fressen aus dem Mülleimer können Zigarettenstummel mitverschluckt werden! Nikotinvergiftung: heftiges Erbrechen, Zittern, Erregung.

Symptome, Diagnose: Manche Fremdkörper werden erst bemerkt, wenn der Hund sie erbricht oder im Kot mit ausscheidet. Bleiben sie während der Magen-Darm-Passage stecken, verursachen sie Appetitlosigkeit, rezidivierendes Erbrechen und allgemeine Magen-Darm-Symptome bis zu kolikartigen Erscheinungen. Palpatorisch sind Fremdkörper meist nur bei sehr kleinen, schlanken Hunden ertastbar, solange die Bauchdecke nicht angespannt wird. Röntgendichtes Material (Stein, Metall) ist im einfachen Röntgenbild zu erkennen. Andere können u. U. durch eine Kontrastmittel-Aufnahme entdeckt oder mit dem Ultraschallgerät aufgespürt werden.

Behandlungsstrategie: Bei kleineren, stumpfen Fremdkörpern abwarten, bis sie von selbst wieder ausgeschieden werden. Plastikverpackungen, Stoffteile oder Ähnliches kann im Rahmen einer Gastroskopie aus dem Magen entfernt werden. Große, scharfkantige Gegenstände oder bei Verdacht auf Verletzungen des Verdauungstrakts bzw. Darmverschluss muss der Fremdkörper möglichst schnell operativ entfernt werden.

Allgemeine Maßnahmen

- Zur Unterstützung der Ausscheidung flüssiges Paraffinöl eingeben. Nach 24–36 Stunden sollte der Fremdkörper ausgeschieden sein.
- Genaue Beobachtung von Verhalten und Stuhlkonsistenz (Wie viel? Wie oft? Blutbeimengung?).
- Temperaturkontrolle (Gefahr von Infektionen durch Verletzungen im Magen-Darm-Trakt).

Allopathie

- Röntgenaufnahme nach Eingabe von Röntgenkontrastmitteln (Vorsicht: Bei Verdacht auf Darmperforation kein Bariumsulfat!).
- Entfernen von Fremdkörpern aus dem Magen mit Gastroskopie, bei feststeckenden Fremdkörper im Darm operative Entfernung.

Phytotherapie

- Schleime von Leinsamen, Hafer, Reis eingeben.
- Vorsicht: Keine Abführmittel geben!

13 Fortpflanzungsorgane

13.1 Vorhautkatarrh (Präputialkatarrh)

Krankheitsursache: Vermehrte Ausscheidung von Sekret durch die Drüsen in der Vorhaut-Schleimhaut. Die genaue Ursache ist unklar, es werden hormonelle und/oder Umweltfaktoren diskutiert. Infektiöse Veränderungen der Präputialschleimhaut werden durch bakterielle Mischinfektionen und/oder kleinen Fremdkörper (Haare, Krümel etc.) verursacht.

Symptome, Diagnose: Ausfluss von gelblich-grünem Sekret aus der Vorhaut, ohne weitere Zeichen einer Entzündung oder Infektion (vermehrte Wärme, Schmerz, Rötung, Schwellung). Im Falle einer Infektion und einer Entzündung ist die Schleimhaut gerötet und verdickt, die Lymphknoten sind geschwollen und das Sekret wird dicklich und oft übel riechend.

Behandlungsstrategie: Entzündungshemmende und desinfizierende Maßnahmen, Bekämpfung evtl. vorliegender Erreger, Stimulation des Immunsystems

Allgemeine Maßnahmen

- Getrocknetes Sekret mit abgekochtem Wasser oder Kräuteraufgüssen einweichen und entfernen.

Allopathie

- Spülen der Vorhaut mit desinfizierenden und entzündungshemmenden Lösungen (z. B. CaniPrevent®, PeniCare®, Betaisodona®-Lösung),
- bei bakteriellen Infektionen nach Abstrich und Resistenztest lokal antibakterielle Suspensionen,
- Stimulation des Immunsystems: Paraimmunitätsinducern (z. B. Baypamune®, 1 ml/Tier),
- durch eine Kastration verschwinden die Symptome.

Homöopathie

- Monopräparate, je nach Arzneimittelbild: Pulsatilla D4, D6, D30; Hepar sulfuris D6, D30; Mercurius solubilis D6, D12,
- Kombinationspräparate: Traumeel®, Mucosa compositum®, Hepar sulfuris-Injeel®, Calendula-Injeel® (Salbe, lokal zum Spülen), Vetokehl Not®.

Phytotherapie:

- Lokale Schleimhautspülungen mit 20%iger Tinktur von Echinacea, Calendula oder Kamille,
- Fertigpräparate: Eucacomp®, Kamilloplant®, Kamillosan®.

13.2 Hodenverhalten (Kryptorchismus, Retentio testis)

Krankheitsursache: Vererbung spielt eine Rolle

Symptome, Diagnose: Unvollständiger Abstieg eines oder beider Hoden aus dem Bauchraum in den Hodensack, z.T. kann der Hoden im Leistenspalt gefühlt werden.

Behandlungsstrategie: Stimulation des Hodenabstiegs, evtl. operative Entfernung des betroffenen Hodens, betroffene Rüden von der Zucht ausschließen.

Allgemeine Maßnahmen

- Massagen, wenn der Hoden im Leistenspalt erreichbar ist.

Allopathie

- Injektionen mit GnRH: Im Abstand von 2–6 Tagen 2–6-mal 50–300 µg s.c. oder i.v.,
- bei Misserfolg den Hoden operativ entfernen.

Homöopathie

- Kombinationspräparate: Therapieversuch mit Hypophysis suis-Injeel® + Placenta compositum®, 2-mal pro Woche; Baryum carbonicum-Injeel forte® 2-mal pro Woche, Magnesium carbonicum-Injeel® alle 2 Tage.

13.3 Scheinträchtigkeit

Krankheitsursache: Eine ungewöhnlich lange Produktion des Gelbkörperhormons Progesteron

Symptome, Diagnose: 15–30% aller Hündinnen sind betroffen: Bei der nicht gedeckten Hündin 4–9 Wochen nach der letzten Läufigkeit Anschwellen des Gesäuges, leichte bis starke Milchproduktion, psychische Veränderungen: Nestbau, Herumtragen und Bemuttern von Gegenständen, Unruhe, Reizbarkeit.

Behandlungsstrategie: Regulation des Hormonhaushalts, Symptombehandlung

Allgemeine Maßnahmen

- Ablenkung (Bewegung),
- Unterbinden des Nestbaus und Wegräumen der Spielsachen,
- Manipulationen am Gesäuge (z.B. Belecken) durch die Hündin selbst oder durch andere Haustiere unterbinden.

Allopathie Leichte Fälle bedürfen keiner Behandlung.

- Hormonelle Regulation: Medroxyprogesteron (Sedometril®), je nach Größe 5–15 mg/Tier/Tag 5–8 Tage lang p.o.
- Prolaktinhemmer, z.B. Bromocriptin (Pravidel®) 20–40 mg/kg p.o. 2-mal täglich 2–8 Tage, Cabergolin (Galastop®) 5 µg/kg p.o. 1-mal täglich über 4–5 Tage.
- Bei wiederkehrenden schweren Fällen die Läufigkeit unterdrücken oder Kastration erwägen.

Homöopathie

- Monopräparate, je nach Arzneimittelbild: Asa foetida D4, D6, D30; Ignatia D4, D6, D30, D200; Phytolacca D1; Pulsatilla D30,
- Kombinationspräparate: Hormeel®, Gynäcoheel®, Ypsiloheel®, Pascoefemin®, Urticaria-Injeel®.

Physikalische Maßnahmen:

- Geschwollene Gesäugekomplexe mit Gelpacks kühlen (nicht direkt auf die Haut, in Geschirrtuch o.Ä. einwickeln).

13.4 Mammatumor

Krankheitsursachen: Entstehung im Zusammenhang mit weiblichen Hormonen, darum vor allem bei unkastrierten weiblichen Tieren im Alter zwischen 9–11 Jahren zu finden. 40–50 % der Tumore sind bösartig, Metastasen entstehen vor allem in der Lunge (Verschleppung über Lymphgefäße).

Symptome, Diagnose: Zubildung in der Milchleiste, derb, knotig, Absicherung durch Biopsie

Behandlungsstrategie: Operative Entfernung mit Kastration

Allgemeine Maßnahmen

- Milchleisten älterer Tiere regelmäßig nach Zubildungen abtasten.

Allopathie

- Operative Entfernung der Zubildungen und der umgebenden Milchleiste samt Lymphknoten, vor allem bei raschem Wachstum, eine gleichzeitige Kastration beugt Rezidiven vor.

Homöopathie

- Monopräparate, je nach Arzneimittelbild: Conium D4, D6, D12, D30, D200; Phytolacca D4, D6; Viscum D4, D6, D12, D30, D200,
- Kombinationspräparate: Coenzym Heel®, Conium-Injeel (forte)®, Thuja-Injeel (forte)®, Carcinoma mammae-Injeel®; Schlangengiftpräparate: C33®, C300®, Nukleozym®.

Phytotherapie

- Misteltherapie, z. B. Iscador®,
- Rote Beete Saft, 1–3 Löffel pro Mahlzeit.

13.5 Endometritis und Pyometra

Krankheitsursachen: Man unterscheidet die typische Pyometra (bedingt durch bakterielle Infektionen) von der hormonell bedingten Endometritis, die zum Teil durch Tumore der Eierstöcke entstehen kann.

Symptome Endometritis: Schleimig-eitriger Ausfluss aus der Scheide, permanent oder schubweise, kann, muss aber nicht auftreten. Das Allgemeinbefinden muss nicht gestört sein; oft jedoch erhöhte Körpertemperatur und Appetitlosigkeit.

Symptome Pyometra: 3–8 Wochen nach der Läufigkeit hochgradig gestörtes Allgemeinbefinden, Fieber, vermehrtes Trinken und erhöhter Harnabsatz, evtl. schleimig-eitriger Ausfluss aus der Scheide, permanent oder schubweise.

Diagnose: Im Röntgenbild sind die gefüllten Gebärmutterhörner gut zu erkennen. Leukozytenzahl und Harnstoffspiegel im Blut sind stark erhöht, bei Spontanentleerung gehen große Mengen gelblich-grüner bis brauner Eiter ab.

Behandlungsstrategie: Je nach Krankheitsbild konservative Medikamententherapie oder Operation

Allopathie

- Endometritis: Entleerung der Gebärmutter durch Injektion von Prostaglandin-Präparaten in der Gelbkörperphase (z.B. Dinolytic®) 0,05–0,25 mg/kg 1-mal täglich über 5 Tage. Die Entleerung erfolgt 3–5 Tage nach der Verabreichung.
- Spülungen der Gebärmutter z.B. mit physiologischer Kochsalzlösung mit Antibiotikazusatz (z.B. Gentamicin).
- Antibiose, z.B. Enrofloxacin (Baytril®) 10 mg/kg über 10–14 Tage, Gentamicin 4 mg/kg s.c., p.o. 2-mal täglich.
- Stärkung des Immunsystems mit Paraimmunitätsinducer: z.B. Baypamune®, 1 ml/Tier.
- Beim Hund sind konservative Therapieversuche bei einer Pyometra in der Regel erfolglos. Eine operative Entfernung der Gebärmutter samt der Eierstöcke ist die Therapie der Wahl.

Homöopathie

- Monopräparate, je nach Arzneimittelbild: Sabina D4, D6; Lachesis D8, D30; Pyrogenium D15, D30,
- Kombinationspräparate: Metro-Logoplex®, Puerperal®, Pulsatilla-Miniplex®, Endometrium compositum®, Sabina-Miniplex®, Metrovetsan®, Echinacea compositum®, Lachesis compositum®, Mucosa compositum®, Mercurius solubilis Simili-

aplex®, Regulation des Hormonhaushalts: Hormeel®, Pascofemin®, Stimulation des Immunsystems: Pascotox®, Engystol®, Vetokehl Sub®.

Phytotherapie

- Lokale Gebärmutterbehandlungen mit 20%iger Tinktur von Kamille,
- Fertigpräparate: Eucacomp®, Kamilloplant®, Kamillosan®.

14 Harnorgane

14.1 Blasenentzündung (Cystitis)

Krankheitsursachen: Bakterielle Infektionen (vor allem *E. coli)* zusammen mit begünstigenden Faktoren wie Unterkühlung, Durchnässung, Harnsteine oder Blasenentleerungsproblemen.

Symptome, Diagnose: Inkontinenz, Harnabsatzprobleme (Schmerzen, aufgekrümmter Rücken, Strangurie), das Tier ist plötzlich nicht mehr stubenrein. Eine pH-Verschiebung des Urins in den alkalischen Bereich, Blutbeimengungen, vermehrtes Harnsediment und Entzündungszellen, Anzucht der Erreger im Labor auf geeigneten Nährmedien.

Behandlungsstrategie: Bekämpfung der Infektion, Durchspülung der Harnwege durch Anregung der Harnproduktion, entkrampfende und schmerzlindernde Maßnahmen.

Allgemeine Maßnahmen

- Vorbeugend Auskühlen verhindern.
- Bei Harnsteinen eine entsprechende Diät einhalten (siehe Kapitel 14.2).

Allopathie

- Je nach Resistenzlage, z.B. Marbofloxacin (Marbocyl®) 2 mg/kg p.o., s.c.; Enrofloxacin (Baytril®), 10 mg/kg p.o., s.c., über 8 Tage,
- krampflösende (z.B. Buscopan®) und schmerzstillende Medikamente, z.B. Tolfenaminsäure (Tolfedine®) 4 mg/kg,
- als Langzeittherapie Uro-Vaxom® (H.M.) über 8–12 Wochen: inaktivierte E. coli-Erreger zur Anregung des Immunsystems.

Homöopathie

- Monopräparate, je nach Arzneimittelbild: Cantharis D4, D6, D30; Berberis D4; Dulcamara D4, D6, D30,
- Kombinationspräparate: Cantharis compositum®, Populus compositum®, Berberis Homaccord®, Reneel®, Uro loges®, Ve-

tokehl Not®, Juniperes oligoplex®, Nephro-Injektopas®, Spascupreel®, Spasmo-Injektopas®, Cefaspasmon®.

Phytotherapie

- Aufguss zur Durchspülungstherapie aus Goldrute, Brennnessel, Birkenblätter, Heidekraut, Zinnkraut, Bohnenschale, Schafgarbe, Wacholderbeeren, Hauhechel,
- Fertigpräparate: Uvalysat®, Urotruw® S, Nephro Pasc®, Uro Pasc®, Cefanephrin®, Cefasabal®, Nephro loges®.

14.2 Harnsteine (Urolithiasis)

Krankheitsursachen: Gestörte Stoffwechselfunktionen; oft vererbt und rassespezifisch: Dalmatiner, Bulldogge, Zwergschnauzer, Dackel, Mops, Welsh Corgi, Beagle, Basset. Begünstigende Faktoren sind fortgeschrittenes Alter, ungenügende Flüssigkeitszufuhr (starke Urinkonzentration), entzündliche Prozesse, Harnstau mit gleichzeitiger pH-Wertveränderung, einseitige Fütterung, hormonelle Fehlfunktionen.

Symptome, Diagnose: Unterschiedlich ausgeprägt: von symptomfrei über blutigen Urin (Hämaturie), Symptome wie bei einer Blasenentzündung bis zu plötzlichen akuten Beschwerden im Falle einer Harnröhrenverlegung durch Harnsteine. Typisch sind Schmerzen beim Wasserlassen, starkes Pressen, tröpfelnder, teilweise unterbrochener, dünner Strahl, rezidivierende Blasenentzündungen. Kristalle können im Harnsediment nachgewiesen werden, z.T. gehen ganze Steinchen bzw. Grieskörnchen ab. Im Ultraschall sind Harngries und Steine an den starken Echos gut zu erkennen, große Steine können mit Röntgen nachgewiesen werden.

Behandlungsstrategie: Beseitigung der Harnabflussblockade, Beseitigung von Schmerz- und Krampfzuständen, Bekämpfung der begleitenden Harnwegsinfekte, Einstellung des Urin-pH-Werts, Durchspülung der Harnwege, Futterumstellung, reichlich Flüssigkeitszufuhr.

Allgemeine Maßnahmen

- Prophylaktisch zur Verbesserung der Flüssigkeitszufuhr den Hund morgens „wässern“: 1–2 Teelöffel Futter in reichlich frisches, zimmerwarmes Wasser einrühren, sodass eine dünne Futtersuppe entsteht. Die Wassermenge hängt von der Größe des Hundes ab.
- In den folgenden 2–3 Stunden mehrfach die Möglichkeit zum Wasserlassen anbieten.
- Je nach Zusammensetzung der Steine auf ein entsprechendes Spezialfutter umstellen (z.B. Royal Canine® Dog Urinary Programme).

Allopathie

- Bei Harnabflussblockaden unter Sedation oder Narkose katheterisieren: Freispülen mit physiologischer Kochsalzlösung oder speziellen Lösungen.
- Krampflösende (z.B. Buscopan®) und schmerzstillende Medikamente z.B. Tolfenaminsäure (Tolfedine®) 4 mg/2 g.
- Bekämpfung oder Vorbeugung von Infektionen: systemisch Antibiotika, je nach Resistenzlage, z.B. Enrofloxacin (Baytril®) 10 mg/kg p.o., s.c. über 8 Tage.
- Ansäuern des Harns mit Ammoniumchlorid, 100 mg/kg p.o. 2-mal täglich oder Uro-Pet® Paste.

Homöopathie

- Monopräparate, je nach Arzneimittelbild: Berberis D3, D4; Lycopodium D6, D12, D30; Cantharis D4, D6, D30,
- Kombinationspräparate: Berberis Homaccord®, Solidago compositum®, Reneel®, Sabal Homaccord®, Uro-loges®, Juniperus Similiaplex®, Nephrolithol N®.

Phytotherapie:

- Durchspülungstherapie mit Kräuteraufguss aus Goldrute, Löwenzahn, Petersilienkraut, Brennnessel, Birkenblätter, Hauhechel, Zinnkraut, Bohnenschalen, Wacholderbeeren,
- Fertigpräparate: Harntee 400®, Blasen- und Nierentee.

14.3 Niereninsuffizienz

14.3.1 Akute primäre Niereninsuffizienz

Krankheitsursachen: Austrocknung in Folge von Erbrechen oder Durchfall, Blutverlust, Plasmaverlust (Verbrennungen), Kreislaufkollaps, Verlegung der abführenden Harnwege (Steine, Prostatahypertrophie, Blasenatonie, Bandscheibenvorfall), Ruptur der Harnwege (Unfall), Infektionen der Niere, Vergiftungen (z.B. Ethylenglykol aus KFZ-Kühlerflüssigkeit, Schwermetalle), nierentoxische Medikamente (Aminoglykoside, Amphotericin B, Sulfonamide, Tetracycline, Polymyxin B u.a.), Hämolyse, Schockniere, Herzinsuffizienz.

Symptome, Diagnose: Die ersten Symptome (zunächst sehr große, später geringe oder keine Harnmengen, großer Durst) werden oft durch das ursächliche Krankheitsgeschehen überschattet (Vergiftung, Unfall, Kreislaufkollaps). Deutlich ist ein Serum-Kreatininwert, der 50% über dem Normalwert liegt und weiter steigt, obwohl Infusionen gegeben werden. Eine plötzlich einsetzende Urämie auf Grund fehlender Filterleistung der Niere äußert sich in Erbrechen, Durchfall, Appetitlosigkeit, Zittern, Austrocknung, Wasseransammlungen unter dem Bauch und an den Gliedmaßen, Schwäche.

Behandlungsstrategie: Abstellen der Ursache, Flüssigkeits- und Elektrolytverlust ausgleichen, später die Nierenfunktion unterstützen, Regulation der Harnstoffwerte im Blut, Nierendiät

Allgemeine Maßnahmen

- Futterentzug für mindestens 24 Stunden,
- Trinkwasservolumen einschränken, falls das Erbrechen anhält, um weiteren Elektrolytverlust auszugleichen,
- Sicherstellen, dass die ableitenden Harnwege frei sind (Röntgen, Ultraschall, bei Verdacht auf Blasenriss etwas Methylenblau per Katheter in die Blase einbringen und anschließend Bauchpunktion durchführen),

- Nierendiät: eiweißarm (wenig Fleisch), natriumarm, phosphatarm, leicht verdaulich: Quark, Reis, Ei, etwas gekochtes Huhn, spezielle entgiftende Futterzusätze (z.B. Ipakitine®).

Allopathie

- Infusionstherapie: Ersatz der verlorenen Flüssigkeit mit physiologischer Kochsalzlösung oder physiologischer Kochsalzlösung mit 2,5 % Dextrose. Dabei stets überprüfen, wie weit die Rehydratation fortschreitet. Elektrolyt-Serumspiegel im Auge behalten.
- Brechreiz ausschalten, z.B. mit Metoclopramid (Befedo®, MCP Hexal®, Paspertin®) 0,2–0,5 mg/kg p.o., s.c. oder Dimenhydrinat (Vomex A®) 4–8 mg/kg i.v., i.m., s.c., p.o. bis zu 3-mal täglich.
- Sobald das Tier wieder rehydriert ist, Diuretika geben: Furosemid (Dimazon®) 1–2 mg/kg i.m., i.v., s.c.
- Bakterielle Infektionen mit nicht-nierentoxischen Medikamenten behandeln.

Homöopathie

- Monopräparate, je nach Arzneimittelbild: Kalium nitricum D3, Berberis D4,
- Kombinationspräparate: Renes/Viscum comp. PLV®, Reneel®, Solidago compositum®, Berberis Homaccord®, Uro-L90®, Pascorenal®.

Phytotherapie

- Aufguss aus Goldrute, Orthosiphonblättern, Brennnessel, Birkenblätter, Zinnkraut als Trinkkur,
- Trinkkuren mit Heilwasser,
- Fertigprodukte: Urotruw® S, Urticaria Urens Truw®.

14.3.2 Chronische Niereninsuffizienz

Krankheitsursachen: Schrumpfniere, Zystenniere

Symptome, Diagnose: Schleichender Verlauf, langsame Harnstoffvergiftung (Urämie): Schleimhautulcera (Maul, Magen-Darm-Probleme), Netzhautablösungen, Erbrechen, Durchfall, Appetitlosigkeit, Abmagerung, Austrocknung, Wasseransammlungen unter dem Bauch und an den Gliedmaßen, Blutarmut, Schwäche, Abmagerung

Therapie: Gegen die Nierenerkrankung selbst gibt es keine spezielle Behandlung. Symptomatisch entsprechend der akuten Niereninsuffizienz vorgehen. Bei rechtzeitigem Behandlungsbeginn und strenger Diät können die Patienten noch längere Zeit mit der Krankheit leben.

15 Verschiedenes

15.1 Impfschemata

Standardimpfungen für Mitteleuropa

Grundimmunisieirung: Ab der 8. Lebenswoche Erstimpfung gegen:

- Staupe,
- ansteckende Leberentzündung (Hepatitis contagiosa canis),
- Parvovirose,
- Zwingerhusten,
- Leptospirose.

Zweitimpfung: 3–5 Wochen später, frühestens ab der 12. Lebenswoche gegen:

- Staupe,
- ansteckende Leberentzündung (Hepatitis contagiosa canis),
- Parvovirose,
- Zwingerhusten,
- Leptospirose,
- sowie Erstimpfung gegen Tollwut.

In Endemiegebieten ist eine **Drittimpfung ab der 16. Lebenswoche** zum vollständigen Schutz vor allem gegen Parvovirose angebracht.

Wiederholungsimpfungen im jährlichen Abstand.

15.2 Der junge Hund

Fütterung: Das handelübliche Welpenfutter z.B. von Hill's, Eukanuba oder Royal Canine gibt es für große und kleine Rassen und ist auf den jeweiligen Bedarf des Tieres ausgerichtet (energiereich, leicht verdaulich, geeignetes Calcium-Phosphor-Verhältnis, ausreichend Vitamin D etc.). Besondere Zugaben von Vitaminen oder Kalk sind nicht nötig.

Die ersten Entwurmungen sollten bereits beim Züchter durchgeführt worden sein (z. B. Banminth®, Welpan®); bis zum Alter von 4–5 Monaten empfiehlt sich eine Kur gegen Spul-, Peitschen- und Fadenwümer alle 2–3 Wochen.

Zur Eingewöhnung ängstlicher Jungtiere kann die neue Umgebung zuvor mit Hunde-Pheromonen vorbehandelt werden (D.A.P.® Spray oder Zerstäuber von CEVA).

15.3 Der alte Hund

Fütterung: Seniorfutter (z. B. von Hill's®, Eukanuba® oder Royal Canine®) ist weniger gehaltvoll und beugen Übergewicht vor. Als Nahrungsergänzung können Vitaminprodukte (z. B. Korvimin® senior, CaniConzept® senior, Geri-Pet®) gegeben werden.

Bei Gelenkproblemen, die sich oft durch Verschleiß einstellen, sind Futterzusätze mit hohem Gehalt an Glykosaminoglykanen hilfreich (z. B. Canosan®).

Konditionsschwierigkeiten sind u. U. auf Herzprobleme zurückzuführen (siehe Kapitel 4.8.1).

15.4 Übergewicht

Übergewicht bei Hunden ist ein stetig zunehmendes Problem. Die Ursachen sind meist Fehlfütterung und zu wenig Bewegung.

1. Fütterungstagebuch führen: Jede Mahlzeit und jedes Leckerchen notieren. Nach einer Woche Kontrolle und Rücksprache mit dem Tierarzt, welche Komponenten weggelassen werden können.
2. Umstellung auf Diätfutter (z. B. Royal Canine® Dog Obesitiy Programme oder Eukanuba® Restricted Calory). Wahlweise das gewohnte Futter zur Hälfte durch gekochten, ungesalzenen Reis ersetzen. Sammelt der Hund den Reis größtenteils heraus und lässt ihn liegen, kann der Reis bevor er untergemischt wird in der Mulinette oder mit dem Pürierstab zu Brei zerkleinert werden. Kalorienarme Leckerchen einführen: Reiskracker,

Obst (viele Hunde mögen Bananen und Äpfel), kalorienarme Hundekuchen (z.B. Eukanuba® Restricted Calory). Keine Essensreste verfüttern!
3. Bewegung: Schwimmen, laufen, spielen: alles, was Spaß macht und Kalorien verbrennt.

15.5 Verhaltensprobleme

15.5.1 Bleibt nicht alleine, heult, randaliert

Der Hund als Rudeltier bleibt nicht gerne alleine. Dennoch kann jeder Hund daran gewöhnt werden. Begonnen werden sollte mit wenigen Minuten. Der Besitzer sollte ohne großes Tamtam die Wohnung verlassen. Keinesfalls dem Hund vorher lange gut zureden oder ihn zu trösten versuchen! Das Tier versteht dieses Verhalten so, als würde etwas Schlimmes bevorstehen, vor dem es sich fürchten muss. Auch beim nach Hause kommen den Hund nicht mehr beachten als sonst, erst wenn sich das Tier beruhigt hat, streicheln und loben.
Macht der Hund Unfug während er alleine ist (Ausräubern der Mülleimer, Zerknabbern von Schuhen o.Ä.), kann es hilfreich sein, das Tier auf frischer Tat zu ertappen: dazu muss sich der Besitzer heimlich in der Wohnung einschließen lassen. Beginnt der Hund mit seinem Spiel, plötzlich aus dem Schrank oder der Kammer auftauchen und schimpfen. Nachträgliches Bestrafen erst beim nach Hause kommen hat keine Wirkung.
Extremes Verhalten wie das Verwüsten der Wohnung, Versuche die Tür zu durchbrechen oder exzessives Bellen kann durch eine gezielte Therapie unter der Anleitung eines Tierverhaltenstherapeuten gelöst werden (mehr Information im Internet unter www.GTVT.de).

Allopathie

- Unterstützend kann der Wirkstoff Clomipramin (Clomicalm®) eingesetzt werden.

- Hilfreich können Canine Beruhigungspheromone (D.A.P.®) sein, die mit einem Spray oder Zerstäuber in der Umgebung verteilt werden.

Homöopathie

- Monopräparate, je nach Arzneimittelbild: Phosphorus D30; Pulsatilla pratensis D4; Argentum nitricum D30,
- Kombinationspräparate: Löwe-Komplex Nr. 4, Aconitum-Injeel®, Kalium phosphoricum-Injeel® forte.

15.5.2 Fährt nicht Auto, erbricht beim Autofahren

Kinetosen und Angst vor dem Autofahren sind bei Hunden weit verbreitet.

Allgemeine Maßnahmen

- Um einen ängstlichen Hund ans Auto zu gewöhnen ist viel Geduld nötig. Wie beim Training des Alleinebleibens ist es wichtig, aus dem Autofahren keine große Sache zu machen. Übermäßiges Loben vor dem Einsteigen oder während der ersten Fahrt kann beim Tier den Eindruck erwecken, dass sich auch sein Herr offenbar große Sorgen macht.
- Manche Hunde können mit Futter oder dem Lieblingsspielzeug an das Auto gewöhnt werden.
- Das Auto nicht nur für „unangenehme" Anlässe benutzen (z.B. die Fahrt zum Tierarzt). Mit kleinen Spazierfahrten beginnen, zum Beispiel zu einem See oder der Welpenspielstunde.
- Vor der ersten Fahrt nicht füttern! Erbricht der Hund dennoch, nicht schimpfen oder trösten.

Allopathie

- Zur Beruhigung vor einer Autofahrt können Sedativa gegeben werden, z.B. Acepromazin (Vetranquil®), 1–2 mg/kg p.o.
- Gegen das Erbrechen helfen Antiemetika, z.B. Meclozin (1–4 mg/kg p.o.; Wirkdauer rund 12 h) oder Cyclizin (4 mg/kg p.o.; Wirkdauer rund 8 Stunden); beides nicht bei trächtigen Hündinnen anwenden!

Homöopathie

- Kombinationspräparate, Basisbehandlung: Cocculus-Homaccord®, 2-mal täglich beginnend einige Tage vor der Reise; Vertigoheel® kurz vor bzw. während der Fahrt.

Bei insgesamt unruhigen, leicht erregbaren Hunden, die viel im Wagen herumspringen: Nux vomica-Homaccord®. Gegen Angstzustände LÖWE-Komplex Nr. 4 Hypericum Nervenmittel.

15.5.3 Kotfressen (Koprophagie)

Ursache: Das Fressen von Kot ist ein für den Hund **natürliches Verhalten**: Mütter fressen den Kot ihrer Welpen und rangniedere Tiere versuchen durch das Beseitigen der eigenen Duftmarken ihrer geringen Rolle im Rudel gerecht zu werden. Beim Hund als Gesellschaftstier ist dieses Verhalten jedoch nicht erwünscht. Besonders junge Hunde neigen zur Koprophagie oder wälzen sich gerne in Kot. Bei manchen Tieren legt sich diese Angewohnheit im Alter von 1–2 Jahren.

Pathologische Ursachen: Der Drang, Kot aufzunehmen kann jedoch auch von einer gestörten **Bauchspeicheldrüsenfunktion** herrühren: Das Tier kann nicht genügend Verdauungsenzyme herstellen und versucht nun, seinen so entstanden Mangel auszugleichen. In diesen Fällen, die der Tierarzt durch eine Kotuntersuchung feststellen kann, kann eine Substitution mit Pankreasenzym helfen.

Fehlfütterungen mit zu wenig energiereichem Futter können ebenfalls den Drang zur Koprophagie auslösen. Eine Futterumstellung auf hochwertiges, energiereiches Futter ist in vielen Fällen hilfreich.

Um dem Drang nach **„geruchvollem" Futter** nachzukommen, ist die tägliche Gabe von einem Stück Harzer oder Limburger Käse (gut abgelagert) geeignet. Manche Hunde bevorzugen auch Lakritze oder Salmiakpastillen. Eine etwas rüde Methode aber durchaus wirkungsvoll ist der Einsatz von Odol Mundspray, wenn das Tier beim Kotfressen ertappt wird. Der scharfe Minzgeschmack ist harmlos, aber äußerst unangenehm und oft auch in hartnäckigen Fällen hilfreich.

Beim Spaziergang auf **reichlich Ablenkung** achten, z.B. mit einem Ball oder Spielmöglichkeiten mit anderen Hunden.

Homöopathie

- Monopräparate, je nach Arzneimittelbild: Carbo vegetabilis D8; Veratrum album D6.

Katze

1 Anatomische und physiologische Besonderheiten

Die Katze ist ein Carnivore (Fleischfresser). Dementsprechend ist sie von essentiellen Aminosäuren abhängig, die nur im Fleisch vorkommen (Taurin). Das Idealgewicht einer Katze liegt je nach Rasse zwischen 2,5–7 kg.

Die Sprungkraft einer Katze ist erheblich: Aus dem Stand können sie ein Vielfaches ihrer eigenen Körperhöhe überwinden. Durch einen natürlichen Reflex landen Katzen stets auf ihren Pfoten. Dank ihres besonderen Körperbaus können sie den Aufprall besonders gut abfedern und so auch Stürze aus großer Höhe unverletzt überstehen.

Das wichtigste Sinnesorgan der Katze ist das Auge, gefolgt vom Gehör. Ihr Sehvermögen in der Dämmerung ist ausgezeichnet.

Katzen schwitzen nicht. Nur an den Ballen haben sie wenige Schweißdrüsen, die jedoch kaum zur Temperaturregelung beitragen. Bei großer Hitze und bei Aufregung verfallen sie in ein Hecheln, ähnlich wie Hunde.

Körperinnentemperatur: 38–39,5 °C (Welpen bis 40 °C)
Atmung: 20–30 Atemzüge pro Minute
Puls: 100–120 Schläge pro Minute (gefühlt an der A. femoralis an der Innenseite der Hintergliedmaße im Schenkelkanal)
Geschlechtsreife: 10 Monate
Brunsthäufigkeit: 2–3-mal jährlich: Frühjahr und Herbst (manche auch öfter)
Zyklusdauer: 3–15 Tage; der Eisprung erfolgt durch den Reiz der Begattung
Trächtigkeitsdauer: 62–65 (max. 71) Tage, je nach Rasse, Anzahl und Größe der Welpen
Absetzalter: 10–12 Wochen

2 Haltung, Pflege, Fütterung

Katzen sind **mehr oder weniger gesellige** Tiere. Obwohl sie auch als Einzeltier problemlos gehalten werden können, entwickeln sie oft enge Bindungen an Menschen und/oder andere Haustiere (Katzen, Hunde, Kaninchen). Junge Tiere gewöhnen sich in der Regel leicht an ihre Umgebung. Bei alteingesessenen, älteren Tieren kann ein Wohnortwechsel oder die Einführung einer Zweitkatze problematisch werden.

Bei der **Haltung in der Wohnung** sollte der Katze genügend Abwechslung geboten werden: Kratzbäume, Höhlen, Spielzeuge. Katzengras sollte frei zugänglich sein, damit die Katze ihrem Bedürfnis zum Beknabbern von Grünpflanzen nicht am Zimmerschmuck nachgeht.

Freigänger sind kaum an die Wohnungshaltung zu gewöhnen.

Zur **Fütterung** eignen sich herkömmliche Fertigfutter. Wichtig ist ein Futter ohne Zuckerzusatz (siehe Zutatenliste) und möglichst ohne Konservierungs-, Farb- und andere Hilfsstoffe, da diese Allergien auslösen können. Die **Futtermenge** hängt von der Größe der Katze, ihrem Alter und der Bewegungsfreude ab: je älter und weniger lauffreudig, umso weniger Kalorien benötigt das Tier. Trockenfutter ist konzentrierter als Nassfutter, „Seniorfutter" meist kalorienärmer und „Welpenfutter" gehaltvoller.

Die Katze sollte idealer Weise **ganztägig Zugang zu Futter und Wasser** haben. Manche Katzen entwickeln seltsame Trinkgewohnheiten (aus der Gieskanne oder der Toilette), was aber keine gesundheitlichen Nachteile mit sich bringt.

Als **Leckerei** zwischendurch eignen sich kalorienarme Snacks. Auch hierbei sollte auf zuckerfreie, fettarme Produkte geachtet werden.

Grundsätzlich sollten Katzen **kein rohes Fleisch oder rohe Innereien** zu sich nehmen. Schweinefleisch ist generell tabu, da darin enthaltene Viren (Aujezky Krankheit) zu einer tödlich verlaufenden Erkrankung des Nervensystems führen (für den Menschen sind diese Viren ungefährlich). Auch **Kuhmilch** ist auf Grund des hohen Gehalts an Milchzucker **als Nahrung nicht geeignet**. Der Handel bietet jedoch lactosefreie Katzenmilch an, verdünnte Kondensmilch ist ebenfalls bekömmlich.

Fell und Ohren: Langhaarige Katzen müssen täglich gebürstet werden. Geeignet sind Bürsten, Striegel und Kämme mit abgerundeten Borsten bzw. Zinken, sowie Fellpflegehandschuhe mit Gumminoppen. Verfilzte Stellen herausschneiden, da sich unter ihnen Infektionen entwickeln können und sie wahre Biotope für Parasiten darstellen. Kurzhaarige Rassen müssen in der Regel nicht gebürstet werden. Das **Baden mit Shampoos oder Seifen** sollte die absolute Ausnahme bleiben (z.B. als medizinische Anwendung bei Hautkrankheiten). Vorsicht mit Duftstoffen und ätherischen Ölen: Katze reagieren ausgesprochen empfindlich!

Ohrenreinigung: In der Regel müssen Katzenohren nicht gereinigt werden. Bei viel dunklem, krümeligem Sekret, Rötung im Inneren des Ohrs, Juckreiz und/oder Schmerzhaftigkeit den Tierarzt aufsuchen: Verdacht auf eine Otitis externa durch Ohrmilben!

Sollte doch eine Ohrreinigung nötig werden, ist sie wie folgt auszuführen: Je nach Größe der Katze eine entsprechende Menge Ohrreiniger (z.B. Epi-Otic® oder Kamillenohrreiniger®) in die Ohrmuschel geben, den Gehörgang nah am Schädel mit den Fingern massieren und die Katze anschließend den Kopf schütteln lassen. Das so gelockerte Sekret und den Schmutz mit einem Taschentuch auswischen.

3 Allgemeine Therapiehinweise

Manche Desinfektionsmittel sind für Katzen toxisch: Jod und jodhaltige Verbindungen, Benzylbenzoat, Phenole, Benzole. Opioid-Antagonisten wie Etorphin oder Pethidin können in Überdosierung zu Erregungszuständen führen. Azepromazin (Vetranquil®) kann zu paradoxen Erregungszuständen führen. Xylazin (Rompun®) ruft Erbrechen hervor. Paracetamol sollte bei Katzen nicht verwendet werden. Permethrin (z. B. Expot®) und Amitraz (Ectodex®) ist für Katzen unverträglich.

Einige Antibiotika und Chemotherapeutika können Gehörschäden hervorrufen, z. B. Gentamicin, Streptomycin, Distreptomycin, Neomycin. Sie sollten nur im Notfall bei entsprechender Resistenzlage verwendet werden. Kanamycin und Gentamicin wirken nierenschädigend und sollten nur mit Vorsicht und maximal 3 Tage angewendet werden.

Enrofloxacin (Baytril®) nicht bei Jungtieren anwenden. Zudem wurde bei der Verabreichung von Enrofloxacin in einer Dosierung von mehr als 10 mg/kg vermehrt über das Auftreten von Erblindung berichtet. Die Dosierung bei Chloramphenicol, Phenytoin und Griseofulvin sollte exakt eingehalten werden, da Überdosierungen dieser Wirkstoffe bei Katzen auf Grund eines langsameren Leberstoffwechsels sehr langsam abgebaut werden; Vergiftungen oder starke Nebenwirkungen können die Folge sein.

Katzen reagieren oft extrem empfindlich auf Duftstoffe, Konservierungs- und andere Hilfsstoffe in Salben und Cremes. Auf ätherische Öle sollte generell verzichtet werden, da sie zu asthmatischen Anfällen führen können.

Wegen des ausgeprägten Putzverhaltens ist es bei Katzen besonders wichtig so genannte Spot-On-Produkte nicht oberflächlich auf dem Fell zu verteilen, sondern Tröpfchen für Tröpfchen zwischen die gescheitelten Haare auf die Hautoberfläche aufzutragen.

Andererseits können Präparate, die von der Katze geschluckt werden sollen, in Pastenform gezielt auf die Pfoten aufgetragen werden, von wo sie vom Tier umgehend „weggeputzt“ werden (z. B. Wurmkuren oder Vitaminpräparate).

Katzen sind äußerst wehrhaft, wenn es um unangenehme Prozeduren wie die Applikation von Medikamenten oder Fiebermessen geht. Bei aggressiven oder sehr ängstlichen Tieren in jedem Fall Schutzkleidung tragen und darauf gefasst sein, dass auch ein scheinbar ruhiger Patient innerhalb von Sekundenbruchteilen kratzen, beißen und wegspringen kann! Kippfenster während der Behandlung geschlossen halten. Ist eine Untersuchung unumgänglich, kann eine Sedation erwogen werden.

Tab 2: Tabelle: Arzneistoffe für Katzen

Arzneistoff	Dosierung	Anwendung
Antibiotika		
Amoxicillin + Clavulansäure	10 mg/kg 2,5 mg/kg	s. c., i. m., p. o. p. o.
Ampicillin	20–50 mg/kg	i. m., p. o. 3-mal tgl.
Benzylpenicillin + Procainpenizillin	bis 30 000 I. E./kg	i. m., s. c.
Chloramphenicol	30 mg/kg	i. m., p. o. alle 12 Stunden
Chlortetracyclin	20–50 mg/kg	p. o. in 2–3 Portionen
Clindamycin	5,5 mg/kg	p. o. alle 12 Stunden
Doxycyclin	10 mg/kg	p. o. alle 12 Stunden
Enrofloxacin	5 mg/kg	p. o., s. c.
Erythromycin	10–20 mg/kg 5–10 mg/kg	s. c. alle 12 Stunden p. o. 4-mal tgl.
Gentamicin	3 mg/kg	s. c., i. v. alle 12 Stunden
Kanamycin	bis 15 mg/kg	s. c., p. o. in 3–4 Portionen
Lincomycin	10 mg/kg 20 mg/kg	i. m. alle 12 Stunden p. o. alle 12 Stunden
Marbofloxacin	2 mg/kg	s. c., i. m., p. o.
Oxytetracyclin	2–10 mg/kg	i. m., p. o. alle 12 Stunden

Arzneistoff	Dosierung	Anwendung
Antimykotika		
Clotrinazol		lokal
Griseofulvin	25 mg/kg (mikronisiert) 12,5 mg/kg (ultramikronisiert)	p. o. p. o.
Ketoconazol	10–30 mg/kg	p. o. in 3 Portionen
Miconazol	1 : 50 verdünnt	lokal
Antiparasitika		
Bromociclen	0,085 %ige Lösung	lokal nur betupfen!
Fenbendazol	50 mg/kg	p. o. für 3 Tage
Fipronil	7,5–15 mg/kg (Spray)	lokal alle 1–3 Monate
Flubendazol	22 mg/kg	p. o.
Imidacloprid	10 mg/kg	Spot-On alle 4 Wochen
Ivermectin	200–600 µg/kg (Demodikose) 0,2 mg/kg	p. o. tgl. über 14 Tage s. c.
Lufenuron	30 mg/kg (Oralsuspension) 10 mg/kg (Tablette, Injektion)	p. o. alle 4 Wochen p. o., s. c. alle 4 Wochen
Mebendazol	20 mg/kg	p. o.
Praziquantel	5 mg/kg	p. o. 2-mal i. m. im Anstand von 24 Stunden gegen Echinokokken
Propoxur	als Halsband oder Puder 1 %ig	äußerlich 1–2-mal pro Woche
Pyriproxifen	10 mg/kg	Spot-On alle 4 Wochen
Pyrantel	57,7 mg/kg (= 20 mg Base/kg)	p. o.
Selamectin	6 mg/kg	Spot-On alle 4 Wochen
Narkotika, Sedativa		
Acepromazin	0,5–1 mg/kg	i. m.
Diazepam	0,3–1 mg/kg	i. m.

Arzneistoff	Dosierung	Anwendung
Ketamin	20–30 mg/kg	i. m., (i. v.)
Phenobarbital	3–5 mg/kg	p. o.
Propionylpromazin	0,5 mg/kg	i. m.
Propofol	8 mg/kg	i. v.
Thiopental	10–30 mg/kg	i. v.
Xylazin	1–5 mg/kg	i. m., i. v., s. c.
Analgetika		
Metamizol	20–50 mg/kg	i. m., i. v. alle 12–24 Stunden
Tolfenaminsäure	4 mg/kg	p. o., i. m.
Sonstige		
Acetylcystein	5 mg/kg	p. o. bis zu 3-mal täglich
Bromhexin	0,5 mg/kg 1 mg/kg	i. m. p. o.
Cimetidin	2,5 mg/kg	p. o. alle 12 Stunden
Doxapram	1–2 mg/kg (max. 5 mg)	i. v.
Furosemid	2 mg/kg 0,5–1 mg/kg	i. v., i. m., s. c., p. o. initial p. o. als Dauertherapie
β-Methyldigoxin	0,0075 mg/kg	p. o.
Metoclopramid	0,1–0,5 mg/kg	p. o., i. m., s. c. bis 3-mal täglich
Oxytocin	2–5 mg/kg (Wehenschwäche)	i. m.

4 Einige wichtige Infektionskrankheiten

4.1 Katzenschnupfen-Komplex

Krankheitsursachen: Mischinfektionen mit verschiedenen Erregern (u.a. Felines Calicivirus, Felines Herpesvirus 1, Reoviren, Chlamydien, Mykoplasmen). Übertragung erfolgt von Tier zu Tier über Tröpfcheninfektion oder schon im Mutterleib.

Symptome, Diagnose: Das Krankheitsbild ist typisch und variiert von einem leichtem Schnupfen über starken, eitrigen Schnupfen, Konjunktivitis, in schweren Fällen auch Keratitis bis zu Panophthalmie, Entzündungen im Mund- und Rachenraum, Fieber z.T. über 40 °C, Lungenentzündungen, Inappetenz mit folgender Austrocknung und Gewichtsverlust. Nachweis sekundärer Keime im Abstrich von Nase und Rachen und Anzüchtung im Labor.

Behandlungsstrategie: Behandlung der Schnupfen-Symptomatik, Bekämpfung und Vorbeugung bakterieller Infektionen, Ersatz von Flüssigkeit, Stärkung des Immunsystems.

Allgemeine Maßnahmen

- Augen und Nasenöffnungen mit physiologischer Kochsalzlösung, abgekochtem Wasser oder entsprechenden Kräuteraufgüssen (Fenchel, Augentrost, Calendula, **keine** Kamille!) vom Sekret befreien.
- Leicht verdauliches, hochwertige Futter anbieten (gekochtes Hühnchen, NutriCal® Paste, NutriPlus® Gel).
- Zugluft und Stress vermeiden.

Allopathie

- Lokal antibiotische Augenpräparate (auch in die Nase einträufeln): z.B. Terramycin®, Gent-Ophtal®,
- systemisch Antibiotika: Amoxicillin (z.B. Clamoxyl®) 10 mg/kg, s.c., p.o.; Chloramphenicol 30 mg/kg i.m., p.o. alle 12 Stunden, Enrofloxacin (Baytril®) 10 mg/kg s.c., i.m., p.o.,

- Infusionen mit physiologischer Kochsalzlösung oder Vollelektrolytlösungen,
- Stärkung des Immunsystems mit Paraimmunitätsinducern (Baypamune®) und Interferon-Injektionen 5 Mio I.E. s.c., i.m., 3–5-mal alle 24 h (v.a. bei chronischem Katzenschnupfen).

Homöopathie

- Monopräparate, je nach Arzneimittelbild: Katzenschnupfen-Nosode D30; Allium cepa D3, D4, D6; Luffa D4, D6,
- Kombinationspräparate: SupraCell® SC 136 Nasalis, Keratisal Tropfen®, Pfx Euphrasia 130®, Pfx Cineraria I 9®, Vetokehl Not®, Quentakehl D6®, Euphrasia Oligoplex®, Oculoheel®, Belladonna Homaccord®, Conjunctisan Augentropfen®, Naso Heel S®, Engystol®, Mucosa compositum®, Euphorbium compositum®, Sinapsis nigra Oligoplex®, Infi Eupatorius®, Infi Myosotis®, Infi Echinacea®, Kalium chloratum I/II Similiaplex®, Sinupas®, Pfy Sinapis 107®, Pfx Cepa®, Pfy Lemna®.

Phytotherapie

- Wunde Stellen an der Nase mit Calendula-Salbe betupfen.
- Inhalationen mit Salzwasser, Kamille oder ätherischen Ölen von Latschenkiefer, Eukalyptus, Pfefferminze, Thymian.
- Bindehautsack-Spülungen und Augenkompressen mit Aufguss aus Fenchel, Augentrost, Calendula oder 5–10%igen Lösungen von Augentrost-, Hypericum- oder Calendulatinktur.

Physikalische Maßnahmen

- Rotlichtbestrahlung.

4.2 Ansteckende Bauchfellentzündung (FIP, Feline infektiöse Peritonitis/Panserositis)

Krankheitsursache: Felines Coronavirus FIPV, Ansteckung noch nicht nachhaltig geklärt.

Symptome, Diagnose: Betroffen sind meist Katzen im Alter zwischen 5 Monaten und 6 Jahren. Das Krankheitsbild der „feuchten“ und der „trockenen“ FIP besteht im Anfang in Inappetenz und Fieber, z.T. über 40 °C, das sich über Wochen hinziehen kann. Bei der „feuchten“ FIP kommt es zu einer Umfangsvermehrung des Abdomens, z.T. bei scheinbar ungetrübtem Allgemeinbefinden, bei anderen Tieren mit Appetitlosigkeit, Antriebsschwäche, Abmagerung und zunehmender Blutarmut. Gelbsucht und Lebervergrößerung sind ebenfalls typisch. Durch einen Erguss in der Brusthöhle kann es zu Atemproblemen und bläulich verfärbten Schleimhäuten kommen.

Die „trockene“ Form der FIP betrifft u.a. die Augen und das Nervensystem: ungleiche Pupillen (Anisokorie), Nickhautvorfall, Schwäche und Lähmung der Hinterbeine, Wesensveränderungen (Brummen, Beißen, Aggression). In der Bauchhöhle kommt es zu Veränderungen von Leber, Lymphknoten, Milz, Bauchspeicheldrüse und Nieren mit den entsprechenden Krankheitsbildern.

Die Diagnosesicherung erfolgt durch einen Nachweis des Corona-Antikörpertiters im Blut zusammen mit den klinischen Symptomen. Ein erhöhter Antikörpertiter alleine ist nicht aussagekräftig!

Behandlungsstrategie: Linderung der Symptome, Impfung noch nicht infizierter Tiere

Allgemeine Maßnahmen

- Katzen mit Verdacht auf FIP sofort von ihren Artgenossen fernhalten (Ansteckungsgefahr nicht ausgeschlossen).

Allopathie

- Katzen können lange mit dem Virus leben, ohne zu erkranken. Eine ausgebrochene FIP kann nicht geheilt werden.
- Angebliche Behandlungserfolge mit Paraimmunitätsinducern (Baypamune®) konnten bislang nicht bewiesen werden.
- Mit Interferon gegen FIP-Symptome vorzugehen ist nicht ratsam, da es zu einer drastischen Verschlimmerung der Symptome kommen kann.
- Eine immunsuppressive Therapie (z.B. mit Korticosteroiden) kann den Krankheitsverlauf verlangsamen, aber nicht aufhalten.
- Bei anhaltend schlechtem Allgemeinbefinden sollte auf Grund der infausten Prognose zur Euthanasie geraten werden.

Homöopathie

- Kombinationspräparate: bei gefährdeten Tieren sowie bei seropositiven Tieren ohne Symptome: Coenzym comp.®, Ubichinon comp.®, Nux vomica-Homaccord® 3-mal 1–2 ml im Abstand von 2–3 Tagen s.c., dazwischen p.o. durch den Besitzer, Engystol®.

4.3 Leukose (FeLV-Infektion)

Krankheitsursache: Felines Leukämievirus (Retrovirus), Ansteckung erfolgt über Tröpfcheninfektion bei engem Kontakt, junge Katzen sind empfänglicher als ältere Tiere.

Symptome, Diagnose: Die Tiere können monate- und jahrelang mit dem Virus leben, ohne dass es zu einer Erkrankung kommt. Die Symptome einer Erkrankung variieren, je nachdem in welchem Organsystem sich die Krankheit manifestiert: bösartige Tumore der lymphatischen Organe, Niereninsuffizienz, Magen-Darm-Symptome, Augenerkrankungen, ZNS-Symptome, Atemnot durch Tumorwachstum in der Thymusdrüse, Blutbildveränderungen, Entzündungen im Bereich der Schleimhäute, Gelenkentzündungen, Nierenentzündungen, lang anhaltendes therapieresistentes Fieber, chronische Infektionen, Kümmern bei Jungtieren durch Atrophie der Thymusdrüse, Fruchtbarkeitsstörungen.

Der Test auf Antikörper gegen FeLV im Blut kann mit Schnelltests oder im Labor durchgeführt werden.

Behandlungsstrategie: Isolieren der infizierten Tiere, Stimulation des Immunsystems, Behandlung der sekundären Erkrankungen; Impfung seronegativer Tiere

Allgemeine Maßnahmen

- Impfung ab der 12. Lebenswoche (nur bei negativem FeLV-Titer!), Wiederholungsimpfung nach 4 Wochen. Dann jährliche Auffrischung. Sinnvoll nur bei Freigängern.
- Infizierte Tiere sollten separat ohne Freigang gehalten werden, damit sie das Virus nicht weitergeben.

- Ist dies nicht möglich oder schlägt der Therapieversuch mit Interferon nicht an, ist zu einer Euthanasie zu raten.

Allopathie

- Je nach Konstitution der Katze kann ein Therapieversuch mit Interferon-Injektionen versucht werden: 5 Mio I.E. s.c., i.m., 3–5-mal alle 24 h.

Wichtig: Nicht bei Tieren anwenden, die zusätzlich mit dem FIP-Virus infiziert sind!

- Je nach Krankheitsbild sind Antibiotika, Infusionen mit Vollelektrolytlösungen, entzündungshemmende Präparate und Paraimmunitätsinducer (Baypamune®) indiziert.
- Bei bösartigen Tumoren sollte eine Euthanasie empfohlen werden.

Homöopathie

- Kombinationspräparate: zur Stabilisierung FeLV-positiver Katzen: 1. Coenzym compositum® 1 ml/Tag s.c. bis zur Besserung, dann oral 2-mal 0,5 ml/Tag über längeren Zeitraum, evtl. in Kombination mit Traumeel®. Oder: 2. Coenzym compositum® + Ubichinon compositum® + Para-Benzochinon-Injeel® forte gemeinsam 1-mal/Woche s.c. Unterstützend Engystol®.

Phytotherapie

- Stärkung des Immunsystems mit Echinacea-Presssaft.

4.4 FIV, Katzenaids

Krankheitsursache: Felines Immunschwächevirus (Lentivirus); Verwandtschaft zum HIV-Erreger, es besteht aber keine Infektionsgefahr für den Menschen. Die Übertragung erfolgt durch Biss, daher sind v.a. ältere männliche, frei laufende Katzen betroffen. 3–26 % der Katzenbevölkerung in Westeuropa sind infiziert.

Symptome, Diagnose: Nach der Infektion erfolgt in den ersten Wochen die Antikörperbildung mit geringen Störungen des Allgemeinbefindens und Lymphknotenschwellung. Danach folgt eine meist jahrelange symptomlose Phase, in der das Tier das Virus weitergeben kann. Die Immunschwäche entwickelt sich langsam, was Folgeerkrankungen von zunehmender Schwere zur Folge hat: Erkrankungen der Schleimhäute im Kopfbereich (geschwürartige Veränderungen der Maulhöhle und Lymphknotenschwellungen am ganzen Körper), Pilzinfektionen, Toxoplasmose, Papillomaviren, Tumore (vor allem Lymphosarkome), Augenentzündungen, andere Infektionskrankheiten, Erkrankungen der unteren Harnwege und Nierenversagen

Behandlungsstrategie: Bei bereits erfolgter Infektion Stärkung des Immunsystems, Optimierung der Haltungs- und Fütterungsbedingungen

Allgemeine Maßnahmen

- Ein Test auf Antikörper ist rund 6 Wochen nach der möglichen Infektion (Beißerei) sinnvoll, sowie bei therapieresistenten, wiederkehrenden Erkrankungen.
- Weibliche, sowie kastrierte männliche Tiere erkranken höchst selten, da mit der Kastration auch die Neigung zu blutigen Revierkämpfen gemindert wird.
- Eine Kastration ist darum eine wirkungsvolle Vorbeugungsmaßnahme.

Allopathie

- Je nach Konstitution der Katze kann ein Therapieversuch mit Interferon-Injektionen versucht werden: 5 Mio I.E. s.c., i.m., 3–5-mal alle 24 h.
- Je nach Krankheitsbild sind Antibiotika, Infusionen, entzündungshemmende Präparate und Paraimmunitätsinducer (Baypamune®) indiziert.
- Bei bösartigen Tumoren sollte eine Euthanasie empfohlen werden.

Homöopathie

- Kombinationspräparate: Coenzym compositum® + Ubichinon compositum® + Para-Benzochinon-Injeel® forte gemeinsam 1-mal/Woche s.c. Unterstützend Engystol®.

Phytotherapie

- Stärkung des Immunsystems mit Echinacea-Presssaft.

4.5 Katzenseuche (Feline Parvovirose)

Krankheitsursache: Infektion mit dem Felinen Parvovirus, direkter und indirekter Kontakt mit infizierten Katzen (Näpfe, Schlafplätze, Streicheln fremder Katzen und später der eigenen etc.).

Symptome, Diagnose: Betroffen sind meist junge Katzen. Hochgradige Mattigkeit, Erbrechen, Fieber bis 41 °C und darüber. In der perakuten Verlaufsform Tod innerhalb weniger Stunden. In der akuten Verlaufsform explosionsartiger Durchfall, erst wässrig, dann blutig. Der Tod tritt bei 80% der Tiere nach 2–8 Tagen durch Kreislaufversagen ein, die übrigens 20% durchlaufen eine langsame Genesung. Die protrahierte Form betrifft v. a. ältere, ungenügend geimpfte Tiere. Der Durchfall hält bisweilen monatelang an, starker Gewichtsverlust und Mangelerscheinungen auf Grund der unzureichenden Aufnahme von Nährstoffen durch den geschädigten Darm, Sekundärinfektionen. Die typischen Symptome gemeinsam mit einem Mangel an weißen Blutkörperchen deuten auf die Katzenseuche hin. Nachweis des Erregers aus dem Kot.

Behandlungsstrategie: Flüssigkeitsersatz und Stabilisierung des Kreislaufs, Bekämpfung und Vorbeugung von Sekundärinfektionen, Linderung der Schmerzen und Krampfzustände, Wiederherstellung der Darmfunktion.

Allgemeine Maßnahmen

- Impfung ab der 8. Lebenswoche, Wiederholungsimpfung nach 4 Wochen, danach jährliche Auffrischungsimpfungen.
- Keine Aktivkohle gegen den Durchfall anwenden!
- Elektrolyt-Lösungen zu trinken geben (notfalls mit einer Spritze eingeben).
- Sobald die Katze wieder Appetit zeigt Schonkost anbieten: Joghurt, Hüttenkäse, Magerquark, gekochtes Hühnchen (ungesalzen).

Allopathie

- Zur Stabilisierung des Kreislaufs und zum Ausgleich des Flüssigkeitsverlusts Vollelektrolyt- und Glucoselösungen im Dauertropf: 30 Tropfen/min i. v., später s. c.,

- bei starker Austrocknung Verhinderung der Bluteindickung durch Heparin 30–50 I.E./kg im Dauertropf,
- bei wiederhergestelltem Kreislauf 200 I.E. Depot-Heparinat s.c. 2-mal/Tag,
- Antiemetika: Metoclopramid (z.B. Befedo®, MCP Hexal®) 0,5–1 mg/kg s.c., i.m., i.v.,
- Antibiotika: Vorsicht mit oralen Antibiotika, durch die Nekrose der Darmzotten ist eine erhöhte Resorption zu befürchten! Besser systemisch: z.B. Amoxicillin (Clamoxyl®) 5–10 mg/kg 2-mal täglich s.c., Chloramphenicol 30 mg/kg i.m., s.c. 2-mal täglich.

Homöopathie: Unterstützend zur Allopathie:

- Monopräparate, je nach Arzneimittelbild: Lachesis D8; Carbo vegetabilis D4, D6, D30; Ipecacuanha D6,
- Kombinationspräparate: Engystol®, Dysenteral®, Infi Rheum®, Diarrheel®, Veratrum Homaccord®, Podophyllum compositum®, Infi Tormentilla®, Mucosa compositum®, Nux vomica Homaccord®.

Phytotherapie

- Krampflösend, entzündungshemmend: Aufguss aus Kamille, Schwarztee, Fenchel,
- Schleimhautschutz: Aufguss oder Abkochung von Tormentillwurzel, Heidelbeere, Eichenrinde; Schleim aus Leinsamen, Reis, Apfelpektin; Lösung in lauwarmem Wasser zum Eingeben mit Tonmineralien, Bolus alba, Heilerde, je 1–3 Teelöffel,
- Fertigpräparate: Durchfallpulver®, Stullmisan®.

5 Haut und Haarkleid

5.1 Milbenbefall

5.1.1 Räude

Krankheitsursachen: *Notoedres cati, Sarcoptes* spp.

Symptome, Diagnose: Betroffen sind alle Altersklassen, alle Rassen. Beginnt meist an der Außenseite der Ohren und breitet sich über den gesamten Kopf, später auch den Körper und die Schwanzfurche aus. Ausgeprägter Juckreiz, zunächst einzelne Pusteln, dann kleieartige Beläge und starker Haarausfall. In der Randregion einer veränderten Hautstelle ein tiefes Geschabsel nehmen (bis kapilläres Blut austritt), in 10 %iger Kalilauge bis zur Auflösung erhitzen und unter dem Mikroskop untersuchen.

Behandlungsstrategie: Bekämpfung der Milben am Tier und in der Umgebung, Optimierung der Haltungsbedingungen

Allgemeine Maßnahmen

- Krusten mit pflanzlichen Ölen oder Paraffinum liquidum aufweichen und entfernen.
- Spielsachen, Bürsten, Futternäpfe, etc. desinfizieren, Decken heiß waschen, Liegeplätze mit Antiparasitika behandeln, z.B. Bolfo-Plus-Spray®, Frontline-Spray®.

Allopathie

- Waschungen mit Akariziden 1–2-mal pro Woche über 2–4 Wochen: Pyrethrum,
- Injektionen mit Ivermectin (Ivomec®) 0,2 mg/kg s.c. (Vorsicht bei der Injektion: es brennt!),
- zur Unterstützung der Wiederherstellung des Fells Futterzusätze mit essentiellen Aminosäuren und Vitaminen (z.B. Mirra-Coat® für Katzen).

Homöopathie: Nur unterstützend!

- Monopräparate, je nach Arzneimittelbild: Sulfur D6, 3-mal täglich oder D30, 2-mal pro Woche; Stärkung des Immunsystems mit Echinacea D1,
- Kombinationspräparate: Dermisal®, Cutis compositum®, zur Stärkung des Immunsystems PetMun®.

Phytotherapie
- Waschungen oder Bäder mit Aufguss aus Thymian, Schafgarbe, Nelke, Lavendel, Efeu, Zinnkraut, Stiefmütterchen, Walnussblätter-Absud und Molke. Keine ätherischen Öle!
- äußerliche Anwendung von Schafgarben- oder Zinnkraut-Salben,
- Bäder mit schwefelhaltigen Präparaten (Sebolytic®), 1–2-mal pro Woche bis zur Besserung.

5.1.2 Ohrräude

Krankheitsursache: *Otodectes cynotis*

Symptome, Diagnose: Betroffene Körperteile: innere Ohrmuschel und äußerer Gehörgang, dicke, schwarzbraune Krusten, krümelig. Mit dem Otoskop sind die Milben als sich bewegende Punkte gelegentlich auszumachen.

Behandlungsstrategie: Bekämpfung der Erreger, Unterstützung der Hautregeneration, Optimierung der Haltungsbedingungen

Allgemeine Maßnahme:
- Ohr gründlich reinigen (z.B. mit Bay-O-Pet® Ohrenspülung, Epi-Otic®).
- Die Umgebung reinigen und desinfizieren.

Allopathie
- Lokal: Kombinationspräparate mit antibiotischer, antientzündlicher und antiparasitärer Wirkung (Fuciderm®, Penochron® N),
- systemisch: Ivermectin (Ivomec®) 0,2 mg/kg s.c., 2–3-mal im Abstand von 14 Tagen.

Homöopathie: Nur unterstützend!

- Monopräparate, je nach Arzneimittelbild: Sulfur D6, 3-mal täglich oder Sulfur D30, 2-mal pro Woche; Stärkung des Immunsystems mit Echinacea D1.
- Kombinationspräparate: Dermisal®, Cutis compositum® zur Stärkung des Immunsystems PetMun®.

Phytotherapie

- Waschungen oder Bäder mit Aufguss aus Thymian, Schafgarbe, Nelke, Lavendel, Efeu. Gegen die Hautentzündung helfen Waschungen mit Zinnkraut- oder Stiefmütterchentee, Walnussblätterabsud und Molkebäder,
- äußerliche Anwendung von Schafgarben- oder Zinnkraut-Salben.

5.2 Haarlingsbefall

Krankheitsursache: *Felicula subrostratus*

Symptome, Diagnose: Mit bloßem Auge zu erkennen: bis 1,3 mm lang, platt, hellgelblich. Deuten auf schlechten Pflegezustand hin.

Allgemeine Maßnahmen

- Umgebungshygiene!
- auf optimale Fütterung achten.

Allopathie

- Pyriproxyfen als Spot-On (Cyclio®) oder Propoxur Puder (Bolfo®-Puder),
- Wachstumsregulatoren z.B. Lufenuron (z.B. Program®) alle 4 Wochen 10 mg/kg p.o.

Phytotherapie

- Äußerliche Anwendungen zur Abwehr von Insekten: Einreibungen, Waschungen, Bäder mit Aufguss aus Thymian, Rainfarn, Lavendel; Walnussblätter-Absud, Essigwasser,
- Kräuterkissen mit insektenabwehrender Wirkung für das Lager: Knoblauch, Lavendel, Rainfarn, Thymian.

5.3 Flohbefall

Krankheitsursachen: *Ctenocephalides canis* und *C. felis*

Symptome, Diagnose: 1–8 mm lang, braun, sehr flink. Gefunden wird meist nur der Kot: schwarzbraune Krümel, teilweise j-förmig gebogen. Verrieben auf nassem Küchenkrepp hinterlassen diese Krümel rötliche Spuren (Reste der Blutmahlzeit). Kot und Speichel der Flöhe können als Allergene wirken und die Flohdermatitis hervorrufen.

Behandlungsstrategie: Bekämpfung der Flöhe in der Umgebung und auf dem Tier, Behandlung der entzündlichen Reaktionen, Optimierung der Haltungsbedingungen

Allgemeine Maßnahmen

- Umgebungshygiene! Nur 5% der gesamten Flohpopulation leben auf dem Tier selbst. Die restlichen 95% befinden sich in der Umgebung der Tieres.
- Staubsaugen u. Beutel sofort entsorgen, Waschbares waschen, Empfindliches 3–4 Tage einfrieren.

Allopathie

- Spot-On-Präparate: Imidacloprid (Advantage®), Fipronil (Frontline®), Fenthion (Tiguvon®), Pyriproxyfen (Cyclio®) oder Propoxur Puder (Bolfo® Flohschutzpuder),
- gegen den Juckreiz entzündungshemmende Mittel, z.B. Prednisolon 0,5–2 mg/kg/Tag s.c. oder p.o.,
- Wachstumsregulatoren, z.B. Lufenuron (Program®, alle 4 Wochen 10 mg/kg per os),
- **wichtig:** Umgebungsbehandlung mit Antiparasitika wie Pyriproxifen (z.B. Bolfo® aktiv) oder Kombinationspräparate.

Homöopathie: Nur unterstützend!

- Monopräparate, je nach Arzneimittelbild: Sulfur D6, 3-mal täglich oder D30, 2-mal pro Woche; Stärkung des Immunsystems mit Echinacea D1.
- Kombinationspräparate: SupraCell® SC 113 Allergie N, Dermisal®, Cutis compositum®, Psorinum-Injeel®, Coenzym compo-

situm®, Apis Homaccord®, zur Stärkung des Immunsystems PetMun®.

Phytotherapie:

- Äußerliche Anwendungen zur Abwehr von Insekten: Einreibungen, Waschungen, Bäder mit Aufguss aus Thymian, Rainfarn, Lavendel. Walnussblätter-Absud, Essigwasser,
- Kräuterkissen mit insektenabwehrender Wirkung für das Lager: Knoblauch, Lavendel, Rainfarn, Thymian.

5.4 Sonderfall: Flohdermatitis

Krankheitsursache: Allergische Reaktion auf den Flohspeichel

Symptome, Diagnose: Nachweis von Flohkot: schwarzbraune Krümel, teilweise j-förmig gebogen. Verrieben auf nassem Küchenkrepp hinterlassen diese Krümel rötliche Spuren (Reste der Blutmahlzeit). Dazu kommt eine massive Hautreaktion v. a. im hinteren Körperdrittel, starker Juckreiz, Haarausfall, Besserung nach Flohbekämpfung.

Behandlungsstrategie: Bekämpfung der Flöhe; Normalisierung der Hautfunktion.

Allopathie

- Flohbekämpfung auch wenn kein Flohkot gefunden wurde, der Verdacht auf Flohdermatitis aber besteht (s. Kap. 5.3); gegen die Hautreaktion Korticosteroide (z. B. Prednisolon, 0,5–2 mg/kg s. c., p. o.

Behandlung der allergischen Hautreaktion siehe Kapitel 5.7

5.5 Zeckenbefall

Krankheitsursachen: Gattungen *Ixodes, Haemaphysalis, Dermacentor, Rhipicephalus.*

Größe: Je nach Entwicklungsstadium 1 mm bis 1,5 cm. Zecken leben in hohem Gras und niedrigem Gebüsch und lauern dort auf ihren Wirt (Mensch, Hund, Katze, Wildtiere etc.). Bevor sie sich festbeißen, kriechen sie bis zu vier Stunden auf der Suche nach der besten Bissstelle auf der Hautoberfläche bzw. dem Fell herum. Fellpflege nach einem Spaziergang ist also empfehlenswert.

Problematisch sind die von der Zecke übertragenen Krankheiten wie die Lyme-Borreliose, die auch die Katze befallen kann. Die im ersten Krankheitsstadium typische Hautentzündung rund um die Bissstelle (Erythema migrans) wird wegen des Fells oft übersehen. Die Symptome des 2. und 3. Krankheitsstadiums treten erst Wochen oder Monate später an Herz, Haut und Gelenken auf und werden zu selten als Borreliose-Erkrankung erkannt.

Symptome, Diagnose: Im dichten Fell oft schwer zu finden, als kleine, harte bis weich-elastische Fremdkörper auf der Haut ertastbar.

Allgemeine Maßnahmen

- Manuelle Entfernung mit Zeckenzange: möglichst nah an der Haut ergreifen und behutsam gerade nach oben herausziehen. Nicht drücken, keine Hausmittel wie Klebstoff, Nagellack oder Balistol® auftragen: Im Todeskampf werden eventuell mitgeführte Krankheitserreger (z.B. Borrelien) in großen Mengen in den Wirt injiziert.
- Infizierte Bissstellen, in denen noch der Zeckenkopf steckt, ausschaben und antibiotisch behandeln.

Allopathie

- Zur Therapie und Prophylaxe Spot-On-Präparaten Fipronil: Frontline® Spot-On K.

Phytotherapie

- Äußerliche Anwendungen zur Abwehr von Insekten: Einreibungen, Waschungen, Bäder mit Aufguss aus Thymian, Rainfarn, Lavendel, Walnussblätter-Absud, Essigwasser.

5.6 Hautpilze

Krankheitsursachen: Die Dermatophyten *Microsporum canis, Microsporum gypseum, Trichophyton mentagrophytes*-Befall
Wichtig: Auf den Menschen übertragbar! Jährlich werden bis zu 10 000 Fälle von *Trichophyton-mentagrophytes*-Befall beim Menschen bekannt.

Symptome, Diagnose: Stumpfe, abgebrochene Haare, Alopezie, trockene Schuppen, Juckreiz, ringförmige Hautflechte, kleinpunktige Hautentzündungen, Krallenbettentzündungen, verdickte, entzündete Hautpartien mit Pusteln, Abszessen und Fisteln. Nachweis der Erreger mit der Wood'schen Lampe, im Kalilaugenpräparat unter dem Mikroskop oder nach Abklatsch in einer Pilzkultur

Behandlungsstrategie: Bekämpfung der Erreger, Behandlung oder Vorbeugung bakterieller Folgeinfektionen, Stabilisierung der Hautfunktion, Optimierung von Fütterung und Haltungsbedingungen.

Allgemeine Maßnahmen

- Scheren der betroffenen Hautareale (Erlaubnis des Besitzers einholen!),
- Kratzen und Lecken vermeiden (Halskragen anlegen),
- Umgebung (Bürsten und Kämme, Liegeplätze, Futternäpfe, Spielzeuge) desinfizieren,
- hochwertiges Futter verwenden, Bierhefe-Flocken (1/4–1/2 Teelöffel pro Tier und Tag) beimischen.

Allopathie

- Lokal antimykotische Cremes, Salben oder Lotionen (z. B. Fungur®M Creme, Fungizid® ratiopharm), oft Wirkstoffkombinationen mit antibiotischer und antiphlogistischer Wirkung (z. B. Surolan®),
- systemische Antimykotika in schweren Fällen: Griseofulvin (z. B. Likuden®) 60–120 mg/kg über 4–6 Wochen (nicht an tragende Kätzinnen),
- Stärkung des Immunsystems mit Paraimmunitätsinducern (z. B. Baypamune®).

Homöopathie

- Monopräparate, je nach Arzneimittelbild: Microsporie-Nosode D30, D200; Trichophytie-Nosode D30, D200; Sulfur D6, D12, D30,
- Kombinationspräparate: Vetokehl Trich® D5, Vetokehl Ver® D5, Pefrakehl® D6, Coenzyme compositum®, Cutis compositum®, Psorinum-Injeel®.

Phytotherapie

- Waschungen, Bäder, Betupfen: Tinktur oder 10–20%ige Lösungen von Echinacea, Calendula; Klettenwurzel als Abkochung/Aufguss, Seifenrinde und Seifenkraut als Abkochung/Aufguss,
- Unterstützend Waschungen mit Essigwasser, Zinnkraut-Aufguss und Molke.

5.7 Allergien

Krankheitsursachen: Übermäßige Immunreaktion auf bestimmte Stoffe:

- Exogene Allergene: Flohbisse (s. Kap. 5.3), Hausstaub, Pollen, Duft- und Hilfsstoffe in Waschmitteln (womit wird die Schlafstelle gereinigt?), Schimmelpilze, Bakterien, Kunstfasern, Wolle, Stroh, andere Haustiere etc.,
- endogene Allergene: Futtermittelallergie (Fisch, Fleisch, Milch, Getreide, Konservierungsmittel, Farbstoffe usw.), Medikamentenunverträglichkeit (Impfstoffe usw.), Allergien ungeklärter Herkunft.

Behandlungsstrategie: Vermindern der Immunreaktion, Optimierung der Fütterung und Haltungsbedingungen

Allgemeine Maßnahmen

- Allergen identifizieren: ausführliche Anamnese (saisionales oder asaisonales Auftreten? Neues Haustier (Kaninchen, Nager, Vögel)? Neuer Teppich in der Wohnung, Futterwechsel, neues Waschmittel? Impfungen? Etc.).

- Antikörpertiter-Bestimmung im Labor, wenig aussagekräftig bei Futterallergien (IgG, IgM), gut bei Hausstaub- oder Pollenallergien (IgE).
- Futtermittelallergien: Eliminationsdiät: Bei Katzen oft problematisch, wenn sie eine bestimmte Futtersorte gewöhnt sind. Bei Freigängern, in sich Zugang zu fremdem Futter verschaffen können (z. B. bei Nachbarkatzen) fast nicht durchführbar.

Allopathie

- Waschen der entzündeten Hautpartien mit Wasserstoffperoxid (2–3 %ige Lösung) und anschließend juckreizhemmende Präparate, sekundäre Hautinfektionen lokal mit antibiotischen und/oder antimykotischen Präpraraten behandeln (z. B. Surolan®, Panolog®),
- Juckreiz hemmen, z. B. mit Prednisolon, 0,5–2 mg/kg s. c. oder Kombinationspräparaten; in chronischen Fällen oft erfolglos, keine Dauerlösung!
- Hyposensibilisierung: Herstellung des Serums nach erfolgter Antikörper-Bestimmung im Labor, Injektionen im Wochenabstand über einen Zeitraum von 10–12 Wochen.

Homöopathie: Zur Unterstützung der Heilung:

- Monopräparate, je nach Arzneimittelbild: Apis D4, D30; Cardiospermum D3, D4, D30; Rhus toxicodendron D4, D6, D30,
- Kombinationspräparate: Antiallergicum N Truw®, Bellis oligoplex®, Scabiosa oligoplex®, Sulfur oligoplex®, Vetokehl Not® D5, Vetokehl Sub® D4, Graphites Homaccord®, Cutis compositum®, Mercurius Heel® S, Sulfur compositum®, Dermisal®, Staphylosal®, Bellis Komplex 164®, Graphites Komplex 166®, Scabiosa Komplex 162®, Pfx graphites 308®, Naranocut H®, Pfx H 8®, Pfx Vinca 115®, Mercurius solubilis Similiaplex®, Hepar sulfuris Similiaplex®.

Phytotherapie

- Kompressen, Bäder, Waschungen, Umschläge mit Tinkturen oder 10–20 %igen Lösungen von Calendula, Kamille, Echinacea oder Johanniskraut. Bäder mit Nussbaumblättern. Waschungen mit Zinnkraut- oder Stiefmütterchen-Aufguss, Walnussblätter-Absud, Molkebäder. Auftragen von Calendula Salbe, Echinacea Salbe,

- Fertigpräparate: Kamillosan®, Kamilloplant®, Wundbalsam®.

5.8 Eosinophiler Granulom-Komplex

Krankheitsursachen: Der eosinophile Granulom-Komplex fasst eine Reihe unterschiedlicher Hautreaktionen zusammen, die sich in verschiedenen Hautschichten abspielen und die jeweils - je nachdem wie sehr die Katze diese Stellen mit Zunge und Krallen bearbeitet - auch verschieden in ihrem Aussehen sein können. Die gemeinsame Ursache aller Ausprägungsformen ist vermutlich eine allergische Reaktion.

Symptome, Diagnose:

1. Kollagenolytisches Granulom: Vorkommen oft bei weiblichen Katzen im Alter zwischen 6–12 Monaten. Bandartige Hautveränderungen an den Hinterseiten der Oberschenkel, am Bauch oder anderen Körperstellen, geschwollene Unterlippe. Erhabene, gelb-rosafarbene Hautstellen, manchmal starker Juckreiz, Haarausfall, auch an der Nase und den Pfoten, sowie in Kombination mit anderen Granulom-Formen.
2. Eosinophile Plaque: Vorkommen im Alter zwischen 3–6 Jahren. Hautläsionen an Bauch, Innenschenkel und Zwischenschenkelbereich, zwischen den Zehen und am Hals. Erhabene, haarlose, rote, feuchte, runde Flecken, 1–5 cm im Durchmesser, extremer Juckreiz und entsprechende Selbstverletzungen durch das Tier. Die Zahl der eosinophilen Granulozyten im Blutbild ist erhöht.
3. Eosinophiles Ulcus: Vorkommen v. a. bei weiblichen Katzen im Alter über 6 Jahre. Läsionen an den Lippen z.T. bis über den Nasenspiegel (sieht aus wie weggefressen), in der Maulhöhle und an der äußeren Haut.

Behandlungsstrategie: Da ein allergischer Hintergrund vermutet wird: Identifikation des Allergens, Reduzierung der Immunreaktion, juckreizstillende und heilungsfördernde Maßnahmen, Bekämpfung der Sekundärinfektionen

Allgemeine Maßnahmen

- Umstellung auf allergenfreie Kost (Reis, Hüttenkäse, Magerquark),
- Verhindern der Selbstverstümmelung durch Halskragen, Pfotenverbände,
- lokale Umschläge mit essigsaurer Tonerde,

Allopathie

- Lokal juckreizstillende Salben oder Lotionen,
- systemisch Corticosteroide gegen Juckreiz und Entzündung (z. B. Dexamethason 0,1 mg/kg s.c.), Antihistaminika (z. B. Benadryl®, 0,2–2 mg/kg p.o.), Injektion oder langsame (!) Infusion von Calciumgluconat 50–150 mg/kg = 0,5–1,5 ml/kg (10 %ig) s.c. oder i.v.,
- Therapie mit Ciclosporin ist für Katzen nicht zugelassen, aber wirkungsvoll.

Homöopathie

- Monopräparate, je nach Arnzeimittelbild: Apis D4, D6, D30; Urticaria D4, D6; Sulfur D6, D12, D30; Vespa D4, D6, D30,
- Kombinationspräparate: SupraCell® SC 113 Allergie N, Urticaria compositum®, Apis Homaccord®, Histamin-Injeel® forte, Uritcaria-Injeel® forte, Apis Komplex® 10, Euphorbium Komplex® 142.

5.9 Einige weitere Erkrankungen, die mit Hautveränderungen einhergehen

- Schilddrüsenerkrankungen,
- Diabetes mellitus (Zuckerkrankheit),
- ovarielle Hormondysbalancen bzw. Hautprobleme nach der Kastration,
- rassebedingte Vorbelastungen.

Zur genauen Abklärung der Krankheitsursache sollte ein Kleintierarzt oder Kleintierdermatologe aufgesucht werden.

6 Krallen

In der Regel nutzen sich die Krallen von selbst ab, sodass nur bei alten oder extrem bewegungsunlustigen Katzen die Krallen hin und wieder geschnitten werden müssen. Dazu eignen sich spezielle Krallenzangen mit ovalen Schnittflächen: sie quetschen die Krallen nicht und verhindern so ein Splittern oder Einreißen.

6.1 Verletzungen

Krallenverletzungen können lang anhaltend bluten und sind für das Tier sehr schmerzhaft. Gefährlich sind sie in der Regel nicht.

Allgemeine Maßnahmen

- Weitgehend vom Krallenbett gelöste Krallenteile können vorsichtig entfernt werden.
- Blutungen mit Wasserstoffperoxid-Lösung (2–3 %ig) oder am sedierten Tier mit einem Kauter zum Stillstand bringen. Die Wunde reinigen.

Allopathie

- Lokal werden antibiotische Salben aufgetragen.
- Liegt das Krallenbett teilweise oder ganz frei oder leckt die Katze viel an der Verletzung, Pfotenverband oder Halskragen anlegen.
- Systemische Antibiose nur bei heftiger Infektion (starke Schwellung und vermehrte Wärme des umliegenden Gewebes, Eiterbildung, evtl. erhöhte Körperinnentemperatur): z.B. mit Enrofloxacin (Baytril®), 3-mal tgl. 10–20 mg/kg p.o. für 8–10 Tage. Wahlweise Marbofloxacin (Marbocyl®), 2 mg/kg/Tag p.o. für 8–10 Tage.

Homöopathie

- Monopräparate, je nach Arzneimittelbild: Arnica D3, D4, D30; Calendula D2; Hamamelis D3,

- Kombinationspräparate: Traumeel®, Traumisal®, Arnica compositum®.

Phytotherapie

- Waschungen mit Aufguss aus Arnica, Calendula, Kamille, Hamamelis,
- Betupfen mit der Tinktur,
- Auftragen von Salben mit Arnica, Calendula, Kamille, Hamamelis,
- Fertigpräparate: Kamilloplant®, Wundbalsam®, Kamillosan®.

7 Augen

7.1 Bindehaut- und Hornhautentzündung (Konjunktivitis, Keratitis)

Krankheitsursachen: Viruserkrankungen (Katzenschnupfen-Komplex, s. Kap. 1 4.1), UV-Strahlung, Reizungen (Abgase oder Lösungsmittel), Allergien, mechanische Reize (Fremdkörper, Staub, Trauma, Entropium oder Ektropium).

Symptome, Diagnose: Anschwellen und kräftige Rotfärbung der Bindehäute, verstärkter Tränenfluss, z.T. auch eitrig-gelblich. Das Tier ist lichtempfindlich blinzelt häufig. Auf hellem Fell bei längerer Erkrankung Verfärbungen vom inneren Augenwinkel Richtung Mundwinkel.

Bei der Keratitis weißliche Trübung der Hornhaut (Hornhautödem), einsprossende Blutgefäße (oberflächlich oder tief).

Allgemeine Maßnahmen

- Verkrustetes Sekret mit weichem Tuch und isotonischer Kochsalzlösung, abgekochtem Wasser oder entsprechenden Kräuteraufgüssen einweichen und entfernen. **Wichtig:** Keinen Kamillenaufguss an das Auge bringen (wirkt austrocknend und evtl. Verschlimmerung durch allergische Reaktion).
- Um Hornhautschäden auszuschließen, einen Färbetest mit Fluorescein durchführen (Hornhautschäden färben sich leuchtend hellgelb, in diesem Fall keine Corticosteroide anwenden).
- Mechanische Reize ausschalten: bei Entropium oder Ektropium operative Korrektur erwägen.

Allopathie

- **Wichtig:** bei Hornhautdefekten keine Corticosteroide anwenden!
- bei Virusinfektionen: Aciclovir (z.B. Zovirax® Augensalbe) und Paraimmunitätsinducer (z.B. Baypamune®),

- antibiotische (und antientzündliche) Augensalben, je nach Präparat 3–5-mal täglich über mindestens 5 Tage (z. B. Terramycin®, Terracortril®, Betagentam®, Gent-Ophtal®),
- Epithelschutz und -regeneration: Augensalben oder Tropfen mit Dexpanthenol (z. B. Pan-Ophtal®) oder Vitamin A (z. B. Regepithel®)

Homöopathie

Konjunktivitis

- Monopräparate, je nach Arzneimittelbild: Euphrasia D2, D3; Apis D4, D6, D30; Pulsatilla D4, D6, D30,
- Kombinationspräparate: Keratisal Tropfen®, Pfx Euphrasia 130®, Pfx Cineraria I 9®, Vetokehl Not®, Quentakehl D6®, Euphrasia Oligoplex®, Oculoheel®, Belladonna Homaccord®, Conjunctisan Augentropfen®, Allergosal®.

Keratitis

- Monopräparate, je nach Arzneimittelbild: Mercurius solubilis D6, D12; Mercurius sublimatus corrosivus D6; Silicea D6, D12, D30,
- Kombinationspräparate: Keratisal®, Euphrasia-Injeel, Cornea suis-Injeel®, Aethiops 19 Komplex®, Pfx Conium 133®, Pfx Euphrasia 130®, Pfx Cineraria I 9®.

Phytotherapie

- Bindehautsack-Spülungen und Augenkompressen mit Aufguss aus Fenchel, Augentrost, Calendula oder 5–10 %igen Lösungen von Augentrost-, Hypericum- oder Calendulatinktur.

7.2 Vorfall der Nickhaut

Krankheitsursachen:

- Schwund des Gewebes im und/oder um das Auge und entsprechend ein Hervorrutschen der Nickhaut: durch generellen Flüssigkeitsmangel, Unterernährung, Muskelschwund, Mikrophthalmus, Gewebeumbau oder -schwund in Folge von Traumata oder Entzündungen,

- nervliche Ursachen: Horner-Syndrom, z.B. bei Mittelohrentzündung, Bandwurmbefall, Unwohlsein, idiopathisch,
- verstärktes Rückziehen des Augapfels: Schmerzen am Auge, Tetanus, Vergiftungen,
- Zunahme des Gewebes im und/oder rund um das Auge und entsprechend ein Vorschieben der Nickhaut: Neubildungen, Entzündungen, Blutungen, Ödem, akute Myositis,
- Verletzungen der Nickhaut.

Symptome, Diagnose: Um die Gründe für einen Nickhautvorfall zu finden, ist eine gründliche Untersuchung des gesamten Organismus nötig.

Behandlungsstrategie: Richtet sich nach der Grunderkrankung. Bei Verletzungen der Nickhaut muss damit gerechnet werden, dass eventuell eine chronische Hornhautreizung entstehen kann. Auch bei Reizungen der Hornhaut darum genau die Nickhaut mit untersuchen!

7.3 Grauer Star (Katarakt)

Krankheitsursachen: Trübung der Linse, häufig als „Altersstar" durch degenerative Prozesse oder als Folgeerscheinung eines Diabetes mellitus, auch nach schweren Augenentzündungen oder Traumata

Behandlungsstrategie: Behandlung des Grundleidens, Anregung des Augenstoffwechsels

Allopathie

- operative Entfernung der eingetrübten Linse bei stark eingeschränkter Sehfähigkeit.

Homöopathie

- Monopräparate, je nach Arzneimittelbild: Mercurius solubilis D6, D12; Mercurius sublimatus corrosivus D6; Silicea D6, D12, D30,
- Kombinationspräparate: Mucokehl D5 Augentropfen®, Pfx Cineraria I 9®, Pfx Secale 134®, Pfx Conium 133®, Coenzyme compositum®, Lens suis-Injeel®.

Phytotherapie

- Einträufeln einer Lösung von Cineraria in das Auge, mehrmals täglich, als Dauertherapie.

8 Ohren

8.1 Gehörgangsentzündung (Otitis externa, Ohrenzwang)

Krankheitsursache: Die Ohrmilbe *Otodectes cynotis*, dazu oft Mischinfektionen mit Pilzen (*Malassezia, Candida*) und Bakterien (Staphylokokken, Streptokokken, *Proteus, Pseudomonas, E. coli*), Fremdkörper (Spelzen, Grannen, Splitter)

Symptome, Diagnose: Schwarzbraune, krümelige Ohrbeläge, z.T. sogar Pfropfenbildung, Juckreiz, Schmerzen und in schweren Fällen Torticollis. Mit dem Otoskop sind die Milben als sich bewegende Punkte auszumachen.

Behandlungsstrategie: Bekämpfung der Erreger, Unterstützung der Hautregeneration

Allgemeine Maßnahme:

- Reinigung des Gehörgangs mit physiologischer Kochsalzlösung oder speziellem Ohrenreiniger (z.B. Bay-O-Pet® Ohrenspülung, Epi-Otic®, Kamillenohrreiniger®, Otifree®). Die Ohrmuschel mit dem Ohrreiniger füllen und nah am Schädel massieren. Die Katze den Kopf schütteln lassen und das gelöste Sekret gründlich auswischen. Wiederholen, bis die Ohrmuschel sauber ist.

Allopathie

- lokal: Kombinationspräparate mit antibiotischer, antientzündlicher und antiparasitärer Wirkung (Fuciderm®, Penochron® N),
- systemisch: Selamectin (Stronghold®) 6 mg/kg als Spot-On.

Homöopathie: Nur unterstützend!

- Monopräparate, je nach Arzneimittelbild: Sulfur D6, 3-mal täglich oder D30, 2-mal pro Woche; Stärkung des Immunsystems mit Echinacea D1,

- Kombinationspräparat: Dermisal®, Cutis compositum®, zur Stärkung des Immunsystems PetMun®.

Phytotherapie

- Einträufeln von Calendula-Tinktur in den Gehörgang.
- Einreibungen mit Lorbeer- oder Hauswurzöl, das mit ätherischen Ölen von Teebaum, Lavendel, Thymian oder Nelken versetzt werden kann.
- Äußerliche Anwendung von Perubalsam, Schafgarben- oder Zinnkraut-Salben.
- Fertigpräparat Biomol®.

8.2 Mittelohrentzündung (Otitis media)

Krankheitsursachen: Vereiterung der Paukenhöhle, entweder von innen heraus (Einwandern der Keime auf dem Rachenbereich) oder – und häufiger – durch eine Erkrankung des Außenohres (z.B. Otitis externa durch Ohrmilbenbefall, s. Kap. 8.1)

Symptome, Diagnose: Die Symptome sind Kopfschiefhaltung, Juckreiz und Kopfschütteln, Hörstörungen, Fieber und gestörtes Allgemeinbefinden, eitriger Ausfluss aus dem Ohr bei perforiertem Trommelfell. Beim Übergreifen auf das Innenohr Gleichgewichtsstörungen. Bei intaktem Trommelfell kann mit dem Otoskop durch den gereinigten Gehörgang das gespannte und nach außen gewölbte Trommelfell gesehen werden.

Behandlungsstrategie: Bekämpfung der Erreger, Beseitigung der Ursache, evtl. chirurgische Maßnahmen

Allopathie

- Bei intaktem Trommelfell: Durchstechen desselben, um den Eiter abfließen zu lassen (Parazentese).
- Spülung des Innenohrs unter Narkose mit physiologischer Kochsalzlösung und antibiotische Versorgung.
- Systemisch Antibiotika: Antibiogramm erstellen, da oft multiresistente Streptokokken und Staphylokokken beteiligt sind. Chloramphenicol 25 mg/kg s.c. oder p.o. 1–2-mal täglich, Enrofloxacin (Baytril®) 10 mg/kg s.c., i.m., p.o.

Homöopathie

- Monopräparate, je nach Arzneimittelbild: Belladonna D4, D6, D30; Hepar sulfuris D6, D12, D30, D200,
- Kombinationspräparate: Belladonna Homaccord®, Echinacea compositum®, Mercurius solubilis Similiaplex®, Kalium Chloratum II Similiaplex®, Staphylosal®, Auris interna®.

8.3 Schwerhörigkeit, Taubheit

Krankheitsursachen

- Verschluss des Gehörgangs durch Ohrenschmalz oder Gewebewucherungen infolge einer chronischen Otitis,
- Erkrankungen des Mittelohrs mit Schallleitungsstörungen,
- Erkrankungen des Innenohrs,
- Folgen einer Hirnhautentzündung,
- ototoxische Substanzen (Streptomycin, Kanamycin, Gentamicin, Neomycin, Quecksilber, Arsen, Blei, Kohlenmonoxid),
- Schädelfrakturen,
- traumatische Schalleinwirkungen,
- Infarkte im Bereich des Innenohrs,
- Albinismus: weißes Fell, hellblaue Augen, roter Augenhintergrund und damit vererbte Gehörlosigkeit.

Behandlungsstrategie: Soweit möglich Behandlung der Grunderkrankung

Allgemeine Maßnahmen

- Gehörlose Katzen ohne weitere Erkrankungen sind in der Regel in der Lage, ihre Taubheit zu kompensieren.

Allopathie

- Bei akut auftretender Schwerhörigkeit kann ein Therapieversuch mit Vitamin-B-Komplex unternommen werden, die Prognose ist jedoch ungünstig.

Homöopathie

- Kombinationspräparate: Placenta compositum®, Blutgefäßtropfen (Cosmochema)®.

9 Mund- und Rachenraum

9.1 Zahnstein (Odontolithiasis) und Zahnbelag

Krankheitsursachen: Entsteht aus Speichelbestandteilen, Bakterien und Futterresten, in die sich Mineralien einlagern. Vorstufe: bräunlicher Zahnbelag, v. a. Außenseiten der Fang- und Backenzähne.

Behandlungsstrategie: Entfernen der Beläge, Bekämpfung von Entzündungen und Infektionen des Zahnfleischs, Optimierung der Fütterung

Allgemeine Maßnahmen

- Zahnbelag herunterputzen
- spezielle Zahnpasten (z.B. Denticur® Zahnpasta Hühnchengeschmack),
- spezielle Futtersorten (z.B. Eukanuba® Dental Formular) oder
- Zahnputzstreifen mit Enzymbeimengung (z.B. Denticur®, Bay o Pet® Kauröllchen).

Allopathie

- Zahnstein unter Kurznarkose mit einem Ultraschallgerät entfernen,
- anschließend die Zähne mit Chlorhexidin-Haftsalbe (Denticur Guard LA®, Dentisept®) versiegeln.
- Gegen Infektionen im Maulbereich Spiramycin (Suanatem®) 10–12 mg/kg i. m., i. v., s. c. 1-mal täglich.

Homöopathie

- Kombinationspräparate gegen Entzündungen von Zahnfleisch und Schleimhäuten: Acidum nitricum-Injeel®, Carbo vegetabilis-Injeel®, Mercurius sublimatus corrosivus-Injeel®, Belladonna Homaccord®, Traumeel®, Echinacea compositum®, Mucosa compositum®, Chamomilla-Injeel®, Calcium carbonicum-Injeel®, Arnica-Injeel®, Borax-Injeel®, Kreosotum-Injeel®, Mercurius solubilis Hahnemanni-Injeel®.

9.2 Zahnfleischentzündung (Gingivitis)

Krankheitsursachen: Ursächlich ist der Zahnbelag (s. Kap. 9.1) und darin enthaltene Plaquebakterien. Auch als Folgeerkrankung einer FeLV-Infektion (s. Kap. 4.3). Bei chronischen Gingivitiden sollte an eine Plasmazellgingivitis (eosinophiler Granulomkomplex, s. Kap. 5.8) gedacht werden.

Symptome, Diagnose: Hellrotes, geschwollenes Zahnfleisch, Neigung zum Zahnfleischbluten, vermehrter Speichelfluss, Mundgeruch, vorsichtiges Verhalten bei der Futteraufnahme

Behandlungsstrategie: Entfernung von Plaque und Zahnbelag, Bekämpfung der Infektion, Linderung der Schmerzen, Stärkung des Immunsystems

Allgemeine Maßnahmen

- Zur Prophylaxe spezielle Zahnpasten (z.B. Denticur® Zahnpasta Hühnchengeschmack),
- spezielle Futtersorten (z.B. Eukanuba® Dental Formular) oder
- Zahnputzstreifen mit Enzymbeimengung (z.B. Denticur®),
- während der Heilungsphase weiches, nicht schleimendes Futter anbieten (püriertes gekochtes Hühnchen oder weich gekochter Fisch).

Allopathie

- Das Entfernen aller mechnischer Ursachen (Zahnstein!) führt oft zur Spontanheilung.
- Bei eitrigen Infektionen ist eine antibiotische Therapie angebracht: z.B. Spiramycin (Suanatem®), 10 mg/kg 1-mal täglich p.o. über 10 Tage.
- Zur Appetitanregung Diazepam (Valium®) 0,1–0,3 ml s.c., Butanofosfan (Catosal®).
- Zur Stärkung des Immunsystems Paraimmunitätsinducer (z.B. Baypamune®, 1 ml/Tier).
- Bei schlecht heilenden oder rezidivierenden Gingivitiden Gestagen-Präparate: Medroxyprogesteron (Perlutex®) 15–30 mg i.m. einmalig (Vorsicht: Fertilitätsstörungen möglich!).

- Cortison-Präparate zur Unterspritzung der Zahnfleischläsionen: Volon A®-10, max. 10 mg/Tier, auf mehrere Depots verteilt.
- Salben mit Chlorhexidin über längeren Zeitraum lokal.

Homöopathie

- Monopräparate, je nach Arzneimittelbild: Mercurius solubilis D8; Mercurius sublimatus corrosivus D6; Apis mellifica D4,
- Kombinationspräparate gegen Entzündungen von Zahnfleisch und Schleimhäuten: Acidum nitricum-Injeel®, Carbo vegetabilis-Injeel®, Belladonna Homaccord®, Traumeel®, Echinacea compositum®, Mucosa compositum®, Chamomilla-Injeel®, Arnica-Injeel®, Borax-Injeel®, Kreosotum-Injeel®.

Phytotherapie

- Bepinseln oder Kompressen mit Aufguss oder Tinktur von Kamille, Calendula, Arnika.

9.3 Entzündung des Zahnhalteapparats (Parodontitis) und FORL

Krankheitsursachen: Die Parodontitis ist eine Folgeerkrankung der Gingivitis. Durch die Entzündung des Zahnfleischsaums entstehen Zahnfleischtaschen, in denen sich Plaques ablagern. Mit dem Übergriff der Entzündung auf den Knochen entsteht die Parodontitis. FORL (Feline odontoklastische resorptive Läsion) entsteht aus noch nicht geklärter Ursache (vermutlich Auflösung der Zähne durch körpereigene Abbauzellen = Odontoklasten).

Symptome, Diagnose: Dunkelrotes, blutiges Zahnfleisch, freiliegende Zahnhälse, blutiges Speicheln, Schmatzen, Fallenlassen des Futters aus dem Maul bis zur völligen Futter- und Wasserverweigerung, spontane Schmerzäußerungen.

Die Zahnschmelzdefekte der FORL sitzen meist am Übergang zum Zahnhals und zeigen sich als kreisrunde Löcher, die teilweise die Pulpa eröffnen. Jede 2. Katze über 5 Jahren ist betroffen.

Allgemeine Maßnahmen

- Zahnpflegeprodukte gegen den Zahnstein, z.B. Denticur® Zahnpasta Hühnchengeschmack,
- spezielle Futtersorten (z.B. Eukanuba® Dental Formular) oder
- Zahnputzstreifen mit Enzymbeimengung (z.B. Denticur®),
- während der Heilungsphase weiches, nicht schleimendes Futter anbieten (püriertes gekochtes Hühnchen oder weich gekochter Fisch).

Allopathie

- Das Entfernen aller mechanischer Ursachen (Zahnstein!) ist obligatorisch.
- Bei starker Entzündung des Zahnfleisches ist zuvor eine antibiotische Therapie zu empfehlen, um die Vernebelung des stark keimhaltigen Aerosols bei der Zahnsteinentfernung zu vermindern (trotzdem Mundschutz tragen!) und eine Ausschwemmung der Keime in die Blutbahn zu verhindern, z.B. Spectinomycin (Suanatem®) 10 mg/kg 1-mal täglich s.c., p.o. über 10 Tage.
- Zerstörte Zähne extrahieren.
- Bei schlecht heilenden oder rezidivierenden Gingivitiden Gestagen-Präparate: Medroxyprogesteron (Perlutex®) 15–30 mg i.m. einmalig (Vorsicht: Fertilitätsstörungen möglich!).
- Kortison-Präparate zur Unterspritzung der Zahnfleischläsionen: Volon A®-10, max. 10 mg/Tier, auf mehrere Depots verteilt.
- Salben mit Chlorhexidin über längeren Zeitraum lokal auftragen.
- Zur Stärkung des Immunsystems Paraimmunitätsinducer (z.B. Baypamune®, 1 ml/Tier).

Homöopathie

- Kombinationspräparate gegen Entzündungen von Zahnfleisch und Schleimhäuten: Acidum nitricum-Injeel®, Carbo vegetabilis-Injeel®, Mercurius sublimatus corrosivus-Injeel®, Belladonna Homaccord®, Traumeel®, Echinacea compositum®, Mucosa compositum®, Chamomilla-Injeel®, Calcium carbonicum-

Injeel®, Arnica-Injeel®, Borax-Injeel®, Kreosotum-Injeel®, Mercurius solubilis Hahnemanni-Injeel®.

Phytotherapie

- Bepinseln oder Kompressen mit Aufguss oder Tinktur von Kamille, Calendula, Arnika.

10 Nase

10.1 Nasenschleimhautentzündung (Rhinitis)

Krankheitsursachen: Erkältungen, Allergien, Infektionskrankheiten (Katzenschnupfen-Komplex s. Kap. 4.1), Reizungen (Staub, Rauch, Desinfektionsmittel), Pilzerkrankungen, Fremdkörper (dann meist einseitig), Tumore, Gaumenspalten, Zahnwurzelvereiterungen mit Durchbruch in die Nasenhöhle

Symptome, Diagnose: Häufiges Niesen, Ausprusten, Nasenreiben, reichlich wässriger bis eitriger Nasenausfluss aus einem oder beiden Nasenlöchern, verklebte Nasenlöcher und Nasenspiegel

Behandlungsstrategie: Ursache der Erkrankung beheben (antiinfektiöse, antimykotische Behandlung, Entfernen der Fremdkörper, operative Korrektur der Gaumenspalte etc.). Linderung der Symptome bis zur Ausheilung.

Allgemeine Maßnahmen

- Verkrustungen entfernen,
- Nasenspiegel häufig einfetten (Vaseline, Bepanthen® Wund- und Heilsalbe).

Allopathie

- Lokale Behandlung mit antibiotische Augentropfen, z.B. Gent-Ophtal®, alle 6 Stunden 2–3 Tropfen je Nasenloch,
- bei eitrigem Ausfluss und gestörtem Allgemeinbefinden mit erhöhter Körperinnentemperatur systemische antibiotische Therapie.

Homöopathie

- Monopräparate, je nach Arzneimittelbild: Allium cepa D3, D4, D6; Luffa D4, D6; Cinnabaris D4, D6,
- Kombinationspräparate: Naso Heel S®, Engystol®, Mucosa compositum®, Euphorbium compositum®, Sinapsis nigra Oligoplex®, Infi Eupatorius®, Infi Myosotis®, Infi Echinacea®, Ka-

lium chloratum I/II Similiaplex®, Sinupas®, Pfx Sinapis 107®, Pfx Cepa®, Pfx Lemna®.

Phytotherapie

- Inhalationen mit Salzwasser, Kamille oder ätherischen Ölen von Latschenkiefer, Eukalyptus, Pfefferminze, Thymian.

Physikalische Maßnahmen

- Rotlichtbestrahlung.

10.2 Sonderfall allergische Rhinitis

Krankheitsursache: Übermäßige Immunreaktion auf bestimmte Stoffe (Pollen, Speichel anderer Haustiere, Hausstaub etc.).

Behandlungsstrategie: Allergen identifizieren, dann Allergenkontakt minimieren. Behandlung der Symptome, Hyposensibilisierung.

Allgemeine Maßnahmen

- Allergenkontakt minimieren: Bei Pollen- und Hausstauballergien Lager häufig waschen, Freigänge so steuern, dass Tageszeit und Örtlichkeit möglichst wenig belastend sind.
- Anfeuchten der Schleimhäute durch Luftbefeuchter.

Allopathie

- Ermittlung des Allergens durch Bestimmung des IgE im Blut.
- Anschließend Hyposensibilisierung durchführen.
- Symptomatisch: Anfeuchten der Schleimhäute mit Meerwasser-Nasensprays.
- Bei saisonal auftretenden Allergien lokal (Azelastin: Allergodil® Nasenspray, Augentropfen).
- Bei jährlich wiederkehrenden Allergieschüben von kurzer Dauer (max. 6 Wochen) kann ein Depot-Kortison (depot medrate®) erwogen werden.

Homöopathie

- Monopräparate, je nach Arzneimittelbild: Galphimia D6; Formicicum (oder Acidum formicicum) D4, D12, D30,
- Kombinationspräparat Allergosal®.

Phytotherapie

- Inhalationen mit Salzwasser (Meersalz, Emser Sole).

11 Atmungsorgane

11.1 Bronchitis

Krankheitsursachen: Infektionen (Bakterien, Viren, z.B. Katzenschnupfen-Komplex s. Kap. 4.1), Allergien, Reizungen (Gase, Dämpfe)

Symptome, Diagnose: Kräftiger, anfallsweiser, feucht-lockerer Husten, im Heilungsverlauf z.T. Übergang zu trockenem Reizhusten. Verschärftes vesikuläres Atemgeräusch z.T. mit Rasselgeräuschen.

Behandlungsstrategie: Bekämpfung der Infektion, Lösen des Schleims, Erleichterung der Atmung, Stärkung des Immunsystems

Allopathie

- Schleimlösende Mittel wie Bromhexin oder Acetylcystein, z.B. Bisolvon® 0,25–2 g/Tier/Tag bis zum Abklingen der Symptome,
- bei trockenem Reizhusten (v.a. in der Nacht) Antitussiva,
- bei hohem Fieber systemische antibiotische Therapie: Doxycyclin (Ronaxan®) 10 mg/kg 2-mal täglich, Oxytetracyclin (z.B. Terramycin®) 5–15 mg/kg 2-mal täglich, Enrofloxacin (z.B. Baytril®) 5 mg/kg täglich p.o., s.c. über 10 Tage,
- Stärkung des Immunsystems mit Paraimmunitätsinducern, z.B. Baypamune®, 1 ml pro Tier.

Homöopathie

- Monopräparate, je nach Arzneimittelbild: Cuprum aceticum D4, D6; Ipecacuanha D6; Tartarus stibiatus/emeticus D4, D6,
- Kombinationspräparate: Vetokehl Not® D5, Quentakehl® D6, Vetokehl Sub® D4, Cetraria islandica Oligoplex®, Ipecacuanha Oligoplex®, Jodum Oligoplex®, Kreosotum Oligoplex®, Myosotis Oligoplex®, Roth's Ropulmin N®, Calcium carbonicum compositum®, Infi Drosera®, Infi Eupatorius®, Bronch Injektopas®, Corallium Similiaplex®, Bronchialis Heel®, Droperteel®, Tarte-

phedreel®, Belladonna Homaccord®, Echinacea compositum®, Cefasept®, Stibium Komplex 18®, Eupatorium Komplex 18®, Pulmonaria Spezial 110®, Febrisal®, Bronchi/Plantago compositum®.

Phytotherapie

Entzündung und Krämpfe der Atemwege

- Inhalationen mit frischem Aufguss (Dämpfe) von Kamille, Pfefferminze, Salbei, Thymian, Eukalyptus,
- Inhalationen mit Meersalz oder Emser Salz.

Reizhusten

- Zubereitung aus Eibisch, Malve, Spitzwegerich, Huflattich, Königskerze, Isländisch Moos, Süßholz als Tee, Sirup, Hustensaft, Frischpflanze,
- Fertigpräparate z. B. Kneipp Spitzwegerich-Pflanzensaft Hustentrost®.

Chronischer Reizhusten

- Zubereitung als Aufguss, Inhalation, Tinktur, Tropfen, Tabletten, Hustensaft von Schlüsselblume, wohlriechendes Veilchen, Bibernelle, Anis, Seifenkraut,
- Fertigpräparate z. B. Naranopect P®, Tussiflorin®.

Physikalische Maßnahmen:

- Prießnitz-Umschläge: feuchtwarme Wickel um den Brustkorb über 20–30 Minuten.

12 Herz und Kreislauf

12.1 Herzmuskelerkrankungen

Krankheitsursachen: Ernährungsbedingt (Taurinmangel), Schilddrüsenerkrankungen, Infektionen (Viren, verschleppte Bakterien, z.B. bei unbehandelten Gingivitiden), Vergiftungen (Schwermetalle), Tumore, vererbte hypertrophe Kardiomyopathien (z.B. Perser- und Maine-Coon-Katzen)

12.1.1 Herzmuskelerkrankungen mit verdickten Herzwänden (hypertrophe Kardiomyopathie)

Symptome, Diagnose: Konditionsschwierigkeiten, Atembeschwerden, Inappetenz, Abmagerung, bei Thrombosen in der Aortenaufzweigung Hinterhandschwäche, fehlender oder schwacher Puls in der betroffenen Hintergliedmaße, bläuliche, kalte Ballen. In der Auskultation hört man Herzgeräusche, Galopprhythmen, feuchte Rasselgeräusche, Arrhythmien, oft ein 4. Herzton (Vorhofgalopp). EKG, Röntgenbild und Ultraschall zeigen die Schwere der Veränderungen am Herzen, Blutwerte geben über die Belastungen des Herzmuskels, der Leber und der Niere Aufschluss.

Behandlungsstrategie: Unterstützung der Dehnungsfähigkeit des Herzens, Rhythmusstörungen beseitigen, Optimierung der Fütterung.

Allgemeine Maßnahmen

- Futterumstellung auf taurinreiches, natriumarmes Futter, mehrmals täglich in kleinen Portionen,
- Gewichtsreduktion bei Übergewicht,
- Ruhe und körperliche Schonung.

Allopathie

- Herzprobleme sollten grundsätzlich vom Tierarzt behandelt werden!

- Entspannung der verdickten Herzwände mit Calciumkanalblockern, z.B. Amlodipin (Norvasc®) 0,1–0,2 mg/kg 1-mal täglich p.o., Verapamil (z.B. Azupamil®, Verahexal®) 1–3 mg/kg p.o. 3-mal täglich.
- Herzrhythmusstörungen beseitigen: β-Rezeptor Blocker z.B. Propranolol (z.B. Dociton®, Obsidan®, Propra-ratiopharm®) 0,2–1 mg/kg p.o. 3-mal täglich.
- **Wichtig:** Keine Digitalisprodukte, starke Diuretika oder ACE-Hemmer einsetzen!

Homöopathie, Phytotherapie: Siehe unten; eignen sich gut zur Behandlung von leichten und mittelschweren Fällen und zur Unterstützung bei schwerer Herzinsuffizienz.

12.1.2 Herzmuskelerkrankungen mit erweiterten Herzkammern (dilatative Kardiomyopathie)

Symptome, Diagnose: Konditionsschwierigkeiten, Husten (z.T. mit viel Schleim), Atembeschwerden, das Blut staut sich in die Lunge und Leber zurück, es kommt zu Wasseransammlungen im Brust- und Bauchraum: belastender Husten, nächtliche Unruhe, vermehrtes Trinken, Apathie.

Systolisches, zischendes, fauchendes Herzgeräusch im Bereich des 5. Zwischenrippenraums. In manchen Fällen mit musikalisch klingendem, lautem „Möwenschrei". Die Intensität der Geräusche und damit der Grad der Veränderung wird in die Phasen I–IV eingeteilt.

Nachweis der Schwere der Veränderungen am Herzen durch EKG, Röntgen, Ultraschall; Blutwerte geben über die Belastungen des Herzmuskels, der Leber und der Niere Aufschluss.

Behandlungsstrategie: Unterstützung des Herzens (bessere Pumpleistung bei langsamerem Puls), Kreislauf entlasten (Diurese), Rhythmusstörungen beseitigen.

Allgemeine Maßnahmen

- Futterumstellung auf taurinreiches, natriumarmes Futter, mehrmals täglich in kleinen Portionen,

- Gewichtsreduktion bei Übergewicht,
- Ruhe und körperliche Schonung.

Allopathie

- Unterstützung des Herzen: ACE-Hemmer: Benazeptril (z.B. Fortecor®) 0,25–0,5 mg/kg 1-mal täglich p.o., Enalapril (Cardiovet®, Enacard®) 0,5 mg/kg 1–2-mal täglich p.o.
  Herzglykoside: Methyldigoxin (Lanitop®) 7–10 µg/kg p.o. jeden 2. Tag oder 4 µg/kg p.o. täglich (Erhaltungsdosis).
- Diurese: Furosemid (Lasix®, Dimazon®) 1–2 mg/kg p.o., i.m., i.v., bei Langzeittherapie 0,5–1 mg/kg p.o. täglich. Wichtig: Furosemid spült verstärkt Kalium mit aus, darum Serumspiegel kontrollieren!
- Herzrhythmusstörungen beseitigen: β-Rezeptor Blocker z.B. Propranolol (z.B. Dociton®, Obsidan®, Propra-ratiopharm®) 0,2–1 mg/kg p.o. 3-mal täglich.

Homöopathie

- Monopräparate, je nach Arzneimittelbild: Aurum D4, D6; Coffea D4, D6; Convalaria D2, D3, D6; Digitalis D4, D6,
- Kombinationspräparate: Pfx Convallaria 137®, Pfx. Cactus 347®, Angiopas®, Infi-Camphora®, Löwe-Komplex 2 Coffea®, Aurumheel®, Cralonin®, Cactus compositum®.

Phytotherapie

- Pflanzen: Besenginster, Weißdorn, Herzgespann, Baldrian; es wird zur Anwendung von Fertigpräparaten (s.u.) geraten.
- Fertigpräparate: Spartium Tropfen®, Spartiol®, Oxacant sedativ®, Crataepas®, Löwe Komplex 10®, Tornix®.

13 Verdauungstrakt

13.1 Leitsymptom Erbrechen

Krankheitsursachen: Infektionen, aufgenommene Fremdkörper, Vergiftungen (Gifte können gefressen, eingeatmet oder über die Haut aufgenommen werden), Stress, Kinetosen.

Das gelegentliche Hochwürgen von zuvor gefressenem Gras gemeinsam mit gelblichem Schleim und Haaren ist ein arttypisches Verhalten und deutet nicht auf eine Erkrankung hin.

Krankhaftes Erbrechen dient dem Entfernen von Krankheitserregern oder Giften aus dem Verdauungstrakt und sollte nur medikamentös unterbunden werden, wenn es über mehrere Stunden anhält und/oder das Tier zur Dehydrierung neigt.

Symptome: Auf ein ernsteres Krankheitsgeschehen deuten hin:
- häufiges Erbrechen über einen längeren Zeitraum (mehr als 10–12 Stunden),
- hohes Fieber (> 40 °C),
- gleichzeitiger starker Durchfall,
- stark gespannte Bauchdecke (Zeichen für Schmerz) und/oder aufgeblähtes Abdomen,
- Blut im Erbrochenen (und im Kot),
- starke Mattigkeit, Bewusstseinseintrübung,
- ständig wiederkehrendes Erbrechen mit gleichzeitiger Abmagerung.

Allgemeine Maßnahmen
- In einfachen Fällen ohne nennenswerte Erhöhung der Körpertemperatur hilft oft ein Fastentag mit anschließender Fütterung von Schonkost (gekochtes Hühnchen, Reis, Magerquark für 2–3 Tage).
- Freigänger einen Tag im Haus halten.
- Während des Fastentages Traubenzucker ins Trinkwasser mischen oder auf Elektrolyt-Trinklösungen ausweichen.

13.2 Leitsymptom Durchfall

Krankheitsursachen: Wie das Erbrechen ist der Durchfall ein Symptom bei einer Vielzahl von Erkrankungen: Allergien, Infektionen, Parasitenbefall, Vergiftungen... Milch und unvergorene Milchprodukte können bei erwachsenen Katzen Durchfall auslösen.

Symptome: Auf ein ernsteres Krankheitsgeschehen deuten hin:
- hohes Fieber (> 40 °C),
- großer Wasserverlust (eventuell durch gleichzeitiges Erbrechen),
- Blutbeimengungen,
- starke Schmerzen (hochgezogenes, gespanntes Abdomen, Krämpfe).

Allgemeine Maßnahmen
- In einfachen Fällen ohne nennenswerte Erhöhung der Körpertemperatur hilft oft ein Fastentag mit anschließender Fütterung von Schonkost (gekochtes Hühnchen, Reis, Magerquark für 2–3 Tage).
- Freigänger einen Tag im Haus halten.
- Während des Fastentages Traubenzucker ins Trinkwasser mischen oder auf Elektrolyt-Trinklösungen ausweichen.

13.3 Akute Magenschleimhautentzündung (Gastritis)

Krankheitsursachen: Infektionen, Allergien, Vergiftungen, Parasiten, Fremdkörper, zu heißes, zu kaltes oder verdorbenes Futter, permanenter Stress

Symptome, Diagnose: Heftiges Erbrechen, z. T. mit Schleimhautfetzen und Blut, Speichelfluss, Schmerzen (hochgezogenes, gespanntes Abdomen, Krämpfe), Inappetenz

Behandlungsstrategie: Ursachenbekämpfung, Flüssigkeits- und Elektrolytzufuhr, Beruhigung des Magens, Stressvermeidung, Optimierung der Fütterung

Allgemeine Maßnahmen

- Freigänger für einen Tag im Haus lassen und einen Fastentag einlegen: Elektrolytlösungen (Korvimin gastro®, 0,9 % NaCl oder Traubenzucker-Lösungen) oder Kräuteraufgüsse zu trinken geben.
- Am zweiten Tag mit Schonkost beginnen: gekochtes Hühnchen, Reis, Magerquark, Hüttenkäse.
- Stress vermeiden!

Allopathie

- Bei einfachen Infektionen des Magen-Darm-Trakts antibiotische Therapie, z.B. mit Amoxicillin (z.B. Clamoxyl®) 10 mg/kg 2-mal täglich s.c., p.o.; Enrofloxacin (Baytril®) 5 mg/kg p.o., s.c. 1-mal täglich.
- Gegen Krämpfe und Schmerzen Metamizol (Novalgin®) 20–50 mg/kg i.m. und/oder Butylscopolamin (Buscopan®) 0,4–0,8 mg/kg s.c. bis zu 3-mal täglich.
- Brechreiz ausschalten: z.B. mit Metoclopramid (Befedo®, Paspertin®) 0,1–0,3 mg/kg p.o., s.c. oder Dimenhydrinat (Vomex A®) 10–12 mg/kg i.v., i.m., s.c., p.o. bis zu 3-mal täglich.
- Flüssigkeitsmangel ausgleichen mit Infusionen mit NaCl oder Vollelektrolytlösungen.

Homöopathie

- Monopräparate, je nach Arzneimittelbild: Arsenicum album D6, Ipecacuanha D6, Veratrum album D4, D6,
- Kombinationspräparate: Gastricumheel®, Vomitusheel®, Gastri L90 N®, Mucosa compositum®, Nux vomica Homaccord®, Spascupreel®, Spasmo-Injektopas®, Cefaspasmon®.

Phytotherapie

- Gegen Entzündungen und Krämpfe: Aufguss aus Kamille, Pfefferminze, Melisse, Süßholz, Gänsefingerkraut, Ringelblume,
- Schleimhautschutz: Kaolin, Bolus alba, Pektin, Heilerde: bis zu 3 Teelöffel täglich in lauwarmem Wasser gelöst eingeben; Schleime aus Leinsamen, Hafer, Reis,

- Regulation der Verdauung: Aufguss aus Kamille, Pfefferminze, Melisse, Anis, Fenchel, Kümmel,
- Fertigpräparate: Stullmisan®, Cefagastrin®, Gastritol®, Infitrakt®.

13.4 Darmentzündung (Enteritis)

Krankheitsursachen: Infektionen (Rota-, Corona-, Astroviren, Katzenseuche, FeLV, *Yersinia pseudotuberculosis* und *enterocolitica, Campylobacter jejuni, Bacillus pisiformis*/Tyzzer's Disease), eosinophile Enteritis, Fütterungsfehler, Parasitenbefall *(Giardia cati, Toxoplasma gondii*, Würmer).

Oft gekoppelt mit Erbrechen (Gastroenteritis)

Symptome, Diagnose: Durchfall unterschiedlicher Qualität, je nach Ursache:

- breiig, schleimig, kaum erhöhte Temperatur: vermutlich parasitär oder durch Fütterungsfehler,
- breiig, stinkend, erhöhte Körpertemperatur: vermutlich bakteriell,
- wässrig, z.T. blutig, mit hohem Fieber: Vergiftungen, Viren.

Nachweis von Erregern bzw. Parasiten im Stuhl.

Behandlungsstrategie: Bekämpfung der Ursache, Entlastung der Magen-Darm-Trakts, Ersetzen der fehlenden Flüssigkeit, Beseitigung von Krämpfen und Schmerzen, Stabilisierung der Darmschleimhaut, Regulierung der Darmflora

Allgemeine Maßnahmen

- Freigänger im Haus halten.
- Fastentag mit anschließender Schonkost: gekochtes Hühnchen, Reis, Magerquark, Hüttenkäse für 2–3 Wochen.
- Während des Fastentages Traubenzucker ins Trinkwasser mischen oder auf Elektrolyt-Trinklösungen (z.B. Korvimin gastro®) ausweichen.

Allopathie

- Je nach Ursache antibakterielle oder antiparasitäre Therapie.

- Gegen Krämpfe und Schmerzen Metamizol (Novalgin®) 20–50 mg/kg i. m., s. c. und/oder Butylscopolamin (Buscopan®) 0,4–0,8 mg/kg s. c.
- Flüssigkeitsmangel ausgleichen mit Infusionen mit NaCl 0,9 % oder Ringer®-Lösung.
- Wiederherstellung der Darmflora, z. B. Proof-Care® Darm-Gel.

Homöopathie

- Monopräparate, je nach Arzneimittelbild: Arsenicum album D4, D6, D12, D30; Mercurius solubilis D6, D12; Pyrogenium D8,
- Kombinationspräparate: Dysenteral®, Infi Rheum®, Diarrheel®, Veratrum Homaccord®, Podophyllum compositum®, Infi Tormentilla®, Mucosa compositum®, Nux vomica Homaccord®.

Phytotherapie

- Krampflösend, entzündungshemmend: Aufguss aus Kamille, Schwarztee, Fenchel,
- Schleimhautschutz: Aufguss oder Abkochung von Tormentillwurzel, Heidelbeere, Eichenrinde; Schleim aus Leinsamen, Reis, Apfelpektin; Lösung in lauwarmem Wasser zum Eingeben mit Tonmineralien, Bolus alba, Heilerde, je 1–3 Teelöffel,
- Fertigpräparate: Durchfallpulver®, Stullmisan®.

Physikalische Maßnahmen

- Sanfte Bauchmassagen: kreisende Bewegungen im Uhrzeigersinn.

13.5 Wurmbefall

13.5.1 Spulwürmer

Krankheitsursache: *Toxocara mystax*, orale Schmutzinfektionen
Symptome, Diagnose: Betrifft v. a. Welpen in den ersten Lebenswochen: Pneumonien, Blutarmut, Kümmern, Husten, Erbrechen, Durchfall, Blähungen. Die Wurmeier sind im Stuhl nachweisbar.

Behandlungsstrategie: Entwurmung der Mutter kurz vor dem Werfen, Welpen alle 14 Tage entwurmen, erwachsene Tiere 3–4-mal im Jahr.

Allopathie

- Orale Wurmkuren mit Mebendazol (Telmin®), Pyranthel (Banminth®), Fenbendazol (Panacur®)

Homöopathie Ergänzend zur Allopathie:

- Kombinationspräparate: Abrotanum-Injeel®, Tanacet-Heel®, Mucosa compositum®, Calcium carbonicum-Injeel®.

13.5.2 Hakenwürmer

Krankheitsursache: *Ancylostoma tubaeforme*

Symptome, Diagnose: Abmagerung, struppiges Haarkleid, Blutarmut, Durchfälle, Koliken; Nachweis der Eier im Stuhl

Behandlungsstrategie: Entwurmung der Mutter kurz vor dem Werfen, Welpen alle 14 Tage entwurmen, erwachsene Tiere 3–4-mal im Jahr.

Allopathie

- Orale Wurmkuren mit Mebendazol (Telmin®), Pyranthel (Banminth®), Fenbendazol (Panacur®)

Homöopathie: Nur unterstützend zur Allopathie:

- Kombinationspräparate: Abrotanum-Injeel®, Tanacet-Heel®, Mucosa compositum®, Calcium carbonicum-Injeel®.

13.5.3 Saugwürmer

Krankheitsursache: *Alaria alata*

Symptome, Diagnose: Leben i.d.R. symptomlos im Dünndarm; Nachweis der Eier im Stuhl.

Behandlungsstrategie: Erwachsene Tiere 3–4-mal im Jahr entwurmen.

Allopathie

- Orale Wurmkuren mit Fenbendazol (Panacur®)

Homöopathie: Nur unterstützend zur Allopathie:

- Kombinationspräparate: Abrotanum-Injeel®, Tanacet-Heel®, Mucosa compositum®, Calcium carbonicum-Injeel®.

13.5.4 Bandwürmer

Krankheitsursachen: V. a. *Taenia (Hydatigera) taeniaeformis, Echinococcus multilocularis, Diphyllobotrium latum*

- Übertragung auf die Katze z.T. durch Mäuse oder Fische, die Bandwurmfinnen (Vorstufen) in sich tragen.
- Wichtig: *Echinococcus multilocularis* und *Taenia (Hydatigera) taeniaeformis* sind auf den Menschen übertragbar; das Wachstum der Bandwurmfinnen in inneren Organen wird oft erst spät erkannt und kann tödliche Folgen haben!

Symptome, Diagnose: Bei massenhaftem Befall Abmagerung, struppiges Fell, z.T. Vorfall des 3. Augenlids, rutschen auf dem Hinterteil („Schlittenfahren"); Nachweis der Eier im Stuhl (Flotationsmethoden); evtl. reiskornartige Bandwurmglieder am After oder im Stuhl zu finden **(Vorsicht: infektiös!)**.

Behandlungsstrategie: Erwachsene Tiere 3–4-mal im Jahr entwurmen, Mäuse- und Fischfänger monatlich (Eiausscheidung erfolgt nach 37 Tagen); Floh- und Haarlingsbekämpfung (dienen als Zwischenwirte für *Dipylidium caninum*).

Allopathie

- Wurmkuren mit Praziquantel (Droncit®), p.o. oder als Spot-On.

Homöopathie: Nur unterstützend zur Allopathie:

- Kombinationspräparate: Abrotanum-Injeel®, Tanacet-Heel®, Mucosa compositum®, Calcium carbonicum-Injeel®.

13.6 Haarballen (Bezoare)

Krankheitsursachen: Besonders langhaarige Rassen wie Perser verschlucken bei der Fellpflege reichlich Haare. Für gewöhnlich werden diese unverdaulichen Fellbestandteile zusammen mit Gras wieder erbrochen. Ist diese Selbstreinigung des Magen-Darm-Trakts gestört, können verklumpte Haare als Bezoare wie Fremdkörper im Magen-Darm-Trakt wirken.

Symptome, Diagnose: Bleiben Fellknoten während der Magen-Darm-Passage stecken, verursachen sie Appetitlosigkeit, rezidivierendes Erbrechen und allgemeine Magen-Darm-Symptome bis zu kolikartigen Erscheinungen. Palpatorisch sind Bezoare meist nur bei sehr schlanken Katzen ertastbar, solange die Bauchdecke nicht angespannt wird. Durch eine Kontrastmittel-Aufnahme können Darmverlegungen entdeckt werden.

Behandlungsstrategie: Ausscheidung der Bezoare unterstützen, notfalls Operation, regelmäßig kämmen, um lockere Haare zu entfernen.

Allgemeine Maßnahmen

- Eingeben von umhüllenden Pasten, um der Bezoarbildung vorzubeugen.
- Bei Verdacht auf Darmverschluss muss der Bezoar schnellst möglich operativ entfernt werden.

Allopathie

- Umhüllende Pasten (z.B. Petromalt®) oder Ergänzungfuttermittel (VivoFur®) zur Vorbeugung der Haarballenbildung eingeben.
- Bei leichter Symptomatik zur Unterstützung der Ausscheidung flüssiges Paraffinöl eingeben.

Phytotherapie

- Schleime von Leinsamen, Hafer, Reis eingeben.

14 Fortpflanzungsorgane

Erkrankungen der Fortpflanzungsorgane sind bei Katzen außerordentlich selten. Gelegentlich treten Geburtsschwierigkeiten auf (zu große Welpen, Wehenschwäche), Kaiserschnitt siehe Fachliteratur.

15 Harnorgane

15.1 Blasenentzündung (Cystitis)

Krankheitsursache: Bakterielle Infektionen (Staphylokokken, Streptokokken, *E. coli,* Pasteurellen, *Pseudomonas, Proteus, Enterobacter,* Klebsiellen) zusammen mit begünstigenden Faktoren wie Unterkühlung, Durchnässung, Harnsteine oder Blasenentleerungsproblemen.

Symptome, Diagnose: Inkontinenz, Harnabsatzprobleme (Schmerzen, aufgekrümmter Rücken, Strangurie, plötzliches Verlassen des Katzenklos unter Fauchen), labortechnisch zeigen sich im Urin eine pH-Verschiebung in den alkalischen Bereich, Blutbeimengungen, vermehrtes Harnsediment und Entzündungszellen, die Erreger können im Labor auf geeigneten Nährmedien angezüchtet werden.

Behandlungsstrategie: Bekämpfung der Infektion, Durchspülung der Harnwege durch Anregung der Harnproduktion, entkrampfende und schmerzlindernde Maßnahmen

Allgemeine Maßnahmen

- Vorbeugend Auskühlen verhindern,
- bei Harnsteinen eine entsprechende Diät einhalten (s. Kap. 15.2).

Allopathie

- Antibiotika, je nach Resistenzlage: z.B. Marbofloxacin (Marbocyl®) 2 mg/kg p.o., s.c., Enrofloxacin (Baytril®), 5 mg/kg p.o., s.c. 2-mal täglich über 1–3 Wochen,
- gegen Krämpfe und Schmerzen Metamizol (Novalgin®) 20–50 mg/kg i.m., s.c. und/oder Butylscopolamin (Buscopan®) 0,4–0,8 mg/kg s.c.

Homöopathie

- Monopräparate: je nach Arzneimittelbild: Cantharis D4, D6, D30; Berberis D4; Dulcamara D4, D6, D30,

- Kombinationspräparate: Cantharis compositum®, Populus compositum®, Berberis Homaccord®, Reneel®, Uro-loges®, Vetokehl Not®, Juniperus Oligoplex®, Nephro-Injektopas®, Spascupreel®, Spasmo-Injektopas®, Cefaspasmon®.

Phytotherapie

- Aufguss zur Durchspülungstherapie aus Goldrute, Brennnessel, Birkenblätter, Heidekraut, Zinnkraut, Bohnenschale, Schafgarbe, Wacholderbeeren, Hauhechel,
- Fertigpräparate: Uvalysat®, Nephro Pasc®, Uro Pasc®, Cefanephrin®, Cefasabal®, Nephro loges®.

15.2 Harnsteine (Urolithiasis)

Krankheitsursachen: Gestörte Stoffwechselfunktionen; oft vererbt. Begünstigende Faktoren sind fortgeschrittenes Alter, ungenügende Flüssigkeitszufuhr (starke Urinkonzentration), entzündliche Prozesse, Harnstau mit gleichzeitiger pH-Wertveränderung, einseitige Fütterung, hormonelle Fehlfunktionen.

Symptome, Diagnose: Unterschiedlich ausgeprägt, z. T. symptomfrei, über blutigen Urin (Hämaturie), Symptome wie bei einer Blasenentzündung bis zu plötzlichen akuten Beschwerden im Falle einer Harnröhrenverlegung durch Harnsteine. Typisch sind Schmerzen beim Wasserlassen, starkes Pressen, tröpfelnder, teilweise unterbrochener, dünner Strahl sowie rezidivierende Blasenentzündungen. Kristalle (v. a. Struvit, seltener Oxalat) können im Harnsediment nachgewiesen werden, z. T. gehen ganze Steinchen bzw. Grieskörnchen ab. Im Ultraschall sind Harngries und Steine an den starken Echos gut zu erkennen. Steine können im Röntgenbild gesehen werden.

Behandlungsstrategie: Beseitigung der Harnflussblockade, Beseitigung von Schmerz- und Krampfzuständen, Bekämpfung der begleitenden Harnwegsinfekte, Einstellung des Urin-pH-Werts, Durchspülung der Harnwege, Futterumstellung, reichlich Flüssigkeitszufuhr

Allgemeine Maßnahmen

- Je nach Zusammensetzung der Steine auf ein entsprechendes Futter umstellen.

Allopathie

- Bei Harnabflussblockaden unter Sedation oder Narkose Katheterisieren: Freispülen mit physiologischer Kochsalzlösung oder Lösungen, die die Steine auflösen.
- Krampflösende und schmerzstillende Medikamente (z.B. Buscopan® und Novalgin®).
- Bekämpfung oder Vorbeugung von Infektionen: Antibiotika, je nach Resistenzlage, z.B. Enrofloxacin (Baytril®), 5 mg/kg p.o., s.c. 2-mal täglich über 1–3 Wochen.
- Ansäuern des Harns mit Ammoniumchlorid, 50–100 mg/kg p.o. 2-mal täglich oder Uro-Pet® Paste.

Homöopathie

- Monopräparate, je nach Arzneimittelbild: Berberis D3, D4; Lycopodium D6, D12, D30; Cantharis D4, D6, D30,
- Kombinationspräparate: Berberis Homaccord®, Solidago compositum®, Reneel®, Sabal Homaccord®, Uro loges®, Juniperus Similiaplex®, Nephrolithol® N.

Phytotherapie

- Durchspülungstherapie mit Aufguss aus Goldrute, Löwenzahn, Petersilienkraut, Brennnessel, Birkenblätter, Hauhechel, Zinnkraut, Bohnenschalen, Wacholderbeeren,
- Fertigpräparate: Harntee 400®, Blasen- und Nierentee.

15.3 Chronisches Nierenversagen

Krankheitsursachen: Unbekannt, gelegentlich im Zusammenhang mit FIP (s. Kap. 4.2)

Symptome, Diagnose: Es wird in folgende 3 Stadien eingeteilt:

1. Eingeschränkte Leistungbreite: eingeschränkte Nierenfunktion ohne klinische Symptome (oft Zufallsbefund bei Vorsorgeuntersuchung vor Operationen),

2. mäßige Insuffizienz: vermehrte Ausscheidung von dünnem Harn, Inappetenz, vermehrtes Trinken, hin und wieder Würgen und Erbrechen,
3. fortgeschrittene Insuffizienz: scheinbare Normalisierung von Harnmenge und Wasseraufnahme (Pseudonormalurie), stark beeinträchtigtes Allgemeinbefinden, Müdigkeit, Inappetenz und häufiges Erbrechen, Austrocknung, struppiges Fell, schuppige Haut, blasse Schleimhäute.

Relevante Nierenwerte im Blut (Harnstoff, Kreatinin) können im Labor ermittelt werden.

Allgemeine Maßnahmen

- Umstellung auf Spezialfutter, z.B. RenalCare® Feline Liquid Diet: zur Unterstützung der Nierenfunktion bei chronischer Niereninsuffizienz.

Allopathie

- Flüssigkeitsausgleich mit Infusionen (Ringer- oder Ringer-Lactat-Lösung) i.v.,
- Ausgleich des Säureüberschusses (Azidose) im Organismus mit Natriumbicarbonat 1–2 ml einer 4,2%igen Lösung pro Stunde über 4–6 Stunden im Dauertropf, später 50–100 mg/kg p.o.,
- Regulierung der Übersäuerung des Magens: H_2-Rezeptor-Blocker Cimetidin (Tagamet®) 2,5 mg/kg p.o. 2-mal täglich; Antazida: Magnesiumhydroxid (Maaloxan®) 10–20 mg/kg p.o.

Homöopathie

- Monopräparate, je nach Arzneimittelbild: Kalium nitricum D3; Berberis, D4,
- Kombinationspräparate: Renes/Viscum comp. PLV®, Reneel®, Solidago compositum®, Berberis Homaccord®, Uro-L90®, Pascorenal®.

Phytotherapie

- Aufguss aus Goldrute, Orthosiphon, Brennnessel, Birkenblättern und Zinnkraut als Trinkkur,
- Trinkkuren mit Heilwasser,
- Fertigprodukte: Urotruw® S, Urticaria Urens Truw®.

16 Verschiedenes

16.1 Impfschemata

Standardimpfungen für Mitteleuropa

Grundimmunisierung: ab der 9.–10. Lebenswoche Erstimpfung gegen:

- Leukose,
- Katzenseuche,
- Katzenschnupfen.

Zweitimpfung: 3–5 Wochen später, frühestens ab der 12. Lebenswoche gegen:

- Leukose,
- Katzenseuche,
- Katzenschnupfen,
- sowie Erstimpfung gegen Tollwut (bei Freigängern).

Wiederholungsimpfungen im jährlichen Abstand.

16.2 Übergewicht

Wohnungskatzen können verhältnismäßig leicht auf Diät gesetzt werden: Zucker- und fetthaltige Leckerchen weglassen (keinen Käse, keine Wurst). Die Futtermenge reduzieren, Nassfutter mit gekochtem Reis strecken (bei Verweigerung den Reis fein pürieren und untermischen) oder mit Wasser verdünnen. Umstellung auf Diätfutter kann schwierig sein. Die Katze zu Bewegung animieren (Spielzeuge!).

Freigänger sind meist schwerer zu kontrollieren. Wissen die Besitzer, an welchen Stellen ihre Katze sich Zusatzfutter holt, sollten dies nach Möglichkeit unterbunden werden (Nachbarn auf die Gesundheitsprobleme der Katze hinweisen).

Medikamentös können Stoffwechsel anregende Futterergänzungsmittel (z.B. VivoPond®) oder homöopathische Kombinationspräparate (z.B. Elian® Tropfen, Helianthus comp.®) versucht werden.

16.3 Verhaltensprobleme

16.3.1 Harnspritzen, Harn- und Kotabsatz außerhalb des Katzenklos

Unkastrierte Kater beginnen ca. ab dem 6. Lebensmonat ihr Revier mit Urin zu markieren. Auch vor Innenräumen machen sie nicht Halt. In diesen Fällen ist unbedingt zu einer Kastration zu raten.

Falls kastrierte Tiere plötzlich wieder mit dem Harnspritzen beginnen oder plötzlich ihre Notdurft außerhalb des Katzenklos verrichten, ist dies meist ein Zeichen für Stress oder Unzufriedenheit. Katzen reagieren sehr empfindlich auf Veränderungen in ihrer Umgebung (schon ein neuer Teppich oder ein Möbelstück, das an einem anderen Platz steht, können ausreichen!).

In diesen Fällen die verunreinigten Stellen gründlich reinigen und mit einem geruchstötenden Desinfektionsmittel behandeln. Die Wohnung und vor allem die betroffenen Stellen mit Feli-Way®, den Gesichtspheromonen der Katze besprühen. Auch das Katzenklo behandeln.

Besteht die Katze auf ihrem neuen Kloplatz, das Katzenklo an dieser Stelle deponieren und Tag für Tag ein kleines Stück (wenige Zentimeter) bis zur ursprünglichen Position verschieben.

16.3.2 Aggressivität

Katzenwelpen finden oft Spaß daran, Menschen hinter Ecken aufzulauern und an die Beine zu springen. So niedlich das bei einer Baby-Katze ist, so unangenehm wird es, wenn sich später ein 4 kg schwerer Kater an das Bein krallt. Dieser Unart sollte so schnell wie möglich Einhalt geboten werden. Dazu kann die Katze mit einem Wassersprüher angespritzt werden, sobald sie eine Attacke startet.

Ältere Katzen, die plötzlich anfangen zu beißen und zu kratzen wenn sie berührt werden, haben unter Umständen Schmerzen und sollten von einem Tierarzt untersucht werden. Auch bei generellen plötzlichen, unerklärlichen Wesensveränderungen sollte ein Tierarzt konsultiert werden, da sich unter Umständen eine schwer wiegende Erkrankung hinter der neuen Wesensart verstecken kann.

Reagieren Katzen aggressiv auf neue Haustiere oder auf Menschen, sollten die Neulinge mit FeliFriend®, den Gesichtspheromonen der Katze, eingerieben werden.

Frettchen

1 Anatomische und physiologische Besonderheiten

Das Frettchen *(Mustela putoris furo)* ist ein Fleischfresser und gehört zu der Familie der Marderartigen. Schon aus der Zeit um 450 Jahre vor Christus sind erste Berichte über domestizierte Frettchen überliefert. Ursprünglich wurden Frettchen für die Jagd auf Nagetiere (vornehmlich Ratten) gehalten. Seit den 30er Jahren des 20. Jahrhunderts wird das Frettchen auch als reines Heimtier gehalten.

Männchen und Weibchen (Fähen) unterscheiden sich in Größe und Gewicht deutlich voneinander: Die männlichen Tiere sind um das Doppelte größer und schwerer. Man unterscheidet zwei Farbvarianten: Albinos (weiß bis gelblich) und Wildfarbe, bei der verschiedene Untervarianten vorkommen. Abhängig von der Jahreszeit schwankt das Körpergewicht gesunder unkastrierter Frettchen um 30 bis 40 Prozent, im Winter sind sie schwerer als im Frühjahr und Sommer. Bei kastrierten Tieren sind diese Schwankungen weniger stark ausgeprägt, ebenso im höheren Lebensalter.

Unkastrierte Frettchen haben einen sehr ausgeprägten Eigengeruch (der lateinische Name bedeutet übersetzt nicht umsonst „mäusefangender, stinkender Dieb“). Nach der Kastration ist der Geruch weniger stark, ganz verschwindet er nur nach einer operativen Entfernung der Analbeuteldrüsen; dies ist aber aus Tierschutzgründen nur bei einer Erkrankung dieser Organe gerechtfertigt. Wie Hund und Katze haben Frettchen je zwei Analbeuteldrüsen.

Der Verdauungstrakt der Frettchen ist relativ kurz, nur ca. halb so lang wie der einer Katze. Die Darmpassage dauert beim adulten Frettchen vier, bei Welpen nur eine Stunde. Aufgrund des fehlenden Caecums können Kohlenhydrate und Fasern nur sehr unzureichend verdaut werden. Allgemein resorbieren Frettchen Wasser, Vitamine und Mineralien nicht besonders gut, darum entwickelt sich bei ihnen im Krankheitsfall recht schnell eine Dehydratation.

Das Herz liegt bei Frettchen physiologischer Weise nicht am Diaphragma an, im Röntgenbild kann sich daher eine Verschattung zwischen Herzspitze und Diaphragma zeigen, die aber keine pathologische Bedeutung hat.

Körpergewicht: Fähe 0,5–1 kg; Rüde 1–2 kg
Körperinnentemperatur: 38–39 °C
Atmung: 30–40 Atemzüge pro Minute
Puls: 180–250 Schläge pro Minute
Geschlechtsreife: Im Frühjahr folgend auf das Geburtsjahr
Brunstzeit: März-September
Trächtigkeitsdauer: 41–42 Tage
Wurfgröße: durchschnittlich 8 Welpen (von 1 bis 18)
Absetzalter: 8 Wochen
Lebenserwartung: 7–10 Jahre

2 Haltung, Pflege, Fütterung

Frettchen sind sehr verspielte Tiere und gut zu erziehen. Sie werden leicht stubenrein und können an eine Katzentoilette gewöhnt werden. Je nach Charakter und Geschlecht können Frettchen auch einzeln gehalten werden. Besonders unkastrierte Rüden können recht dominant werden und in der Gruppe zu Problemen führen.

Frettchen brauchen täglich genügend Bewegung auch außerhalb des Käfigs. Besonders Jungtiere sind sehr unternehmungslustig und den ganzen Tag über aktiv. Im Käfig sollten verschiedene Zonen eingerichtet werden: Futterzone, Schlafzone, Toiletten-Ecke. Als Einstreu und in der Toilette dürfen nur nicht staubende Materialien verwendet werden, da die Tiere gerne mit der Nase im Bodenbelag wühlen und Staub leicht zu Entzündungen der Augen und der oberen Luftwege sowie zu Allergien führen kann. Sägemehl, Heu und Stroh sind darum nicht geeignet. Zum Schlafen ziehen sich Frettchen gerne in eine Höhle zurück. Diese kann aus einem einfachen Pappkarton bestehen. Auch kleine Schlafsäcke und Hängematten werden gerne angenommen.

Die Umgebungstemperaturen sollten nicht über 30 °C und nicht unter 5 °C liegen.

In der Futterration sollte der Eiweißanteil bei 35–40 Prozent liegen. Hochwertiges tierisches Eiweiß ist pflanzlichem vorzuziehen, um Harnsteinen vorzubeugen. Tierische Fette von hoher Qualität, zum Beispiel Hühnerfett, sollten 20–25 % der Ration ausmachen. Die Futteraufnahme erfolgt über den ganzen Tag verteilt. Frettchen legen sich auch gerne versteckte Futterdepots an, die vom Besitzer aus Hygienegründen regelmäßig kontrolliert werden müssen.

Hunde- und Katzenfutter eignen sich nicht für Frettchen. Stattdessen sollten hochwertige, speziell auf Frettchen zugeschnittene Produkte gewählt werden. Neben dem Basisfutter können Leckerbissen in kleinen Mengen (zum Beispiel Vitaminpasten für Hunde und Katzen oder Hunde- und Katzenleckerbissen auf Fleischbasis) angeboten werden. Ältere Frettchen neigen zu Kachexie. Sie sollten mit zusätzlichen Kalorien versorgt werden, in manchen Fällen ist ein Zufüttern mit der Hand hilfreich.

3 Allgemeine Therapiehinweise

Der Stoffwechsel des Frettchens ist denen der Katze sehr ähnlich. Wirkstoffe, die von Katzen nicht vertragen werden, sollten auch beim Frettchen vermieden werden. Wie Katzen reagieren Frettchen sehr empfindlich auf ätherische Öle. Teebaumöl zum Beispiel wirkt toxisch und kann zu Vergiftungen führen.

Frettchen sind sehr empfänglich für Staupe. Erkrankte Tiere sterben fast zu 100 Prozent. Eine Vakzinierung ist darum in jedem Fall anzuraten. Bei der Wahl der Impfstoffe ist darauf zu achten, Vakzine auf der Basis von Hühnerembryo-Kulturen zu wählen. Sie rufen eine gute Immunantwort hervor und sind ausreichend abgeschwächt, um Impfdurchbrüche zu vermeiden. Vakzine aus Hundezelllinien dagegen sind für Frettchen nicht geeignet, sie können zu einer, wenn auch milden, Staupe-Erkankung führen. Soll das Tier mit ins Ausland genommen werden, muss es wie Hund und Katze gechipt, geimpft und mit einem internationalen Impfpass versehen sein.

Besonders im Fellwechsel können Bezoare entstehen. Zur Vorbeugung kann ein Bezoarlaxans für Katzen gegeben werden (3-mal pro Woche ca. 0,5 cm Pastenstrang). Wegen des Zuckeranteils werden diese Pasten gerne genommen und können auch als Leckerchen dienen.

Die Blutentnahme kann beim Frettchen aus der Vena cephalica erfolgen. Hier lassen sich Mengen von bis zu 1 ml ohne Narkose gewinnen. Der Hämatokrit liegt mit 45–60 Prozent recht hoch, auch 80 Prozent sind bei sehr gestressten Tieren ohne Krankheitsursache möglich.

Tab. 3: Arzneistoffe für Frettchen

Arzneistoff	Dosierung	Anwendung
Antibiotika, Chemotherapeutika		
Amoxicillin	10–20 mg/kg	1–2-mal tgl. p. o., s.c.
Cephalexin	15–25 mg/kg	2–3-mal tgl. p. o.
Chloramphenicol	50 mg/kg	2-mal tgl. p. o., s.c.
Amoxicillin + Clavulansäure	10–20 mg/kg	2–3-mal tgl. p. o.
Enrofloxacin	5–10 mg/kg	2-mal tgl. s.c., p. o.
Gentamicin	4–8 mg/kg	1-mal tgl. s.c. (CAVE ototoxisch, nur Reserveantibiotikum)
Metronidazol	10–25 mg/kg	2-mal tgl. p. o.
Antiparasitika		
Amitraz	0,0375 %ig	lokal alle 5 Tage bis Milben nicht mehr nachweisbar
Enilconazol	0,2 %ig	lokal alle 4 Tage
Fipronil	1/4 einer Katzen-Pipette	Spot on alle 8 Wochen
Griseofulvin	25 mg/kg	1-mal tgl. p. o.
Imidacloprid	Dosierung wie für kleine Katzen	Spot on alle 3 Wochen
Ivermectin	0,2–0,4 mg/kg	s.c., p. o. 3-mal im Abstand von 14 Tagen
Lufenuron	30 mg/kg	p. o. alle 4 Wochen
Praziquantel	12,5 mg/kg	p. o.
Selamectin	15 mg/Tier	Spot on
Schmerzmittel		
Atropinsulfat	0,5 mg/kg	i. m. (Pränarkose)
Carprofen	2–4 mg/kg	1-mal tgl. s.c.
Flunixin	0,5–1 mg/kg	1–2-mal tgl. s.c.
Meloxicam	0,2 mg/kg	1-mal tgl. p. o.

Arzneistoff	Dosierung	Anwendung
Weitere Arzneimittel		
Bismuthsubsalicylat	17,5 mg/kg	2-mal tgl. p.o.
Diphenhydramin	1–2 mg/kg	2–3-mal tgl. p.o.
Dexamethason	0,5–2 mg/kg	i.v., i.m., s.c., p.o.
Digoxin	0,005–0,01 mg/kg	3-mal tgl. p.o.
Enalapril	0,5–1 mg/kg	jeden 2. Tag p.o.
Furosemid	1–4 mg/kg	2–3-mal tgl. i.v., i.m., s.c., p.o.
Insulin	1–2 I.E.	1–2-mal tgl. s.c.
Metoclopramid	0,2–1 mg/kg	3–4-mal tgl. p.o.
Omeprazol	0,7 mg/kg	1-mal tgl. p.o.
Prednison	0,5–2,5 mg/kg	1–2-mal tgl. i.m., s.c., p.o.
Ranitidin	24 mg/kg	2-mal tgl. p.o.
Theophyllin	4,25 mg/kg	2–3-mal tgl. p.o.

4 Wichtige Viruserkrankung

4.1 Staupe

Krankheitsursachen: Staupevirus aus der Gruppe der Paramyxoviren

Symptome, Diagnose: Appetitlosigkeit und Fieber (bis 40,5 °C), zum Teil eitrige Bindehautentzündung, Rhinitis, später Pneumonie, Diarrhoe und Dermatitis, evtl. Hyperkeratose der Fußballen. Nach Einsetzen der ZNS-Symptome wie Exzitation, Speichelfluss, Krämpfen, Ataxie stirbt das Tier nach zwei bis 35 Tagen.

Diagnose durch Symptomatik und Immunfluoreszenz-Test (IFT) an Konjunktival- bzw. Blutausstrich.

Behandlungsstrategie: Wegen der hohen Mortalität von fast 100 Prozent ist eine Euthanasie anzuraten. Bei milden Staupe-Fällen nach Impfung mit ungeeigneten Vakzinen kann eine symptomatische Therapie durchgeführt werden.

Prophylaxe

- Impfungen ab der 9. Lebenswoche

5 Haut und Haarkleid

5.1 Leitsymptome Fellverlust (Alopezie)

Krankheitsursachen: Endokrine Ursachen (Hyperadrenokortizismus, Hyperöstrogenismus, Hodentumore), z. T. idiopathisch, dann lokal saisonal im Sommer und Herbst am Schwanz, Fütterungsfehler (zu viel Ei und damit Biotin-Mangel), Ektoparasiten, Hautpilze, Tumore

Symptome, Diagnose: Dünner werdendes Fell, bei Hyperöstrogenismus bilateral an Bauch und Flanken, bei mangelnder Futterqualität mit trockenem, stumpfem Haar.

Behandlungsstrategie: Optimierung der Haltung und Fütterung, Beseitigung der Ursache

Allgemeine Maßnahmen

- Futterration überprüfen: nicht mehr als 10 Prozent Ei, nur hochwertige Futtermittel, die auf Frettchen zugeschnitten sind, verfüttern

Allopathie, Homöopathie, Phytotherapie

- je nach Krankheitsursache bzw. Arzneimittelbild; bei hormonellen Störungen durch Hoden oder Eierstöcke Kastration erwägen.

5.2 Flohbefall

Krankheitsursachen: *Ctenocephalidis felis* und *canis*

Symptome, Diagnose: Juckreiz, allergische Hautreaktionen; Diagnose über den Flohkot auf der Haut: schwarze, teils j-förmige Krümel, die beim Zerreiben auf feuchter Unterlage rote Spuren hinterlassen (Reste der Blutmahlzeit).

Behandlungsstrategie: Bekämpfung der Parasiten auf dem Tier und in der Umgebung, Wiederherstellung der Hautfunktion

Allgemeine Maßnahmen

- Nur fünf Prozent der Flöhe finden sich auf dem Tier selbst, 95 Prozent leben in verschiedenen Entwicklungsstadien in der Umgebung (Käfig, Transportbox, Wohnung bei Freilauf, evtl. auch Auto etc.),
- Den Käfig gut reinigen und desinfizieren,
- Alles Waschbare waschen, Empfindliches mehrere Tage einfrieren,
- In Wohnungen Umgebungs-Sprays oder Fogger einsetzen.

Allopathie

- Für Hund und Katze zugelassenen Präparate wie Fipronil-Spray (Frontline®), Selamectin (Stronghold®) 15 mg pro Tier als Spot on, Lufenuron (Program®) 30 mg/kg p. o. alle vier Wochen,
- Flohhalsbänder sind nicht zu empfehlen, weil die beweglichen Frettchen daran knabbern und sich vergiften können.

Homöopathie nur unterstützend!

- Monopräparate, je nach Arzneimittelbild: Sulfur D4, D6, D12; Apis D4, D6, D12; Cardiospermum D3, D4, D30; Rhus toxicodendron D4, D6, D30,
- Kombinationspräparate: Antiallergicum N Truw®, Sulfur oligoplex®, Cutis compositum®, Dermisal®, Apis Homaccord®,

Phytotherapie

- Äußerliche Anwendung zur Abwehr von Insekten (nur Vorbeugung, keine Therapiewirkung): Einreibungen, Waschungen, Bäder mit Aufguss aus Thymian, Rainfarn, Lavendel. Walnussblätter-Absud, Essigwasser.

5.3 Entzündung der Analbeuteldrüsen

Krankheitsursachen: Entleerungsstörungen der Analbeuteldrüsen bei zu weichem Kot oder verengten Ausführungsgängen

Symptome, Diagnose: Starke Geruchsentwicklung, Rutschen auf dem Anus („Schlittenfahren“), beknabbern der Analgegend. Bei Infektion der Analbeutel starke Rötung und Schmerzhaftigkeit des Gebiets evtl. Durchbrechen der Infektion nach außen (Analfistel).

Behandlungsstrategie: Manuelle Entleerung der Drüsen, Bekämpfung von Juckreiz und Infektion, Optimierung der Fütterung

Allgemeine Maßnahmen

- Manuelles Entleeren der Analbeuteldrüsen, dabei immer Handschuhe tragen und nach Möglichkeit im Freien arbeiten (sehr intensiver, anhaftender Geruch!)

Allopathie

- Spülen der Analbeutel mit Kochsalzlösung, bei Infektionen Einbringen einer antibakteriellen Suspension,
- Bei chronischen Fällen evtl. die Drüsen operativ entfernen.

Homöopathie

- Monopräparate, je nach Arzneimittelbild: Asa foetida D4; Calcium sulfuricum D6, D12,
- Kombinationspräparate: Traumeel®, Mercurius Heel®, Echinacea compositum®, Infitraumex®, Hewetraumeen®.

Phytotherapie

- Spülung der Analbeutel mit Calendula-, Salbei- oder Kamillenlösung,
- bei Entzündungen des Anus Salben aus Kamille, Salbei, Hamamelis,
- Fertigpräparate: Kamilloplant®, Kamillosan®, Vulnoplant®.

6 Krallen

6.1 Krallenverletzungen

Krallenverletzungen können lang anhaltend bluten und sind sehr schmerzhaft. Gefährlich sind sie in der Regel nicht.

Allgemeine Maßnahmen

- Weitgehend vom Krallenbett gelöste Krallenteile können vorsichtig entfernt werden,
- Blutungen mit Wasserstoffperoxid-Lösung (2–3 %ig) oder am sedierten Tier mit einem Kauter zum Stillstand bringen,
- Die Wunde reinigen.

Allopathie

- Lokal werden antibiotische Salben aufgetragen,
- Liegt das Krallenbett teilweise oder ganz frei oder leckt das Frettchen viel an der Verletzung, Pfotenverband oder Halskragen anlegen,
- Systemische Antibiose nur bei heftiger Infektion (starke Schwellung und vermehrte Wärme des umliegenden Gewebes, Eiterbildung, evtl. erhöhte Körperinnentemperatur): z.B. mit Enrofloxacin (Baytril®), 2-mal tgl. 5–10 mg/kg p.o. für 8–10 Tage.

Homöopathie

- Monopräparate, je nach Arzneimittelbild: Arnica D4, D4, D30; Calendula D2; Hamamelis D3,
- Kombinationspräparate: Traumeel®, Traumisal®, Arnica compositum®.

Phytotherapie

- Waschungen mit Aufguss aus Arnica, Calendula, Kamille, Hamamelis,
- Betupfen mit der Tinktur,
- Auftragen von Salben mit Arnica, Calendula, Kamille, Hamamelis,
- Fertigpräperate: Kamilloplant®, Wundbalsam®, Kamillosan®.

7 Augen

7.1 Bindehaut- und Hornhautentzündung (Konjunktivitis, Keratitis)

Krankheitsursachen: Häufig durch Staub (Einstreu, Toilettengranulat), Trauma, UV-Strahlung (Sonne!)

Symptome, Diagnose: Anschwellen und Rotfärbung der Bindehäute, verstärkter Tränenfluss, z.T. eitrig. Lichtempfindlichkeit, häufiges Blinzeln, Zusammenkneifen der Augelider, v.a. Bei Albinos sieht man eine Tränenspur auf dem Fell in den Augenwinkeln Bei Keratitis weißlich-blaue Trübung der Hornhaut (Ödem), manchmal einsprossende Blutgefäße

Allgemeine Maßnahmen

- Verkrustetes Sekret mit einem weichen Tuch und isotonischer Kochsalzlösung oder abgekochtem Wasser einweichen und entfernen. Wichtig: keinen Kamillenaufguss ans Auge bringen!
- Um Hornhautschäden zu erkennen, Fluorescein-Test durchführen,
- Mechanische Reize ausschalten: Einstreu optimieren, Rauchfreie Umgebung schaffen.

Allopathie

- antibiotische und bei Bindehautentzündungen auch antientzündliche Augensalben, je nach Präparat 3–5-mal tgl. (z.B. Terracortil®, Terramycin®, Gent-Ophtal®),
- Epithelschutz und Regeneration: Regepithel®, Pan-Ophtal®.

Homöopathie

- Monopräparate, je nach Arzneimittelbild: Euphrasia D2, D3; Apis D4, D6, D30; Pulsatilla D4, D6, D30,
- Kombinationspräparate: Keratisal® Tropfen, Vetokehl Not®, Euphrasia Oligoplex®, Conjunctisan Augentropfen®, Allergosal®.

Phytotherapie

- Bindehautsack-Spülungen und Augenkompressen mit kühlem Aufguss aus Fenchel, Augentrost, Calendula

8 Ohren

8.1 Ohrenräude

Krankheitsursachen: *Otodectes cynotis*

Symptome, Diagnose: Übertragung zwischen Katzen und Frettchen möglich. Schwarzes, krümeliges Sekret im äußeren Gehörgang, Juckreiz, Durchbruch ins Mittelohr mit anschließender Otitis media möglich. Die Milben sind unter dem Mikroskop leicht zu erkennen.

Behandlungsstrategie: Bekämpfen der Parasiten, Wiederherstellung der Hautfunktion

Allgemeine Maßnahmen

- Reinigung des Gehörgangs mit einem milden Ohrenreiniger (z.B. Otifree®, albrecht Kamillenohrreiniger®). Dazu das Ohr mit dem Reiniger füllen, gut durchkneten und anschließend mit einem weichen Zellstoff auswischen.

Allopathie

- Am besten systemisch gegen die Parasiten vorgehen: Selamectin (Stronghold®) 15 mg pro Tier als Spot on alle vier Wochen bis zur Ausheilung, Ivermectin (Ivomec®) 0,2–0,4 mg/kg s.c. 3-mal im Abstand von 14 Tagen.

Homöopathie nur unterstützend!

- Monopräparate, je nach Arzneimittebild: Apis D4, D6, D12; Sulfur D6 3-mal täglich oder D30 2-mal pro Woche,
- Kombinationspräparate: Dermisal®, Cutis compositum®.

Phytotherapie: Waschungen oder Bäder mit Aufguss aus Thymian, Schafgarbe, Nelke, Lavendel, Efeu. Gegen Hautentzündung Waschungen mit Zinnkraut- oder Stiefmütterchenaufguss, Walnussblätterabsud und Molke

9 Mund- und Rachenraum

9.1 Zahnstein, Zahnfleischentzündung (Gingivitis)

Krankheitsursachen: Bei älteren Frettchen kommt häufig Zahnstein vor, besonders bei sehr weichem Futter. Bei sehr starkem Zahnstein kann das Zahnfleisch gereizt werden und sich entzünden.

Behandlungsstrategie: Entfernen des Zahnsteins, Optimierung der Fütterung.

Allgemeine Maßnahmen

- Zur Vorbeugung kleine Mengen von für Hunde und Katzen geeignetem Zahnputz-Futter geben,
- Bei sehr zahmen Frettchen kann der Zahnstein mit dem Fingernagel grob entfernt werden.

Allopathie

- Entfernen des Zahnsteins unter Narkose mittels Ultraschall.

10 Atmungsorgane

10.1 Influenza (Virusgrippe)

Krankheitsursachen: Influenza-Viren, die vom Menschen auf das Frettchen und anders herum übertragen werden.

Symptome, Diagnose: Plötzliches hohes Fieber (>40 °C), das nach zwei Tagen wieder abfällt, Niesen, eitriger Nasenausfluss, Epiphora, Apathie, eventuell Durchfall und Leberfunktionsstörungen. Lungenentzündung. Pneumonie durch sekundäre bakterielle Infektionen möglich. Nach rund einer Woche Besserung und Ausheilung.

Behandlungsstrategie: Linderung der Symptome, Optimierung von Haltung und Fütterung

Allgemeine Maßnahmen

- Schmackhafte, hoch verdauliche Diät anbieten
- Auf ausreichende Flüssigkeitsaufnahme achten

Allopathie

- In fast allen Fällen heilt die Erkrankung innerhalb einer Woche von selber aus,
- Gegen Konjunktivitis antibiotische Augentropfen oder -salben z. B. Terramycin® oder Gent-Ophtal®,
- Bei Inappentenz und Austrocknung Infusionen.

Homöopathie

- Monopräparate, je nach Arzneimittelbild: Bryonia D4, D6, D12; Drosera D4, D6; Luffa D4, D6, D12,
- Kombinationspräparate: Vetokehl Not® D5, Quentakehl®, Notakehl®, Jodum Oligoplex®, Cefasept®, Echinacea Compositum®, Bronchi/Plantago compositum®.

Phytotherapie

- Gegen Entzündungen und Krämpfe der Atemwege: Inhalationen mit Meersalz oder Emser Salz; dazu das Frettchen in eine Transportbox setzen. Vorsicht mit der Temperatur!

- Fertigpräparate: Kneipp® Spitzwegerich-Pflanzensaft Hustentrost.

10.2 Bronchitis

Krankheitsursachen: Infektionen bakterieller oder viraler Art, Allergien, Reizung der Atemwege durch Zigarettenrauch, Staub etc.
Symptome, Diagnose: heftiges Husten und Niesen, rasselnde Bronchialgeräusche, bei Infektionen Fieber
Auf dem Röntgenbild zeigen sich die Bronchien und Bronchiolen deutlich ab
Behandlungsstrategie: Bekämpfung der Ursachen, Erleichterung der Atmung

Allgemeine Maßnahmen

- Reizquellen beseitigen (Einstreu und Toilette überprüfen, nach Rauchern im Haushalt fragen)

Allopathie

- Bei Infektionen ein geeignetes Antibiotikum einsetzen, z.B. Enrofloxacin (Baytril®) 5–10 mg/kg 2 ml tgl. s.c., p.o.: Amoxicillin mit Clavulansäure (Synulox®) 15–30 mg/kg 2-mal tgl. p.o.,
- Gegen allergische Bronchitis Prednison 0,5–2,5 mg/kg 1–2-mal tgl. s.c., p.o.,
- Zur Erweiterung der Bronchien Theophyllin 4,25 mg/kg 2–3-mal tgl. p.o.

Homöopathie

- Monopräparate, je nach Arzneimittelbild: Cuprum aceticum D4, D6; Ipecacuanha D6,
- Kombinationspräparate: Vetokehl Sub® D4, Ipecacuanha Oligoplex®, Bronch Injektopas®.

Phytotherapie

- Entzündungen und Krämpfe der oberen Atemwege:
  - Inhalation mit frischen Aufgüssen von Pfefferminze, Salbei, Thymian, Eukalyptus,
  - Inhalation mit Emser Salz oder Meersalz.

- Reizhusten:
  - Zubereitung aus Eibisch, Malve, Spitzwegerich, Huflattich, Königskerze, Isländisch Moos als Tee, Sirup, Hustensaft (ohne Alkohol),
- Fertigpräparate: Kneipp® Spitzwegerich-Pflanzensaft Hustentrost®.

11 Herz und Kreislauf

Herzerkrankungen kommen bei Frettchen häufig im Alter von drei bis vier Jahren vor, besonders die:

11.1 Herzmuskelschwäche (Kongestive Kardiomyopathie)

Krankheitsursachen: Degeneration und bindegewebiger Umbau des Herzmuskels und damit verbundene Leistungsschwäche

Symptome, Diagnose: Antriebslosigkeit, blasse Schleimhäute, Hypothermie, Hinterhandschwäche, Inappetenz, in späteren Stadien Lungenödem, Bauchwassersucht, Abmagerung, Tod. Diagnose über **Auskultation:** starke Rhythmusstörungen (Galopp-Rhythmen), Rassel- und/oder Gluckergeräusche bei Lungenödem. Im Röntgen zeigt sich das Herz kugelig dilatiert.

Behandlungsstrategie: Unterstützung des Herzmuskels, Bekämpfung der Ödeme

Allgemeine Maßnahmen

- Optimierung der Fütterung,
- Stress vermeiden.

Allopathie

- Lebenslange Therapie mit Herzmedikamenten: Digoxin (Lanoxin®) 0,005–0,01 mg/kg 1–3-mal tgl. p.o., Pimobendan (Vetmedin®) 0,25 mg/kg 2-mal tgl., Enalapril 0,5 mg/kg alle 2 Tage,
- Furosemid (Lasix®) 1–4 mg/kg 2–3-mal tgl.

Homöopathie nur unterstützend!

- Monopräparate, je nach Arzneimittelbild: Aurum D4, D6; Coffea D4, D6; Convalaria D2, D3, D6; Digitalis D4, D6,
- Kombinationspräparate: Pfx Convalaria 137®, Infi-Camphora®, Coffea®, Aurumheel®, Cactus compositum®.

Phytotherapie

- wegen der zum Teil starken Wirkung wird zu Fertigpräparaten geraten: Spartium Tropfen®, Oxacant sedativ®, Crataepas®.

12 Verdauungsorgane

12.1 Leitsymptom Diarrhoe

Krankheitsursachen: Fütterungsfehler, bakterielle Infektionen *(Salmonella ssp., Lawsonia intracellularis)*, Protozoen *(Isospora laidlawi, Eimeria Furonis, Eimeria ictidea)*

Symptome, Diagnose: Durchfall unterschiedlicher Intensität und Qualität; zunächst Überprüfen der Fütterung, evtl. Nachweis der Erreger im Kot.

Behandlungsstrategie: Optimierung der Fütterung und Haltungsbedingungen, Bekämpfen eventueller Erreger, Ersetzen der fehlenden Flüssigkeit, Stabilisierung der Darmschleimhaut

Allgemeine Maßnahmen

- Elektrolythaltige Tränke anbieten (ungewürzte Hühnerbrühe, zuckerfreie Fertigprodukte)

Allopathie

- Je nach Ursache antibakterielle oder antiparasitäre Therapie,
- Flüssigkeitsmangel mit Infusionen ausgleichen (Ringer-Lactat, NaCl-Lösung 0,9 %).

Homöopathie

- Monopräparate, je nach Arzneimittelbild: Arsenicum album D4, D6, D12; Mercurius solubilis D6, D12; Pyrogenium D8,
- Kombinationspräparate: Dysenteral®, Infi Rheum®, Diarrheel®, Veratrum Homaccord®, Mucosa compositum®.

Phytotherapie

- Krampflösend, entzündungshemmend: Aufguss aus Kamille, Schwarztee, Fenchel,
- Schleimhautschutz: Aufguss oder Abkochung aus Tormentillwurzel, Heidelbeere, Eichenrinde; Schleim aus Leinsamen, Reis, Apfelpektin; Lösung aus lauwarmem Wasser zum Eingeben mit Heilerde, Tonmineralien, Bolus alba 1 Teelöffel voll.

Physikalische Maßnahmen

- Sanfte Bauchmassagen: kreisende Bewegungen im Uhrzeigersinn.

12.2 Darmparasiten

Wurmbefall kommt beim Frettchen relativ selten vor, offenbar besteht eine natürlich Resistenz. Im Falle, dass Wurmeier im Kot gefunden werden, können folgende Wirkstoffe zur Anwendung kommen:

- Ivermectin (Ivomec®) 0,2–0,4 mg/kg s.c. mit Wiederholung nach 14 Tagen,
- Selamectin (Stronghold®) 15 mg pro Frettchen als Spot-On (kleinste Pipettengröße im Handel),
- Praziquantel (Drontal®) 5–10 mg/kg oral mit Wiederholung nach 14 Tagen.

12.3 Infektion mit Helicobacter mustelae

Krankheitsursachen: Infektion mit *Helicobacter mustelae*
Symptome, Diagnose: Der Erreger kommt bei fast allen Frettchen vor, die Ansteckung erfolgt meist schon während der Säugephase. In der Regel verläuft sie symptomlos, bei jungen Tieren oder unter Stress können chronische Gastritiden mit klinischen Symptomen wie Appetitlosigkeit, Erbrechen, breiiger Kot und Gewichtsverlust entstehen. Bei blutenden Magengeschwüren wird der Kot teerähnlich und schwarz und im Blutbild zeigen regenerative Anämie, Leukozytose und erhöhte Leberwerte. Genaue Diagnose durch Magenspiegelung und Nachweis der Erreger in der Magenbiopsie (Warthin-Starry-Färbung).

Allgemeine Maßnahmen

- Stress vermeiden,
- Optimierung der Haltungsbedingungen,
- Optimale Fütterung mit hoch verdaulichem tierischem Eiweiß.

Allopathie

- Es gibt unterschiedliche Behandlungsstrategien:
  1. Triple-Therapie: Amoxicillin 30 mg/kg plus Metronidazol 20 mg/kg plus Bismuthsubsalicylat 17,5 mg/kg jeweils 2-mal tgl. p.o. über 3 Wochen. Problem: nicht sehr schmackhaft, oft erschwerte Eingabe, nicht in allen Fällen werden alle Erreger vernichtet,
  2. Clarithromycin (z.B. Clarithromycin AL® Granulat) 12,5 mg/kg 2-mal tgl. plus Ranitidin (z.B. Ranitidin STADA®) 24 mg/kg 2-mal tgl. über 14 Tage. Statt Ranitidin kann bei blutenden Geschwüren Omeprazol (z.B. Omeprazol AbZ Kapseln) 0,7 mg/kg 1-mal tgl. eingesetzt werden,
  3. Clarithromycin 50 mg/kg 1–2-mal tgl. plus Amoxicillin 20 mg/kg 2-mal tgl.,
- Generell bei Dehydratation Infusionen mit Ringer-Lactat.

Homöopathie nur unterstützend!

- Monopräparate, je nach Arzneimittelbild: Arsenicum album D4, D6, D12, D30; Mercurius solubilis D6, D12; Pyrogenium D8,
- Kombinationspräparate: Dysenteral®, Mucosa compositum®, Nux vomica Homaccord®.

Phytotherapie

- Krampflösend, entzündungshemmend: Aufguss aus Kamille, Schwarztee, Fenchel,
- Schleimhautschutz: Aufguss oder Abkochung aus Tormentillwurzel, Heidelbeere, Eichenrinde; Schleim aus Leinsamen, Reis, Apfelpektin; Lösung aus lauwarmem Wasser zum Eingeben mit Heilerde, Tonmineralien, Bolus alba 1 Teelöffel voll.

Physikalische Maßnahmen

- Vorsicht mit Wärme bei offenen Geschwüren. Sanfte Bauchmassagen, sofern sie das Tier als angenehm empfindet

12.4 Haarballen (Bezoare)

Krankheitsursachen: Bei Frettchen sehr häufig, entstehen durch Abschlucken von Haaren bei der Fellpflege. Die Haare verklumpen im Magen und den ersten Darmabschnitten und bilden zum Teil sehr feste, fremdkörperartige Gebilde.

Symptome, Diagnose: Frettchen erbrechen sich nicht so leicht wie Hund und Katze. Zeichen für mögliche Bezoare sind gestörtes Fressverhalten, ständiges Schmatzen und Speicheln, abnormer Gewichtsverlust, dunkel gefärbter Kot, Koliken.

Behandlungsstrategie: Ausscheidung der Bezoare unterstützen, notfalls Operation

Allopathie

- Eingeben von umhüllenden Pasten (z. B. Petromalt®),
- 1–2-mal tgl. 1–2 ml flüssiges Paraffinöl eingeben.

Phytotherapie

- Schleime von Leinsamen, Hafer, Reis eingeben.

13 Fortpflanzungsorgane

13.1 Gesäugeentzündung (Mastitis)

Krankheitsursachen: Eindringen von Erregern durch kleine Verletzungen, die die Welpen beim Trinken verursachen
Symptome, Diagnose: Gerötete, geschwollene, schmerzhafte Milchkomplexe, evtl. Fieber, Abgeschlagenheit, Inappetenz
Behandlungsstrategie: Absetzen der Welpen und evtl. Handaufzucht, Schmerzmanagement, Bekämpfen der Erreger

Allopathie

- Antibiogramm erstellen,
- Antibiotika z.B. Amoxicillin + Clavulansäure (Synulox®) 20 mg/kg 2-mal tgl.,
- Gegen die Schmerzen z.B. Carprofen (Rimadyl®) 2–4 mg/kg 1-mal tgl. s.c.

Homöopathie

- Monopräparate, je nach Arzneimittelbild: Phytolacca D4, D6; Apis D4, D6, D12,
- Kombinationspräparate: Streptokokken Nosode®, Staphylokokken Nosode®.

14 Harnorgane

14.1 Harngries und Blasensteine (Urolithiasis)

Krankheitsursachen: Hoher Anteil pflanzlicher Proteine in der Ration und damit Anstieg des Harn-pH auf Werte über 6

Symptome, Diagnose: Harnabsatzprobleme, häufiges Absetzen kleiner Urinmengen, ständiges Lecken an der Genialöffnung, Blut im Urin, evtl. auch mit Bakterien

Behandlungsstrategie: Optimierung der Fütterung, große Steine operativ entfernen

Allgemeine Maßnahmen

- Kontrolle der Fütterung und Umstellung auf tierisches Protein. Katzen-Diätfutter eignen sich nicht.

Allopathie

- Bei Verlegung der Harnröhre, diese unter Narkose freispülen,
- Große Steine müssen evtl. operativ entfernt werden,
- Gegen Infektionen Antibiotika wie Enrofloxacin (Baytril®) 5–10 mg/kg 2-mal tgl. p. o.

Homöopathie

- Monopräparate, je nach Arzneimittelbild: Berberis D3, D4; Lycopodium D6, D12; Cantharis D4, D6, D30,
- Kombinationspräparate: Cantharis miniplex®, Berberis Homaccord®, Reneel®, Nephrolithol®, Spascuprel®, Spasmo-Injektopas®.

Phytotherapie

- Aufgüsse aus Goldrute, Löwenzahn, Petersilienkraut, Brennnessel, Zinnkraut, Bohnenschalen, Wacholderbeeren

15 Verschiedenes

Impfschemata (immer Vakzine aus Hühnerembryonen)

- Grundimmunisierung: ab der 9. Lebenswoche gegen Staupe,
- Zweitimpfung: 4–5 Wochen später gegen Staupe, Tollwut (bei Auslandsaufenthalten),
- Wiederholungsimpfungen im jährlichen Abstand.

Kaninchen

1 Anatomische und physiologische Besonderheiten

Das Hauskaninchen stammt vom europäischen Wildkaninchen (*Orctolagus cuniculus* L.) ab. Es existieren über 100 verschiedene Rassen.

Die Zähne des Kaninchens wachsen ein Leben lang. Besonders bei kleinen Rassen sind Zahnfehlstellungen häufig, wodurch regelmäßige Korrekturen nötig sein können.

Der Magen des Kaninchens hat nur eine dünne Muskelschicht, was mit ein Grund für die häufig auftretende Trommelsucht ist. Der Magen ist stets gefüllt. Das Kaninchen verdaut seine Nahrung „zweimal": Im Blinddarm wird das rohfaserreiche Futter von Bakterien aufgeschlossen. Diesen Nahrungsbrei scheidet das Tier meist über Nacht aus und frisst ihn gleich wieder (Koprophagie). Diese weichen, hellen Kotbällchen dürfen nicht mit Durchfall verwechselt werden.

Unter dem Kinn haben erwachsene Kaninchen eine Hautfalte, die je nach Fütterungszustand dicker werden kann. Diese so genannte Wamme ist physiologisch und kein Anzeichen von Übergewicht.

Auffällig ist die große Hitzeempfindlichkeit: Schon Temperaturen ab 25 °C gelten als kritisch.

Körpergewicht: 1 kg (Zwergkaninchen) bis 8 kg (Deutscher Riese)
Körperinnentemperatur: 38,5–40,0 °C
Atmung: 32–100 Atemzüge pro Minute
Puls: 220–325 Schläge pro Minute
Geschlechtsreife: 6 Monate
Brunsthäufigkeit und Zyklusdauer: Kein regelmäßiger Zyklus; der Eisprung wird vom Deckakt ausgelöst und erfolgt 9–13 Tage nach der Paarung.
Trächtigkeitsdauer: 29–33 Tage
Absetzalter: 4–6 Wochen

2 Haltung, Pflege, Fütterung

Richtiges Anheben: Eine Hand greift das Nackenfell, die andere unterstützt das Becken. **Wichtig:** Das Hochheben an den Ohren ist Tierquälerei!

Richtiges Halten: Den rechten Unterarm waagrecht vor den Bauch halten, das Kaninchen flach mit dem Kopf Richtung Armbeuge auf den Unterarm setzen. Mit der rechten Hand das Kaninchen über dem Schultergürtel greifen und auf dem Unterarm fixieren. **Wichtig:** Kaninchen können sich blitzartig mit enormer Kraft abstoßen!

In freier Wildbahn leben Kaninchen in großen Gruppen zusammen. **Hauskaninchen als Paare oder in Gruppen** zu halten, kann aber wegen anhaltender Rangkämpfe Probleme bereiten. Unkastrierte Rammler vertragen sich untereinander überhaupt nicht, kastrierte Rammler sind gemeinsam mit Häsinnen recht gut verträglich. Kaninchen und Meerschweinchen sollten nicht vergesellschaftet werden. Für zwei Tiere sollten mindestens 4 qm Platz zur Verfügung stehen.

Der ausgeprägte **Knabber- und Buddeltrieb** bringt Kaninchen dazu, beim Freilauf in der Wohnung allerlei Unfug anzurichten (Tapeten und Teppiche beknabbern, aber auch Telefonleitungen und Elektrokabel). Als Höhlenbewohner schlüpfen sie gerne hinter Kühlschränke etc. (Achtung Kabel!). Dennoch brauchen sie Auslauf. Auch Erziehung ist möglich.

Als **Einstreu** für den Käfig eignen sich Stroh, Heu oder weiche Hobelspäne. Bei chronisch wunden Füßen sollte stattdessen Zeitungspapier genommen werden. Kaninchen suchen sich stets eine „Toilettenecke" aus, in der sie Kot und Urin absetzen. Hygiene im Käfig ist vor allem in der warmen Jahreszeit wichtig, da Fliegen und anderes Ungeziefer gerne ihre Eier in die feuchtwarmen unsauberen Stallecken legen (Gefahr von Myiasis, siehe Kapitel 4.3).

Als **Hauptnahrung** sollte **Heu** dienen (viel Rohfaser). Handelsübliches **Fertigfutter** ist in der Regel kalorien- und fettreich und sollte darum **rationiert** gereicht werden (für ein 3–4 kg schweres Tier reichen 2–3 EL pro Tag). Frisches **Grünfutter** muss gewaschen und gut getrocknet werden. Feuchtes oder welkes Grünfutter führt zu Verdauungsproblemen. Trockenes Brot enthält viel Kochsalz und sollte darum nur in kleinen Mengen gegeben werden.

Wasser sollte nicht im Napf, sondern in einer Trinkflasche angeboten werden. Kaninchen trinken viel (bei 2 kg Gewicht mindestens 0,25 ml/Tag). Das Auslaufröhrchen stets sauber halten, es sind schon Tiere vor der vollen Trinkflasche verdurstet!

Fell und Ohren: Kaninchen pflegen ihr Fell in der Regel selbst. Zuweilen verlieren sie im Fellwechsel aber reichlich Haare, sodass eine gewisse Fellpflege nötig werden kann. Geeignet sind Bürsten, Striegel und Kämme mit abgerundeten Borsten bzw. Zinken, sowie Fellpflegehandschuhe mit Gumminoppen. Verfilzte Stellen herausschneiden, da sich unter ihnen Infektionen entwickeln können und sie wahre Biotope für Parasiten darstellen.

Das **Baden mit Shampoos oder Seifen** sollte die Ausnahme bleiben (z.B. als medizinische Anwendung bei Hautkrankheiten).

Ohrenreinigung: Ob und wie häufig eine Ohrenreinigung nötig ist, hängt individuell vom Einzeltier ab. Stehohren brauchen in der Regel keine Pflege durch den Menschen. Hängeohren wie beim Deutschen Widder sind auf Grund der schlechteren Belüftung oft pflegebedürftiger. Je nach Größe des Kaninchens eine entsprechende Menge Ohrreiniger (z.B. Bay-O-Pet® Ohrenspülung, Epi-Otic® oder Kamillenohrreiniger®) in die Ohrmuschel geben, den Gehörgang nah am Schädel mit den Fingern massieren und das so gelockerte Ohrenschmalz und den Schmutz mit einem Taschentuch auswischen. **Wichtig:** Nicht tief mit Wattestäbchen o.Ä. im Gehörgang bohren!

3 Allgemeine Therapiehinweise

Clindamycin, Lincomycin, Erythromycin und manche Penicilline sind auf Grund ihrer Wirkung auf die empfindliche Darmflora für Kaninchen nicht geeignet. Generell nach einer antibakteriellen Therapie 5 Tage lang Vitamine (v. a. B und K) und Präparate zur Stützung der physiologischen Darmflora geben (Bird Bene Bac®, naturbelassener Joghurt).

Kaninchen zählen zu den Lebensmittel liefernden Tieren. Auch Heimtiere, die nur zu Gesellschaftszwecken gehalten werden, stellen keine Ausnahme dar! In Beständen, deren Tiere zum menschlichen Verzehr gehalten und gezüchtet werden dürfen generell nur solche Medikamente angewendet werden, die für diese Tierart explizit zugelassen sind. Die Wartezeiten nach der Verabreichung dieser Medikamente sind unbedingt einzuhalten!

Die Behandlung eines Kaninchens mit anderen als für diese Tierart zugelassenen Arzneimitteln erfolgt gemäß § 56 a Abs. 2 AMG durch das Umwidmen von Arzneimitteln durch einen Tierarzt, wenn das Tier ansonsten ernstlich gefährdet wäre und wenn keine Gesundheitsgefährdung für den Menschen durch Rückstände zu befürchten ist (Therapienotstand).

Tab. 4: Arzneistoffe für Kaninchen

Arzneistoff	Dosierung	Anwendung
Antibiotika		
Chlortetracyclin	20 mg/kg	s. c., i. m., p. o.
Clindamycin	7,5 mg/kg	p. o. alle 12 Stunden
Doxycyclin	5–10 mg/kg	s. c., i. m., p. o.
Enrofloxacin	10 mg/kg	s. c., F. o. nicht an Jungtiere und tragende Häsinnen
Erythromycin	40 mg/kg	s. c., i. m., p. o.

Arzneistoff	Dosierung	Anwendung
Gentamicin	-8 mg/kg	s. c., i. m.
Oxytetracyclin	20 mg/kg	s. c., i. m., p. o.
Penicillin	40 000 I. E./kg	s. c. max. 4–5 Tage
Spectinomycin	20 mg/kg	s. c., i. m.
Streptomycin	50 mg/kg	s. c., i. m.
Sulfonamide/ Trimetoprim	0,5–1 ml	s. c., p. o.
Anthelmintika		
Fenbendazol	5 mg/kg	p. o., 25 mg/l im Trinkwasser
Flubendazol		
Ivermectin	0,2–0,4 mg/kg	s. c.
Levamisol	8 mg/kg	s. c.
Niclosamid	100 mg/kg	p. o.
Praziquantel	100 mg/kg	p. o., s. c.
Kokzidiostatika		
Sulfaquinoxalin-Natrium	1 g/l Trinkwasser	über bis zu 14 Tage
Toltrazuril	25 mg/l Trinkwasser	an 2 Tagen, wiederholen nach 5 Tagen
Antimykotika		
Clotrimazol		lokal
Enilconazol		lokal 2%ig
Griseofulvin	25 mg/kg	p. o.
Ketoconazol	5–10 mg/kg	
Miconazol		lokal
Narkotika		
Atropin (Prämedikation)	0,1 mg/kg	i. m., s. c.
Diazepam	5 mg/kg	i. m., s. c.
Ketamin	30 mg/kg	i. m.
Medetomidin	250 µg/kg	i. m.
Xylazin	4 mg/kg	i. m.

Arzneistoff	Dosierung	Anwendung
Antidota		
Atropin (gegen Organophosphate)	0,1 mg/kg	s.c. alle 20 min
Vitamin K (gegen Cumarin)	1–10 mg/kg	i.m., p.o.
Hormone		
Oxytocin	0,2–2 I.E./kg	i.m.
Sonstige		
Paraffinum liquidum	10 ml/kg	p.o.

4 Haut und Haarkleid

4.1 Milbenbefall

4.1.1 Hautmilbenbefall

Krankheitsursache: *Cheyletiella parasitivorax*

Symptome, Diagnose: Befällt Tiere jeden Alters. Befall bleibt oft symptomlos, in schwereren Fällen vermehrte Schuppenbildung und Exzeme, unregelmäßiges Haarkleid. Fell zwischen den Schulterblättern scheiteln, einen Tesastreifen mehrfach aufdrücken und auf einen Objektträger kleben. Die Milben erscheinen rundlich mit kurzen, kompakten Extremitäten.

Behandlungsstrategie: Bekämpfung der Parasiten, Stärkung des Immunsystems, Optimierung der Haltungsbedingungen

Allgemeine Maßnahmen

- Desinfektion der Umgebung mit geeigneten Antiparasitika, z.B. Permetrin, Dichlorvos.

Allopathie

- Lokal: Phosphorsäureester, Bromodan, Organophosphate (Tiguvon®) 1–2-mal wöchentlich bis zur Besserung, mindestens 3 Wochen,
- systemisch: Ivermectin (Ivomec®) 0,2–0,4 mg/kg s.c. 3-mal im Abstand von 1 Woche.

Homöopathie, nur ergänzend!

- Monopräparate, je nach Arzneimittelbild: Sulfur D6, 3-mal täglich oder D30, 2-mal pro Woche; Stärkung des Immunsystems mit Echinacea D1,
- Kombinationspräparate: SupraCell® N 200, Dermisal®, Cutis compositum®. Stärkung des Immunsystems mit PetMun®, Engystol®, Lachesis comp., Echinacea comp.

Phytotherapie

- Einreibungen mit Lorbeer- oder Hauswurzöl, das mit ätherischen Ölen von Teebaum, Lavendel, Thymian oder Nelken versetzt werden kann.
- Waschungen oder Bäder mit Aufguss aus Thymian, Schafgarbe, Lavendel, Efeu. Gegen die Hautentzündung helfen Waschungen mit Zinnkraut- oder Stiefmütterchentee, Walnussblätter-Absud und Molkebäder, sowie Shampoos mit Schwefel oder Teebaumöl, je nach Größe des Tieres 1–2 Teelöffel pro Waschung.
- Äußerliche Anwendung von Perubalsam, Schafgarben- oder Zinnkraut-Salben.

4.1.2 Ohrräude

Krankheitsursache: *Psoroptes cuniculi*

Symptome Diagnose: Juckreiz, blätterteigartige Borken v.a. am Ohrgrund und in den Falten der Ohrmuschel. Im weiteren Fortschreiten Ausdehnung auf Hals, Kopf und Schultern, Schiefhaltung des Kopfes (Torticollis), Superinfektionen mit Pilzen und Bakterien. Zentralnervöse Störungen treten auf, sobald Mittel- und Innenohr in Mitleidenschaft gezogen sind. Mit dem Otoskop sind die Milben als sich bewegende Punkte leicht auszumachen.

Behandlungsstrategie: Bekämpfung der Erreger, Stärkung des Immunsystems, Optimierung der Haltungsbedingungen und der Fütterung

Allgemeine Maßnahmen

- Ohr gründlich reinigen (z.B. mit Bay-O-Pet® Ohrenspülung, Epi-Otic®).
- Umgebungsbehandlung mit geeigneten Antiparasitika, z.B. Permetrin, Dichlorvos).

Allopathie

- Lokal: Kombinationspräparate mit antibiotischer, antientzündlicher, antimykotischer und antiparasitärer Wirkung (Fuciderm®, Penochron® N),

- systemisch: Ivermectin (Ivomec®) 0,2–0,4 mg/kg s.c. 3-mal im Abstand von 3 Wochen.

Homöopathie: Nur unterstützend!

- Monopräparate, je nach Arzneimittelbild: Sulfur D6, Natrium chloratum (muriaticum) D6, D30; Silicea D12, D30,
- Kombinationspräparate: SupraCell® N 200, Dermisal®, Cutis compositum®. Stärkung des Immunsystems mit PetMun®, Engystol®, Lachesis comp., Echinacea comp.

Phytotherapie

- Einreibungen mit Lorbeer- oder Hauswurzöl, das mit ätherischen Ölen von Teebaum, Lavendel, Thymian oder Nelken versetzt werden kann.
- Waschungen oder Bäder mit Aufguss aus Thymian, Schafgarbe, Lavendel, Efeu. Gegen die Hautentzündung helfen Waschungen mit Zinnkraut- oder Stiefmütterchentee, Walnussblätter-Absud und Molkebäder, sowie Shampoos mit Schwefel oder Teebaumöl.
- Äußerliche Anwendung von Perubalsam, Schafgarben- oder Zinnkraut-Salben.

4.2 Läuse

Krankheitsursachen: *Haemodipsus ventricosus*, schlechte Haltungsbedingungen

Symptome, Diagnose: Juckreiz, Haarausfall, Hautnekrosen; die Nissen kleben an den Haarspitzen.

Behandlungsstrategie: Bekämpfung der Parasiten, Stärkung des Immunsystems, Optimierung der Haltungsbedingungen

Allgemeine Maßnahmen

- Reinigung und Desinfektion des Käfigs während der Behandlung alle 2 Tage, später wöchentlich,
- Desinfektion der Umgebung mit Antiparasitika, z.B. Permetrin, Dichlorvos.

Allopathie

- Lokal: Phosphorsäureester, Bromodan, Organophosphate (Tiguvon®) 1–2-mal wöchentlich bis zur Besserung, mindestens 3 Wochen,
- systemisch: Ivermectin (Ivomec®) 0,2–0,4 mg/kg s. c. 3-mal im Abstand von 1 Woche.

Homöopathie

- Monopräparate, je nach Arzneimittelbild: Sulfur D6, Natrium chloratum (muriaticum) D6, D30; Silicea D12, D30,
- Kombinationspräparate: SupraCell® N 200, Dermisal®, Cutis compositum®; Zur Stärkung des Immunsystems PetMun®, Engystol®, Lachesis comp.®, Echinacea comp.®.

Phytotherapie

- Einreibungen mit Lorbeer- oder Hauswurzöl, das mit ätherischen Ölen von Teebaum, Lavendel, Thymian oder Nelken versetzt werden kann.
- Waschungen oder Bäder mit Aufguss aus Thymian, Schafgarbe, Lavendel, Efeu, Zinnkraut- oder Stiefmütterchentee, Walnussblätter-Absud und Molkebäder.
- Äußerliche Anwendung von Schafgarben- oder Zinnkraut-Salben.

4.3 Fliegenmadenbefall (Myiasis)

Krankheitsursachen: Die Maden von Gold- und Schmeißfliegen in Wunden oder in der Analregion. Die Maden fressen sich in der Unterhaut voran und erzeugen tiefe Hautnekrosen.

Symptome, Diagnose: Betrifft oft ältere oder kranke Tiere. Mit dem Auge gut zu sehen; z. T. aber im Fell oder unter Hautfalten in der Analgegend schwer zu finden (gründliches Vorgehen beim Absammeln).

Behandlungsstrategie: Manuelle Entfernung der Maden, Verhindern der Neuablage, antibiotischer Schutz der betroffenen Hautgebiete

Allgemeine Maßnahmen

- Um weitere Eiablagen durch adulte Fliegen zu verhindern, auf peinlichste Hygiene im Käfig oder Stall sorgen.
- Fliegengaze um das Gitter legen und mit unschädlichen Repellentien (z. B. Zedan® Super Plus) besprühen.

Allopathie

- Waschen der Tiere mit Desinfektionsmittel, manuelles Absammeln der Maden (sorgfältig auch das umgebende Fell absuchen!),
- abdecken der wunden Hautstellen mit Baby-Wundcreme, infizierte Wunden mit antibiotischen Salben behandeln,
- bei sehr großflächigen Hautablösungen sind die Heilungschancen nicht besonders gut; in solchen Fällen sollte eine Euthanasie erwogen werden.

Homöopathie

- Monopräparate, je nach Arzneimittelbild: Sulfur D6, Natrium chloratum (muriaticum) D6, D30; Silicea D12, D30,
- Kombinationspräparate: SupraCell® N 200, Dermisal®, Cutis compositum®; Zur Stärkung des Immunsystems PetMun®, Engystol®, Lachesis comp.®, Echinacea comp.®.

Phytotherapie

- Äußerliche Anwendungen zur Abwehr von Insekten: Einreibungen, Waschungen, Bäder mit Aufguss aus Thymian, Rainfarn, Lavendel. Walnussblätter-Absud, Essigwasser, Shampoos, die mit Teebaumöl angereichert sind.
- Duftöl gegen Insekten: Pflanzliches Öl mit ätherischem Ölen von Teebaum, Lavendel, Thymian, Zitronenmelisse und Nelken versetzen und bei Bedarf aufträufeln.

4.4 Wunde Läufe (Pododermatitis ulcerosa)

Krankheitsursache: Faktorenkrankheit: u. a. Haltung auf Drahtgeflecht, feuchte Einstreu, häufiges Trommeln mit Hinterpfoten, Fütterungsfehler (Eiweißüberversorgung), Allergien, genetische

Veranlagung (v.a. Rex-Kaninchen). Sekundär oft Bakterien *(Staphylococcus aureus, Fusobacterium necrophorum)*

Symptome, Diagnose: Runde bis ovale haarlose Stellen an den Sohlenflächen, später offene Wunden, Schrunden, Risse mit Borkenbildung und austretendem Gewebswasser, differentialdiagnostisch muss Trichophytie ausgeschlossen werden.

Behandlungsstrategie: Futterumstellung, Optimierung der Haltungsbedingungen

Allgemeine Maßnahmen

- Einstreu weglassen und gegen mehrere Lagen Zeitungspapier tauschen: wirkt desinfizierend und kann vom Kaninchen mitgefressen werden.
- Eiweißreiches Futter stark reduzieren, Heuanteil im Futter stark erhöhen (s. Kap. 2).

Allopathie

- Krusten mit pflanzlichem Öl anlösen, wunde Stellen mit desinfizierendem und bitter schmeckenden Wundsprays abdecken (z.B. Blauspray).
- Antibiotika: Enrofloxacin (Baytril®) 10 mg/kg s.c. oder p.o., Doxycyclin (Ronaxan®) 5–10 mg/kg s.c., p.o., Clindamycin (Clerobe®) 7,5 mg/kg 2-mal täglich p.o.

Homöopathie

- Monopräparate, je nach Arzneimittelbild: Sulfur D6, D12; Mezereum D4; Silicea, D12, D30,
- Kombinationspräparate: SupraCell® N 200, Cutis compositum®, Dermisal®.

Phytotherapie

- Lokale Anwendungen: Kompressen, Bäder, Waschungen, Umschläge mit Tinkturen oder 10–20%igen Lösungen von Calendula, Kamille oder Echinacea. Bäder mit Nussbaumblättern,
- Fertigprodukte: Kamillosan®, Kamilloplant®, Wundbalsam®.

4.5 Pilzinfektionen

Krankheitsursache: *Trichophyton tonsurans* und *mentagrophytes, Microsporum canis, Achorion scheonleinii*; Auslöser sind schlechte Haltungsbedingungen und/oder Immunsuppression durch Stress.

Symptome, Diagnose: Juckreiz an den Läufen, Haarausfall an und zwischen den Ohren, später Ausdehnung der haarlosen Areale zu kreisrunden, rötlichen, nässenden Läsionen, Belecken der betroffenen Stellen (v.a. der Läufe) z.T. bis auf die Knochen. Manche Arten leuchten unter der Wood'schen Lampe. Sicherung der Diagnose über Histologie und Pilzkultur.

Behandlungsstrategie: Bekämpfung des/der Erreger, Stärkung des Immunsystems, Optimierung der Haltungsbedingungen

Allgemeine Maßnahmen

- Unterstützend Scheren der betroffenen Stellen (nur mit Einverständnis des Besitzers),
- Desinfektion der Umgebung und des Stalls (z.B. mit Sagrotan®), qualitativ hochwertige Einstreu verwenden.

Allopathie

- Lokal: Antimykotika, Enilconazol 0,2%ige Lösung über mindestens 5 Wochen,
- Kombinationspräparate mit antibiotischer Komponente gegen Sekundärinfektionen, z.B. Surolan®,
- in schweren Fällen und bei Immunsuppression Griseofulvin (Likuden®), 25 mg/kg in zwei Portionen täglich über mindestens 5 Wochen (**wichtig:** nicht für tragende Tiere!),
- Stärkung des Immunsystems: Paraimmunitätsinducer, z.B. Baypamune® 1 ml pro Tier, Vitamin-Gaben.

Homöopathie

- Monopräparate, je nach Arzneimittelbild: Microsporie-Nosode D30, D200; Trichophytie-Nosode D30, D200; Sulfur D6, D12, D30,

- Kombinationspräparate: SupraCell® N 200, Vetokehl Trich® D5, Vetokehl, Coenzyme compositum®, Cutis compositum®, Psorinum-Injeel®.

Phytotherapie

- Waschungen, Bäder, Betupfen: Propolis (10 %ige Lösung oder Salbe); Tinktur oder 10–20 %ige Lösungen von Echinacea, Calendula; Betupfen mit Teebaumöl (pur oder 10–20 %ig); Klettenwurzel als Öl oder Abkochung/Aufguss, Seifenrinde und Seifenkraut als Abkochung/Aufguss,
- unterstützend Waschungen mit Essigwasser, Zinnkraut-Aufguss und Molke.

4.6 Staphylokokkeninfektionen

Krankheitsursachen: Kaninchenspezifischer *Staphylococcus aureus*, Eindringen in die Haut durch kleinste Verletzungen (raue Einstreu, Bisswunden)

Symptome, Diagnose: Symptomatisch treten Schwellungen, Rötungen und Verhärtungen der Haut, Unterhaut oder Milchdrüsen auf. Anschließend können sich Abszesse bilden, sowie Zahnfachentzündungen mit Auftreibungen und Einschmelzungen des Kieferknochens. Eine anschließende Septikämie führt zur Abszessbildung an allen Organen. Der Erreger kann durch einen Abstrich und Anzüchtung auf geeigneten Nährmedien identifiziert werden.

Behandlungsstrategie: Spaltung der Abszesse, lokale und systemische Versorgung mit Antibiotika, Stärkung des Immunsystems. Die Prognose ist trotz Behandlung eher negativ zu stellen.

Allgemeine Maßnahmen

- Hygienemaßnahmen: Regelmäßiges Reinigen und Desinfizieren des Stalls und des Stallinventars, keine grobe, spitze Einstreu verwenden.
- Aggressive Tiere separieren.

Allopathie

- Spaltung der Abszesse und Spülen mit desinfizierenden Lösungen (z.B. Wasserstoffperoxid 2–3%ig, Jod-Lösung, Betaisodona®-Lösung).
- Lokal Leukase®-Kegel einbringen.
- Systemisch Antibiotika, z.B. Enrofloxacin 5 mg/kg s.c., p.o. über mindestens 8 Tage.

Homöopathie

- Monopräparate, je nach Arzneimittelbild: Hepar sulfuris D6, D12, D30, D200; Myristica sebifera D3; Silicea D6, D12, D30, D200,
- Kombinationspräparate: Ortitruw® Salbe, Schwef-Heel®, Vetokehl® Not D5, Vetokehl® Sub D4, Dermisal®, Staphylosal®, Mercurius Heel S®, Sulfur compositum®, Echinacea compositum®, Sulfur Oligoplex®, Hepar sulfuris oligoplex®, Ranocesan H®, Naranotox®; Stärkung des Immunsystems mit PetMun®, Engystol®, Lachesis comp., Echinacea comp.

Phytotherapie

- Lokale Anwendungen: Kompressen, Bäder, Waschungen, Umschläge mit Tinkturen oder 10–20%igen Lösungen von Calendula, Kamille oder Echinacea. Bäder mit Nussbaumblättern, Fertigprodukte: Kamillosan®, Kamilloplant®, Wundbalsam®,
- Fertigpräparate: Myristica-Salbe Truw®.

5 Krallen

5.1 Zu lange Krallen

Krankheitsursachen: Besonders bei der Haltung im Kunststoffkäfig nutzen sich die Krallen zu wenig ab. Rundgewachsene Krallen können zu Druckstellen an den Sohlenflächen führen oder sogar einwachsen. Beim Freilauf, z.B. auf Teppichboden, können zu lange Krallen leicht hängen bleiben und abreißen.

Allgemeine Maßnahmen

- Regelmäßiges Schneiden der Krallen.
- Spezielle Krallenzangen haben eine ovale Schnittfläche, damit die Kralle nicht gequetscht wird und splittert.
- Bei hellen Krallen kann man die begleitenden Blutgefäße sehen: Sie reichen für gewöhnlich die ersten Millimeter in die Kralle hinein dürfen nicht verletzt werden! Bei dunklen Krallen kann man sich an den Tasthaaren rund um die Kralle orientieren: Die Haare sollten nur etwas länger sein als die Krallen.
- Beim Schneiden den Druck auf die Kralle langsam erhöhen, bei starken Abwehrbewegungen ist man u.U. zu nah an den Blutgefäßen und Nerven.

5.2 Verletzungen

Krallenverletzungen können lang anhaltend bluten und sind für das Tier sehr schmerzhaft. Gefährlich sind sie in der Regel nicht.

Allgemeine Maßnahmen

- Weitgehend vom Krallenbett gelöste Krallenteile können vorsichtig entfernt werden.
- Blutungen mit Wasserstoffperoxid-Lösung 3%ig, Eisensulfitlösung oder am sedierten Tier mit einem Kauter zum Stillstand bringen.

- Die Wunde reinigen.

Allopathie

- Lokal werden antibiotische Salben oder Sprays aufgetragen.
- Liegt das Krallenbett teilweise oder ganz frei, Pfotenverband oder Kragen anlegen.
- Systemische Antibiose nur bei heftiger Infektion (starke Schwellung und vermehrte Wärme des umliegenden Gewebes, Eiterbildung, evtl. erhöhte Körperinnentemperatur): z.B. Enrofloxacin (Baytril®) 5 mg/kg p.o. 2-mal täglich für 8–10 Tage, Chloramphenicol 50 mg/kg p.o. alle 24 Stunden.

Homöopathie

- Monopräparate, je nach Arzneimittelbild: Arnica D3, D4, D30; Calendula D2; Hamamelis D3,
- Kombinationspräparate: Traumeel®, Echinacea compositum®, Calendula-Injeel®, Millefolium®.

Phytotherapie

- Waschungen mit Aufguss aus Arnica, Calendula, Kamille, Hamamelis,
- Betupfen mit der Tinktur,
- Auftragen von Salben mit Arnica, Calendula, Kamille, Hamamelis,
- Fertigpräparate: Kamilloplant®, Wundbalsam®, Kamillosan®.

6 Augen

6.1 Bindehaut- und Hornhautentzündung (Konjunktivitis, Keratitis)

Krankheitsursachen: Zugluft, Reizungen (Desinfektionsmittel, Ammoniak-Dämpfe bei unregelmäßiger Stallreinigung), Viren, Mykoplasmen, mechanische Reize (Fremdkörper, Staub, Trauma, Entropium oder Ektropium). Auch im Zusammenhang mit dem ansteckenden Kaninchenschnupfen (s. Kap. 9.2).

Symptome, Diagnose: Anschwellen und kräftige Rotfärbung der Bindehäute, verstärkter Tränenfluss, z.T. auch eitrig-gelblich auch aus der Nase. Im Falle einer Keratitis ist die Hornhaut bläulich getrübt (Hornhautödem). Bei längerer Erkrankung Ekzem- und Schorfbildung im nasalen Augenwinkel, Fellverfärbungen vom inneren Augenwinkel Richtung Mundwinkel

Behandlungsstrategie: Abstellen der Ursache, Bekämpfung der Erreger, Optimierung der Haltungsbedingungen

Allgemeine Maßnahmen

- Verkrustetes Sekret mit weichem Tuch, Kräuteraufguss oder Kochsalzlösung entfernen. **Wichtig:** Keinen Kamillenaufguss an das Auge bringen (wirkt austrockend und evtl. Verschlimmerung durch allergische Reaktion)!
- Stallhygiene optimieren, Einstreu ohne Sägemehl, Hobelspäne oder Torf verwenden, auf nicht-reizende Reinigungs- und Desinfektionsmittel umstellen.
- In hartnäckigen Fällen den Tränen-Nasen-Gang spülen.
- Um Hornhautschäden auszuschließen, einen Färbetest mit Fluorescein durchführen (Hornhautschäden färben sich leuchtend hellgelb, in diesem Fall keine Corticosteroide anwenden).

Allopathie

- Antibiotische (und antientzündliche) Augensalben, je nach Präparat 3–5-mal täglich über mindestens 5 Tage: Aquapred-N®, Gent-Ophtal®, Oleomycetin®.

Homöopathie

Konjunktivitis

- Monopräparate, je nach Arzneimittelbild: Euphrasia D2, D3; Apis D4, D6, D30; Pulsatilla D4, D6, D30,
- Kombinationspräparate: Keratisal Tropfen®, Pfx Euphrasia 130®, Pfx Cineraria I 9®, Vetokehl Not®, Quentakehl D6®, Euphrasia Oligoplex®, Oculoheel®, Belladonna Homaccord®, Conjunctisan Augentropfen®, Allergosal®.

Keratitis

- Monopräparate, je nach Arzneimittelbild: Mercurius solubilis D6, D12; Mercurius sublimatus corrosivus D6; Silicea D6, D12, D30,
- Kombinationspräparate: Keratisal®, Euphrasia-Injeel®, Cornea suis-Injeel®, Aethiops 19 Komplex®, Pfx Conium 133®, Pfx Euphrasia 130®, Pfx Cineraria I 9®.

Phytotherapie

- Bindehautsack-Spülungen und Augenkompressen mit Aufguss aus Fenchel, Augentrost, Calendula oder 5–10%igen Lösungen von Augentrost-, Hypericum- oder Calendulatinktur.

6.2 Übermäßiger Tränenfluss (Epiphora)

Krankheitsursache: Übermäßge Produktion der Tränendrüse, Störungen im Tränenabfluss, Konjunktivitis, Keratitis

Behandlungsstrategie: Identifizierung und Abschalten der Ursache, Spülung des Tränen-Nasen-Kanals

Allgemeine Maßnahmen

- Verkrustetes Sekret mit weichem Tuch, Kräuteraufguss oder Kochsalzlösung entfernen. **Wichtig:** Keinen Kamillenaufguss an das Auge bringen (wirkt austrocknend und evtl. Verschlimmerung durch allergische Reaktion)!

- Stallhygiene optimieren, Einstreu ohne Sägemehl, Hobelspäne oder Torf verwenden, auf nicht-reizende Reinigungs- und Desinfektionsmittel umstellen.
- In hartnäckigen Fällen den Tränen-Nasen-Gang spülen.

Allopathie

- Zur Spülung des Tränen-Nasen-Kanals eignet sich physiologische Kochsalzlösung mit Fluoresceinzusatz (z.B. Fluorescein SE Thilo®). Der Tränenpunkt sitzt in der Bindehaut des unteren Augenlids, 3–4 mm vom freien Rand entfernt nah am nasalen Augenwinkel.
- Vor der Spülung mit einer Knopfkanüle von 0,5–0,65 mm Durchmesser oder einem dünnen Venenkatheter können anästhesierende Augentropfen gegeben werden.
- Mit sanftem Druck vorsichtig spülen, um den zarten Kanal nicht zum Platzen zu bringen.
- Unterstützend und zur Vorbeugung von Infektionen antibiotische Augensalben (z.B. Terramycin®).

Homöopathie

- Monopräparate, je nach Arzneimittelbild: Belladonna D4, D6, D30; Euphrasia D2, D3,
- Kombinationspräparate: Pfx Euphrasia 130®, Pfx Cineraria I 9®, Vetokehl Not®, Quentakehl D6®, Euphrasia Oligoplex®, Oculoheel®, Belladonna Homaccord®, Conjunctisan Augentropfen®.

Phytotherapie

- Bindehautsack-Spülungen und Augenkompressen mit Aufguss aus Fenchel, Augentrost, Calendula oder 5–10%igen Lösungen von Augentrost-, Hypericum- oder Calendulatinktur.

6.3 Myxomatose

Krankheitsursache: Myxomatose-Virus; Übertragung über Stechmücken von Wild- auf Hauskaninchen.

Symptome, Diagnose: Anhand der typischen Symptome: Entzündung der Augenlider, Rötung, Schwellung, Tränenfluss, später eitriger Ausfluss aus den Augen, dick geschwollene Augenlider, Mund, Nase, Ohren, Gliedmaßen und Geschlechtsorgane. Die Tiere werden apathisch, verweigern Wasser und Futter und sterben bis auf wenige Ausnahmen. Die mildere Verlaufsform bildet Knoten an den Augenlidern, die ödematösen Schwellungen bleiben aus.

Behandlungsstrategie: Bei der ödematösen Verlaufsform sind Behandlungsversuche fast immer aussichtslos und die Euthanasie sollte empfohlen werden. Bei der knotigen Verlaufsform kann durch Antibiotikagaben und Infusionen bei einem gewissen Prozentsatz eine Heilung erzielt werden.

Allgemeine Maßnahmen

- Zur Prophylaxe Fliegengaze um den Stall spannen, Repellentien (z.B. Zedan® Super Plus) verwenden, in gefährdeten Gebieten kein Grünfutter verfüttern, um keine Insekten mit dem Grünzeug in den Stall zu bringen.
- Impfungen gegen Myxomatose müssen alle 6 Monate wiederholt werden und bieten eine 60–90%igen Schutz; trotz Impfung erkrankte Tiere haben gute Überlebenschancen.

Allopathie

- Systemische Antibiotika gegen die Begleitinfektionen: z.B. Enrofloxacin (Baytril®) 10 mg/kg s.c. oder oral.
- Infusionen mit physiologischer Kochsalzlösung.
- **Wichtig:** als Folge subkutaner Infusionen treten beim Kaninchen hin und wieder flächige Nekrosen der Unterhaut auf, keine hochprozentige Glucoselösung oder ähnlich „scharfe" Lösungen verwenden!

Homöopathie

- Monopräparate, je nach Arzneimittelbild: Lachesis D8; Coffea D2; Aconitum D4,
- Kombinationspräparate: Keratisal Tropfen®, Pfx Euphrasia 130®, Pfx Cineraria I 9®, Vetokehl Not®, Quentakehl D6®, Euphrasia Oligoplex®, Oculoheel®, Belladonna Homaccord®, Conjunctisan Augentropfen®.

Phytotherapie

- Bindehautsack-Spülungen und Augenkompressen mit Aufguss aus Fenchel, Augentrost, Calendula oder 5–10 %igen Lösungen von Augentrost-, Hypericum- oder Calendulatinktur.

7 Ohren

7.1 Gehörgangsentzündung, Ohrenzwang (Otitis externa)

Krankheitsursachen: Meist Mischinfektionen mit Pilzen (*Malassezia, Candida*) und Bakterien (Staphylokokken, Streptokokken, *Proteus, Pseudomonas, E. coli)* in Folge einer Ohrräude (s. Kap. 4.1) oder als Folge eines ansteckenden Kaninchenschnupfens (s. Kap. 9.2), Fremdkörper (Spelzen, Grannen, Splitter)

Symptome, Diagnose: Juckreiz, Schmerzen und in schweren Fällen Torticollis. Zum Teil Bisswunden an den Ohren (Juckreiz). Erregernachweis und Antibiogramm durch Abstrich und Anzucht im Labor

Behandlungsstrategie: Beseitigung der Ursache, Bekämpfung der Entzündung und Infektion

Allgemeine Maßnahmen

- Bei intaktem Trommelfell (Überprüfung mit dem Otoskop) Reinigung des Gehörgangs mit physiologischer Kochsalzlösung oder speziellem Ohrenreiniger (z.B. Bay-O-Pet® Ohrenspülung, Epi-Otic®, Kamillenohrreiniger®, Otifree®).
- Die Ohrmuschel mit dem Ohrreiniger füllen und nah am Schädel massieren, das gelöste Sekret gründlich auswischen.
- Haare auszupfen, Hängeohren evtl. einige Tage oben auf dem Kopf befestigen.
- Fremdkörper müssen entfernt werden.

Allopathie

- Behandlung mit speziellen antibiotischen und schmerzstillenden Ohrmedikamenten (meistens Kombipräparate): Fuciderm®, Otomax®, Surolan®, Panolog®.

Homöopathie, nur ergänzend!

- Monopräparate, je nach Arzneimittelbild: Sulfur D6, D12, 3-mal täglich oder D30, 2-mal pro Woche; Stärkung des Immunsystems mit Echinacea D1,
- Kombinationspräparate: Dermisal®, Cutis compositum®, zur Stärkung des Immunsystems PetMun®.

Phytotherapie

- Einträufeln von unverdünnten Echinacea- oder Calendulatinkturen in den gereinigten Gehörgang mehrmals täglich, alternativ ölige Propolis-Präparate,
- Fertigpräparate: Kamilloplant®, Vulnoplant®.

7.2 Mittel- und Innenohrentzündung (Otitis media und interna)

Krankheitsursachen: Oft infolge einer nicht behandelten Otitis externa oder im Zusammenhang mit dem ansteckenden Kaninchenschnupfen (s. Kap. 9.2)

Symptome, Diagnose: Kopfschiefhaltung (Torticollis), zentralnervöse Störungen

Behandlungsstrategie: Bekämpfung der Infektion, Optimierung der Haltungsbedingungen

Allopathie

- Behandlung der Otitis externa mit entsprechenden Präparaten (Ivomec®, Surolan®), s. Kap. 4.1,
- systemisch Anitbiotika, z.B. Chlortetracyclin (Aureomycetin®) 20 mg/kg s.c., i.m., p.o., Enrofloxacin (Baytril®) 10 mg/kg s.c., p.o., unterstützend Vitamin-B-Komplex.

Homöopathie

- Monopräparate, je nach Arzneimittelbild: Belladonna D4, D6, D30; Hepar sulfuris D6, D12, D30; D 200,
- Kombinationspräparate: Belladonna Homaccord®, Echinacea compositum®, Mercurius solubilis Similiaplex®, Kalium chloratum II Similiaplex®, Staphylosal®, Auris interna®.

Phytotherapie: Siehe Kapitel 7.1.

8 Mund- und Rachenraum

8.1 Zahnfehlstellungen

Krankheitsursachen: Veranlagung zu Zahnfehlstellungen werden angeboren, in diesen Fällen reiben die Kauflächen von Ober- und Unterkiefer nicht aufeinander. Schuld sind oft zu kleine, kugelige Schädel, wie sie beim Zwergkaninchen verstärkt gezüchtet werden.

Werden die Backenzähne nicht gleichmäßig abgerieben, bleiben z. T. nadelspitze Zahnecken oder Zahntreppen stehen: die unteren Molaren wachsen zur Zunge, die oberen Richtung Wange. Die Incisivi wachsen hörnerförmig nach außen. Die Folgen sind Inappetenz, Abmagerung, Abszesse in den Wangen oder im Kiefer, Verlust von Zähnen und sogar der Tod durch Verhungern.

Behandlungsstrategie: Die Ursache (zu kurzer oder zu langer Unterkiefer) ist meist nicht zu beheben. Regelmäßige Zahnkontrollen durch den Tierarzt und gegebenenfalls Kürzen der betroffenen Zähne sind unbedingt nötig. Von einer Zucht mit diesen Tieren sollte abgesehen werden.

Allgemeine Maßnahmen

- Untersuchung des Gebisses mit dem Otoskop und einem Kiefer- und Wangenspreizer,
- Kürzen der Zahnecken mit einer Nagelzange oder im Falle der Incisivi mit einer kleinen Trennscheibe.

8.2 Staphylokokkeninfektionen

Abszesse in den Zahntaschen, Auftreibungen und Einschmelzungen des Kieferknochens. Krankheitsursache, Diagnose und Therapie: siehe Kapitel 4.6.

9 Atmungsorgane

9.1 Leitsymptom Nasenausfluss

Nasenausfluss kann verschiedene Qualitäten und verschiedene Ursachen haben. Eine genaue Anamnese (Dauer des Ausflusses, gestörtes Allgemeinbefinden, Niesen, Miteinbeziehung der Augen, Schwellungen im Gesicht und an den Geschlechtsteilen) ist zur Ursachenfindung unabdingbar. Einige mögliche Ursachen:

- Epiphora (serös, wässrig): siehe Kapitel 6,
- Allergien (serös bis eitrig),
- ansteckender Kaninchenschnupfen (zuerst serös, später eitrig): siehe Kapitel 9.2,
- Myxomatose im Frühstadium (zuerst serös, später eitrig, mit Schwellunge im Gesicht, den Augenlidern, den Gliedmaßen und Geschlechtsteilen: s. Kap. 6.3),
- Rabbit Hemorrhagic Disease RHD (serös, blutig, hochgradig gestörtes Allgemeinbefinden).

9.2 Ansteckender Kaninchenschnupfen (Rhinitis contagiosa cuniculi)

Krankheitsursachen: Hauptsächlich *Pasteurella multocida*, auch *Bordetella bronchiseptica* und andere Begleitkeime. Ungünstige Haltungsbedingungen begünstigen den Ausbruch. In größeren Beständen breitet sich der ansteckende Schnupfen rasend schnell aus.

Symptome, Diagnose: Die Erkrankung beginnt mit gelegentlichem kurzen, trockenen Niesen. Im weiteren Verlauf häufiges Niesen, seröser bis eitriger Nasenausfluss, verklebte Nasenöffnungen und Bindehautentzündung. Spätfolge: schleichende Bronchopneumonie, die nach Jahren zum Tode führt.

Behandlungsstrategie: Bekämpfung der Erreger, Optimierung der Haltungsbedingungen, Stärkung des Immunsystems

Allgemeine Maßnahmen

- Reinigung der Nasenöffnungen und Augen mit physiologischer Kochsalzlösung,
- Entfernen der Krusten an der Nase mit pflanzlichem Öl,
- auf gute Hygiene im Stall achten, Zugluft vermeiden.

Allopathie

- Systemische Antibiotikatherapie mit Enrofloxacin (Baytril®) 10 mg/kg p.o. über 5 Tage. Ein Aufflammen der Infektion ist wahrscheinlich, da die Erreger in den Nasennebenhöhlen persistieren.
- Stärkung des Immunsystems mit Paraimmunitätsinducers (z.B. Baypamune®).
- Auf gute Vitaminversorgung achten (z.B. mit Multivitaminen®).
- Lokale Behandlung mit antibiotischen Augentropfen, z.B. Aquamycetin®, alle 6 Stunden 1–2 Tropfen je Nasenloch.
- Bei eitrigem Ausfluss und gestörtem Allgemeinbefinden mit erhöhter Körperinnentemperatur systemische antibiotische Therapie.

Homöopathie

- Monopräparate, je nach Arzneimittelbild: Allium cepa D3, D4, D6; Luffa D4, D6; Cinnabaris D4, D6,
- Kombinationspräparate: Naso Heel S®, Engystol®, Mucosa compositum®, Euphorbium compositum®, Sinapis nigra Oligoplex®, Infi Eupatorius®, Infi Myosotis®, Infi Echinacea®, Kalium chloratum I/II Similiaplex®, Sinupas®, Pfy Sinapis 107®, Pfx Cepa®, Pfy Lemna®.

Phytotherapie

- Inhalationen mit Salzwasser, Kamille oder ätherischen Ölen von Latschenkiefer, Eukalyptus, Pfefferminze, Thymian.

Physikalische Maßnahmen

- Rotlichtbestrahlungen.

9.3 Nasenschleimhautentzündung (Rhinitis)

Krankheitsursachen: Witterungseinflüsse, Staub, reizende Putz- und Desinfektionsmittel, übermäßige Immunreaktion auf bestimmte Stoffe (Einstreu, Pollen etc.), Sekundärinfektionen.

Symptome, Diagnose: Häufiges Niesen, ständiges Nasereiben mit den Pfoten, Nasenausfluss, verklebtes Fell an Nase und Vorderpfoten, Konjunktivitis, gestörtes Allgemeinbefinden, evtl. Fieber, Inappetenz; Nachweis möglicher Erreger im Nasenabstrich.

Behandlungsstrategie: Ursachen beseitigen: Standort des Käfigs so wählen, dass Zuglust und Staubbelastung minimiert werden, Allergen identifizieren, dann Allergenkontakt minimieren, Behandlung der Symptome.

Allgemeine Maßnahmen

- Käfigstandort überprüfen, Zugluft vermeiden, nicht-staubende Eistreu verwenden (zunächst auf Zeitungspapier umstellen, bis die Symptome verschwunden sind),
- Allergenkontakt minimieren: Heusorte wechseln, Anfeuchten der Schleimhäute durch Luftbefeuchter.

Allopathie

- Bei gestörtem Allgemeinbefinden und Fieber antibiotische Therapie einleiten, um ein Übergreifen auf Bronchien und Lunge zu vermeiden: Enrofloxacin (Baytril®) 5 mg/kg s.c., p.o. über min. 5 Tage.
- Unterstützung des Immunsystems mit Paraimmunitätsinducern (Baypamune®) 0,5 ml/Tier.
- Lokal antibiotische Augentropfen, z.B. Oleomycetin® 2-mal täglich in jedes Nasenloch träufeln.
- Symptomatisches Vorgehen bei Allergie: Anfeuchten der Schleimhäute mit Meerwasser-Nasensprays. Lokal bei Allergie (Azelastin: Allergodil® Nasenspray, Augentropfen).

Homöopathie

- Monopräparate, je nach Arzneimittelbild: Allium cepa D3, D4, D6; Luffa D4, D6; Cinnabaris D4, D6,

- Kombinationspräparate: Naso Heel S®, Engystol®, Mucosa compositum®, Euphorbium compositum®, Sinapsis nigra Oligoplex®, Infi Eupatorius®, Infi Myosotis®, Infi Echinacea®, Kalium chloratum I/II Similiaplex®, Sinupas®, Pfx Sinapis 107®, Pfx Cepa®, Pfx Lemna®.

Phytotherapie

- Inhalationen mit Salzwasser (Meersalz, Emser Sole), Kamille oder ätherischen Ölen von Latschenkiefer, Eukalyptus, Pfefferminze, Thymian.

Physikalische Maßnahmen

- Rotlichtbestrahlungen.

10 Herz und Kreislauf

10.1 Plötzlicher Herztod bei Übergewicht

Krankheitsursachen: Starkes Übergewicht durch falsche Fütterung und zu wenig Auslauf.
Symptome, Diagnose: Die betroffenen Tiere sterben plötzlich ohne besondere Symptome aus voller Gesundheit heraus. Das Herz zeigt in der Obduktion streifenförmige degenerative Veränderungen.
Allgemeine Maßnahmen

- Gewichtsreduktion: Umstellung auf Heu als Hauptfutter,
- Brot, Kräcker und andere Leckerchen weglassen,
- Kraftfutter auf 1–2 Esslöffel pro Tag rationieren,
- Auslauf gewähren.

10.2 Hitzschlag

Krankheitsursachen: Hitzestau durch schwül-warmes Wetter, direkte Sonneneinstrahlung (z. B. auf dem Balkon oder beim Transport im Auto)
Symptome, Diagnose: Starke Erregung, schnelle Atmung, Muskelzittern
Behandlungsstrategie: Überschüssige Wärme ableiten.
Allgemeine Maßnahmen

- Bachblüten Rescue® Remedy Tropfen in die Wangenschleimhaut einreiben.
- Überschüssige Wärme ableiten durch wiederholtes Auflegen nasser Tücher auf den Kopf und die Ohren, wiederholtes Eintauchen der Gliedmaßen in kaltes Wasser.
- Stall stets gut belüften, das Kaninchen niemals der prallen Sonne aussetzen, stets für eine kühle Fluchtstätte und reichlich Trinkwasser sorgen.

Allopathie

- Korticoide gegen drohenden Schockzustand: Dexamethason (Voren®) 1–2 mg s. c.

Homöopathie

- Monopräparate, je nach Arzneimittelbild: Aconitum D4, D30; Gelsemium D6, D30; Belladonna D4, D30; Hypericum D6; Veratrum album D4,
- Kombinationspräparate: Veratrum-Homaccord®, Cactus compositum®, Carbo compositum®.

11 Verdauungstrakt

11.1 Magenüberladung

Krankheitsursache: Größere Mengen quellendes oder gärendes Futter

Symptome, Diagnose: Aufgetriebener, aber relativ weich-elastischer Bauch, auf der linken Körperseite kann u.U. der überfüllte Magen als Kugel ertastet werden. Eine Röntgenaufnahme zeigt den überdehnten Magen als Kugel. Die Tiere können durch Kreislaufversagen und/oder Magenruptur plötzlich sterben.

Behandlungsstrategie: Sofortiger Futterentzug (auch die Einstreu entfernen!), medikamentöse Entspannung der Magenmuskulatur, Aufweichen des Mageninhalts, Bauchmassagen zur Anregung des Weitertransports

Allgemeine Maßnahmen

- Futter und Einstreu entfernen,
- nach Besserung Futterumstellung auf Heu mit wenig Kraftfutter.

Allopathie

- Um einer Magenruptur vorzubeugen Butylscopolamin (z.B. Buscopan® 0,5 mg/kg i.m., s.c.),
- aufweichen des Mageninhalts mit Paraffinum subliquidum, ca. 10 ml, 1–2-mal täglich,
- ausräumen des Magens über eine Magensonde unter Sedierung.

Homöopathie

- Monopräparate, je nach Arzneimittelbild: Alumina D6; Nux vomica D6; Paraffinum D6,
- Kombinationspräparate: Chelidonium Komplex®, Nux vomica Homaccord®.

Phytotherapie

- Quellmittel: Leinsamen, Flohsamen, Agar-Agar, Weizenkleie,
- Anregung des Dickdarms: Senna als Aufguss (Tröpfchenweise), Sirup, Urtinktur; Rhabarber Tabletten, Sirup, Urtinktur; Aloe Tinktur (5–10 Tropfen),
- Fertigpräparate: Legapas Mono®, Hevertolax Phyto®, Colosan®, Agiocur®, Agiolax®, Rheum Dragees®.

Physikalische Maßnahmen:

- Sanfte Bauchmassagen.

11.2 Haarballen (Trichobezoare)

Krankheitsursachen: Das Fressen der eigenen oder fremden Haare als Reaktion auf rohfaserarmes Futter (zu wenig Heu in der Ration). Kleine Bezoare verursachen meistens kein Probleme, größere Haarballen können zu Verdauungsproblemen und Tympanie führen.

Behandlungsstrategie: Aufweichen der Haarballen, vorbeugend Umstellung des Futters auf rohfaserreiche Kost (viel Heu, wenig Kraftfutter).

Allgemeine Maßnahmen

- Vorbeugend viel Rohfaser (gutes Heu) in der Ration anbieten.

Allopathie

- Täglich 10 ml Paraffinum liquidum p.o. in mehreren Portionen über mehrere Tage,
- bei schweren Verdauungsstörungen kann die operative Entfernung der Haarballen erwogen werden.

Homöopathie

- Monopräparate, je nach Arzneimittelbild: Alumina D6; Nux vomica D6; Opium D6, D30; Plumbum aceticum D6, Magnesium phosphoricum D6; Paraffinum D6, Arsenicum album D6, Chelidonium D6, Lycopodium D6, Graphites D6, Bryonia D4, D6, D30,
- Kombinationspräparate: Chelidonium Komplex®, Nux vomica-Homaccord®.

Phytotherapie

- Quellmittel: Leinsamen, Flohsamen, Agar-Agar, Weizenkleie,
- Anregung des Dickdarms: Senna als Aufguss (Tröpfchenweise), Sirup, Urtinktur; Rhabarber Tabletten, Sirup, Urtinktur; Aloe Tinktur (5–10 Tropfen),
- Fertigpräparate: Legapas Mono®, Hevertolax Phyto®, Colosan®, Agiocur®, Agiolax®, Rheum Dragees®.

Physikalische Maßnahmen

- Nach jeder Paraffingabe den Magen von der linken Körperseite aus mehrere Minuten lang massieren.

11.3 Akute Magen- und Darmschleimhautentzündungen (Gastroenteritis)

Krankheitsursachen: Akute Blinddarm- und Dickdarmentzündung, die auf den Rest des Verdauungstrakts übergreift. Massenhafte Vermehrung von *E. coli*-Bakterien auf Grund von Fütterungsfehlern, Stress, Darmparasiten und anderen immunsuppressiven Faktoren

Symptome, Diagnose: Betroffen sind vor allem Tiere im Alter zwischen 4–12 Wochen, aber auch ältere Tiere; starker Durchfall mit Verklebungen an Schwanz und Hinterteil.

Behandlungsstrategie: Bekämpfung der Erreger, Flüssigkeits- und Elektrolytzufuhr, Optimierung der Fütterung und Haltungsbedingungen

Allgemeine Maßnahmen

- Futterentzug für 24 Stunden,
- langfristig Futterumstellung auf rohstoffreiche Kost,
- Stress vermeiden.

Allopathie

- Bei einfachen Infektionen des Magen-Darm-Trakts antibiotische Therapie mit z.B. Enrofloxacin (Baytril®) 5 mg/kg s.c., p.o.
- Flüssigkeitsmangel ausgleichen mit Infusionen mit NaCl oder Vollelektrolytlösungen.

Homöopathie

- Monopräparate, je nach Arzneimittelbild: Ipecacuanha D6; Arsenicum album D6; Veratrum album D4, D6; Mercurius solubilis D6, D12; Pyrogenium D8,
- Kombinationspräparate: Gastricumheel®, Vomitusheel®, Gastri L90 N®, Mucosa compositum®, Nux vomica Homaccord®, Spascupreel®, Spasmo-Injektopas®, Cefaspasmon®.

Phytotherapie

- Gegen Entzündungen und Krämpfe: Aufguss aus Kamille, Pfefferminze, Melisse, Süßholz, Gänsefingerkraut, Ringelblume,
- Schleimhautschutz: Kaolin, Bolus alba, Pektin, Heilerde; Schleime aus Leinsamen, Hafer, Reis,
- Regulation der Verdauung: Aufguss aus Kamille, Pfefferminze, Melisse, Anis, Fenchel, Kümmel,
- Fertigpräparate: Dysticum®, Stullmisan®, Cefagastrin®, Gastritol®, Infitrakt®.

11.4 Trommelsucht, Blähbauch

Krankheitsursachen: Anschoppung des Blinddarminhalts auf Grund von akuter Gastroenteritis (s. Kap. 11.3), Leberkokzidiosen etc.

Symptome, Diagnose: Leichte bis massive Aufblähung des Abdomens, harte, gespannte Bauchdecke

Behandlungsstrategie: Beseitigung der Ursache, Entlastung des Magen-Darm-Trakts, Ersetzen der fehlenden Flüssigkeit, Krämpfe und Schmerzen behandeln, Bindung und Ausscheidung von Giftstoffen, Regulierung der Darmflora.

Allgemeine Maßnahmen

- Diättag mit anschließender rohfaserreicher Kost ohne frisches Grün.
- Während des Diättages Traubenzucker ins Trinkwasser mischen oder auf Elektrolyt-Trinklösungen ausweichen.

Allopathie

- Antibiotika gegen bakterielle Infektionen: Sulfaquinoxalin (aniMedica® Sulfaquinoxalin-Natrium) 0,4 g/l Trinkwasser über 4 Tage, dann 2 Tage Pause, 2 Tage Behandlung; Enrofloxacin (Baytril®) 5 mg/kg s. c., p. o.,
- gegen Krämpfe und Schmerzen Metamizol (Novalgin®) 20–50 mg/kg i. m., s. c. und/oder Butylscopolamin (Buscopan®) 0,5 mg/kg s. c.,
- Flüssigkeitsmangel ausgleichen mit Infusionen mit NaCl oder Vollelektrolytlösungen,
- Wiederherstellung der Darmflora: z. B. Bird Bene Bac®.

Homöopathie

- Monopräparate, je nach Arzneimittelbild: Carbo vegetabilis D8; Colocynthis D4; Nux vomica D6,
- Kombinationspräparate: Dysenteral®, Infi Rheum®, Diarrheel®, Veratrum Homaccord®, Podophyllum compositum®, Infi Tormentilla®, Mucosa compositum®, Nux vomica Homaccord®.

Phytotherapie

- Krampflösend, entzündungshemmend: Aufguss aus Kamille, Schwarztee, Fenchel,
- Schleimhautschutz: Aufguss oder Abkochung von Tormentillwurzel, Heidelbeere, Eichenrinde; Schleim aus Leinsamen, Reis, Apfelpektin; Lösung in lauwarmem Wasser zum Eingeben mit Tonmineralien, Bolus alba, Heilerde,
- Fertigpräparate: Durchfallpulver®, Stullmisan®.

Physikalische Maßnahmen

- Sanfte Bauchmassagen: kreisende Bewegungen im Uhrzeigersinn.

11.5 Parasitenbefall

11.5.1 Bandwurmbefall (Anoplozephalidose)

Krankheitsursachen: Bandwürmer der Familie Anoplocephalidae, leben im Dünndarm, Infektion über das Grünfutter.

Symptome, Diagnose: Leichte Enteritis, bei Massenbefall Obstipation, Nachweis der Eier im Kaninchenkot mit der Flotationsmethode

Behandlungsstrategie: Bekämpfung der Parasiten, Stärkung der Darmflora

Allopathie

- Praziquantel (Droncit®) 10 mg/kg s. c.
- Stärkung der Darmflora, z. B. mit Bird Bene Bac®.

Homöopathie: Nur unterstützend zur Allopathie

- Kombinationspräparate: Abrotanum-Injeel®, Tanacet-Heel®, Mucosa compositum®, Calcium carbonicum-Injeel®.

11.5.2 Magenwürmer

Krankheitsursache: *Graphidium strigosum*

Symptome, Diagnose: Bei starkem Befall v. a. bei Jungetieren Abmagerung und Apathie, später auch Ödeme und Blutarmut; Nachweis der Eier im Stuhl durch Flotationsverfahren.

Behandlungsstrategie: Bekämpfung der Parasiten, Stärkung der Darmflora

Allopathie

- Orale Wurmkuren mit Febantel (Rintal®) 10 mg/kg; Fenbendazol (Panacur®) 5 mg/kg; Levamisol (Citarin®) 8 mg/kg; Thiabendazol (Thibenzole®) 2-mal 250–500 mg,
- Stärkung der Darmflora mit z. B. Bird Bene Bac®.

Homöopathie: Nur unterstützend zur Allopathie

- Kombinationspräparate: Abrotanum-Injeel®, Tanacet-Heel®, Mucosa compositum®, Calcium carbonicum-Injeel®.

11.5.3 Trichostrongylidenbefall

Krankheitsursache: *Trichostrongylus retortaeformis*

Symptome, Diagnose: Enteritis mit Durchfällen bei starkem Befall; Nachweis der Eier im Stuhl mit dem Flotationsverfahren

Behandlungsstrategie: Bekämpfung der Parasiten, Stärkung der Darmflora

Allopathie

- Orale Wurmkuren mit Febantel (Rintal®) 10 mg/kg, Fenbendazol (Panacur®) 5 mg/kg, Levamisol (Citarin®) 8 mg/kg, Thiabendazol (Thibenzole®) 2-mal 250–500 mg/kg,
- Stärkung der Darmflora mit z. B. Bird Bene Bac®.

Homöopathie: Nur unterstützend zur Allopathie.

- Kombinationspräparate: Abrotanum-Injeel®, Tanacet-Heel®, Mucosa compositum®, Calcium carbonicum-Injeel®.

11.5.4 Pfriemenschwanzbefall (Oxyuridose)

Krankheitsursache: *Passalurus ambiguus*

Symptome, Diagnose: V. a. bei Jungtieren Entwicklungsstörungen, bei hochgradigem Befall Durchfall, Trommelsucht, starke Abmagerung; Nachweis der Eier im Stuhl (Flotationsmethoden); in Folge des Befalls häufig plötzliche Todesfälle durch explosionsartige Vermehrung von *E.coli*-Keimen.

Behandlungsstrategie: Bekämpfung der Parasiten, Stärkung der Darmflora

Allopathie

- Orale Wurmkuren mit Fenbendazol (Panacur®) 5 mg/kg; Flubendazol (Flubenol®) 20 mg/kg 2-mal im Abstand von 3 Wochen; Thiabendazol (Thibenzole®) 400 mg/kg,
- Stärkung der Darmflora mit z. B. Bird Bene Bac®.

Homöopathie: Nur unterstützend zur Allopathie

- Kombinationspräparate: China-Injeel®, Abrotanum-Injeel®, Tanacet-Heel®, Mucosa compositum®, Calcium carbonicum-Injeel®.

11.5.5 Kokzidiose

Krankheitsursachen: *Eimeria stiedae* als Verursacher einer Lebererkrankung, andere Kokzidienarten verursachen Darmkokzidiosen.

Symptome, Diagnose: Gallengangskokzidiosen verlaufen meist schleichend mit schlechter Gewichtszunahme und Kümmern.

Schwerer Befall führt zu Appetitlosigkeit, Gewichtsverlust, aufgetriebenem Abdomen, Verstopfung, Gelbsucht und Tod nach wenigen Tagen.
Darmkokzidiosen verlaufen je nach Erreger mehr oder weniger heftig mit teilweise blutigem Durchfall, Apathie und großem Flüssigkeitsverlust. In schweren Fällen tritt der Tod schon nach kurzer Zeit durch den Flüssigkeitsverlust ein. Jungtiere trifft es meist besonders schwer, bei älteren Tieren ist der Verlauf milder.
Behandlungsstrategie: Bekämpfung der Erreger, Flüssigkeitsersatz, Stabilisierung der Darmflora

Allopathie

- Toltrazuril (Baycox®) 25 mg/l Trinkwasser über 2 Tage, wiederholen nach 5 Tagen,
- Sulfonamide über 3–5 Tage (z. B. aniMedica® Sulfadimidin).
- Antibiotika gegen bakterielle Infektionen, z. B. Enrofloxacin (Baytril®) 5 mg/kg p. o., s. c.,
- Flüssigkeitsausgleich mit Infusionen mit NaCl,
- Stabilisierung der Darmflora z. B. mit Bird Bene Bac®.

Homöopathie

- Monopräparate, je nach Arzneimittelbild: Mercurius solubilis D6, D12; Pyrogenium D8,
- Kombinationspräparate: Dysenteral®, Infi Rheum®, Diarrheel®, Veratrum Homaccord®, Podophyllum compositum®, Infi Tormentilla®, Mucosa compositum®, Nux vomica Homaccord®.

Phytotherapie

- Krampflösend, entzündungshemmend: Aufguss aus Kamille, Schwarztee, Fenchel,
- Schleimhautschutz: Aufguss oder Abkochung von Tormentillwurzel, Heidelbeere, Eichenrinde; Schleim aus Leinsamen, Reis, Apfelpektin; Lösung in lauwarmem Wasser zum Eingeben mit Tonmineralien, Bolus alba, Heilerde,
- Fertigpräparate: Durchfallpulver®, Stullmisan®.

12 Harn- und Fortpflanzungsorgane

12.1 Infektionen von Niere, Blase, Harnröhre (Nephritis, Cystitis, Urethritis)

Krankheitsursachen: Allgemeine Abwehrschwäche, Zugluft, nasse Einstreu

Symptome, Diagnose: Miktionsbeschwerden (aufgezogener Rücken, kleine Urinmengen, evtl. Schmerzäußerungen), Abtasten der Nieren und Harnwege, Nachweis von Blut und Entzündungszellen im Urin. Wichtig: Kaninchenurin ist auch beim gesunden Tier oft rötlich!

Behandlungsstrategie: Bekämpfung der Erreger, Optimierung der Haltungsbedingungen, Stärkung des Immunsystems

Allgemeine Maßnahmen

- Heilwasser zu trinken geben,
- Zugluft vermeiden,
- trockene Einstreu,
- Vitamingaben.

Allopathie

- Antibiotika: Enrofloxacin (Baytril®), 10 mg/kg s.c., p.o.; Sulfonamide mit Trimetoprim 0,5–1 ml/kg s.c.; Doxycyclin (Ronaxan®) 5–10 mg/kg s.c., i.m., p.o.

Homöopathie

- Monopräparate je nach Arzneimittelbild: Cantharis D4; Phosphorus D8; Thuja D6,
- Kombinationspräparate: Cantharis compositum®, Populus compositum®, Berberis Homaccord®, Reneel®, Uro loges®, Vetokehl Not®, Juniperes oligoplex®, Nephro-Injektopas®, Spascupreel®, Spasmo-Injektopas®, Cefaspasmon®.

Phytotherapie

- Aufguss zur Durchspülungstherapie aus Goldrute, Brennnessel, Birkenblättern, Heidekraut, Zinnkraut, Bohnenschalen, Schafgarbe, Wacholderbeeren, Hauhechel,
- Fertigpräparate: Uvalysat®, Nephro Pasc®, Uro Pasc®, Cefanephrin®, Cefasabal®, Nephro loges®.

12.2 Blasensteine

Krankheitsursachen: Chronische Harnwegsinfekte in Kombination mit falscher Fütterung (zu viel Kraftfutter, zu wenig Rohfaseranteil)

Symptome, Diagnose: Appetitlosigkeit, Abgeschlagenheit, aufgezogenes Abdomen mit aufgekrümmtem Rücken (Schmerzen), Gewichtsverlust, Lecken an der Harnröhrenöffnung, Entzündungen im Perianalbereich, Harnabsatzschwierigkeiten, Schwellung des Präputiums, Blase ist bei der Palpation schmerzhaft, bei Verlegung der Harnröhre kommt es zum Harnstau in der Blase.

Im Röntgenbild und Ultraschall ist der Harngries gut zu erkennen.

Behandlungsstrategie: Auflösen der Harnsteine, Bekämpfung der Entzündungen, Prophylaxe gegen Rezidive durch Optimierung der Fütterung und Haltungsbedingungen

Allgemeine Maßnahmen

- Umstellung der Fütterung auf Heu (ausschließlich!), kein Getreide, keine mineralstoffreichen Grünfutter (z.B. Petersilie in großen Mengen).

Allopathie

- Große Steine müssen operativ entfernt werden (Injektionsnarkose Meditomidin/Ketamin oder Inhalationsnarkose mit Isofluran).
- Gegen Infektionen Antibiotika: z.B. Enrofloxacin (Baytril®), 10 mg/kg s.c., p.o.; Sulfonamide mit Trimethprim 0,5–1 ml/kg s.c.; Doxycyclin (Ronaxan®) 5–10 mg/kg s.c., i.m., p.o.

Homöopathie

- Monopräparate, je nach Arzneimittelbild: Berberis D3, D4; Lycopodium D6, D12, D30; Cantharis D4, D6, D30,
- Kombinationspräparate: Cantharis compositum®, Populus compositum®, Berberis Homaccord®, Reneel®, Uro-loges®, Vetokehl Not®, Juniperes oligoplex®, Nephro-Injektopas®, Spascupreel®, Spasmo-Injektopas®, Cefaspasmon®.

Phytotherapie

- Aufguss zur Durchspülungstherapie aus Goldrute, Brennnessel, Birkenblättern, Heidekraut, Zinnkraut, Bohnenschalen, Schafgarbe, Wacholderbeeren, Hauhechel,
- Fertigpräparate: Uvalysat®, Nephro Pasc®, Uro Pasc®, Cefanephrin®, Cefasabal®, Nephro-loges®.

13 Verschiedenes

13.1 Impfschemata

RHD: Ab dem Alter von 12 Wochen, jährliche Wiederholung. Vorschrift bei der Teilnahme an Ausstellungen!
Myxomatose: Grundimmunisierung ab dem Alter von 12 Wochen, halbjährliche Wiederholung (wichtig ist der Impfschutz in der Mückensaison!)
Kaninchenschnupfen: Ab dem Alter von 12 Wochen, jährliche Wiederholung (empfohlen bei größeren Beständen, in der Hobbyhaltung nur, wenn Ausstellungen besucht werden oder sonstiger häufiger Kontakt zu anderen Kaninchen besteht).

13.2 Mutterlose Aufzucht

Ersatzmilch
Rezept 1: 250 ml Vollmilch mit 1 ganzem rohem Ei verquirlen.
Rezept 2: Instant-Welpenmilch mit 1 ganzem rohem Ei verquirlen.
Verfüttern bei 30 °C, 2–3-mal täglich, 5 ml/Tag (1. Lebenswoche) bis 25 ml/Tag (3. Lebenswoche).

13.3 Verhaltensprobleme

13.3.1 Überängstlich, Eingewöhnungsschwierigkeiten

Kaninchen können äußerst zahm werden. Aber nicht jedes Tier ist von Anfang an zutraulich. In diesem Fall den Käfig erhöht aufstellen und dem Tier in den ersten Tagen viel Ruhe lassen. Im Käfig eine Rückzugsmöglichkeit (z. B. ein kleines Holzhaus) einrichten. Nur langsam und ruhig an den Stall herantreten und leise mit dem Tier reden. Niemals von oben auf das Kaninchen greifen (löst den Fluchtreflex aus), niemals das Tier mit Gewalt festhalten oder aus seinem Rückzugsort herauszerren. Zur Gewöhnung an die

Hand: Besondere Leckerchen mit der Hand heranreichen und warten, bis das Tier sie annimmt.

13.3.2 Aggressiv gegenüber Menschen

Besonders unkastrierte männliche Kaninchen können aggressiv reagieren und sogar Menschen anfallen. Eine Kastration kann den übertriebenen Reviertrieb mildern. In schweren Fällen kann die Beratung durch einen Tierpsychologen helfen.

Meer-
schweinchen

1 Anatomische und physiologische Besonderheiten

Das Hausmeerschweinchen *(Cavia aperea porcellus)* stammt ursprünglich aus den Anden und kam im 16. Jahrhundert nach Europa. Es existieren über 100 verschiedene Rassen.

Im Schwanzbereich, ca. 1 cm oberhalb des Anus, sitzen Hautdrüsen, die dem Fell ein ölig-verschmiertes Aussehen verleihen. Männliche Tiere haben zudem links und rechts des Anus je eine Hautausbuchtung (Perinealtasche), die oft bei älteren Tieren mit Eintreu und Kot verklebt sind.

Die Zähne des Meerschweinchens wachsen ein Leben lang. Bei Zahnfehlstellungen und ungenügender Abnutzung kann es daher zu überlangen Zähnen und Zahnspitzen kommen, die das Tier beim Fressen behindern, Verletzungen in der Maulhöhle hervorrufen und die regelmäßig vom Tierarzt beseitigt werden müssen. Bei Inappetenz ist daher immer die Maulhöhle gründlich zu untersuchen.

Der Dickdarm des Meerschweinchens fungiert als Gärraum, in dem Bakterien den Zellstoff aus der Nahrung aufschlüsseln und verwertbar machen. Nach dem Ausscheiden des halbverdauten Kots frisst das Meerschweinchen ihn sogleich wieder (Koprophagie). Die Darmflora im Dickdarm reagiert sehr empfindlich auf Störungen (z.B. Antibiotika). Gerät sie aus dem Gleichgewicht, kann es durch ein Überwiegen pathogener Keime zu schweren Krankheitserscheinungen bis zum Schock kommen.

Anders als Kaninchen sind Meerschweinchen auf die Zufuhr von Vitamin C mit dem Futter angewiesen. Bei unausgewogener Fütterung kann es zu Vitamin-C-Mangelzuständen kommen.

Das Meerschweinchen verfügt über keine Wärmeregulationsmechanismen und ist entsprechend sehr wärmeempfindlich.

Körpergewicht: 1–1,8 kg (männliche Tiere), 0,75–1 kg (weibliche Tiere)
Körperinnentemperatur: 37,4–39,5 °C
Atmung: 45–150 Atemzüge pro Minute
Puls: 230–380 Schläge pro Minute (gefühlt an der A. femoralis an der Innenseite des Hintergliedmaße im Schenkelkanal)
Geschlechtsreife: Weibchen 28–35 Tage, Männchen 60 Tage (Zuchtreife 3–4 Monate)
Brunsthäufigkeit und Zyklusdauer: Das ganze Jahr über mit einer Zykluslänge von 14–18 Tagen. Auch nach einer Geburt setzt der Zyklus schon nach 6–15 Stunden wieder ein.
Trächtigkeitsdauer: 68 Tage
Absetzalter: 3–4 Wochen (150 g). Schon ab der Geburt können Meerschweinchen normales Futter aufnehmen und gewöhnen sich schnell daran.

2 Haltung, Pflege, Fütterung

Als **Fluchttier** braucht das Meerschweinchen in seinem Stall einen Zufluchtsort in Form einer Höhle oder einen ähnlichen Unterschlupf. Eine dicke Schicht **Einstreu** (4 cm) verhindert Ballengeschwüre. Zugluft und Temperaturschwankungen werden nur sehr schlecht toleriert. Meerschweine sind gesellige Tiere und sollten paarweise oder in Gruppen gehalten werden. Täglicher Auslauf ist wichtig. Die Käfiggröße für zwei Tiere sollte 2 qm nicht unterschreiten.

Das **Futter** sollte mindestens zu 15 % aus Raufutter (gutes Heu) bestehen. Eine Ration für ein erwachsenes Tier kann wie folgt aussehen: 10–20 g Kraftfutter (herkömmliche Fertigmischung) mit 40–70 g Saftfutter, dazu Heu nach Belieben. Als Saftfutter eignen sich Gras, Löwenzahn, Chicorée, Salat, Futter- oder Steckrüben, Kohl, in kleinen Mengen Kartoffeln, Kohlrabi, Spinat, Sellerie, Karotten, Tomaten, Gurken, Äpfel, Birnen, grünes Getreide, hartes Brot, Hundekuchen in kleinen Mengen. Selbst gesammeltes Grünfutter nur an unbelasteten Stellen suchen (keine Straßenränder oder Bahndämme), gut waschen und gut trocknen (nasses Futter verdirbt schnell und kann zu Verdauungsproblemen führen). Zur Zwangfütterung eignen sich Baby-Gläschen (Obst, Gemüse) und naturbelassener Joghurt mit Vitaminzusatz.

Trinkwasser sollte in einer Flasche angeboten werden, Heu in einer Raufe.

Um den **Vitamin-C-Bedarf** zu decken, pro 100 ml Trinkwasser 20 mg Ascorbinsäure zusetzen.

Fell und Ohren: Meerschweinchen pflegen ihr Fell in der Regel selbst. Zuweilen verlieren sie im Fellwechsel aber reichlich Haare, sodass bei Tieren, die in der Wohnung gehalten werden eine gewisse Fellpflege nötig werden kann. Geeignet sind Brüsten, Striegel und Kämme mit abgerundeten Borsten bzw. Zinken, sowie

Fellpflegehandschuhe mit Gumminoppen. Je nach Rasse kann auch ein struppiges, glanzloses Fell rassetypisch sein, bei anderen ist eine kurze, glatt anliegende, glänzende Behaarung üblich.

Das **Baden mit Shampoos oder Seifen** sollte die Ausnahme bleiben (z.B. als medizinische Anwendung bei Hautkrankheiten). **Ohrenreinigung:** Eine Ohrreinigung beim Meerschwein ist beim gesunden Tier in der Regel nicht nötig. Sollte doch eine Ohrreinigung nötig werden, ist sie wie folgt auszuführen: Je nach Größe des Tieres einige Tropfen Ohrreiniger (z.B. Bay-O-Pet® Ohrenspülung, Epi-Otic® oder Kamillenohrreiniger®) in die Ohrmuschel geben, den Gehörgang nah am Schädel mit den Fingern massieren und das Meerschwein anschließend den Kopf schütteln lassen. Das so gelockerte Sekret und den Schmutz mit einem Taschentuch auswischen.

3 Allgemeine Therapiehinweise

Meerschweinchen haben eine sehr dicke Haut. Bei der Verabreichung von Medikamenten mit Spritze und Kanüle darum den Durchmesser der Nadel lieber etwas dicker wählen.

Auf Grund der empfindlichen Darmflora sind folgende Antibiotika für Meerschweinchen NICHT geeignet: Penicillin, Ampicillin, Methicillin, Lincomycin, Erythromycin, Bacitracin, Spiramycin, Gentamicin, Clindamycin, Vancomycin.

Tetracyclin und Streptomycin nur nach strenger Indikationsstellung anwenden. Wenn nötig, nur in Kombination mit Neomycin (5 mg/kg) und Polymyxin B (3 mg/kg) p.o. geben, um ein Überwuchern der unerwünschten koliformen Bakterien und Clostridien und den drohenden Endotoxinschock zu verhindern.

Tab. 5: Arzneistoffe für Meerschweinchen

Arzneistoff	Dosierung	Anwendung
Antibiotika, Sulfonamide		
Carbenicillin	200 mg/kg	p.o. Tagesdosis geteilt
Cefaloridin	10–30 mg/kg	i.m.
Chloramphenicol palmitat	40–60 mg/kg	p.o. alle 12 Stunden
Chloramphenicol succinat	20–40 mg/kg	s.c. alle 12 Stunden
Enrofloxacin	5–10 mg/kg	s.c., p.o.
Gentamicin	5 mg/kg	s.c. alle 12 Stunden
Neomycin	20 mg/Tier	p.o. über 5 Tage
Oxytetracyclin	5 mg/kg	s.c. alle 12 Stunden über 4 Tage
Sulfamethoxydiazin	100 mg/kg	p.o.
Sulfanilamidmethoxypyrimidin	15 mg/kg	s.c.
Trimethoprim/Sulfadiazin	30–50 mg/kg	s.c., p.o. alle 12–24 Stunden

Arzneistoff	Dosierung	Anwendung
Antiparasitika		
Bromociclen	0,5–0,6 %ig	Badelösung
Fenbendazol	50 mg/kg	p.o.
Ivermectin	0,04 ml/kg	s.c.
Levamisol	25 mg/kg	s.c.
Metronidazol	50 mg/kg	p.o. über 7 Tage
Niclosamid	100 mg/kg	p.o. 2-mal alle 8 Tage
Praziquantel	5 mg/kg	p.o.
Thiabendazol	100–200 mg/kg	p.o.
Antimykotika		
Enilconazol	1 : 50 verdünnt	lokal
Griseofulvin	75 mg/kg	p.o. über 3–4 Wochen
Ketoconazol	10 mg/kg	p.o. alle 12 Stunden
Narkotika und Sedativa		
Diazepam	2,5 mg/kg	i.m., i.p.
Ketamin	100 mg/kg	i.m., i.p.
Ketamin + Xylazin	40 mg/kg + 5 mg/kg	i.m., i.p.
Sonstige		
Atropin	0,1 mg/kg	s.c.
Butylscopolamin	0,2–0,4 ml	s.c.
Chlormadinonacetat	10 mg/kg	s.c.
Dexamethason	1–2 mg/kg	s.c.
Metamizol	0,2–0,4 ml	s.c.
Metoclopramidhydrochlorid	0,2–1,0 mg/kg	s.c., p.o.
Oxytocin	1–3 I.E.	s.c.
Prednisolon	bis 2,5 mg	s.c., p.o.
Vitamin ADE	0,5–1 ml/Tier	s.c.
Vitamin B Komplex	0,5–1 ml/Tier	s.c.
Vitamin C	50–100 mg/Tier	s.c.

4 Haut und Haarkleid

4.1 Leitsymptome Haarausfall und Alopezie

Krankheitsursachen: Milbenbefall, Haarlingsbefall, Östrogenüberschuss bei Ovarialzysten oder im Zusammenhang mit einer Trächtigkeit, Jungtiere im Absetzalter, Pilzerkrankungen, Mangelerscheinungen (z. B. Rohfaseranteil im Futter zu gering), bakterielle Dermatitiden, Allergien

Behandlungsstrategie: Richtet sich nach der einzelnen Erkrankung. Grundsätzlich Optimierung der Haltungsbedingungen (Stallhygiene, allergenfreie Einstreu, gleichbleibend hochwertige Kost, Vitamingaben mit dem Trinkwasser, v. a. Vitamin C).

4.2 Milbenbefall

4.2.1 Sarkoptesräude

Krankheitsursachen: *Trixacarus caviae,* gemeinsam mit schlechten Haltungsbedingungen, Stress, Immunschwäche durch andere Erkrankungen. **Wichtig:** auf den Menschen übertragbar!

Symptome, Diagnose: Befällt Tiere jeden Alters. Wechselnder Juckreiz, Schuppenbildung und Exzeme mit Krustenbildung, unregelmäßiges Haarkleid, Verdickung der Haut. Epileptiforme Anfälle durch den starken Juckreiz sind möglich.
Nachweis der Milben in einem tiefen Hautgeschabsel vom Rande einer veränderten Hautstelle.

Behandlungsstrategie: Bekämpfung der Parasiten, Optimierung der Haltungsbedingungen und Stärkung des Immunsystems

Allgemeine Maßnahmen

- Optimierung der Fütterung,
- regelmäßige Reinigung des Stalls und der Umgebung,

- Desinfektion des Stalls und der Umgebung mit geeigneten Antiparasitika, z.B. Permetrin, Dichlorvos (Blattanex® Fliegenstrip).

Allopathie

- Lokal: Phosphorsäureester Bromodan als 0,5–0,6%iges Bad, das ganze Tier behandeln! 2–3-mal im Abstand von 7 Tagen.
- Lokal: Selamectin (Stronghold®) 1 mg/kg 3-mal im Abstand von 1 Woche.
- Systemisch: Ivermectin (Ivomec®) 0,2–0,4 mg/kg s.c. 3-mal im Abstand von 1 Woche.

Homöopathie: Nur unterstützend

- Monopräparate, je nach Arzneimittelbild: Sulfur D6; Natrium muriaticum D6, Graphites D6, D30,
- Kombinationspräparate: Dermisal®, Cutis compositum®, SupraCell® N 200, Stärkung des Immunsystems mit PetMun®.

Phytotherapie

- Einreibungen mit Lorbeer- oder Hauswurzöl, das mit ätherischen Ölen von Teebaum, Lavendel, Thymian oder Nelken versetzt werden kann.
- Waschungen oder Bäder mit Aufguss aus Thymian, Schafgarbe, Lavendel, Efeu. Gegen die Hautentzündung helfen Waschungen mit Zinnkraut- oder Stiefmütterchentee, Walnussblätter-Absud und Molkebäder, sowie Shampoos mit Schwefel oder Teebaumöl.
- Äußerliche Anwendung von Perubalsam, Schafgarben- oder Zinnkraut-Salben.

4.2.2 Pelzmilbenbefall

Krankheitsursache: *Chirodiscoides caviae*

Symptome, Diagnose: Juckreiz, Haarausfall, eventuell Haaransammlungen in den Backentaschen, die Zahnprobleme vortäuschen können. Nachweis der Milben in einem Hautgeschabsel

Behandlungsstrategie: Bekämpfung der Erreger, Optimierung der Haltungsbedingungen, Stärkung des Immunsystems

Allgemeine Maßnahmen

- Optimierung der Fütterung,
- regelmäßige Reinigung des Stalls und der Umgebung,
- Desinfektion des Stalls und der Umgebung mit Antiparasitika, z.B. Permetrin, Dichlorvos (Blattanex® Fliegenstrip).

Allopathie

- Lokal: Phosphorsäureester Bromodan als 0,5–0,6%iges Bad, das ganze Tier behandeln! 2–3-mal im Abstand von 7 Tagen.
- Lokal: Selamectin (Stronghold®) 1 mg/kg 3-mal im Abstand von 1 Woche.
- Systemisch: Ivermectin (Ivomec®) 0,2–0,4 mg/kg s.c. 3-mal im Abstand von 3 Wochen.

Homöopathie: Nur unterstützend!

- Monopräparate, je nach Arzneimittelbild: Sulfur D6; Natrium muriaticum D6, Graphites D6, D30,
- Kombinationspräparate: Dermisal®, Cutis compositum®, SupraCell® N 200.

Phytotherapie

- Einreibungen mit Lorbeer- oder Hauswurzöl, das mit ätherischen Ölen von Teebaum, Lavendel, Thymian oder Nelken versetzt werden kann.
- Waschungen oder Bäder mit Aufguss aus Thymian, Schafgarbe, Lavendel, Efeu. Gegen die Hautentzündung helfen Waschungen mit Zinnkraut- oder Stiefmütterchentee, Walnussblätter-Absud und Molkebäder, sowie Shampoos mit Schwefel oder Teebaumöl.
- Äußerliche Anwendung von Perubalsam, Schafgarben- oder Zinnkraut-Salben.

4.3 Haarlingsbefall

Krankheitsursachen: *Gliricola porcelli, Trimenopon hispidum, Gyropus ovalis*

Symptome, Diagnose: Juckreiz, struppiges Fell und Haarausfall, Abmagerung, Blutarmut, krustöse Exzeme, epileptiforme Anfälle durch den starken Juckreiz möglich. Die Parasiten sind als gelbliche längliche Punkte im dunklen Fell gut zu erkennen. Abklatsch mit Tesafilmstreifen unter dem Mikroskop betrachten.

Behandlungsstrategie: Bekämpfung der Parasiten und Stärkung des Immunsystems

Allgemeine Maßnahmen

- Regelmäßige Reinigung und Desinfektion des Käfigs,
- Futteroptimierung,
- Desinfektion der Umgebung mit geeigneten Antiparasitika (z. B. Permetrin, Dichlorvos (Blattanex® Fliegenstrip).

Allopathie

- Lokal: Phosphorsäureester, Bromodan, Organophosphate (Tiguvon®) 1–2-mal wöchentlich bis zur Besserung, mindestens 3 Wochen,
- systemisch: Ivermectin (Ivomec®) 0,2–0,4 mg/kg s. c. 3-mal im Abstand von 1 Woche.

Homöopathie

- Monopräparate, je nach Arzneimittelbild: Sulfur D6; Natrium muriaticum D6, Graphites D6, D30,
- Kombinationspräparate: Dermisal®, Cutis compositum®, SupraCell® N 200.

Phytotherapie

- Einreibungen mit Lorbeer- oder Hauswurzöl, das mit ätherischen Ölen von Teebaum, Lavendel, Thymian oder Nelken versetzt werden kann,
- Waschungen oder Bäder mit Aufguss aus Thymian, Schafgarbe, Lavendel, Efeu, Zinnkraut, Stiefmütterchen, Walnussblätter-Absud und Molkebäder, sowie Shampoos mit Teebaumöl,
- lokal: Perubalsam, Schafgarben- oder Zinnkraut-Salben.

4.4 Hautentzündung (Dermatitis)

Krankheitsursachen: Infizierte Bisswunden oder Kratzer, Hautpilzerkrankungen, Parasiten, Vitaminmangel, Allergien, innere Erkrankungen (Leber- oder Nierenstörung)

Symptome, Diagnose: Entzündete, schmerzhafte Hautareale, z.T. eitrig-suppend, Schmerzhaftigkeit, bei starker Infektion mit aggressiven Erregern beeinträchtigtes Allgemeinbefinden

Behandlungsstrategie: Bekämpfung der Erreger, Beseitigung der Ursachen, Stärkung des Immunsystems

Allgemeine Maßnahmen

- Parasitenbekämpfung (siehe Kapitel 4.1 und 4.2).
- Optimierung der Fütterung, Vitamin-Versorgung sicherstellen, z.B. mit Multivitaminen®.
- Hygienische Haltungsbedingungen schaffen.

Allopathie

- Wundtoilette mit Wasserstoffperoxid-Lösung oder milden desinfizierenden Lösungen (z.B. Betaisodona®),
- antibiotische Wundsalben.

Homöopathie

- Monopräparate je nach Arzneimittelbild: Sulfur D6; Natrium muriaticum D6, Graphites D6, D30,
- Kombinationspräparat: Dermisal®, SupraCell® N 200, Cutis compositum®, Allergosal®, Stärkung des Immunsystems mit PetMun®.

Phytotherapie

- Waschungen oder Bäder mit Aufguss aus Thymian, Schafgarbe, Lavendel, Efeu. Gegen die Hautentzündung helfen Waschungen mit Zinnkraut- oder Stiefmütterchentee, Walnussblätterabsud und Molkebäder.
- Lokal: Perubalsam, Schafgarben- oder Zinnkraut-Salbe.

4.5 Ballenabszesse und Ballenentzündungen

Krankheitsursachen: Faktorenkrankheit: u.a. Haltung auf Drahtgeflecht, feuchte Einstreu, Übergewicht, Allergien, Mangel an essentiellen Fettsäuren. Sekundär treten oft Bakterien hinzu (*Staphylococcus aureus*, Streptokokken).

Symptome, Diagnose: Runde bis ovale haarlose Stellen an den Sohlenflächen, später offene Wunden, Schrunden, Risse mit Borkenbildung und austretendem Gewebswasser

Behandlungsstrategie: Futterumstellung, Optimierung der Haltungsbedingungen

Allgemeine Maßnahmen

- Einstreu weglassen und gegen mehrere Lagen Zeitungspapier mit weichem Heu tauschen: wirkt desinfizierend und kann mitgefressen werden.
- Größere Läsionen chirurgisch versorgen.
- Übergewicht reduzieren (Brot und Kraftfutter reduzieren, Bewegung ermöglichen).
- Krallen kurz halten.

Allopathie

- Krusten mit pflanzlichem Öl anlösen.
- Wunde Stellen mit desinfizierenden und bitter schmeckenden Wundsprays abdecken (z.B. Blauspray mit Chloramphenicol).

Homöopathie

- Monopräparate, je nach Arzneimittelbild: Sulfur D6, D12; Silicea D6, D12, D30; Hepar sulfuris D6, D12,
- Kombinationspräparate: Allergosal®, SupraCell® N 200, SupraCell® SC 2000, Cutis compositum®, Dermisal®.

Phytotherapie

- Lokale Anwendungen: Kompressen, Bäder, Waschungen, Umschläge mit Tinkturen oder 10–20%igen Lösungen von Calendula, Kamille oder Echinacea. Bäder mit Nussbaumblättern,
- Fertigprodukte: Kamillosan®, Kamilloplant®, Wundbalsam®.

4.6 Trichophytie

Krankheitsursachen: *Trichophyton mentagrophytes, Microsporum*-Arten; Infektion von Tier zu Tier oder durch verschimmeltes Heu; Wichtig: infektiös für den Menschen!

Symptome, Diagnose: Hautrötungen, ovaler bis kreisförmiger Haarausfall beginnend meist an der Nase. Ausbreitung bis über die Augen, Lippen und Ohren, seltener am Rücken. Sicherung der Diagnose über Hautgeschabsel nach Behandlung mit 10%iger Kalilauge, Tesafilmabklatschpräparat und Pilzkultur.

Behandlungsstrategie: Bekämpfung des/der Erreger, Stärkung des Immunsystems, Optimierung der Haltungsbedingungen

Allgemeine Maßnahmen

- Unterstützend Scheren der betroffenen Stellen (nur mit Einverständnis des Besitzers!),
- Desinfektion der Umgebung und des Stalls (z.B. mit Sagrotan®),
- Nur hochwertige Einstreu verwenden.

Allopathie

- Lokal: Antimykotika z.B. Enilconazol 0,2%ige Lösung (Imaverol®) über mindestens 5 Wochen,
- Kombinationspräparate mit antibiotischer Komponente gegen Sekundärinfektionen z.B. Surolan®,
- In schweren Fällen und bei Immunsuppression Griseofulvin (Likuden®), 25 mg/kg in 2 Portionen täglich über mindestens 5 Wochen. **Wichtig:** nicht für tragende Tiere!
- Stärkung des Immunsystems: Paraimmunitätsinducer, z.B. Baypamune® 1 ml pro Tier, Vitamin-Gaben.

Homöopathie

- Monopräparate, je nach Arzneimittelbild: Microsporie-Nosode D30, D200; Trichophytie-Nosode D30, D200; Sulfur D6, D12, D30,
- Kombinationspräparate: SupraCell® N 200, Vetokehl Trich® D5, Vetokehl Ver® D5, Pefrakehl® D6, Coenzyme compositum®, Cutis compositum®, Psorinum-Injeel®.

Phytotherapie

- Waschungen, Bäder, Betupfen: Propolis (10%ige Lösung oder Salbe); Tinktur oder 10–20%ige Lösungen von Echinacea, Calendula; Betupfen mit Teebaumöl (pur oder 10–20%ig); Klettenwurzel als Öl oder Abkochung/Aufguss, Seifenrinde und Seifenkraut als Abkochung/Aufguss,
- unterstützend Waschungen mit Essigwasser, Zinnkraut-Aufguss und Molke.

5 Krallen

5.1 Zu lange Krallen, Fehlstellungen

Krankheitsursachen: Besonders bei der Haltung im Kunststoffkäfig nutzen sich die Krallen zu wenig ab. Fehlstellungen wie Korkenziehernägel kommen häufig vor und können zu Druckstellen an den Sohlenflächen führen oder sogar einwachsen. Beim Freilauf z.B. auf Teppichboden können zu lange Krallen leicht hängen bleiben und abreißen.

Allgemeine Maßnahmen

- Regelmäßiges Schneiden der Krallen. Spezielle Krallenzangen haben eine ovale Schnittfläche, damit die Kralle nicht gequetscht wird und splittert.
- Bei hellen Krallen kann man die begleitenden Blutgefäße sehen: Sie reichen für gewöhnlich die ersten Millimeter in die Kralle hinein dürfen nicht verletzt werden!
- Beim Schneiden den Druck auf die Kralle langsam erhöhen, bei starken Abwehrbewegungen ist man wahrscheinlich zu nah an den Blutgefäßen und Nerven und sollte etwas weiter entfernt vom Ballen schneiden.

5.2 Verletzungen

Krallenverletzungen können lang anhaltend bluten und sind für das Tier sehr schmerzhaft. Gefährlich sind sie in der Regel nicht.

Allgemeine Maßnahmen

- Weitgehend vom Krallenbett gelöste Krallenteile können vorsichtig entfernt werden.
- Blutungen mit Wasserstoffperoxid-Lösung 3%ig, Eisensulfitlösung oder am sedierten Tier mit einem Kauter zum Stillstand bringen.
- Die Wunde reinigen.

- Bis zur Ausheilung Zeitungspapier anstelle der Einstreu verwenden.

Allopathie

- Lokal werden antibiotische Salben oder Sprays aufgetragen.
- Liegt das Krallenbett teilweise oder ganz frei, Pfotenverband anlegen.
- Systemische Antibiose nur bei heftiger Infektion (starke Schwellung und vermehrte Wärme des umliegenden Gewebes, Eiterbildung, evtl. erhöhte Körperinnentemperatur): Chloramphenicol, Enrofloxacin.

Homöopathie

- Monopräparate, je nach Arzneimittelbild: Arnica D3, D4, D30; Calendula D2; Hamamelis D3,
- Kombinationspräparate: Traumeel®, Echinacea compositum®, Calendula-Injeel®, Millefollium®, SupraCell® N 400.

Phytotherapie

- Waschungen mit Aufguss aus Arnica, Calendula, Kamille, Hamamelis,
- Betupfen mit der Tinktur,
- Auftragen von Salben mit Arnica, Calendula, Kamille, Hamamelis,
- Fertigpräparate: Kamilloplant®, Wundbalsam®, Kamillosan®.

6 Augen

6.1 Bindehaut- und Hornhautentzündung (Konjunktivitis/Keratitis)

Krankheitsursachen: Bakterielle Infektionen (*Bordetella bronchiseptica, Streptococcus pneumoniae, Pasteurella multocida, Staphylococcus aureus,* Chlamydien, Salmonellen), Zugluft, Reizungen (Desinfektionsmittel, Ammoniak-Dämpfe bei unregelmäßiger Stallreinigung), mechanische Reize (Fremdkörper, Staub, z. B. aus der Einstreu, Trauma)

Symptome, Diagnose: Anschwellen und kräftige Rotfärbung der Bindehäute, verstärkter Tränenfluss, z. T. auch eitrig-gelblich auch aus der Nase. Im Falle einer Keratitis ist die Hornhaut bläulich getrübt (Hornhautödem). Bei längerer Erkrankung Ekzem- und Schorfbildung im nasalen Augenwinkel, Fellverfärbungen vom inneren Augenwinkel Richtung Mundwinkel.

Behandlungsstrategie: Abstellen der Ursache, Bekämpfung der Erreger

Allgemeine Maßnahmen

- Verkrustetes Sekret mit weichem Tuch und isotonischer Kochsalzlösung/abgekochtem Wasser entfernen. **Wichtig:** Keinen Kamillenaufguss an das Auge bringen (wirkt austrocknend und evtl. Verschlimmerung durch allergische Reaktion)!
- Stallhygiene optimieren, Einstreu ohne Sägemehl, Hobelspäne oder Torf verwenden, auf nicht-reizende Reinigungs- und Desinfektionsmittel umstellen.
- In hartnäckigen Fällen den Tränen-Nasen-Gang spülen.
- Um Hornhautschäden auszuschließen, einen Färbetest mit Fluorescein durchführen (Hornhautschäden färben sich leuchtend hellgelb, in diesem Fall keine Corticosteroide anwenden).

Allopathie

- Antibiotische (und antientzündliche) Augensalben, je nach Präparat 3–5-mal täglich über mindestens 5 Tage, z. B. Aquapred-N®, Oleomycetin®.

Homöopathie

Konjunktivitis

- Monopräparate, je nach Arzneimittelbild: Euphrasia D2, D3; Apis D4, D6, D30; Pulsatilla D4, D6, D30,
- Kombinationspräparate: Keratisal Tropfen®, Pfx Euphrasia 130®, Pfx Cineraria I 9®, Vetokehl Not®, Quentakehl D6®, Euphrasia Oligoplex®, Oculoheel®, Belladonna Homaccord®, Conjunctisan Augentropfen®, Allergosal®.

Keratitis

- Monopräparate, je nach Arzneimittelbild: Mercurius solubilis D6, D12; Mercurius sublimatus corrosivus D6; Silicea D6, D12, D30,
- Kombinationspräparate: Keratisal Tropfen®, Euphrasia-Injeel®, Cornea suis-Injeel®, Aethiops 19 Komplex®, Pfx Conium 133®, Pfx Euphrasia 130®, Pfx Cineraria I 9®.

Phytotherapie

- Bindehautsack-Spülungen und Augenkompressen mit Aufguss aus Fenchel, Augentrost, Calendula oder 5–10 %igen Lösungen von Augentrost-, Hypericum- oder Calendulatinktur.

6.2 Hornhautdurchbruch, Augenentzündung (Ulcus cornea, Panophthalmie)

Krankheitsursachen: Fremdkörper, Verletzungen, Infektionen

Symptome, Diagnose: Tränenfluss, teilweise eitrig, Zukneifen des Auges, Lichtscheue, Hornhautödem (milchig-bläuliche Färbung), Hornhautverletzungen zeigen sich bei einem Fluorescein-Test als hellgrün-leuchtende Flecken (z. B. mit Fluorescein SE Thilo®).

Behandlungsstrategie: Identifizierung und Abschalten der Ursache, Bekämpfung der Erreger, Anregung der Hornhautregeneration

Allgemeine Maßnahmen

- Augen und Nasenöffnungen mit physiologischer Kochsalzlösung, abgekochtem Wasser oder entsprechenden Kräuteraufgüssen (Fenchel, Augentrost, Calendula, **keine** Kamille!) vom Sekret befreien.

Allopathie

- Lokal antibiotische und antivirale Augentropfen (auch in die Nase einträufeln), z. B. Terramycin®, Gent-Ophtal®,
- systemisch Antibiotika: Amoxicillin (Clamoxyl®) 10 mg/kg, s. c., p. o.; Chloramphenicol 30 mg/kg i. m., p. o. alle 12 Stunden, Enrofloxacin (Baytril®) 10 mg/kg s. c., i. m., p. o.,
- Infusionen mit physiologischer Kochsalzlösung oder Ringer-Lactat,
- Stärkung des Immunsystems mit Paraimmunitätsinducer (Baypamune®).

Homöopathie

- Monopräparate, je nach Arzneimittelbild: Mercurius solubilis D6, D12; Mercurius sublimatus corrosivus D6; Silicea D6, D12, D30,
- Kombinationspräparate: Keratisal Tropfen®, Euphrasia-Injeel®, Cornea suis-Injeel®, Aethiops 19 Komplex®, Pfx Conium 133®, Pfx Euphrasia 130®, Pfx Cineraria I 9®,

Phytotherapie

- Bindehautsack-Spülungen und Augenkompressen mit Aufguss aus Fenchel, Augentrost, Calendula oder 5–10 %igen Lösungen von Augentrost-, Hypericum- oder Calendulatinktur.

7 Ohren

7.1 Gehörgangsentzündung, Ohrenzwang (Otitis externa)

Krankheitsursachen: Meist Mischinfektionen mit Pilzen (Malassezia, Candida) und Bakterien (Staphylokokken, Streptokokken, Proteus, Presudomonas, *E. coli*), Milben, Fremdkörper (Spelzen, Grannen, Splitter)

Symptome, Diagnose: Juckreiz, Schmerzen und Exsudatansammlung im äußeren Gehörgang, in schweren Fällen Torticollis. Zum Teil Kratzwunden an den Ohren (Juckreiz). Erregernachweis und Antibiogramm durch Abstrich und Anzucht im Labor auf geeigneten Nährmedien.

Behandlungsstrategie: Beseitigung der Ursache (Räudebekämpfung), Bekämpfung der Entzündung und Infektion

Allgemeine Maßnahmen

- Bei intaktem Trommelfell (Überprüfung mit dem Otoskop) Reinigung des Gehörgangs mit physiologischer Kochsalzlösung oder speziellem Ohrenreiniger (z.B. Bay-O-Pet® Ohrenspülung, Epi-Otic®, Kamillenohrreiniger®, Otifree®).
- Die Ohrmuschel mit dem Ohrreiniger füllen und nah am Schädel massieren, das gelöste Sekret gründlich auswischen.
- Fremdkörper müssen mit dem Otoskop ausfindig gemacht und entfernt werden.

Allopathie

- Behandlung mit speziellen antibiotischen und schmerzstillenden Ohrmedikamenten (meistens Kombinationspräparate): Aurizon®, Surolan®,
- bei Milbenbefall Ivermectin (Ivomec®) 0,2–0,4 mg/kg s.c., 3-mal im Abstand von 7 Tagen.

Homöopathie nur ergänzend!

- Monopräparate, je nach Arzneimittelbild: Sulfur D6, 3-mal täglich oder Sulfur D30 2-mal pro Woche; Stärkung des Immunsystems mit Echinacea D1,
- Kombinationspräparate: Dermisal®, Cutis compositum®, zur Stärkung des Immunsystems PetMun®.

Phytotherapie

- Einträufeln von unverdünnten Echinacea- oder Calendulatinkturen in den gereinigten Gehörgang mehrmals täglich. Alternativ ölige Propolis-Präparate,
- Fertigpräparate: Kamilloplant®, Vulnoplant®.

7.2 Mittel- und Innenohrentzündung (Otitis media und interna)

Krankheitsursachen: Oft infolge einer nicht behandelten Otitis externa. Beteiligte Erreger: *Streptococcus pneumoniae* und *St. zooepidemicus, Bordetella bronchiseptica, Pseudomonas aeruginosa*, Staphylokokken.

Symptome, Diagnose: Fieber, Apathie, Inappetenz, Gleichgewichtsstörungen, Torticollis, Dreh-, Torkel- und Kreisbewegungen, Nystagmus. Zentralnervöse Störungen wenn die Erreger das Gehirn schädigen. Das Röntgenbild zeigt eine gefüllte Paukenhöhle.

Behandlungsstrategie: Bekämpfung der Infektion, Unterstützung des Heilungsprozesses mit Vitamin B. Dennoch oft keine Heilung möglich.

Allgemeine Maßnahmen

- Ohrreinigung bei intaktem Trommelfell (Kontrolle mit dem Otoskop), z.B. mit Otifree®, Kamillenohrreiniger®, Bay-O-Pet® Ohrenspülung,
- Stallhygiene: wöchentliche Reinigung und Desinfektion.

Allopathie

- Behandlung der Otitis externa mit entsprechenden Präparaten (Ivomec®, Surolan®, Aurizon®), siehe Kapitel 4.1,

- systemisch Antibiotika, z.B. Enrofloxacin (Baytril®) 10 mg/kg s.c., p.o., unterstützend Vitamin B Komplex.

Homöopathie

- Monopräparate, je nach Arzneimittelbild: Belladonna D4, D6, D30; Hepar sulfuris D6, D12, D30; D200,
- Kombinationspräparate: Belladonna Homaccord®, Echinacea compositum®, Mercurius solubilis Similiaplex®, Kalium Chloratum II Similiaplex®, Staphylosal®, Auris interna®.

Phytotherapie

- Einträufeln von unverdünnten Echinacea- oder Calendulatinkturen in den gereinigten Gehörgang mehrmals täglich. Alternativ ölige Propolis-Präparate,
- Fertigpräparate: Kamilloplant®, Vulnoplant®.

8 Mund- und Rachenraum

8.1 Zahnfehlstellungen

Krankheitsursachen: Veranlagung zu Zahnfehlstellungen werden angeboren. In diesen Fällen reiben die Kauflächen von Ober- und Unterkiefer nicht aufeinander. Werden die Backenzähne nicht gleichmäßig abgerieben, bleiben nadelspitze Zahnecken oder Zahntreppen stehen: die unteren Molaren wachsen zur Zunge, die oberen Richtung Wange. Die Incisivi wachsen hörnerförmig nach außen. Die Folgen sind Inappetenz, Abmagerung, Abszesse in den Wangen oder im Kiefer.

Symptome, Diagnose: Inappetenz, unzerkautes, breiiges Futter in den Mundwinkeln, schlechte Futteraufnahme bei anfänglichem Appetit, später Zanhfleischentzündungen, Zungenverletzungen, Backenabszesse, Verlust von Zähnen und sogar der Tod durch Verhungern

Behandlungsstrategie: Raufutterangebot optimieren, Kürzen der Zähne, regelmäßige Kontrollen

Allgemeine Maßnahmen

- Die Ursache (zu kurzer oder zu langer Unterkiefer) ist meist nicht zu beheben.
- Regelmäßige Zahnkontrollen durch den Tierarzt und gegebenenfalls Kürzen der betroffenen Zähne sind unbedingt nötig.

Allopathie

- Untersuchung des Gebisses mit dem Otoskop und einem Kiefer- und Wangenspreizer.
- Kürzen der Zahnecken mit einer Nagelzange oder im Falle der Incisivi mit einer kleinen Trennscheibe.
- Behandlung der Zahnfleischentzündungen mit Kamillenpräparaten (z. B. Kamillosan®).

- Abszesse spalten, spülen (z.B. mit Wasserstoffperoxid-Lösung oder Betaisodona®-Lösung) und lokal antibiotisch behandeln (z.B. mit Leukase®-Kegel).
- Vitamingaben (z.B. Multivitamine®).

Homöopathie

- Monopräparate, je nach Arzneimittelbild: Mercurius solubilis D8, Mercurius sublimatus corosivus D6; Borax D3,
- Kombinationspräparate: Belladonna Homaccord®, Traumeel®, Echinacea compositum®, Mucosa compositum®, Chamomilla-Injeel®, Calcium carbonicum-Injeel®, Arnica-Injeel®, Borax-Injeel®, Kreosotum-Injeel®, Mercurius solubilis Hahnemanni-Injeel®.

Phytotherapie

- Bepinseln oder Kompressen mit Aufguss oder Tinktur von Kamille, Calendula, Arnika.

8.2 Lippengrind

Krankheitsursachen: Kombination aus Fettsäuremangel, Vitaminmangel (A und C) und damit verbundene Resistenzminderung der Haut, kleine Verletzungen der Haut durch Einstreu oder Futter und Eindringen von Keimen (v.a. Streptokokken, vermutlich hauptsächlich durch das Fressen des vorverdauten Kots) in diese kleinen Läsionen.

Symptome, Diagnose: Verdickte, krustig belegte Lippen und Mundwinkel bei ungestörtem Allgemeinbefinden

Behandlungsstrategie: Bekämpfung der Erreger, Optimierung der Fütterung und Haltungsbedingungen

Allgemeine Maßnahmen

- Auf vitaminreiches Saftfutter achten, v.a. in den Wintermonaten.
- Vitaminversorgung, z.B. mit Nager-Vitamintropfen sichern.
- Therapieunterstützung durch täglich 1 Teelöffel geschrotete Sonnenblumen- oder Leinsamenkerne im Kraftfutter.

Allopathie

- Lokal antibiotische oder desinfizierende Salben (z.B. Betaisodona®),
- Stärkung des Immunsystems durch Paraimmunitätsinducer (Baypamune®) 0,5–1 ml pro Tier.

Homöopathie

- Monopräparate, je nach Arzneimittelbild: Sulfur D6, D12; Psorinum D30; Mezereum D4; Silicea D6, D12, D30,
- Kombinationspräparate: SupraCell® N 200, Cutis compositum®, Dermisal®.

Phytotherapie

- Lokale Anwendungen: Kompressen, Bäder, Waschungen, Umschläge mit Tinkturen oder 10–20%igen Lösungen von Calendula, Kamille oder Echinacea. Bäder mit Nussbaumblättern,
- Fertigprodukte: Kamillosan®, Kamilloplant®, Wundbalsam®.

8.3 Backenabszesse

Krankheitsursachen: *Staphylococcus aureus, Yersinia pseudotuberculosis;* Eindringen in die Wangenschleimhaut durch kleinste Verletzungen, Zahnfehlstellungen, ungeeignetes Futter
Symptome, Diagnose: Symptomatisch treten lokal Schwellungen, Rötungen und Verhärtungen der Haut und Unterhaut auf. Anschließend bilden sich Abszesse sowie Zahnfachentzündungen mit Auftreibungen und Einschmelzungen des Kieferknochens. Eine anschließende Blutvergiftung (Septikämie) führt zu Abszessbildung an allen Organen. Der Erreger kann durch einen Abstrich und Anzüchtung auf geeigneten Nährmedien identifiziert werden.
Behandlungsstrategie: Unterstützung der Abszessreifung, Spaltung der reifen Abszesse, lokale und systemische Versorgung mit Antibiotika, Stärkung des Immunsystems. Die Prognose ist trotz Behandlung eher negativ zu stellen.

Allopathie

- Unterstützung der Abszessreifung mit Campher- oder Ichtyolsalben (10%ig).

- Spaltung der Abszesse und Spülen mit desinfizierenden Lösungen (z.B. Wasserstoffperoxid, Jod-Lösung, Betaisodona®).
- Lokal Leukase®-Kegel einbringen.
- Systemisch Enrofloxacin (Baytril®) 5 mg/kg s.c., p.o. über mindestens 8 Tage.

Homöopathie

Monopräparate, je nach Arzneimittelbild: Hepar sulfuris D6, D12, D30, D200; Myristica sebifera D3; Silicea D6, D12, D30, D200,

- Kombinationspräparate: Ortitruw® Salbe, Schwef-Heel®, Vetokehl® Not D5, Vetokehl® Sub D4, Dermisal®, Staphylosal®, Mercurius Heel S®, Sulfur compositum®, Echinacea compositum®, Sulfur Oligoplex®, Hepar sulfuris oligoplex®, Ranocesan H®, Naranotox®,

  Stärkung des Immunsystems mit PetMun®, Engystol®, Lachesis comp., Echinacea comp.®.

Phytotherapie

- Lokale Anwendungen: Kompressen, Bäder, Waschungen, Umschläge mit Tinkturen oder 10–20%igen Lösungen von Calendula, Kamille oder Echinacea. Bäder mit Nussbaumblättern,
- warme Kompressen oder Umschläge mit Leinsamen, Heublumen oder Kartoffelbrei auf die betroffene Stelle,
- Fertigprodukte: Kamillosan®, Kamilloplant®, Wundbalsam®, Myristica-Salbe Truw®.

9 Atmungsorgane

9.1 Infektion der Atemwege (Rhinitis, Sinusitis, Bronchitis, Bronchopneumonie)

Krankheitsursachen: Bronchitiden und Bronchopneumonien zählen neben Magen-Darm-Erkrankungen zu den häufigsten Todesursachen beim Meerschwein. Ursächlich sind extreme Temperaturen, Zugluft, plötzliche Futterumstellung, Stress, Hygienemangel im Stallbereich (feuchte Einstreu) zusammen mit einer Reihe von Erregern: *Bordetella bronchiseptica*, Adeno- oder Herpesviren, Mykoplasmen, *Streptococcus zooepidemicus, Streptococcus pneumoniae, Pasteurella multocida, Pseudomonas aeruginosa, Klebsiella pneumoniae*, Salmonellen, *Staphylococcus aureus, Toxoplasma gondii*. Die Erreger werden durch den Menschen, verunreinigtes Grünfutter oder andere Haustiere eingeschleppt.
Symptome, Diagnose: Niesen, Reiben der Nase, Ausfluss aus der Nase (zuerst serös, später eitrig), verklebte Nasenlöcher, oft Konjunktivitis, Atemschwierigkeiten und Atemgeräusche, Appetitlosigkeit, gestörtes Allgemeinbefinden. Bei schweren bakteriellen Infektionen sind perakute Todesfälle oder das Übergreifen auf andere Organe (Leber, Nieren, Herz, Nervensystem) möglich, ebenso vergrößerte Hoden, Vaginalausfluss, Aborte und Fruchtbarkeitsstörungen. Nachweis der Erreger im Abstrich.
Behandlungsstrategie: Bekämpfung der Erreger, Erleichterung der Atmung, Stärkung des Immunsystems, Optimierung von Fütterung und Haltungsbedingungen
Allopathie
- Lokal antibiotische Augentropfen (auch in die Nasenlöcher träufeln): Aquapred-N®, Oleomycetin®, Terramycin®.

- Bei hohem Fieber systemische antibiotische Therapie, z.B. Enrofloxacin (z.B. Baytril®) 5 mg/kg täglich p.o. oder parenteral über 10 Tage, immer ein Antibiogramm anfertigen!
- Multivitamingaben, bei Bedarf Infusion von 5%igen Glucose- oder Elektrolytlösungen. Stärkung des Immunsystems mit Paraimmunitätsinducern, z.B. Baypamune®, 1 ml pro Tier.

Homöopathie

- Monopräparate, je nach Arzneimittelbild: Aconitum D4, D6, D30; Bryonia D4, D6, D30; Ipecacuanha D6; Lachesis D8, D12, D30,
- Kombinationspräparate: Vetokehl Not® D5, Quentakehl® D6, Vetokehl Sub® D4, Cetraria islandica Oligoplex®, Ipecacuanha Oligoplex®, Jodum Oligoplex®, Kreosotum Oligoplex®, Myosotis Oligoplex®, Roth's Ropulmin N®, Calcium carbonicum compositum®, Infi Drosera®, Infi Eupatorius®, Bronch Injektopas®, Bronchialis Heel®, Droperteel®, Tartephedreel®, Belladonna Homaccord®, Cefasept®, Stibium Komplex 18®, Eupatorium Komplex 18®, Pulmonaria Spezial 110®.

Phytotherapie gegen Entzündung und Krämpfe der Atemwege:

- Inhalationen mit Meersalz, Emser Salz, Menthol, Kamille oder ätherischen Ölen von Eukalyptus, Pfefferminze, Salbei, Anis, Fenchel, Thymian,
- Eibisch, Malve, Spitzwegerich, Huflattich, Königskerze, Isländisch Moos, Süßholz: Zubereitung als Aufguss, Sirup, Hustensaft, Frischpflanze,
- Fertigpräparate z.B. Kneipp Spitzwegerich-Pflanzensaft Hustentrost®.

9.2 Allergische Rhinitis

Krankheitsursache: Übermäßige Immunreaktion auf bestimmte Stoffe (Einstreu, Pollen etc.)

Symptome, Diagnose: Chronische Rhinitis, Nachweis der Antikörper im Serum

Behandlungsstrategie: Allergen identifizieren, Allergenkontakt minimieren. Behandlung der Symptome

Allgemeine Maßnahmen

- Allergenkontakt minimieren: Statt Einstreu Zeitungspapier verwenden, Heusorte wechseln.
- Anfeuchten der Schleimhäute durch Luftbefeuchter.

Allopathie

- Symptomatisch: Anfeuchten der Schleimhäute mit Meerwasser-Nasensprays.
- Bei saisonal auftretenden Allergien lokal Azelastin: Allergodil® Nasenspray, Augentropfen.

Homöopathie: Monopräparate je nach Arzneimittelbild: Galphimia D6; Formicicum (oder Acidum formicicum) D4, D12, D30.

Phytotherapie

- Inhalationen mit Salzwasser (Meersalz, Emser Sole).

10 Herz und Kreislauf

10.1 Hitzestress und Hitzschlag

Krankheitsursachen: Temperaturen über 28 °C und hohe Luftfeuchtigkeit (z. B. beim Transport im Auto), direkte Sonneneinstrahlung (z. B. im Garten oder auf dem Balkon), Übergewicht durch falsche Fütterung und zu wenig Auslauf, zu wenig oder zu warmes Trinkwasser, Stress

Symptome, Diagnose: Beschleunigte Atmung, Apathie, schneller, flacher Puls, Speichelfluss, zunehmende Wasseraufnahme, bläuliche Schleimhäute, Hyperthermie, u. U. Tod durch Kreislaufversagen

Behandlungsstrategie: Für Abkühlung sorgen, Kreislauf stabilisieren, den Stall an einen kühlen, ruhigen Ort stellen, Übergewicht reduzieren

Allgemeine Maßnahmen

- Stall stets gut belüften.
- Das Meerschwein niemals der prallen Sonne aussetzen.
- Stets für eine Fluchtstätte und reichlich Trinkwasser sorgen.
- Bachblüten Rescue® Remedy Tropfen in die Wangenschleimhaut einreiben.

Allopathie

- Überschüssige Wärme ableiten durch wiederholtes Auflegen nasser Tücher auf den Kopf und die Ohren, wiederholtes Eintauchen der Gliedmaßen in kaltes Wasser.
- Korticoide bei Schockzustand: Dexamethason (Voren®) 1–2 mg s. c.

Homöopathie

- Monopräparate, je nach Arzneimittelbild: Aconitum D4, D30; Gelsemium D6, D30; Belladonna D4, D30; Hypericum D6; Veratrum album D4,
- Kombinationspräparate: Veratrum-Homaccord®, Cactus compositum®, Carbo compositum®.

11 Verdauungstrakt

11.1 Leitsymptome Durchfall (Diarrhoe)

Krankheitsursache: Schlechte Futterqualität, verpilztes Heu, große Mengen schmackhaftes oder leicht gäriges Futter, zu wenig oder gar kein Trinkwasser, Stress, Parasitenbefall, mangelnde Stallhygiene mit diversen Bakterien, Darmparasiten oder Antibiotika
Behandlungsstrategie: Entlastung des Magen-Darm-Trakts, Identifizierung und Behebung der Ursache, Ausgleich des Flüssigkeitsverlusts, Stabilisierung der Darmflora, Vitamingaben

Allgemeine Maßnahmen

- Hochwertiges Heu anbieten. Bananen in kleinen Mengen schützen die Schleimhaut. Aufgeschlossene Getreide wie Haferflocken und Zwieback sind bei akuten wässrigen Durchfällen hilfreich. Möhren und andere Gemüse dürfen in kleinen Mengen gegeben werden.

Allopathie

- Antibiotika- bzw. Kokzidostatikagaben (s. das jeweilige Kapitel),
- Multivitamine (z. B. Multivitamine®), Vitamin C 50–100 mg s. c.,
- Glucoselösung 5% s. c., zur Wiederherstellung der Darmflora z. B. Bird Bene Bac®, Proof-Care® Darm-Gel, naturbelassener Joghurt.

Homöopathie

- Monopräparate, je nach Arzneimittelbild: Ipecacuanha D6; Arsenicum album, D6; Veratrum album D4, D6; Mercurius solubilis D6, D12; Pyrogenium D8,
- Kombinationspräparate: Dysenteral®, Infi Rheum®, Diarrheel®, Veratrum Homaccord®, Podophyllum compositum®, Infi Tormentilla®, Mucosa compositum®, Nux vomica Homaccord®.

Phytotherapie

- Krampflösend, entzündungshemmend: Aufguss aus Kamille, Schwarztee, Fenchel,
- Schleimhautschutz: Aufguss oder Abkochung von Tormentillwurzel, Heidelbeere, Eichenrinde; Schleim aus Leinsamen, Reis, Apfelpektin; Lösung in lauwarmem Wasser zum Eingeben mit Tonminerale, Bolus alba, Heilerde, je 1–3 Teelöffel,
- Fertigpräparate: Dysticum®, Durchfallpulver®, Stullmisan®.

Physikalische Maßnahmen

- Sanfte Bauchmassagen.

11.2 Leitsymptom Appetitlosigkeit (Anorexie)

Krankheitsursachen: Falsche bzw. unausgewogene Fütterung, zu wenig Trinkwasser, Vitaminmangel, Haltungsfehler (Lichtverhältnisse, Temperatur), Kaumuskeldegeneration, Leberverfettung, Nierenerkrankungen, Zahnfehlstellungen, Haaransammlungen in der Maulhöhle (z.B. bei Parasitenbefall), Haarballen, nervliche Ursachen, Infektionen im Magen-Darm-Trakt, Verlust des Geruchssinns (z.B. bei Rhinitis), Schmerzzustände, Stoffwechselstörungen, Vergiftungen, Zubildungen

Behandlungsstrategie: Feststellung und Beheben der Ursache. **Wichtig:** genaue Untersuchung der Maulhöhle auf Zahnfehlstellungen oder Haarballen! Vitamingaben, Anabolika, vorübergehende Zwangsernährung wenn nötig, bei Austrocknung Infusionen, Optimierung der Haltungsbedingungen, ausgewogene, hochwertige Fütterung

Allgemeine Maßnahmen

- Zur Zwangsernährung eignen sich fertige Instant-Zubereitungen wie Critical Care®. Im Notfall auch Baby-Gläschen (Obst und Gemüse) mit feingemahlenem Heu gemischt, naturbelassener Joghurt mit Vitamin C- und Traubenzuckerbeimengung.
- Infusionen s.c. mit Vollelektrolytlösungen oder 5%iger Glucoselösung s.c.

Allopathie

- Vitamine und Spurenelemente,
- Stoffwechselanregung z.B. mit Butanofosfan (Catosal®),
- Anabolika (z.B. Laurabolin®).

Homöopathie

- Monopräparate, je nach Arzneimittelbild: Lycopodium D12, D30; Ferrum metallicum D8; China D6; Calcium phosphoricum D8; Arsenicum album D12,
- Kombinationspräparate: Hepar compositum® + Coenzym compositum®, Ubichinon compositum® zusammen alle 2 Tage s.c., zusätzlich China Homaccord® p.o. 3-mal täglich.

11.3 Haarballen (Trichobezoare)

Krankheitsursachen: Das Fressen der eigenen oder fremden Haare als Reaktion auf rohfaserarmes Futter (zu wenig Heu in der Ration), Haarausfall durch Milbenbefall oder Verpilzung. Kleine Bezoare verursachen meistens keine Probleme, größere Haarballen können zu Verdauungsproblemen und Tympanie führen.

Behandlungsstrategie: Aufweichen der Haarballen, vorbeugend Umstellung des Futters auf rohfaserreiche Kost (viel Heu, wenig Kraftfutter)

Allgemeine Maßnahmen

- Vorbeugend viel Rohfaser (gutes Heu) in der Ration anbieten.

Allopathie

- Täglich 10 ml Paraffinum liquidum in mehreren Portionen p.o. über mehrere Tage.
- Bei schweren Verdauungsstörungen kann die operative Entfernung der Haarballen erwogen werden.

Homöopathie

- Monopräparate, je nach Arzneimittelbild: Alumina D6; Nux vomica D6; Paraffinum D6,
- Kombinationspräparate: Chelidonium Komplex®, Nux vomica-Homaccord®.

Phytotherapie

- Quellmittel: Leinsamen, Flohsamen, Agar-Agar, Weizenkleie,
- Anregung des Dickdarms: Senna als Aufguss (Tröpfchenweise), Sirup, Urtinktur; Rhabarber Tabletten, Sirup, Urtinktur; Aloe Tinktur (5–10 Tropfen),
- Fertigpräparate: Legapas Mono®, Hevertolax Phyto®, Colosan®, Agiocur®, Agiolax®, Rheum Dragees®.

Physikalische Maßnahmen:

- Nach jeder Paraffingabe den Magen von der linken Körperseite aus mehrere Minuten lang massieren.

11.4 Blähsucht (Tympanie)

Krankheitsursachen: Oft im Frühjahr durch abrupte Futterumstellung mit viel jungem Grün, v. a. Klee oder Luzerne, nasses Grün sowie überfrorene Rüben- oder Kohlblätter.

Symptome, Diagnose: Geblähtes, schmerzhaftes Abdomen, Futterverweigerung, beschleunigte Atmung und Puls, schließlich Tod durch Kreislaufversagen.

Behandlungsstrategie: Entgasung, Regulation der Darmperistaltik, Kreislaufunterstützung, Futteroptimierung

Allgemeine Maßnahmen

- Sofortiger Futterentzug.
- Nach erfolgreicher Entgasung zunächst nur Heu und Knäckebrot anbieten.
- Bachblüten Rescue® Remedy Tropfen zur Kreislaufstabilisierung.
- Im Falle eines Kreislaufversagens Effortil®-Tropfen p. o. oder Lösung s. c.

Allopathie

- Entspannen der glatten Muskulatur von Magen und Darm, z. B. mit Butylscopolamin (Buscopan®),
- schaumbrechende und entblähende Präparate p. o. eingeben (z. B. Lefax® liquid Emulsion 0,5 ml), Tierkohle.

Homöopathie: Nur unterstützend – die Entgasung hat absolute Priorität!

- Monopräparate, je nach Arzneimittelbild: Nux vomica D4, D6; Plumbum aceticum D6, Lycopodium D6; Carbo vegetabilis D4, D6, D12,
- Kombinationspräparate: Rumisal®, Nux vomica-Homaccord®, Cheldonium Homaccord®, Spascupreel®, Cefaspasmon®, Cranolin®, Infi-Camphora®, Korodin®.

Phytotherapie

- Aufguss aus Anis, Fenchel, Kümmel oder deren Öle gegen die Blähungen,
- Aufguss aus Kamille gegen Krämpfe,
- Fertigpräparate: Colosan®, Trommelsuchttropfen®.

11.5 Verstopfung (Obstipation)

Krankheitsursachen: Bewegungsmangel, Fütterungsfehler: ausgetrocknetes, holziges Grünfutter im Spätsommer mit Kraftfutter (Haferflocken, Kleie, Pellets) ohne genügend Trinkwasser und Grünfutter, Tumore.

Symptome, Diagnose: Kleine, harte Kotbällchen oder kein Kotabsatz mehr, Inappetenz, schmerzhaftes Abdomen, verhärtete Kotmassen sind strangartig im Abdomen ertastbar.

Behandlungsstrategie: Aufweichen der Kotmassen, Zufuhr von Flüssigkeit p. o., Regulierung der Darmflora

Allgemeine Maßnahmen

- Frisches Trinkwasser und eine ausgewogene Futterration anbieten, um die Darmperistaltik in Bewegung zu halten.
- Viel Bewegung, kein Stress.

Allopathie

- Aufweichen der Kotmassen: Paraffinum liquidum p. o. mit einer Spritze eingeben, rektal mit Microklist®.
- Bei fehlenden Darmgeräuschen Anregung der Peristaltik und der Sekretion mit Carbachol (Doryl® 0,05–0,1 ml/Tier s. c.):

Tränen- und Speichelfluss nach wenigen Minuten, Darmgeräusche kehren zurück, Kotabsatz nach 5–10 Minuten.
- Zur Anregung der Peristaltik Metoclopramid (MPC-Hexal® Tropfen, 10–15 Tropfen 1–2-mal täglich).
- Infusion mit physiologischer Kochsalzlösung s.c.
- Unterstützung der Darmflora: Bird Bene Bac®, Sauerkrautsaft, naturbelassener Joghurt.

Homöopathie
- Monopräparate, je nach Arzneimittelbild: Nux vomica D6; Plumbum aceticum D6; Lycopodium D6,
- Kombinationspräparate: Chelidonium Komplex®, Nux vomica-Homaccord®.

Phytotherapie
- Quellmittel: Leinsamen, Flohsamen, Agar-Agar, Weizenkleie,
- Anregung des Dickdarms: Senna als Aufguss (Tröpfchenweise), Sirup, Urtinktur; Rhabarber Tabletten, Sirup, Urtinktur; Aloe Tinktur (5–10 Tropfen),
- Fertigpräparate: Legapas Mono®, Hevertolax Phyto®, Colosan®, Agiocur®, Agiolax®, Rheum Dragees®.

MEERSCHWEINCHEN

11.6 Verstopfung der Perinealtaschen

Krankheitsursache: Häufig bei älteren Tieren

Symptome, Diagnose: Angeschoppter, eingetrockneter Kot, z.T. mit Eintreu vermischt, klebt in den beiden Hauttaschen links und rechts des Anus. Entzündungen sind möglich, manchmal Kotabsatzbeschwerden.

Behandlungsstrategie: Manuelle Entleerung der Perinealtaschen, Optimierung der Fütterung

Allgemeine Maßnahmen
- Regelmäßiges Ausdrücken der Perinealtaschen.
- Ausgewogene hochwertige Kost anbieten.
- Fernhalten von Fliegen (Fliegengaze).

Allopathie

- Einweichen des eingetrockneten Kots mit abgekochtem Wasser, Kräuteraufgüssen oder Pflanzenölen.
- Vorsichtiges Lösen verklebter Massen von der Haut.
- Hautirritationen mit Baby-Wundcreme abdecken, infizierte und entzündete Stellen mit Betaisodona®-Salbe behandeln.
- Bei älteren Tieren regelmäßig die Perinealtaschen kontrollieren und gegebenenfalls ausdrücken.

Homöopathie

- Monopräparate, je nach Arzneimittelbild: Sulfur D6, D12; Psorinum D30; Mezereum D4,
- Kombinationspräparate: SupraCell® N 200, Cutis compositum®, Dermisal®.

Phytotherapie gegen Hautirritationen

- Waschungen oder Bäder mit Aufguss aus Thymian, Schafgarbe, Lavendel, Efeu, Zinnkraut, Stiefmütterchen, Walnussblätter-Absud und Molkebäder,
- äußerliche Anwendung von Perubalsam, Schafgarben- oder Zinnkraut-Salben,
- lokale Anwendungen: Kompressen, Bäder, Waschungen, Umschläge mit Tinkturen oder 10–20%igen Lösungen von Calendula, Kamille oder Echinacea. Bäder mit Nussbaumblättern,
- Fertigprodukte: Kamillosan®, Kamilloplant®, Wundbalsam®.

11.7 Endoparasiten

11.7.1 Trichomoniasis, Amöbiasis

Krankheitsursachen: *Trichomonas caviae* und *T. flagellipora, Entamoeba muris.*

Physiologische Darmbewohner, können durch Störungen im Gleichgewicht der Darmflora (Antibiotika, Stress, falsche Fütterung etc.) Überhand nehmen und Durchfälle verursachen.

Symptome, Diagnose: Durchfall, die Erreger sind in einem Kotausstrich unter dem Mikroskop zu erkennen.

Behandlungsstrategie: Bekämpfung der Erreger, Normalisierung der Darmflora, Optimierung der Fütterung und Haltungsbedingungen

Allopathie

- Metronidazol (Clont®) 50 mg/kg über 7 Tage,
- Unterstützung der Darmflora mit Bird Bene Bac®, Sauerkrautsaft, aufgeschwemmte Köttelchen gesunder Meerschweine.

Homöopathie: Nur unterstützend zur Allopathie

Kombinationspräparate: SupraCell® N 700, Abrotanum-Injeel®, Tanacet-Heel®, Mucosa compositum®, Calcium carbonicum-Injeel®.

11.7.2 Kokzidiose

Krankheitsursache: *Eimeria caviae*

Symptome, Diagnose: Struppiges Fell, Abmagerung, Inappetenz, Polyurie und Durchfall (z.T. blutig), bis zu 40% der erkrankten Tiere sterben. Nachweis einer Entwicklungsstufe der Erreger (Oozysten) nach Anreicherung mittels Flotationsmethode

Behandlungsstrategie: Bekämpfung der Erreger, Optimierung der Fütterung und der Haltungsbedingungen, Unterstützung der physiologischen Darmflora

Allgemeine Maßnahmen:

- Hygienemaßnahmen: Während der Behandlungszeit tägliche Reinigung und Desinfektion des Stall, um Reinfektionen zu vermeiden,
- stressfreie Umgebung schaffen,
- hochwertige, ausgewogene Kost anbieten,
- Vitamin-C-Zufuhr über das Trinkwasser sichern.

Allopathie

- Sulfonamide über 3–5 Tage (z.B. aniMedica Sulfadimidin®),
- Antibiotika gegen bakterielle Infektionen: Enrofloxacin (Baytril®) 5 mg/kg s.c., p.o.,
- Flüssigkeitsausgleich mit Infusionen mit NaCl 0,9%,

- Stabilisierung der Darmflora z.B. mit Bird Bene Bac®, Sauerkrautsaft, aufgeschwemmte Köttelchen gesunder Meerschweine.

Homöopathie: Nur unterstützend zur Allopathie

- Kombinationspräparate: SupraCell® N 700, Abrotanum-Injeel®, Tanacet-Heel®, Mucosa compositum®, Calcium carbonicum-Injeel®.

11.7.3 Pfriemenschwanzbefall (Oxyuridose)

Krankheitsursache: *Paraspidodera unicata.* Wird v.a. bei Meerschweinchen gefunden, die in Freigehegen gehalten werden.

Symptome, Diagnose: Bei starkem Befall Abmagerung, Enteritis, Fehlgeburten, Jungtierverluste. Nachweis der Eier im Stuhl mittels Flotationsmethode.

Behandlungsstrategie: Bekämpfung der Erreger, Regeneration der Darmflora, Optimierung der Fütterungs- und Haltungsbedingungen.

Allopathie

- Fenbendazol (Panacur®) 50 mg/kg p.o.; Levamisol (Citarin®-L) 25 mg/kg s.c.,
- Unterstützung der Darmflora mit Bird Bene Bac®, Sauerkrautsaft, aufgeschwemmte Köttelchen gesunder Meerschweine.

Homöopathie: Nur unterstützend zur Allopathie

- Kombinationspräparate: SupraCell® N 700, Abrotanum-Injeel®, Tanacet-Heel®, Mucosa compositum®, Calcium carbonicum-Injeel®.

12 Fortpflanzungsorgane

12.1 Gesäugeentzündung (Mastitis)

Krankheitsursachen: Streptokokken, Staphylokokken, *Pasteurella multocida*

Eindringen der Keime durch die Milchkanäle bzw. durch feinste Läsionen (hervorgerufen durch raue Einstreu oder die Jungtiere, gefährdet sind v. a. Tiere mit tief hängendem Gesäuge).

Symptome, Diagnose: Schmerzhaftes, geschwollenes Gesäuge, Hautrötung, Verhärtungen des Gesäugegewebes, z. T. stark gestörtes Allgemeinbefinden.

Behandlungsstrategie: Entzündungshemmende und desinfizierende Maßnahmen, Bekämpfung der Erreger, Stimulation des Immunsystems. Bei vorhandenen Jungtieren diese von der Mutter trennen und gegebenenfalls mit dem Fläschchen füttern (Absetzalter 3–4 Wochen).

Allopathie

- Systemische Antibiotika, je nach Erreger (Antibiogramm aus dem Sekret des betroffenen Gesäugekomplexes), z. B. Enrofloxacin (Baytril®) 5 mg/kg s. c., p. o.,
- lokal kühlende Heparin-Gels, essigsaure Tonerde, Mastitis-Salben,
- Stimulation der Immunsystems: Paraimmunitätsinducers (z. B. Baypamune® bis zu 0,5 ml/Tier).

Homöopathie

- Monopräparate, je nach Arzneimittelbild: Phytolacca D4, D6, D12; Apis D4, D6, D30; Hepar sulfuris D4, D6, D12, D30; Streptokokken-Nosode, Staphylokokken-Nosode,
- Kombinationspräparate: Phytolacca-Injeel® forte, Lachesis compositum®, SupraCell® N 300, Echinacea compositum®, Staphylosal®.

Phytotherapie

- Kühlende, entzündungshemmende Anwendungen: Umschläge mit Calendula-Lösungen, Quarkpackungen, Essigwasser-Umschläge.

12.2 Eierstockszysten (Ovarialzysten)

Krankheitsursachen: Hormonelle Fehlregulation; kommt bei schätzungsweise 80 % aller weiblichen Meerschweinchen vor, oft jedoch symptomlos.

Symptome, Diagnose: Palpatorisch fühlbar, auf dem Röntgenbild und mit dem Ultraschall gut zu erkennen. Große Zysten können zu einer Umfangsvermehrung des Abdomens führen. Bei hormoneller Aktivität beidseitiger Haarausfall in der Flankengegend ohne weitere Hautveränderungen.

Behandlungsstrategie: Hormonelle Therapie, eventuell Punktion der Zysten unter Ultraschall

Allgemeine Maßnahmen

- Optimierung der Fütterung und Haltungsbedingungen (genügend Auslauf, vitaminreiche hochwertige Kost).

Allopathie

- Chlormadinonacetat (Synchrosin®) 10 mg/Tier i.m. alle 6 Monate,
- Punktion der Zysten unter Ultraschallkontrolle.

Homöopathie

- Monopräparate, je nach Arzneimittelbild: Apis D4, D6, D30; Lachesis D30; Sepia D4, D6; Oophorinum/Ovininum D6,
- Kombinationspräparate: PlantaVet®, Ovaria/Hypophysis compositum® (1 ml/Tier/Tag p.o.), Nymphosal S®, Hormeel®, Ovarium compositum®.

12.3 Gebärmutterentzündung (Endometritis)

Krankheitsursachen: *Bordetella bronchiseptica, Pasteurella multocida*

Symptome, Diagnose: Ausfluss aus der Scheide, gestörtes Allgemeinbefinden, Appetitlosigkeit, vergrößertes Abdomen, Nachweis der Erreger und Antibiogramm durch Abstrich und Anzüchten.

Behandlungsstrategie: Bei leichten Symptomen kann eine Therapie mit Antibiotika versucht werden; ansonsten Entfernung der entzündeten Gebärmutter.

Allopathie

- Nach Bestimmung der Erreger eine entsprechende antibiotische Therapie, z.B. Cefalexin (Veticef®, Cobaxim®, Rilexine®) 15 mg/kg i.m., Chloramphenicol 50 mg/kg p.o. 3-mal täglich,
- bei starken Beschwerden oder Therapieresistenz Entfernung der entzündeten Gebärmutter.

Homöopathie: Als Unterstützung zur allopathischen Therapie

- Monopräparate, je nach Arzneimittelbild: Sabina D3, D6; Lachesis D8; D30; Pyrogenium D15, D30,
- Kombinationspräparate: Puerperal®, Staphylosal®, Endometrium compositum®, Metrovetsan®, Hormeel®, Pascofemin®, SupraCell® N 300.

12.4 Entzündungen der Vorhaut (Präputium)

Krankheitsursachen: Meist Traumata (raue Einstreu, Fremdkörper, Bisse etc.)

Symptome, Diagnose: Geschwollenes, schmerzempfindliches Präputium, Ausfluss, Verkrustung

Behandlungsstrategie: Entzündungshemmende und desinfizierende Maßnahmen, Bekämpfung evtl. vorliegender Erreger, Stimulation des Immunsystems

Allopathie

- Abtupfen der Vorhaut mit desinfizierenden und entzündungshemmenden Lösungen (z.B. Betaisodona®-Lösung),

- bei bakteriellen Infektionen nach Abstrich und Resistenztest lokal antibakterielle Suspensionen (gut eignen sich Euter-Injektoren aus der Großtier-Praxis: schleimhautverträglich, leicht einzubringen, preiswert),
- Stimulation des Immunsystems: Paraimmunitätsinducer (z. B. Baypamune® bis zu 0,5 ml/Tier).

Homöopathie

- Monopräparate, je nach Arzneimittelbild: Pulsatilla D4, D6, D30; Hepar sulfuris D6, D30; Mercurius solubilis D6, D12,
- Kombinationspräparate: Traumeel®, Mucosa compositum®, SupraCell® N 400, Hepar sulfuris-Injeel®, Calendula-Injeel® (Salbe, lokal zum Spülen), Vetokehl Not®.

Phytotherapie

- Lokale Schleimhautspülungen mit Echinacea-, Kamillen- oder Calendulatinktur,
- Fertigpräparate: Eucacomp®, Kamilloplant®, Kamillosan®.

13 Harnorgane

13.1 Blasenentzündung (Cystitis)

Krankheitsursachen: Bakterielle Infektionen (Streptokokken, Staphylokokken, Pseudomonaden, *E. coli)* zusammen mit begünstigenden Faktoren wie Unterkühlung, Durchnässung, Harnsteine oder Blasenentleerungsproblemen (z.B. Zubildung von Blasenschleimhaut)

Symptome, Diagnose: Inkontinenz, Harnabsatzprobleme (Schmerzen, aufgekrümmter Rücken, Strangurie), Blutbeimengungen im Urin, vermehrtes Harnsediment und Entzündungszellen, die Erreger können im Labor auf geeigneten Nährmedien angezüchtet werden.

Behandlungsstrategie: Bekämpfung der Infektion, Durchspülung der Harnwege durch Anregung der Harnproduktion, entkrampfende und schmerzlindernde Maßnahmen

Allgemeine Maßnahmen

- Vorbeugend Auskühlen verhindern,
- Einstreu trocken halten (Trinkwasser in der Flasche anbieten, Urinflecken täglich entfernen),
- Heilwasser zu trinken geben.

Allopathie

- Antibiotika, je nach Resistenzlage, z.B. Chloramphenicol 20–40 mg/kg p.o., s.c., über 5 Tage, Enrofloxacin (Baytril®) 5 mg/kg s.c., p.o. 2-mal täglich,
- Krampflösung: Butylscopolamin (Buscopan® 0,2–0,4 ml s.c.).

Homöopathie

- Monopräparate, je nach Arzneimittelbild: Cantharis D4, D6, D30; Belladonna; Berberis D4; Dulcamara D4, D6, D30,
- Kombinationspräparate: Cantharis compositum®, Populus compositum®, Berberis Homaccord®, Reneel®, Uro loges®, Ve-

tokehl Not®, Juniperes oligoplex®, Nephro-Injektopas®, Spascupreel®, Spasmo-Injektopas®, Cefaspasmon®.

Phytotherapie

- Aufguss zur Durchspülungstherapie aus Goldrute, Brennnessel, Birkenblätter, Heidekraut, Zinnkraut, Bohnenschale, Schafgarbe, Wacholderbeeren, Hauhechel,
- Fertigpräparate: Uvalysat®, Nephro Pasc®, Uro Pasc®, Cefanephrin®, Cefasabal®, Nephro-loges®.

13.2 Harnsteine (Urolithiasis)

Krankheitsursachen: Gestörte Stoffwechselfunktionen, ungünstiges Calcium-Phosphor-Verhältnis in der Nahrung, der stark alkalische Urin begünstigt die Entstehung der Blasensteine.

Symptome, Diagnose: Unterschiedlich ausgeprägte Symptomatik, z. T. symptomfrei, über blutigen Urin (Hämaturie), Symptome wie bei einer Blasenentzündung bis zu plötzlichen akuten Beschwerden im Falle einer Harnröhrenverlegung durch Harnsteine. Typisch sind Schmerzen beim Wasserlassen (aufgekrümmter Rücken, Schmerzäußerungen), starkes Pressen, tröpfelnder, teilweise unterbrochener, dünner Strahl sowie rezidivierende Blasenentzündungen. Kristalle können im Harnsediment nachgewiesen werden. Z.T. gehen ganze Steinchen bzw. Grieskörnchen ab. Nachweis der Steine mit Röntgen oder Ultraschall

Behandlungsstrategie: Beseitigung der Harnflussblockade, Beseitigung von Schmerz- und Krampfzuständen, Bekämpfung der begleitenden Harnwegsinfekte, Durchspülung der Harnwege, Futterumstellung, reichlich Flüssigkeitszufuhr. Einstellung des pH-Werts (Ansäuern des Harns) ist nicht zu empfehlen, da Nierenschäden folgen können.

Allgemeine Maßnahmen

- Reichlich Flüssigkeit anbieten.
- Zur Vorbeuge hat sich die Fütterung von harntreibenden Substanzen bewährt, bevorzugt von Löwenzahn, Petersilienkraut, Birkenblättern.

Allopathie

- Bekämpfung der Blasenentzündung siehe Kapitel 13.1.
- Entfernen großer Blasensteine durch Operation.

Homöopathie

- Monopräparate, je nach Arzneimittelbild: Berberis D3, D4; Lycopodium D6, D12, D30; Cantharis D4, D6, D30,
- Kombinationspräparate: Cantharis miniplex®, Berberis Homaccord®, Solidago Homaccord®, Reneel®, Sabal Homaccord®, Uro loges®, Juniperas Similiarplex®, Nephrolithol®, Spascupreel®, Spasmo-Injektopas®, Cefaspasmon®.

Phytotherapie

- Aufgüsse aus Goldrute, Löwenzahn, Petersilienkraut, Brennnessel, Birkenblätter, Hauhechel, Zinnkraut, Bohnenschalen, Wacholderbeeren.

14 Verschiedenes

14.1 Übergewicht

Übergewicht führt zu vermehrten Kreislaufproblemen bei extremen Temperaturen, belastet die Ballen (Abszessgefahr) und vermindert die Fruchtbarkeit.

Maßnahmen: Langsame Gewichtsreduktion durch weniger Kraftfutter, kalorienarme Leckerchen (kein Zucker, kein Fett, siehe Beschreibung auf der Packung). Viel Bewegung ermöglichen.

Chinchilla

1 Anatomische und physiologische Besonderheiten

Chinchillas gehören zu den Hasenmäusen und stammen ursprünglich aus Peru. Es werden zwei Arten unterschieden: Kurzschwanzchinchillas *(Chinchilla brevicauda)* und Langschwanzchinchillas *(Chinchilla lanigera)*. In Europa findet man drei Zucht-Typen des Langschwanzchinchillas, die wie folgt unterschieden werden: Der Raton-Typ ist im Fell sehr dunkel, der zierlichere Costa-Typ tendiert ins Bläuliche und der La-Plata-Typ ist größer, wirkt vom Körperbau robuster und zeigt vor allem in der Flankengegend längeres Fell. Wildchinchillas sind vom Aussterben bedroht und darum durch das Washingtoner Artenschutzabkommen (Anhang I) geschützt. In Tierarztpraxen werden vor allem Zuchtchinchillas aus Heimtierhaltung vorgestellt.

In ihrem natürlichen Lebensraum müssen die Chinchillas mit extremen Temperaturschwankungen und langen Trockenzeiten zu Recht kommen. Daraus ergibt sich Nachtaktivität und ein extrem gut isolierende Fell. Auch in Gefangenschaft brauchen Chinchillas tagsüber ein höhlenartiges Versteck, in dem sie den Großteil des Tages verschlafen.

Ihr Fell ist sehr weich und flauschig, aus einer einzelnen Haarwurzel wachsen bis zu 90 Haare. Chinchillas haben weder Schweiß- noch Fettdrüsen. Zur Fellpflege sind darum ausschließlich Staubbäder aus geeignetem Granulat (ungebrannte Tonminerale, kein Quarzsand!) geeignet. Wasserkontakt sollte unbedingt vermieden werden.

Die Fortbewegung ist von den muskulösen Hinterbeinen geprägt: Springen und Klettern überwiegen. Die Vorderbeine dienen vor allem zum Abstützen und Greifen.

Die Zähne der Chinchillas sind physiologischer Weise dunkelgelb bis tief orange gefärbt und wachsen wie bei allen Nagetieren ein Leben lang. Die Schneidezähne des Unterkiefers sind ca. doppelt so lang wie die des Oberkiefers. Bei fehlerhafter Ernährung oder Zahnfehlstellungen kann es zu überlangen Zähnen und Zahnspitzen kommen, die mechanisch korrigiert werden müssen.

Wie Meerschweinchen scheiden auch Chinchillas einen weichen Blinddarmkot aus, den sie gleich wieder fressen, um die aufgeschlossenen Inhaltstoffe zu nutzen (Koprophagie, Zäkotrophie). Nach der zweiten Darmpassage ist der Kot reiskornförmig, 8–12 mm lang und 3 mm dick, glatt und in frischem Zustand leicht feucht. Die Darmflora von Chinchillas ist sehr empfindlich gegenüber Störungen (Fütterungsfehler, Antibiotika).

Während der Brunst verliert das Weibchen physiologischer Weise Scheidensekrete. Chinchillas sind sehr fruchtbare Tiere können bereits in der nächsten Nacht, nachdem sie Junge geworfen haben, wieder gedeckt werden. Die Jungen kommen als Nestflüchter voll behaart und mit offenen Augen zur Welt.

Wird das Chinchilla gegriffen und somit Stress ausgesetzt, können die Haare büschelweise abgeworfen werden. In der Tierarztpraxis sollten die Besitzer vor der Untersuchung darauf hingewiesen werden.

Körpergewicht: 0,4–0,6 kg
Körperinnentemperatur: 37,5–39,5 °C
Atmung: 60–120 Atemzüge pro Minute
Puls: 100–240 Schläge pro Minute
Geschlechtsreife: 4–6 Monate (weiblich), 9 Monate (männlich)
Zuchtreife: ab 8–9 Monate
Brunsthäufigkeit und Zyklusdauer: Das ganze Jahr über mit einer Zykluslänge von 28–30 Tagen. Die fruchtbare Phase dauert 3–4 Tage
Trächtigkeitsdauer: 111 Tage (+/- 3 Tage) beim *C. langera*, 128 Tage bei *C. brevicauda*
Wurfgröße: 1–4 Junge
Absetzalter: 6–8 Wochen

2 Haltung, Pflege, Fütterung

Chinchillas sind nachtaktive, stressempfindliche Tiere. Als Gesellschaftstiere für Kinder sind sie darum nicht geeignet. Chinchillas dürfen niemals als Einzeltiere gehalten werden. Bei der Gruppenhaltung muss auf eine geeignete Zusammenstellung geachtet werden: Ist kein Nachwuchs erwünscht oder bei rein männlichen Gruppen sollten die Männchen vor der Geschlechtsreife kastriert werden. Die Vergesellschaftung ist am einfachsten, wenn die Tiere jünger als 10 Wochen sind. Sollen ältere Tiere aneinander gewöhnt werden, muss mit einer langen Gewöhnungsphase gerechnet werden. Nicht zu schnell zusammensetzen, da sonst Beißereien vorprogrammiert sind! Mit unter greifen Weibchen die Jungtiere anderer Weibchen an. Die passiert vor allem dann, wenn die Muttertiere aus unterschiedlichen Zuchtlinien stammen.

Chinchillas haben vor allem Greifvögel als Fressfeinde. Darum sollen im Chinchilla-Gehege nicht auch Vögel gehalten werden, um Stress zu vermeiden.

Im Käfig sollte pro Tier mindestens 1 Kubikmeter Platz angeboten werden. Klettermöglichkeiten in verschiedenen Ebenen, höher und tiefer liegende Ruheplätze und Kletteräste aus Naturholz dürfen nicht fehlen. Mindestens eine mit Badesand gefüllte Wanne sollte weit unten angebracht werden. Beim Freilauf in der Wohnung ist zu beachten, dass die Tiere über einen großen Nagetrieb verfügen und darum nichts Giftiges (wie zum Beispiel giftige Pflanzen, lackiertes oder imprägniertes Holz) erreicht werden kann.

Für die Chinchilla-Käfige NICHT geeignet sind: Vogelsand (zu rau, führt zu Fell- und Hautschäden), Katzenstreu (auch kein Klumpstreu, zieht Verdauungsprobleme nach sich), Metallkanten an Sitzbrettern, Standorte, an denen die Tagruhe gestört wird (zum Beispiel Kinder- oder Wohnzimmer), zugige Plätze.

Die Fütterung sollte zum Großteil aus trockenen, rohfaserreichen Bestandteilen zusammengesetzt sein: Heu guter Qualität und getrocknete Kräuter müssen immer zur freien Verfügung stehen. Das Gleiche gilt für frisches Trinkwasser. Spezielles Pelletfutter sollte ebenfalls gereicht werden, dies bevorzugt abends und in kleineren Mengen. Hierbei ist auf einen hohen Rohfasergehalt zu achten; Zucker und Farbstoffe sind abzulehnen. Frisches Grün, etwas Obst und Gemüse darf zwar täglich, aber nur in sehr kleinen Mengen gegeben werden. Es muss sauber, trocken, zimmerwarm und absolut frisch sein. Nur Ungespritzes verfüttern. Trockenobst (Rosinen, Apfel, Aprikose) kann hin und wieder als Leckerbissen angeboten werden. Nüsse haben zwar einen hohen Vitamingehalt, sind aber sehr fettreich und sollten darum ebenfalls nur ab und zu und in kleinen Mengen gegeben werden. Für den Knabbertrieb und zu Abnutzung der Zähne eignen sich Äste von Obstgehölzen. Fütterungsfehler sind mit, die häufigsten Ursachen für Magen-Darm-Erkrankungen. Darum bei der Anamnese die Fütterung besonders genau hinterfragen.

Die Haltungsbedingungen auf Pelzfarmen sind in der Regel nicht artgerecht: Gitterböden, enge Käfige, Ernährung nur mit Pelletfutter. Technopathien (durch ungünstige Haltungsbedingungen ausgelöste Erkrankungen, zu Beispiel an den Pfoten) und Verhaltensstörungen sind darum häufig anzutreffen.

3 Allgemeine Therapiehinweise

Wegen der grampositiven Darmflora dürfen Antibiotika und Chemotherapeutika mit vorwiegend grampositivem Wirkungsspektrum nicht verwendet werden. Nicht geeignet sind: Penicillin, (Dihydro-) Streptomycin, Ampicillin, Amoxicillin, Erythromycin, Spiramycin, Kanamycin, Lincomycin, Vancomycin, Clindamycin, Cefalosporin, und Bacitracin. Oxytetracyclin und Tylosin sollten aufgrund ihrer Toxizität nur als Reserveantibiotika nach Anfertigung eines Antibiogramms angewendet werden. Doxycyclin, Tetracyclin und Oxytetracyclin können auch bei ordnungsgemäßer Anwendung schwere Durchfälle auslösen. Doxycyclin und Gentamicin dürfen nicht oral gegeben werden. Vorsicht auch bei Augensalben, -tropfen und -gels! Sie werden bei der Fellpflege abgeschluckt und können die Darmflora stören.

Bei Inhalationsnarkosen muss immer die starke Bronchosekretion bedacht werden. Eine Prämedikation mit Atropin muss unbedingt durchgeführt werden!

Tab. 6: Arzneistoffe für Chinchillas

Arzneistoff	Dosierung	Anwendung
Antibiotika		
Chloramphenicol	50 mg/kg	p. o. alle 12 Stunden
Chlortetracyclin	50 mg/kg	p. o. alle 12 Stunden
Ciprofloxacin	10 mg/kg	s.c., p. o. alle 12 Stunden
Doxycyclin	5–10 mg/kg	nur s.c. alle 12 Stunden
Enrofloxacin	10 mg/kg	p. o.
Gentamicin	2,5–5 mg/kg	nur s.c. alle 12 Stunden (CAVE bei Augensalben!)
Marbofloxacin	4 mg/kg	s.c., p. o.
Neomycin	15 mg/kg	p. o.
Oxytetracyclin	10–20 mg/kg	s.c.

Arzneistoff	Dosierung	Anwendung
Tetracyclin	10–20 mg/kg	s.c., p.o. alle 12 Stunden
Antiparasitika		
Amitraz	0,05 %ig	lokal alle 5–7 Tage
Metronidazol	10–20 mg/kg 1 g/Liter Trinkwasser	s.c., p.o. alle 12 Stunden
Fenbendazol	20 mg/kg	p.o. über 5 Tage
Ivermectin	0,3–0,5 mg/kg	s.c. 2–3-mal im Abstand von 1 Woche
Toltrazuril	10 mg/kg	p.o. 3 Tage, 3 Tage Pause, p.o. 3 Tage
Antimykotika		
Clotrimazol		lokal (nicht ablecken lassen!)
Enilconazol	verdünnt 1:50	1-mal tgl. lokal alle 3–4 Tage über mehrere Wochen
Griseofulvin	25–35 mg/kg	1-mal tgl. p.o. über 3–7 Wochen
Lufenuron	100 mg/kg	p.o. 1-mal alle 3 Wochen
Nystatin	15–20 mg/kg	p.o. alle 12 Stunden über 7–10 Tage
Analgetika		
Carprofen	4–5 mg/kg	s.c.
Fentanyl	0,02 mg/kg	i.m.
Flunixin-Meglumin	1–3 mg/kg	s.c. alle 12 Stunden
Tolfenaminsäure	4 mg/kg	s.c., p.o. über max. 3 Tage
Narkosemittel		
Acepromazin	0,5–1 mg/kg	i.m.
Diazepam	1–2 mg/kg	s.c., i.m., i.v.
Meditomidin	0,05 mg/kg	i.m.
Midazolam	1 mg/kg	i.m.
Ketamin + Medetomidin	5 mg/kg + 0,06 mg/kg	i.m.

Arzneistoff	Dosierung	Anwendung
Ketamin + Xylazin	30–40 mg/kg + 1,5–2 mg/kg	s.c., i.m.
Isofluran	Einleitung: 4–5 % [V/V] Erhaltung 2–3 % [V/V]	Immer mit Atropin prämedikamentieren!
Sonstige		
Acetylcystein	3 mg/kg	p.o., s.c. alle 12 Stunden
Atropin	0,05–0,1 mg/kg	s.c., i.m. (Prämedikation für Inhalationsnarkose)
Bromhexin	0,5 mg/kg	p.o. 1–2-mal tgl.
Cimetidin	5–10 mg/kg	2–4-mal tgl.
Dexamethason	0,5–2 mg/kg	s.c., p.o.
Enalapril	0,5–1 mg/kg	p.o.
Furosemid	5–10 mg/kg	s.c., i.m., p.o.
Metoclopramid	1–5 mg/kg	s.c., p.o.
Oxytocin	0,2–3 I.E./kg	s.c., i.m.
Prednisolon	0,5–2 mg/kg	s.c., i.m.
Ramipril	0,125 mg/kg	p.o.

4 Haut und Haarkleid

4.1 Leitsymptome Haarausfall und Alopezie

Krankheitsursachen: Stress bedingter Fellabwurf (häufiges gegriffen werden), Dermatomykosen, idiopatische Alopezie, Fellbruch, Fellbeißen („Löwenmähne"), sekundär bei Zahnerkrankungen und Bissverletzungen
Behandlungsstrategie: Richtet sich nach der jeweiligen Erkrankung. Grundsätzlich Optimierung der Haltungsbedingungen (geeignete Sandbäder, Stallhygiene, regelmäßiger Wechsel des Badegranulats, Überprüfung der Gruppenzusammensetzung, gleich bleibend hochwertige Kost (wenig Frisches, viel trockene Kräuter, Heu und Äste).

4.2 Stressbedingter Fellabwurf

Krankheitsursachen: Ergreifen des Chinchillas, das dabei in Panik gerät. Kann bei unerfahrenen Besitzern geschehen und auch bei der Untersuchung in der Tierarztpraxis.
Symptome, Diagnose: Gezielte Anamnese; fleckenweise Felllose Stellen, reizlose Haut. Wächst nur langsam im Laufe der kommenden Wochen und Monate nach.
Behandlungsstrategie: Bei Problemen zu Hause Haltung optimieren: Stress vermeiden (Käfigstandort?), kein unnötiges Ergreifen gegen den Willen der Tiere.

4.3 Ektoparasiten (Milben, Flöhe, Haarlinge)

Beim Chinchilla sehr selten; spielen in der Praxis keine Rolle

4.4 Dermatomykose/Trichophytie

Krankheitsursachen: *Trichophyton ssp.* (v. a. *T. mentagrophytes*); häufiger bei Jungtieren; Infektion von Tier zu Tier oder über Vektoren; Erreger-Sporen sind in der Umwelt sehr stabil.
Wichtig: Infektiös für den Menschen!
Symptome, Diagnose: Alopezie mit kleieartigen Schuppen rund um die Nase, Augen, Lippen und manchmal auch Ohren. Breitet sich auch zwischen den Zehen aus; manchmal mit Juckreiz verbunden. Das Fell wird dünn und verfilzt, Haare brechen ab. Diagnose über Sporennachweis im Hautgeschabsel (mit 10%iger Kalilauge aufweichen) oder Pilzkultur
Behandlungsstrategie: Bekämpfung des Erregers, Stärkung des Immunsystems, Optimierung der Haltungsbedingungen

Allgemeine Maßnahmen

- Reinigung des gesamten Käfigs und Zubehörs,
- täglicher Wechsel der Eintreu und des Badesubstrats während der Therapie,
- Untersuchung und evtl. Behandlung aller Tiere des Haushalts (auch Hunde, Katzen, andere Heimtiere),
- Scheren der betroffenen Hautareale (mit Erlaubnis des Besitzers!).

Allopathie

- Lokal: Enilconazol (Imaverol®) verdünnt 1:50 alle 3–4 Tage über 5–6 Wochen. Clotrimazol (z. B. Fungizid ratiopharm®) lokal auftragen, Halskragen gegen Ablecken anlegen,
- Systemisch: Griseofulvin (Likuden®, Fulcin S-Tabletten®) 25–35 mg/kg 1-mal tgl. p. o. über 3–7 Wochen; Lufenuron (Program®) 100 mg/kg p. o. 1-mal alle 3 Wochen; Nystatin (Nystaderm S®) 15–20 mg/kg p. o. alle 12 Stunden über 7–10 Tage,
- Stärkung des Immunsystems: Paraimmunitätsinducer z. B. Baypamune ® 0,5–1 ml pro Tier s.c., Vitamingaben.

Homöopathie

- Monopräparate, je nach Arzneimittelbild: Microsporie-Nosode D30, D200; Trichophytie-Nosode D30, D200; Sulfur D6, D12, D30,
- Kombinationspräparate: SupraCell® N 200, Vetokehl Trich® D5, Vetokehl Ver®, Pefrakehl® D6, Coenzym compositum®, Cutis compositum®, Psorinum-Injeel®.

Phytotherapie

- Betupfen mit Propolis (10%ige Lösung),
- Tinktur oder 10%ige Lösung von Echinacea, Calendula,
- Klettenwurzel als Öl oder Abkochung/Aufguss,
- Seifenrinde und Seifenkraut als Abkochung/Aufguss,
- Abreiben der betroffenen Stellen mit Zinnkraut-Aufguss und Molke.

4.5 Idiopathische Alopezie

Krankheitsursachen: Nicht geklärt

Symptome: flächiger, gleichmäßiger Haarausfall am ganzen Körper; trockene, schuppige Haut, völlige Haarlosigkeit nach einigen Tagen

Behandlungsstrategie: Nach Ausschluss aller Differenzialdiagnosen (Stress bedingter Haarausfall, Dermatomykosen, Fellbruch) Optimierung der Fütterung und Haltung; Prognose zweifelhaft

Allgemeine Maßnahmen

- Vor Zugluft schützen,
- warmen Ort anbieten (Höhle oder Nistkasten nah an der Heizung; konstante Temperatur von 20 °C).

4.6 Fellbruch

Krankheitsursachen: Vermutlich Zusammenkommen mehrerer Faktoren (Ernährungsfehler, Vitaminmangel, erbliche Komponente wird diskutiert); falsches Badesubstrat löst häufig Fell- und

Hautschäden aus. Leberfunktionsstörungen gelten ebenfalls als Ursache für Fellfehler.

Symptome, Diagnose: Symmetrische dünner werdendes Fell in der Flankengegend, verfilzte Unterwolle und gebrochene Haarspitzen sind typisch. Differentialdiagnostisch ist eine Dermatomykose auszuschließen.

Behandlungsstrategie: Optimierung der Fütterung und Haltungsbedingungen, Stress vermeiden

Allgemeine Maßnahmen

- Badesubstrat auf ungebrannte Tonminerale umstellen,
- Fütterung auf Rohfaser- und Vitamingehalt prüfen,
- Standortkontrolle (ruhig, nicht zu warm, keine Zugluft?),
- Gruppenzusammensetzung prüfen.

Allopathie

- Vitamingaben, v. a. Vitamin B Komplex s.c. oder p. o.

Homöopathie

- zur Unterstützung der Hautfunktion Dermisal®, Cutis compositum®.

4.7 Fellbeißen (Löwenmähne)

Krankheitsursachen: Faktorenkrankheit; ausgelöst durch erbliche Veranlagung, Stress (Standort zu laut oder zu dunkel, regelmäßige Störung der Tagruhe, ungünstige Gruppenzusammensetzung, Einzelhaltung, häufig bei Haltung auf Drahtböden in der Pelztierzucht), Rohfasermangel, endokrine Störungen. Fellbeißen während der Trächtigkeit und Säugephase kann bei weiblichen Tieren zeitlich begrenzt auftreten.

Symptome: Das Fell wird abgenagt und geschluckt; evtl. nicht nur bei sich selbst sondern auch bei anderen Tieren der Gruppe. In schweren Fällen bleibt nur das Fell an Kopf und Hals intakt und das Bild der Löwenmähne entsteht.

Behandlungsstrategie: Optimierung der Fütterung und Haltungsbedingungen; erkrankte Tiere von der Zucht ausschließen

Allgemeine Maßnahmen

- Fütterung auf hohen Rohfasergehalt umstellen,
- genügend Äste zum Benagen anbieten,
- bei Einzelhaltung mit einem Partner vergesellschaften,
- Haltungsbedingungen überprüfen: Genügend Platz und Klettermöglichkeiten? Ruhe am Tag?
- Halskragen (zum Beispiel aus Röntgenfilm) anlegen,
- Betroffene Tiere von der Zucht ausschließen.

4.8 Sekundäre Alopezien

Krankheitsursachen: Nach Bissverletzungen, bei Zahnerkrankungen, wässrigem Durchfall (hierbei nur scheinbare Alopezie durch nasses Fell)
Behandlungsstrategie: richtet sich nach der Grunderkrankung

4.9 Ballenabszesse

Krankheitsursachen: Infektionen v. a. mit *Staphylococcus aureus;* folgend Faktoren begünstigen die Entstehung: falsche Einstreu, feuchter Untergrund (undichte Wasserflaschen), Adipositas, Bewegungsmangel
Symptome, Diagnose: Nach dem Eindringen der Erreger in kleinste Hautverletzungen entstehen Abszesse an der Unterseite der Fußballen: runde, haarlose Stellen, verdickt, warm, schmerzhaft. Später Aufbrechen und Ulzeration; Schrunden, Risse und austretendes Gewebewasser
Behandlungsstrategie: Optimierung der Fütterung und Haltungsbedingungen, Verbesserung der Hautfunktion

Allgemeine Maßnahmen

- Abstellen der Haltungs-Defizite,
- mehr Bewegung,
- nur noch rohfaserreiches, kalorienarmes Futter.

Allopathie

- Krusten mit pflanzlichem Öl oder Wund- und Heilsalbe (z.B. Bepanthen®) aufweichen und vorsichtig entfernen,
- Spalten der reifen Abszesse und Spülen mit Lotagen ® oder Betaisodona®-Lösung,
- Salbenverbände mit Zinksalben (z.B. weiche Zinksalbe Lichtenstein®),
- Falls die Stellen benagt werden, Halskragen anlegen.

Homöopathie

- Monopräparate, je nach Arzneimittelbild: Sulfur D6, D12; Silicea D6; D12, D30; Hepar sulfuris D6; D12,
- Kombinationspräparate: SupraCell® N 200, SupraCell® SC 2000, Cutis compositum®, Dermisal®.

Phytotherapie

- Lokale Anwendungen: Kompressen, Fußbäder, Umschläge mit Tinkturen oder 10–20 %igen Lösungen von Calendula, Kamille oder Echinacea,
- Fertigprodukte: Kamillosan®, Kamilloplant®, Wundbalsam®.

5 Augen

5.1 Bindehautentzündung (Konjunktivitis)

Krankheitsursachen: meistens mechanisch bedingt (zu feines Badesubstrat, ungeeignete Einstreu, Zugluft, Verletzungen z.B. durch Artgenossen; selten infektiös

Symptome, Diagnose: gerötete, geschwollene Bindehäute, (eitriges) Sekret im Augenwinkel, verklebtes Fell rund um die Augen; bei längerer Krankheit können die Lider zusammenkleben und durch angesammeltes Sekret hervorgewölbt sein

Behandlungsstrategie: Finden und Beseitigen der Ursache, Optimierung der Haltung (Badegranulat)

Allgemeine Maßnahmen

- Badesubstrat auf ungebrannte Tonminerale umstellen,
- Zugluft und damit ständige Staubentwicklung vermeiden.

Allopathie

- Aufweichen der Krusten mit einem in abgekochtem Wasser getränkten Wattebausch,
- Überprüfen auf Kornea-Verletzungen mit fluoreszeinhaltigen Augentropfen (Fluoreszein SE Thilo®, Läsionen färben sich leuchtend hellgrün; dann keine Kortikoide ans Auge lassen!),
- 3–5-mal tgl. geeignete Augentropfen oder -gels einbringen (z.B. Floxal ® AT, Aquapred-N®); fettige Salben sind nicht geeignet, da sie das Fell verkleben. Auf Inhaltstoffe achten, da die Präparate sehr wahrscheinlich abgeputzt und verschluckt werden und manche Antibiotika Durchfälle auslösen (siehe Punkt 3 Allgemeine Therapiehinweise).

Homöopathie

- Monopräparate, je nach Arzneimittelbild: Euphrasia D2, D3; Apis D4, D6, D30; Pulsatilla D4, D6, D30,
- Kombinationspräparate: Keratisal Tropfen®, Pfx Euphrasia 130®, Pfx Cineraria I 9®, Vetokehl Not®, Oculoheel®, Bella-

donna Homaccord®, Conjunctisan Augentropfen®, Allergosal®, SupraCell propolis SC 2000.

Phytotherapie

- Augenspülungen und Kompressen mit Aufguss aus Fenchel, Augentrost, Calendula oder 5–10%igen Lösungen von Augentrost-, Hypericum- oder Calendulatinktur.

5.2 Hornhautentzündung (Keratitis), Hornhautdurchbruch (Ulzeration)

Krankheitsursachen: Fremdkörper, Verletzungen, Infektion (fortgeleiteter Herpes simplex)

Symptome, Diagnose: Tränenfluss, teilweise eitrig, Zukneifen des Auges, Lichtscheue, Hornhautödem (milchig-blaue Färbung); Überprüfen der Kornea-Verletzungen mit fluoreszeinhaltigen Augentropfen (Fluoreszein SE Thilo®, Läsionen färben sich leuchtend hellgrün; dann keine Kortikoide ans Auge lassen!)

Behandlungsstrategie: Beseitigen der Ursache, Optimierung der Haltungsbedingungen

Allgemeine Maßnahmen

- Auge auf Fremdkörper untersuchen und diesen gegebenenfalls entfernen,
- Untersuchung von Einstreu und Badesubstrats auf starke Staubentwicklung oder scharfkantige Komponenten,
- separieren aggressiver Artgenossen.

Allopathie

- bei Hornhaut-Läsionen niemals Kortisone ans Auge bringen!
- bei Virusinfektionen Präparate mit virushemmender Wirkung z.B. Acyclovir (Zovirax® Augensalbe) mehrmals tgl. anwenden,
- anitbiotische Augentropfen oder -gels (z.B. Floxal® AT) 3–5-mal tgl. anwenden (CAVE mit den Inhaltstoffen, siehe Punkt 3 Allgemeine Therapiehinweise),
- zur Regeneration der Hornhaut Vitaminpräparate z.B. Pan-Ophtal® oder Regepithel®).

Homöopathie

- Monopräparate, je nach Arzneimittelbild: Mercurius solubilis D6, D12; Mercurius sublimatus corrosivus D6; Silicea D6; D12; D30.
- Kombinationspräparate: Keratisal®, Euphrasia-Injeel®, Cornea suis-Injeel®, Aethiops 19 Komplex®, Pfx Euphrasia 130®, Pfx Cineraria I 9®; SupraCell propolis SC 2000.

Phytotherapie

- Augenspülungen und Kompressen mit Aufguss aus Fenchel, Augentrost, Calendula oder 5–10%igen Lösungen von Augentrost-, Hypericum- oder Calendulatinktur.

5.3 Übermäßiger Tränenfluss (Epiphora) und Dacrocystis

Krankheitsursachen: Schmerzzustände, Verlegung oder Entzündungen des Tränen-Nasen-Kanals, Zahnwurzelentzündungen, apikales Zahnwachstum

Symptome, Diagnose: nasse „Tränenstraßen" vom inneren Augenwinkel an abwärts, Verfärbungen des Fells, lokale Alopezie, sekundäre Infektionen, die auf die Konjunktiven übergreifen können

Behandlungsstrategie: Beseitigen der Ursache

Allgemeine Maßnahmen

- Ausschluss aller Differentialdiagnosen,
- Bei Verdacht auf Zahn(wurzel)probleme Röntgenaufnahmen des Schädels in 2 Ebenen.

Allopathie

- Reinigen der Augenumgebung mit einem Wattebausch, der mit abgekochtem Wasser oder physiologischer Kochsalzlösung getränkt ist,
- Bei verstopftem Tränen-Nasen-Kanal spülen desselben (sehr vorsichtig!),
- Bei Beteiligung von Zähnen/Zahnwurzeln ist eine Extraktion angebracht.

- lokal antibiotische Augentropfen einbringen (z. B. Dexa-Polyspectran®); Salben und Gels dringen nicht weit genug in den Tränen-Nasen-Kanal ein

Homöopathie

- Monopräparate, je nach Arzneimittelbild: Propolis D6, D12; Mercurius solubilis D6; Silicea D6; D12; D30,
- Kombinationspräparate: Euphrasia-Injeel®, Aethiops 19 Komplex®, Pfx Euphrasia 130®, Pfx Cineraria I 9®; SupraCell propolis SC 2000.

Phytotherapie

- Augenspülungen und Kompressen mit Aufguss aus Fenchel, Augentrost, Calendula oder 5–10 %igen Lösungen von Augentrost-, Hypericum- oder Calendulatinktur.

6 Ohren

Erkrankungen der Ohren sind bei Chinchillas selten. Am äußeren Ohr kommen Bissverletzungen vor. Auch bei Pilzerkrankungen können die Ohren betroffen sein

7 Mund- und Rachenraum

7.1 Zahnerkrankungen

Krankheitsursachen: Angeborene oder durch falsche Fütterung hervorgerufene Zahnprobleme sind die häufigste Ursache für Durchfälle und Magen-Darm-Erkrankungen beim Chinchilla.

Zahnfehlstellungen werden angeboren oder entstehen durch Veränderungen der Zahnstellung im höheren Alter. Durch falsche Fütterung (zu weich, zu wenig Rohfaser) oder bei Inappetenz oder Schmerzzuständen im Kieferbereich (Abszesse, Tumore, Traumata) werden die Zähne nicht ausreichend abgerieben. Es entsteht ein Teufelskreis aus Inappetenz und unzureichender Kauaktivität mit den ständig weiter wachsenden Zähnen.

Symptome, Diagnose: Äußerlich fallen weicher Kot oder sogar Durchfälle auf, verklebtes Fell im Anusbereich und rund um das Maul über Kinn und Hals, bei vereiterten Zahnwurzeln evtl. Umfangsvermehrungen im Gesichtsbereich, bei länger bestehendem Problem Abmagerung

Behandlungsstrategie: Wiederherstellung des Kieferschlusses durch kürzen bzw. entfernen der betroffenen Zähne, Optimierung der Fütterung, Unterstützung der Darmflora

Allgemeine Maßnahmen

- Die Maulhöhle wird genau untersucht, Futterreste ausgespült und nach Eiterherden gesucht,
- Bei Verdacht auf Zahnwurzelvereiterung Röntgenaufnahme des Schädels in 2 Ebenen,
- Futterration auf ausreichenden Rohfasergehalt prüfen,
- Unterstützen der Darmflora mit probiotischen Futterzusätzen (Bird Bene Bac®),
- Reinigung von verklebten Fellbereichen,
- Bis zur ausreichenden Futteraufnahme Zufüttern von aufgelösten rohfaserreichen Pellets oder Critical Care®.

Allopathie

- Kürzen der überlangen Zähne,
- Entfernen von erkrankten Zähnen unter Vollnarkose,
- Bei Inappetenz und Verletzungen im Maulbereich: Analgetika z. B. Tolfenaminsäure (Tolfedine®) 4 mg/kg s.c., p. o. über max. 3 Tage),
- lokal im Maul betupfen der Verletzungen mit Hexeditin (Hexoral®), auch als Spray erhältlich,
- bei Infektionen systemische Antibiotika z.B. Enrofloxacin (Baytril®) 10 mg/kg 1-mal tgl. s.c., p. o. über 7–10 Tage, Marbofloxacin (Marbocyl®) 4 mg/kg 1-mal tgl. s.c. oder die Lösung p. o.,
- Spalten und Spülen von Abszesse mit Betaisodona®-Lösung,
- Vitamingaben (z. B. Multivitamine®).

Homöopathie

- Monopräparate, je nach Arzneimittelbild: Mercurius solubilis D8; Mercurius sublimatus corrosivus D6; Arnica D6, D12; Borax D3,
- Kombinationspräparate: Belladonna Homaccord®, Traumeel®, Echinacea compositum®, Mucosa compositum®, Chamomilla-Injeel®, Arnica-Injeel®, Borax-Injeel®.

Phytotherapie

- Bepinseln oder Kompressen mit Aufguss oder Tinktur von Kamille, Calendula, Arnika.

8 Atmungsorgane

8.1 Infektiöse Atemwegserkrankungen

Krankheitsursachen: Häufig beim Chinchilla, ausgelöst durch Einzel- oder Mischinfektionen mit *Pasteurella multocida, Bordetella bronchiseptica, Streptococcus spp., Staphylococcus ssp., Pseudomonas aeruginosa.* Trockene Heizungsluft, Mängel in Haltung und Fütterung und Immunsuppressionen (sehr alte oder junge Tiere) begünstigen die Erkrankung

Symptome, Diagnose: Bei einfachen Infektionen der oberen Atemwege besteht meist eitriger Nasen- und Augenausfluss mit rasselnden Atemgeräuschen. Sitzt die Infektion in den Bronchien oder schon der Lunge, liegen zudem eine erhöhte Körperinnentemperatur, Dyspnoe, verschärfte Atemgeräusche in Bronchien und Lungen und pumpende Atmung im Flankenbereich vor. Durch Inappetenz kann es zu sekundären Durchfällen kommen.

Behandlungsstrategie: Verbesserung der Atmung durch Schleimlöser, Bekämpfen der Erreger, Ausschalten prädisponierender Faktoren, Stärkung der Immunsystems

Allgemeine Maßnahmen

- Regelmäßige Reinigung der Nasen- und Augenumgebung mit einem feuchten Wattebausch,
- Befeuchtung der Atemluft,
- Stress vermeiden,
- Bei Inappetenz zwangsfüttern mit aufgelösten rohfaserreichen Pellets oder Critical Care®.

Allopathie

- Da Erregerisolierung schwierig bis unmöglich, Breitbandantibiotikum verabreichen: z.B. Enrofloxacin (Baytril®) 10 mg/kg 1-mal tgl. s.c. oder p.o.; Chloramphenicol (Chloromycetin-Palmitat®) 50 mg/kg p.o. 2-mal tgl. über mindestens 7 Tage,

- Schleimlösung: Acetylcystein (NAC ratiopharm®) 3 mg/kg 2-mal tgl. s.c. oder p.o.; Bromhexin 0,5 mg/kg 2-mal tgl. p.o.,
- Inhalation mit Acetylcystein: Das erkrankte Tier in eine Transportbox setzen und das Acetylcystein mit einem Verdampfer in die Box leiten,
- Multivitamingaben,
- Stützung des Immunsystems mit Paraimmunitätsinducer (Baypamune®) 0,5–1 ml pro Tier,
- Bei Bedarf Infusion mit Glukose- oder Ringerlösung.

Homöopathie

- Monopräparate, je nach Arzneimittelbild: Aconitum D4, D6, D30; Bryonia D4, D6, D12; Ipecacuanha D6; Lachesis D8; D12; D3,
- Kombinationspräparate: Vetokehl Not® D5, Quentakehl® D6, Cetraria islandica Oligoplex®, Ipecacuanha Oligoplex®, Myosotis Oligoplex®, Roth's Ropulmin N®, Calcium carbonicum compositum®, Infi Drosera®, Bronch Injektopas®, Bronchalis Heel®, Droperteel®, Tartephedreel®, Stibium Komplex 18®, Eupatorium Komplex 18®, Pulmonaria Spezial 110®.

Phytotherapie

- Inhalation mit Emser Salz, Meersalz, Kamille, ätherischen Ölen (Eukalyptus, Pfefferminze, Salbei, Anis, Fenchel, Thymian),
- Aufguss, Sirup oder getrocknete Eibisch, Malve, Spitzwegerich, Huflattich, Isländisch Moos,
- Fertigpräparate: auf alkoholfreie Zubereitungen achten! Z.B. Kneipp Spitzwegerich-Pflanzensaft Hustentrost®.

9 Herz und Kreislauf

9.1 Hitzestress und Hitzschlag

Krankheitsursachen: Temperaturen über 28 °C und hohe Luftfeuchtigkeit, direkte Sonneneinstrahlung, Übergewicht durch falsche Fütterung und zu wenig Bewegung, zu wenig oder warmes Trinkwasser, Stress

Symptome: Beschleunigte Atmung, Apathie, schneller, flacher Puls, Speichelfluss, zunehmende Wasseraufnahme, bläuliche Schleimhäute, Hyperthermie, Tod durch Kreislaufversagen

Behandlungsstrategie: Für Abkühlung sorgen, Kreislauf stabilisieren, das Tier an einen kühlen, dunklen Ort bringen, Haltungsbedingungen optimieren, Übergewicht reduzieren

Allgemeine Maßnahmen (Bei akutem Hitzschlag besteht Lebensgefahr!)

- Kühle Umschläge,
- Für einen kühlen Standort und reichlich Trinkwasser sorgen,
- Auf gute Ventilation achten,
- In heißen Sommern sollte eine Klimaanlage benutzt werden.

Allopathie

- Infusionen mit kühler Ringer-Lactat-Lösung,
- Kortikoidgaben (Dexamethason (Voren®) 1–2 mg/kg s.c.) bei Kreislaufschock.

Homöopathie

- Monopräparate, je nach Arzneimittelbild: Aconitum D4, D30; Gelsemium D6, D30; Belladonna D4, D30; Hypericum D6; Veratrum album D4,
- Kombinationspräparate: Veratrum-Homaccord®, Cactus compositum®, Carbo compositum®,
- Bachblüten Rescue remedy® Tropfen.

9.2 Herzerkrankungen

Krankheitsursachen: Dilatative Kardiomyopathie

Symptome, Diagnose: Herzerkrankungen sind beim Chinchilla relativ häufig anzutreffen. Allgemeine Abgeschlagenheit, Inappetenz, Atemprobleme bei Lungenerguss, Abmagerung. Diagnose durch Auskultation und Röntgenaufnahme

Behandlungsstrategie: Unterstützung des Herzmuskels, Ausschwemmen von Ödemen, Verbesserung des Allgemeinbefindens

Allgemeine Maßnahmen

- Optimierung der Fütterung,
- Notfalls Zwangsfütterung bis der Appetit zurück kommt,

Allopathie

- Diurese: Furosemid (Lasix®) 1–5 mg/kg 1-2-mal tgl. s.c., p.o.,
- ACE-Hemmer: Enalapril (Enacard®) 0,5–1 mg/kg 1-mal tgl. p.o.; Imidapril (Prilium®) 0,125–0,25 mg/kg 1-mal tgl. p.o.

Homöopathie

- Monopräparate, je nach Arzneimittelbild: Acetum hydrocyanicum D4, D6; Laurocerasus D3, D6,
- Kombinationrpräparate: Infi-Crataegus®, Cor/Cor forte Injektopas®, Cranolin®, Cor compositum®.

Phytotherapie

- wegen der zum Teil starken Wirkung ist die Anwendung von Heilpflanzen nicht anzuraten.

10 Verdauungstrakt

10.1 Leitsymptom Durchfall (Diarrhoe)

Krankheitsursachen: Schlechte Futterqualität, zu viel Frischfutter, zu geringer Rohfaseranteil in der Nahrung, Zahnprobleme, Infektionen mit Bakterien oder Pilzen. Infektionen mit *Yersinia enterocolitica, Yersinia pseudotuberculosis, Pasteurella multocida, Pseudomonas aeruginosa,* Streptokokken, Staphylokokken haben teilweise perakute bis akute Verlaufsformen und hohe Mortalitätsraten.

Symptome, Diagnose: Durchfälle unterschiedlicher Qualität, am häufigsten sind fütterungsbedingte Diarrhöen mit weichem, breiigem Kot und Zahnprobleme, bei denen unterschiedlichste Durchfälle auftreten.

Behandlungsstrategie: Ermittlung und Abschalten der Ursache(n), Optimierung von Fütterung und Haltung, Ausgleich des Flüssigkeitsverlusts, Stabilisierung der Darmflora, Vitamingaben

Allgemeine Maßnahmen

- Fütterung auf leicht verdauliche, hochwertige Kost umstellen: gutes Heu, Möhren und andere Gemüse in kleinen Mengen, etwas Banane, Haferkleie, bei akuten wässrigen Durchfällen etwas Zwieback anbieten,
- Notfalls zwangsfüttern (Critical Care®, aufgelöste Pellets).

Allopathie

- Bei Zahnproblemen entsprechende Maßnahmen (s. Punkt 7.1),
- Antibiotikagaben bei bakteriellen Infektionen, z.B. Enrofloxacin (Baytril®) 10 mg/kg s.c., Chloramphenicol 20–50 mg/kg s.c., p.o.,
- Zur Normalisierung der Darmperistaltik Metoclopramid (MCP ratiopharm®) 0,2–1 mg/kg s.c. 1-mal tgl.
- Stabilisierung der Darmflora mit Probiotika (Bird Bene Bac®),
- Ausgleich des Flüssigkeitsverlusts mit Infusionen.

Homöopathie

- Monopräparate, je nach Arzneimittelbild: Ipecacuanha D6; Arsenicum album D6; Veratrum album D4, D6; Mercurius solubilis D6, D12; Pyrogenium D8,
- Kombinationspräparate: Dysenteral®, Infi Rheum®, Diarheel®, Veratrum Homaccord®, Mucosa compositum®, Nux vomica Homaccord®.

Phytotherapie

- Krampflösend, entzündungshemmend: Aufguss aus Kamille, Fenchel, verdünnter Schwarztee (CAVE anregend!),
- Schleimhautschutz: Aufguss oder Abkochung von Tormentillwurzel, Heidelbeere, Eichenrinde; Schleim aus Leinsamen, Apfelpektin; Lösung in lauwarmem Wasser zum Eingeben mit Tonmineralien, Bolus alba, Heilerde, je 1–2 Teelöffel,
- Fertigpräparate: Dysticum®, Durchfallpulver®, Stullmisan®.

10.2 Darmmykose („Hefepilzinfektion")

Krankheitsursachen: Meistens als Sekundärerkrankung durch Verschiebungen in der Zusammensetzung der Darmflora: Fütterungsfehler, Stress, Zahnprobleme

Symptome, Diagnose: normal geformter, aber breiiger Kot, ständiger Gewichtsverlust; Nachweis der Pilzsporen im Kot

Behandlungsstrategie: Optimierung von Fütterung und Haltungsbedingungen, Ausschalten aller Stressfaktoren

Allopathie

- Nystatin 100.000 I.E./kg p.o. 1–2-mal tgl. über 10–14 Tage,
- Verbesserung der Darmflora mit Probiotika (Bird Bene Bac®).

Homöopathie

- Monopräparate, je nach Arzneimittelbild: Ipecacuanha D6; Arsenicum album D6; Veratrum album D4, D6; Mercurius solubilis D6, D12; Pyrogenium D8,
- Kombinationspräparate: Dysenteral®, Infi Rheum®, Diarheel®, Veratrum Homaccord®, Mucosa compositum®, Nux vomica Homaccord®.

Phytotherapie

- Krampflösend, entzündungshemmend: Aufguss aus Kamille, Fenchel, verdünnter Schwarztee (CAVE anregend!),
- Schleimhautschutz: Aufguss oder Abkochung von Tormentillwurzel, Heidelbeere, Eichenrinde; Schleim aus Leinsamen, Apfelpektin; Lösung in lauwarmem Wasser zum Eingeben mit Tonmineralien, Bolus alba, Heilerde, je 1–2 Teelöffel,
- Fertigpräparate: Dysticum®, Durchfallpulver®, Stullmisan®.

10.3 Giardiasis

Krankheitsursachen: *Giardia duodenalis*

Symptome, Diagnose: Akuter, heftiger Durchfall mit starkem Pressreiz v. a. bei Jungtieren, zum Teil mit Rektumprolaps. Bei Kolik sitzen die Tiere zusammengekrümmt am Boden. Bei älteren Chinchillas chronischer Verlauf mit schmierige, klebrigen Durchfällen und Gewichtsverlust. Nachweis der Erreger serologisch (!) im Kot. CAVE: Giardien-Schnelltests erfassen keine Chinchilla-Giardien!

Behandlungsstrategie: Bekämpfung der Erreger, Normalisierung der Darmtätigkeit

Allgemeine Maßnahmen

- Käfig und Umgebung waschen und desinfizieren,
- Holzinventar austauschen,
- Symptomatische Durchfalltherapie (siehe Punkt 10.1).

Allopathie

- Behandlung des erkrankten Tiers und aller Käfiggenossen mit Metronidazol (Flagyl®) 10–20 mg/kg 2x tgl. p. o. oder Fenbendazol (Panacur®) 20 mg/kg 1x tgl. p. o. über 5–7 Tage,
- Bei großer Erschöpfung Infusionen mit Glukose-Lösung und Ringer-Lactat,
- Bei Futterverweigerung zwangsfüttern mit Critical Care®, gelösten und mit Babybrei versetzten Pellets, Kleie und Haferschleim, Bananenbrei.

Homöopathie und Phytotherapie (siehe Punkt 10.1)

10.4 Kokzidiose

Krankheitsursachen: *Eimeria chinchillae*

Symptome, Diagnose: Es erkranken vor allem Jungtiere. Typisch ist ein ständig wiederkehrender Durchfall mit zunehmender Erschöpfung der betroffenen Tiere. Nachweis der Oozysten in Sammelkotprobe (Flotationsmethode)

Behandlungsstrategie: Bekämpfung der Erreger, Normalisierung der Verdauung, Optimierung der Fütterung und Haltungsbedingungen

Allgemeine Maßnahmen

- Käfig und Umgebung waschen und desinfizieren,
- Holzinventar austauschen,
- Symptomatische Durchfalltherapie (siehe Punkt 10.1).

Allopathie

- Behandlung des erkrankten Tiers und aller Käfiggenossen mit Toltrazuril (Baycox®) 10 mg/kg 1-mal tgl. p.o. 3 Tage behandeln, 3 Tage Pause, 3 Tage behandeln; anschließend Kotüberprüfung und gegebenenfalls nochmals nachbehandeln,
- Bei großer Erschöpfung Infusionen mit Glukose-Lösung und Ringer-Lactat,
- Bei Futterverweigerung zwangsfüttern mit Critical Care®, gelösten und mit Babybrei versetzten Pellets, Kleie und Haferschleim, Bananenbrei,

Homöopathie und Phytotherapie (siehe Punkt 10.1)

10.5 Thympanie (Geblähter Bauch)

Krankheitsursachen: Fütterungsfehler, Darminfektionen

Symptome, Diagnose: Schmerzen im Abdomen, Scheuern des Hinterteils auf dem Käfigboden; Sicherung der Diagnose durch Palpation und Röntgen

Behandlungsstrategie: Beseitigung der Ursachen, Optimierung der Fütterung und Haltungsbedingungen

Allgemeine Maßnahmen

- Sofort angewelktes und sonstig minderwertiges Futter entfernen,
- Gutes Heu anbieten.

Allopathie

- Antithympanika (schaumbrechende Mittel) eingeben (z.B. Sab simlex®),
- Paraffinöl in kleinen Mengen geben,
- Schmerzmittel z.B. Flunixin-Meglumin (Finadyne®) 1–3 mg/kg 2-mal tgl. s.c.,
- Zur Normalisierung der Darmperistaltik Metylclopramid (MCP ratiopharm®) 0,2–1 mg/kg s.c. 1-mal tgl.,
- Vorsicht mit Buscopan®, der hierdurch ausgelöste totale Darmstillstand kann zu weiteren Problemen führen.

Homöopathie

- Monopräparate, je nach Arzneimittelbild: Carbo vegetabilis D8; Colocynthis D4; Nux vomica D6,
- Kombinationspräparate: Dysenteral®, Infi Rheum®, Diarrheel®, Verartrum Homaccord®, Podophyllum compositum®, Infi Tormentilla®, Mucosa compositum®, Nux vomica compositum®.

Phytotherapie

- Krampflösend, entzündungshemmend: Aufguss aus Kamille, Fenchel, verdünntem Schwarztee.

11 Fortpflanzungsorgane

11.1 Gesäugeentzündung (Mastitis)

Krankheitsursachen: Eindringen von Bakterien ins Gesäuge durch Bissverletzungen (säugende Junge)

Symptome, Diagnose: heiße, geschwollene Gesäugekomplexe, blutig-eitriges Sekret, Schmerzhaftigkeit

Behandlungsstrategie: Absetzen der Jungen und evtl. Handaufzucht, Bekämpfen der Erreger und der Entzündung

Allgemeine Maßnahmen

- Die Jungtiere von der Mutter absetzen und evtl. Zufüttern,
- Entfernen der Einstreu und der Sandbäder bis zur Ausheilung,
- Bei intensivem Belecken der erkrankten Gesäugekomplexe Halskragen anlegen.

Allopathie

- Systemisch Antibiotika z.B. Enrofloxacin (Baytril®) 10 mg/kg s.c., Chloramphenicol 20–50 mg/kg s.c., p.o.,
- Gegen Schmerzzustände Analgetika z.B. Tolfenaminsäure (Tolfedine®) 4 mg/kg s.c., p.o. über max. 3 Tage, Flunixin-Meglumin (Finadyne®) 1–3 mg/kg 2-mal tgl. s.c.,
- Generell so wenig wie möglich am Gesäuge manipulieren (NICHT ausmelken!).

Homöopathie

- Monopräparate, je nach Arzneimittelbild: Phytolacca D4, D6, D12; Apis D4, D6, D30; Hepar sulfuris D4, D6, D12, D30; Streptokokken-Nosode, Staphylokokken-Nosode,
- Kombinationspräparate: Phytolacca-Injeel®, Lachesis compositum®, SupraCell® N 300, Echinacea compositum®, Staphylosal®.

Phytotherapie

- Umschläge mit Calendula-Lösung, Quarkpackungen, Essigwasser-Umschläge.

12 Harnorgane

12.1 Blasenentzündung (Cystitis), Harngries und Harnsteine (Urolithiasis)

Krankheitsursachen: Für die Blasenentzündung kommen aufsteigende Infektionen bei schmierigem Kot und Harnsteine bzw. Harngries in Frage. Urolithiasis entsteht durch ein Problem im Kalziumstoffwechsel. Beide Krankheitsbilder können sich gegenseitig begünstigen

Symptome, Diagnose: Harndrang, Harntröpfeln, nasse, verschmierte Anogenitalregion, Nachweis von Blut im Urin, Schmerzzustände. Größere Steine und Gries sind auf einer Röntgenaufnahme oder im Ultraschall zu erkennen. Bei Verlegung der Harnröhre durch Steine oder Gries zum Teil kolikartige Schmerzen und Schwellung im Bereich des Harnröhrenausgangs. CAVE: Absoluter Notfall!

Behandlungsstrategie: Erleichterung des Harnabsatzes, Schmerztherapie, Bekämpfung der Erreger bzw. der Konkremente, Optimierung der Fütterung

Allgemeine Maßnahmen

- Säuberung der Anogenitalregion (mit lauwarmem Wasser waschen und gut trocknen),
- Wunde Hautstellen mit Zinksalben abdecken (Vorsicht, schmiert sehr),
- Einstreu und Sandbäder bis zur deutlichen Besserung entfernen und gegen Handtücher austauschen,
- Zur Vorbeugung Fütterung von harntreibenden Kräutern (getrocknet): Löwenzahn, Petersilienkraut, Birkenblätter,
- NICHT versuchen, den Harn anzusäuern, dabei können Nierenschäden entstehen.

Allopathie

- Bei Blut im Urin immer Antibiotikagaben z.B. Enrofloxacin (Baytril®) 10 mg/kg s.c., Chloramphenicol 20–50 mg/kg s.c., p.o.,
- Gegen Schmerzzustände Analgetika z.B. Tolfenaminsäure (Tolfedine®) 4 mg/kg s.c., p.o. über max. 3 Tage, Flunixin-Meglumin (Finadyne®) 1–3 mg/kg 2-mal tgl. s.c.,
- Bei Verlegung der Harnröhre Freispülen unter Vollnarkose,
- Große Steine sind operativ zu entfernen oder zu zertrümmern.

Homöopathie

- Monopräparate, je nach Arzneimittelbild: Berberis D3, D4; Lycopodium D6, D12, D30; Cantharis D4, D6, D30,
- Kombinationspräparate: SupraCell® N 900 im Wechsel mit N 300, Cantharis miniplex®, Berberis Homaccord®, Solidago Homaccord®, Reneel®, Uro Loges®, Juniperas Similarplex®, Nephrolithol®, Spascupreel®, Spasmo-Injektopas, Cefaspasmon®.

Phytotherapie

- Aufgüsse aus Goldrute, Löwenzahn, Petersilienkraut, Brennnessel, Birkenblätter, Hauhechel, Zinnkraut, Bohnenschalen, Wacholderbeeren.

13 Sonstiges

13.1 Aggressivität

Es gibt aggressive Böckchen, die Weibchen in den Kopf und Hinterkopf beißen. Dieses Verhalten ist vererblich, darum sollten diese Tiere von der Zucht ausgeschlossen werden. Wird ein Weibchen nachträglich in eine bereits bestehende Gruppe eingegliedert, sind sie und ihre Jungen womöglich Beißattacken ausgesetzt. Gegen aggressive Böckchen kann nicht viel unternommen werden außer sie zu separieren; eine Kastration kann versucht werden.

13.2 Unterkühlung der Neugeborenen

Bringt ein Weibchen einen großen Wurf zur Welt, können einzelne Jungtiere kurz nach der Geburt unterkühlen, wenn die Mutter nicht genügend Kapazitäten hat, um alle Jungen zu umsorgen. Diese Tiere liegen meistens auf dem Käfigboden. Durch rasches, behutsames Erwärmen (Wärmflasche, Rotlicht) und sanfte Massagen können sie in vielen Fällen noch gerettet und anschließend wieder zur Mutter gesetzt werden. Bei so großen Würfen sollte zudem erwogen werden, die Jungtiere zuzufüttern.

Hamster

1 Anatomische und physiologische Besonderheiten

Hamster, besonders der syrische Goldhamster (*Mesocricetus auratus*) sowie einige Zwerghamster-Arten (z.B. Chinesischer Streifenhamster, Dsungarischer Zwerghamster) sind zwar beliebte, wegen ihrer Nachtaktivität aber nicht unbedingt geeignete Heimtiere für Kinder. Gezüchtet wird der Goldhamster seit 1930 in verschiedenen Farbschlägen und Fellarten (auch langhaarig, so genannte Teddyhamster).

In seinen Backentaschen transportiert der Hamster sein Futter in ein sicheres Versteck, um dort in Ruhe zu fressen. Auch der Transport von Jungtieren wird in diesen Backentaschen durchgeführt.

Beidseitig in der Flankengegend besitzt der Hamster je eine schwarz pigmentierte Duftdrüse, die zur Reviermarkierung dient und nicht als Tumore oder Hautveränderungen gedeutet werden darf.

Das Weibchen verliert während des Eisprungs Schleim aus der Scheide, der u.U. von unerfahrenen Besitzern mit Eiter verwechselt werden kann.

Der Urin ist physiologischer Weise dickflüssig, gelblich und mit Kristallen durchsetzt, der pH liegt bei 8.

Körpergewicht: 150–180 g (Goldhamster), 30–50 g (Zwerghamsterarten)

Körperinnentemperatur: 37–38 °C

Atmung: 45–150 Atemzüge pro Minute

Puls: 250–560 Schläge pro Minute (Zwerghamster 500–560)

Geschlechtsreife: 35–45 Tage (Goldhamster), 14–28 Tage (Zwerghamster)

Brunsthäufigkeit und Zyklusdauer: Das ganze Jahr über mit einer Zykluslänge von 4 Tagen. Auch nach einer Geburt setzt der Zyklus schon nach 6–15 Stunden wieder ein.

Trächtigkeitsdauer: 15–16 Tage (Goldhamster), 19–22 Tage (Zwerghamster)
Absetzalter: 20–25 Tage (Goldhamster), 15 Tage (Zwerghamster)

2 Haltung, Pflege, Fütterung

Der **Käfig** sollte aus leicht zu reinigendem Kunststoff mit rostfreien Gitterstäben bestehen. Die Größe (L/B/H) sollte mindestens 50 × 30 × 35 cm betragen. Ein Häuschen mit kleinem Einschlupfloch (Durchmesser ca. 5 cm) aus Holz oder Kunststoff ist geeignet als Zufluchtsort und Schlafmöglichkeit, ein Laufrad dient der Fitness und damit der Gesundheit des Tieres. Eine dicke Schicht **Einstreu** aus staubfreiem Material wie Holzwolle, Zellstoff oder groben Sägespänen wird gerne als Versteck genutzt. Pappröhren und Klettermöglichkeiten sind bei Hamstern beliebt. Temperaturschwankungen und Zugluft werden nur sehr schlecht toleriert. Bei Temperaturen unter 5 °C, sowie bei zu kurzen Lichtperioden oder Futtermangel verfallen Hamster in einen komatösen Zustand (Pseudowinterschlaf).

Ein Hamster benötigt täglich rund 15–20 g Futter. Es sollte mindestens 16 % Rohprotein, 60–65 % Kohlenhydrate und 4–5 % Fett beinhalten. Neben **Kraftfutter** (herkömmliche Fertigmischung) eignen sich Gras, Löwenzahn, Salat, Kohl, Karotten, Gurken, Äpfel, Birnen usw. als Saftfutter. Selbst gesammeltes **Grünfutter** nur an unbelasteten Stellen suchen (keine Straßenränder oder Bahndämme), gut waschen und gut trocknen (nasses Futter verdirbt schnell und kann zu Verdauungsproblemen führen). Zusätzlich kann trockenes Brot, alle Getreidesorten, Sonnenblumen- und Kürbiskerne, Nüsse, Zweige (z.B. Obstgehölze), Hundekuchen, für den **Eiweißbedarf** Milch, Fleisch, Leber, Fisch, Mehlwürmer und gekochtes Ei angeboten werden. Das Eiweißmangelsyndrom zeigt sich in Schwäche, Muskelschwund und Abmagerung. Das Futterdepot (meistens im Inneren des Häuschens) sollte regelmäßig kontrolliert und von leicht Verderblichem gereinigt werden.

Trinkwasser (rund 20 ml/100 g Körpergewicht) sollte in einer Flasche angeboten werden. Stets das Auslaufröhrchen sauber halten, es sind schon Tiere vor einer vollen Flasche verdurstet!

Die **künstliche Ernährung** kann mit Babynahrung (Früchte, Gemüse, Fleisch) erfolgen, das mit Honig, Sirup und Pflanzenöl angereichert wird. Der **Kalorienbedarf** liegt bei 30–35 kcal/100 g Körpergewicht, bei tragenden, säugenden oder schwer fiebrigen Tieren bis 70 kcal/100 g.

Hamster sind **Einzelgänger.** Mit Geduld und vorsichtigem Umgang sind sowohl Männchen als auch Weibchen leicht handzahm zu bekommen, wobei die Männchen umgänglicher sind. Bei falscher Behandlung, Vernachlässigung, Fütterungsfehler, Krankheiten, durch Lärmbelästigung und falsches Anfassen können aggressives Verhalten, Bissigkeit und Kannibalismus auftreten. Das **nachtaktive Tier** tagsüber behutsam wecken, ehe man es anfasst oder aus dem Käfig nimmt. Säugende Mütter sowie deren Jungtiere in den ersten 10 Tagen nach der Geburt so wenig wie möglich stören und keinesfalls anfassen!

3 Allgemeine Therapiehinweise

Um den Hamster untersuchen zu können, muss das Tier behutsam geweckt werden, ehe es aus dem Käfig genommen wird. Auf Grund der **natürlichen Nachtaktivität** kann auch ein gesundes Tier am Tage träge und matt erscheinen.

Das **richtige Anfassen:** Handzahme Tiere können von oben mit der Hand genommen werden, Daumen und Zeigefinger liegen an der Vorderbeinen, der Zeigefinger greift über das Becken. Wahlweise kann das Tier zwischen beiden Händen gehalten oder im Nackenfell angehoben werden. Zeigt das Tier Abwehrhaltung (auf den Rücken werfen, Zähne fletschen) oder droht zu beißen, kann es mit Hilfe einer Dose hochgenommen werden.

Der Hamster reagiert empfindlich gegenüber zahlreichen Antibiotika: Dihydrostreptomycin wirkt tödlich. Penicillin, Lincomycin, Erythromycin, Ampicillin, Clindamycin, oral Gentamicin, Cephalosporine und Bacitracin führen zu einer Störung der Darmflora mit u.U. tödlichem Ausgang und sind entsprechend ungeeignet. Im Notfall können sie jedoch mit 5 mg Tetracyclin plus 2,5 mg Sulfaguanidin pro 100 g Körpermasse kombiniert werden. Als Mittel der Wahl gilt Chloramphenicol. Auch Tetracyclin kann über das Trinkwasser verabreicht werden (400 mg/l), das mit Sirup oder süßem Saft schmackhafter gemacht werden kann.

Subkutane Injektionen können beim Hamster an besten in die Nacken- oder Bauchhaut platziert werden. Intramuskuläre Injektionen in die langen Sitzbeinmuskeln sind zwar möglich, wegen der Gefahr irreparabler Nervenschädigungen und damit verbundenen Lähmungen sind sie aber nicht zu empfehlen.

Tab. 7: Arzneistoffe für Hamster

Arzneistoff	Dosierung	Anwendung
Antibiotika, Sulfonamide		
Chloramphenicol-palmitat	1 mg/100 g	p.o. alle 12 Stunden
Chloramphenicol-succinat	5 mg/100 g	s.c. alle 12 Stunden
Enrofloxacin	0,5–1 mg/100 g	s.c., p.o.
Erythromycin	2 mg/100 g	über das Trinkwasser (Wet Tail)
Neomycin	1–1,5 mg/100 g	p.o. in geteilten Dosen
Sulfanilamid-methoxypyimidin	10–30 mg/100 g	s.c.
Tetracyclin	400 mg/1 Liter Trinkwasser	
Antiparasitika		
Amitraz	2 ml/1 Liter Wasser	3–6 lokale Behandlungen im Abstand von 14 Tagen
Bromociclen	0,5–0,6 %ig	Badelösung
Fenbendazol	0,5–0,8 mg/100 g	p.o.
Ivermectin	0,04 ml/kg	s.c.
Niclosamid	10 mg/100 g	p.o. 2-mal alle 8 Tage
Praziquantel	0,5–1,2 mg/100 g	s.c., p.o.
Antimykotika		
Enilconazol	1:50 verdünnt	lokal
Griseofulvin	2,5 mg/100 g 20 mg/1 kg Futter	täglich in Trinkwasser für 14 Tage für 25 Tage
Ketoconazol	1 mg/100 g	p.o. alle 12 Stunden
Sonstige		
Acetylsalicylsäure	2,4 mg/100 g	p.o.
Atipamezol	0,1 mg/100 g	i.m.
Atropin	2–5 µg/100 g	s.c.
Ketamin	1 mg/100 g	s.c.
Medetomidin	10 µg/100 g	s.c.

4 Haut und Haarkleid

4.1 Leitsymptome Haarausfall und Alopezie

Krankheitsursachen: Milbenbefall, Pilzerkrankungen, Eiweißmangel, Nephrose, Dermatitiden bakteriellen Ursprungs, Kannibalismus.

Behandlungsstrategie: Richtet sich nach der einzelnen Erkrankung. Grundsätzlich Optimierung der Haltungsbedingungen (Stallhygiene, allergenfreie Einstreu, gleichbleibend hochwertige Kost, Vitamingaben mit dem Trinkwasser, Eiweißversorgung sicherstellen).

4.2 Milbenbefall

4.2.1 Sarkoptesräude

Krankheitsursachen: *Sarcoptes anacanthos* lebt auch auf anderen Tieren (Hund, Katze, Kaninchen, Ratte, Maus) und wird durch den direkten Kontakt übertragen. Mangelhafte Haltungsbedingungen, schlechte Fütterung, Stress, hohes Alter und Vorerkrankungen wirken prädisponierend.

Symptome, Diagnose: Befällt Tiere jeden Alters. Juckreiz, Pustel- und Schuppenbildung, Ekzeme mit Krustenbildung, Verdickung der Haut innerhalb von drei Wochen am ganzen Körper. Das Haarkleid ist dabei intakt. Bei zu später Diagnose kann die Sarkoptesräude zum Tod führen.

Nachweis der Milben in einem tiefen Hautgeschabsel vom Rande einer veränderten Hautstelle.

Behandlungsstrategie: Bekämpfung der Parasiten, Optimierung der Haltungsbedingungen und Stärkung des Immunsystems

Allgemeine Maßnahmen

- Optimierung der Fütterung,

- regelmäßige Reinigung des Stalls und der Umgebung,
- Desinfektion des Stalls, des Stallinventars und der Umgebung mit geeigneten Antiparasitika, z.B. Permetrin, Dichlorvos (Blattanex® Fliegenstrip).

Allopathie

- Lokal: Phosphorsäureester Bromodan als 0,5–0,6%iges Bad, das ganze Tier behandeln! 2–3-mal im Abstand von 7 Tagen,
- systemisch: Ivermectin (Ivomec®) 0,004 ml/100 g Körpergewicht, auf Grund des geringen Körpergewichts und der hohen Konzentration des Wirkstoffs im Präparat ist eine exakte Dosierung sehr schwierig. Zur Verdünnung kann Propylenglykol verwendet werden.
- Stärkung des Immunsystems mit Paraimmunitätsinducern (Baypamune®).

Homöopathie: Nur unterstützend zur Allopathie!

- Monopräparate, je nach Arzneimittelbild: Sulfur D6, Psorinum D30, Hepar sulfuris D6,
- Kombinationspräparate: SupraCell® N 200, Dermisal®, Cutis compositum®; Stärkung des Immunsystems mit PetMun®.

Phytotherapie

- Einreibungen mit Lorbeer- oder Hauswurzöl, das mit ätherischen Ölen von Teebaum, Lavendel, Thymian oder Nelken versetzt werden kann.
- Waschungen oder Bäder mit Aufguss aus Thymian, Schafgarbe, Lavendel, Efeu, Zinnkraut, Stiefmütterchen, Walnussblätterabsud und Molkebäder.
- Regelmäßige Bäder mit schwefelhaltigen Präparaten.
- Äußerliche Anwendung von Perubalsam, Schafgarben- oder Zinnkraut-Salben.

4.2.2 Haarmilbenbefall

Krankheitsursachen: *Myobia musculi, Myocoptes musculinus*
Symptome, Diagnose: Juckreiz und Unruhe bei leichterem Befall, bei starkem Befall starke Störung des Allgemeinbefindens, Apa-

thie, Abmagerung und Tod. Nachweis der Milben mit der Lupe oder in einem Hautgeschabsel.

Behandlungsstrategie: Bekämpfung der Parasiten, Optimierung der Haltungsbedingungen und Stärkung des Immunsystems

Allgemeine Maßnahmen

- Optimierung der Fütterung,
- regelmäßige Reinigung des Stalls und der Umgebung,
- Desinfektion des Stalls, des Stallinventars und der Umgebung mit geeigneten Antiparasitika, z.B.. Permetrin, Dichlorvos (Blattanex® Fliegenstrip),

Allopathie

- Lokal: Phosphorsäureester Bromodan als 0,5–0,6%iges Bad, das ganze Tier behandeln! 2–3-mal im Abstand von 7 Tagen.
- Systemisch: Ivermectin (Ivomec®) 0,004 ml/100 g Körpergewicht, auf Grund des geringen Körpergewichts und der hohen Konzentration des Wirkstoffs im Präparat ist eine exakte Dosierung sehr schwierig. Zur Verdünnung kann Propylenglykol verwendet werden.
- Stärkung des Immunsystems mit Paraimmunitätsinducern (z.B. Baypamune®).

Homöopathie, Phytotherapie: siehe Kap. 4.2.1

4.2.3 Demodikose

Krankheitsursachen: *Demodex autrati, D. criceti*
Faktorenkrankheit: Mangelhafte Haltungsbedingungen, schlechte Fütterung, Stress, hohes Alter und Vorerkrankungen wirken prädisponierend.

Symptome, Diagnose: Trockene haarlose Stellen v.a. am Rücken, später Schuppen und blutiger Schorf. Nachweis der Milben in einem tiefen Hautgeschabsel vom Rande der Veränderung.

Behandlungsstrategie: Demodexmilben sind sehr hartnäckig, in manchen Fällen ist eine Heilung nicht möglich. Neben der Bekämpfung der Parasiten ist die Optimierung der Haltungsbedingungen und der Fütterung sehr wichtig, ebenso die Stärkung des Immunsystems.

Allgemeine Maßnahmen

- Verbesserung der Haltungsbedingungen: regelmäßige Reinigung und Desinfektion des Käfigs,
- Futteroptimierung,
- Desinfektion der Umgebung mit geeigneten Antiparasitika, z.B. Permetrin, Dichlorvos (Blattanex® Fliegenstrip).

Allopathie

- Lokal: Phosphorsäureester Bromodan als 0,5–0,6%iges Bad, das ganze Tier behandeln! 2–3-mal im Abstand von 7 Tagen.
- Systemisch: Ivermectin (Ivomec®) 0,004 ml/100 g Körpergewicht, auf Grund des geringen Körpergewichts und der hohen Konzentration des Wirkstoffs im Präparat ist eine exakte Dosierung sehr schwierig. Zur Verdünnung kann Propylenglykol verwendet werden.
- Stärkung des Immunsystems mit Paraimmunitätsinducern (Baypamune®).

Homöopathie, Phytotherapie: siehe Kap. 4.2.1.

4.2.4 Notoedresräude

Krankheitsursache: *Notoedres notoedres*, Übertragung durch direkten Kontakt

Symptome, Diagnose: Bei Weibchen kleieartig-borkige Beläge am Ohr, beim Männchen am ganzen Körper (Nase, Backen, Extremitäten, Schwanz, äußere Geschlechtsorgane). Nachweis der Milben im Hautgeschabsel. Ohne Behandlung sterben die Tiere nach 2–3 Monaten.

Behandlungsstrategie: Bekämpfung der Parasiten, Optimierung der Haltungsbedingungen und der Fütterung, Stärkung des Immunsystems

Allgemeine Maßnahmen

- Verbesserung der Haltungsbedingungen: regelmäßige Reinigung und Desinfektion des Käfigs,

- Futteroptimierung,
- Desinfektion der Umgebung mit geeigneten Antiparasitika, z. B. Permetrin, Dichlorvos.

Allopathie

- Lokal: HCH-Präparate
- Systemisch: Ivermectin (Ivomec®) 0,004 ml/100 g Körpergewicht, auf Grund des geringen Körpergewichts und der hohen Konzentration des Wirkstoffs im Präparat ist eine exakte Dosierung sehr schwierig. Zur Verdünnung kann Propylenglykol verwendet werden.
- Stärkung des Immunsystems mit Paraimmunitätsinducern (Baypamune®).

Homöopathie, Phytotherapie: siehe Kap. 4.2.1.

4.2.5 Rattenmilbenbefall

Krankheitsursache: *Ornithonyssus bacoti*
Wichtig: auf den Menschen übertragbar!

Symptome, Diagnose: Starker Juckreiz, die Milben sind an weichen Hautstellen mit dem bloßen Auge erkennbar.

Behandlungsstrategie: Bekämpfung der Parasiten, Optimierung der Haltungsbedingungen und der Fütterung, Stärkung des Immunsystems

Allgemeine Maßnahmen

- Verbesserung der Haltungsbedingungen: regelmäßige Reinigung und Desinfektion des Käfigs,
- Futteroptimierung, Desinfektion der Umgebung mit geeigneten Antiparasitika, z. B. Permetrin, Dichlorvos (Blattanex® Fliegenstrip).

Allopathie

- Lokal: Phosphorsäureester Bromodan als 0,5–0,6 %iges Bad, das ganze Tier behandeln! 2–3-mal im Abstand von 7 Tagen, Dichorphos (Lindan®) 0,025 %ig.
- Systemisch: Ivermectin (Ivomec®) 0,004 ml/100 g Körpergewicht, auf Grund des geringen Körpergewichts und der hohen

Konzentration des Wirkstoffs im Präparat ist eine exakte Dosierung sehr schwierig. Zur Verdünnung kann Propylenglykol verwendet werden.
- Stärkung des Immunsystems mit Paraimmunitätsinducern (Baypamune®).

Homöopathie, Phytotherapie: siehe Kap. 4.2.1.

4.3 Hautentzündungen (Dermatitis), Hautabszesse

Krankheitsursachen: Infizierte Bisswunden oder Kratzer, Hautpilzerkrankungen (*Actinomyces israeli*), Parasiten; beteiligte Keime: Staphylokokken, Streptokokken, *Pasteurella pneumotropica*; v.a. bei Tieren, die ihre Schnauze oft und gerne zwischen den Gitterstäben hin und her reiben.

Symptome, Diagnose: Entzündete, schmerzhafte Hautareale, z.T. eitrig-suppend, Schmerzhaftigkeit, bei starker Infektion mit aggressiven Erregern beeinträchtigtes Allgemeinbefinden.

Behandlungsstrategie: Bekämpfung der Erreger, Beseitigung der Ursachen, Stärkung des Immunsystems.

Allgemeine Maßnahmen
- Parasitenbekämpfung (siehe Kapitel 4.1 und 4.2),
- Optimierung der Fütterung (Einweiß- und Vitamin-Versorgung sicherstellen, z.B. mit Multivitaminen®, Pervivet® Nager),
- hygienische Haltungsbedingungen schaffen.

Allopathie
- Abszessspaltung und Spülung,
- Wundtoilette mit Wasserstoffperoxid-Lösung 2–3%ig oder milden desinfizierenden Lösungen (z.B. Betaisodona®), antibiotische Wundsalben,
- Unterstützung des Immunsystems mit Paraimmunitätsinducern (Baypamune®).

Homöopathie: Nur unterstützend zur Allopathie!
- Monopräparate, je nach Arzneimittelbild: Sulfur D6, Psorinum D30, Hepar sulfuris D6,

- Kombinationspräparate: SupraCell® N 200, Dermisal®, Cutis compositum®; Stärkung des Immunsystems mit PetMun®.

Phytotherapie

- Waschungen oder Bäder mit Aufguss aus Thymian, Schafgarbe, Nelken, Lavendel, Efeu. Gegen die Hautentzündung helfen Waschungen mit Zinnkraut- oder Stiefmütterchentee, Walnussblätterabsud und Molkebäder,
- Äußerliche Anwendung von Perubalsam, Schafgarben- oder Zinnkraut-Salben,
- Regelmäßige Bäder mit schwefelhaltigen Präparaten.

4.4 Trichophytie

Krankheitsursachen: *Trichophyton mentagrophytes, Microsporum*-Arten; Infektion von Tier zu Tier oder durch verschimmeltes Heu
Wichtig: Übertragbar auf den Menschen!
Symptome, Diagnose: Hautrötungen, ovaler bis kreisförmiger Haarausfall beginnend meist an der Nase. Ausbreitung bis über die Augen, Lippen und Ohren, seltener am Rücken. Sicherung der Diagnose über Hautgeschabsel nach Behandlung mit 10%iger Kalilauge, Tesafilmabklatschpräparat und Pilzkultur.
Behandlungsstrategie: Bekämpfung des/der Erreger, Stärkung des Immunsystems, Optimierung der Haltungsbedingungen

Allgemeine Maßnahmen

- Unterstützend Scheren der betroffenen Stellen (nur mit Einverständnis des Besitzers!).
- Desinfektion der Umgebung und des Stalls (z.B. mit Sagrotan®).

Allopathie

- Lokal: Antimykotika z.B. Enilconazol 0,2%ige Lösung (Imaverol®) über mindestens 5 Wochen,
- Kombinationspräparate mit antibiotischer Komponente gegen Sekundärinfektionen, z.B. Surolan®,

- in schweren Fällen und bei Immunsuppression Griseofulvin (Likuden®), 2,5 mg/100 g Körpergewicht in zwei Portionen täglich über mindestens 5 Wochen.
- Stärkung des Immunsystems: Paraimmunitätsinducer, z.B. Baypamune® 0,1–0,2 ml pro Tier,
- Vitamin-Gaben.

Homöopathie

- Monopräparate, je nach Arzneimittelbild: Microsporie-Nosode D30, D200; Trichophytie-Nosode D30, D200; Sulfur D6, D12, D30,
- Kombinationspräparate: SupraCell® N 200, Vetokehl Trich® D5, Vetokehl Ver® D5, Pefrakehl® D6, Coenzyme compositum®, Cutis compositum®, Psorinum-Injeel®; Stärkung des Immunsystems mit PetMun®.

Phytotherapie

- Waschungen, Bäder, Betupfen: Propolis (10%ige Lösung oder Salbe); Tinktur oder 10–20%ige Lösungen von Echinacea, Calendula; Betupfen mit Teebaumöl (pur oder 10–20%ig); Klettenwurzel als Öl oder Abkochung/Aufguss, Seifenrinde und Seifenkraut als Abkochung/Aufguss,
- unterstützend Waschungen mit Essigwasser, Zinnkraut-Aufguss und Molke.

4.5 Granulombildung an den Ballen

Krankheitsursachen: Eingetretene Splitter oder spitze Einstreu-Partikel, die in der Ballensohle Fremdkörpergranulome hervorrufen, Sekundärinfektionen mit *Mycobacterium chelonei*

Symptome, Diagnose: Granulome an den Ballen, die sich langsam nach oben ausbreiten, Schmerzhaftigkeit, Lahmen. Die Zehen atrophieren, zurück bleiben verdickte Stummel.

Behandlungsstrategie: Wechsel der Einstreu, Eindämmen der Entzündung, wenn möglich Entfernen des Fremdkörpers (oft jedoch zu späte Vorstellung beim Tierarzt)

Allgemeine Maßnahmen

- Weiche, saubere Einstreu verwenden.

Allopathie

- Waschen der entzündeten Hautpartien mit Wasserstoffperoxid (2–3 %ige Lösung) und
- anschließend lokal mit antibiotischen Präpraraten behandeln (z. B. Betaisodona®).

Homöopathie

- Monopräparate: Hepar sulfuris D6, Mercurius solubilis D12,
- Kombinationspräparate: Supracell® N 400, Cutis compositum®, Dermisal®, Engystol®-N, jeden 2. Tag eine Ampulle ins Trinkwasser geben.

Phytotherapie

- Kompressen, Bäder, Waschungen, Umschläge mit Tinkturen oder 10–20 %igen Lösungen von Calendula, Kamille, Echinacea. Bäder mit Nussbaumblättern. Waschungen mit Zinnkraut- oder Stiefmütterchen-Aufguss, Walnussblätter-Absud, Molkebäder. Auftragen von Calendula Salbe, Echinacea Salbe,
- Fertigpräparate: Kamillosan®, Kamilloplant®, Wundbalsam®.

5 Augen

5.1 Bindehautentzündung (Konjunktivitis), LCM

Krankheitsursachen: Bakterielle Infektionen (*Streptococcus* spp., *Pasteurella* spp.), Zugluft, Reizungen (Desinfektionsmittel, Ammoniak-Dämpfe bei unregelmäßiger Stallreinigung), mechanische Reize (Fremdkörper, Staub, z.B. aus der Einstreu, Trauma), Abszesse im Oberkiefer (durch Karies) oder Zahnwurzelinfektionen, Bisswunden, Lymphozytäre Choriomeningitis LCM (s.u.)

Symptome, Diagnose: Anschwellen und kräftige Rotfärbung der Bindehäute, verstärkter Tränenfluss, z.T. auch eitrig-gelblich, auch aus der Nase. Weiterhin Anschwellen der Augenumgebung oder der gesamten Gesichtshälfte, Hervortreten des Augapfels (Exophthalmus)

Behandlungsstrategie: Abstellen der Ursache, Bekämpfung der Erreger, Optimierung der Haltungsbedingungen

Allgemeine Maßnahmen

- Verkrustetes Sekret mit physiologischer Kochsalzlösung oder Kräuteraufguss (s.u.) mit einem weichem Tuch entfernen. Wichtig: Keinen Kamillenaufguss an das Auge bringen (wirkt austrocknend und evtl. Verschlimmerung durch allergische Reaktion)!
- Stallhygiene optimieren, Einstreu ohne Sägemehl, Hobelspäne oder Torf verwenden, auf nicht-reizende Reinigungs- und Desinfektionsmittel umstellen.

Allopathie

- Antibiotische (und antientzündliche) Augensalben, je nach Präparat 3–5-mal täglich über mindestens 5 Tage, z.B. Aquapred-N®, Oleomycetin®.

- Vorsicht mit anderen Inhaltsstoffen, da diese resorbiert werden können und schwere Störungen im Magen-Darm-Trakt hervorrufen.
- Systemische Antibiose bei Störung des Allgemeinbefindens: Chloramphenicol 3–5 mg/100 g s.c. 2-mal täglich, Enrofloxacin (Baytril®) 0,5 mg/100 g p.o. 2-mal täglich.

Homöopathisch

- Monopräparate, je nach Arzneimittelbild: Euphrasia D2, D3; Apis D4, D6, D30; Pulsatilla D4, D6, D30,
- Kombinationspräparate: Keratisal Tropfen®, Pfx Euphrasia 130®, Pfx Cineraria I 9®, Vetokehl Not®, Quentakehl D6®, Euphrasia Oligoplex®, Oculoheel®, Belladonna Homaccord®, Conjunctisan Augentropfen®.

Phytotherapie

- Bindehautsack-Spülungen und Augenkompressen mit Aufguss aus Fenchel, Augentrost, Calendula oder 5–10%igen Lösungen von Augentrost-, Hypericum- oder Calendulatinktur.

5.1.1 Ursache LCM (Lymphozytäre Choriomeningitis)

Durch ein RNA-Virus verursachte Jungtierkrankheit (3–6 Monate) mit Entwicklungsstörungen, Konjunktividen, Krämpfen und Lähmungen; oft aber auch symptomlos. **Wichtig**: betrifft auch den Menschen! Grippeähnliche Erkrankungen oder Hirnhautentzündungen, bei schwangeren Frauen Fruchtmissbildungen und Fehlgeburten. Vorbeugung: Nur Tiere aus nachweislich LCM-freien Zuchten kaufen!

5.2 Trockene Augen (Keratokonjunktivitis sicca)

Krankheitsursachen: Häufig nach Verletzungen der Hornhaut, auch durch staubende Einstreu.

Symptome, Diagnose: Meist ist nur ein Auge betroffen. Hervorstehen des Augapfels, Austrocknung der Hornhaut, Blutungen aus dem Auge. Der Augapfel kann in sich zusammenfallen und in die Augenhöhle einsinken.

Behandlungsstrategie: Operative Entfernung des betroffenen Auges, Wechsel zu einer nicht-staubenden Einstreu.

Allopathie

- Operative Entfernung des betroffenen Augapfels unter Vollnarkose (Medetomidin mit Ketamin),
- anschließend antibiotische Versorgung mit Chloramphenicol 0,5 mg/100 g s.c. 2-mal täglich.

Homöopathie

- Monopräparate zur Unterstützung der Wundheilung, je nach Arzneimittelbild: Arnica D3, D4; Hamamelis D3, Staphisagria D6, D30; Calendula D2,
- Kombinationspräparat: SupraCell® N 200.

Phytotherapie

- Mit Aufguss aus Arnica, Hamamelis, Calendula betupfen,
- äußerliche Anwendung von Perubalsam, Arnica-, Hamamelis-, Calendula-Salben.

6 Mund- und Rachenraum

6.1 Zahnfehlstellungen

Krankheitsursachen: Veranlagung zu Zahnfehlstellungen werden angeboren, in diesen Fällen reiben die Kauflächen von Ober- und Unterkiefer nicht aufeinander. Werden die Backenzähne nicht gleichmäßig abgerieben, bleiben z.T. nadelspitze Zahnecken oder Zahntreppen stehen.
Symptome, Diagnose: Inappetenz, unzerkautes, breiiges Futter in den Mundwinkeln, schlechte Futteraufnahme bei anfänglichem Appetit, später Zahnfleischentzündungen, Zungenverletzungen, Backenabszesse, Inappetenz, Abmagerung, Tod durch Verhungern
Behandlungsstrategie: Zahnkontrolle, genügend Hartfutter anbieten.

Allgemeine Maßnahmen

- Auf genügendes Hartfutterangebot achten.
- Die Ursache (zu kurzer oder zu langer Unterkiefer) ist meist nicht zu beheben.
- Regelmäßige Zahnkontrollen durch den Tierarzt und gegebenenfalls Kürzen der betroffenen Zähne sind unbedingt nötig.

Allopathie

- Untersuchung des Gebisses mit dem Otoskop und einem Kiefer- und Wangenspreizer,
- Kürzen der Zahnecken mit einer Nagelzange oder im Falle der Incisivi mit einer kleinen Trennscheibe,
- Behandlung der Zahnfleischentzündungen mit Kamillenpräparaten (z.B. Kamillosan®),
- Abszesse spalten, spülen (z.B. mit Wasserstoffperoxid-Lösung oder Betaisodona®) und lokal antibiotisch behandeln (z.B. mit Leukase®-Kegel).
- Vitamingaben (z.B. Multivitamine®, Pervivet® Nager).

Homöopathie

- Monopräparate, je nach Arzneimittelbild gegen Zahnfleisch- und Mundschleimhautverletzungen: Mercurius solubilis D8, Mercurius sublimatus corrosivus D6, Borax D3,
- Kombinationspräparate: SupraCell® N 200, Traumeel®, Echinacea compositum®, Mucosa compositum®, Chamomilla-Injeel®, Arnica-Injeel®, Borax-Injeel®, Kreosotum-Injeel®, Mercurius solubilis Hahnemanni-Injeel®.

Phytotherapie

- Bepinseln oder Kompressen mit Aufguss oder Tinktur von Kamille, Calendula, Arnika,
- Fertigpräparate: Kamillosan®, Kamilloplant®.

6.2 Backenabszesse

Krankheitsursachen: *Staphylococcus aureus*, Streptokokken; Eindringen in die Wangenschleimhaut durch kleinste Verletzungen oder Bisswunden.

Symptome, Diagnose: Lokal Schwellungen, Rötungen und Verhärtungen der Haut und Unterhaut. Anschließend Abszesse sowie Zahnfachentzündungen mit Auftreibungen und Einschmelzungen des Kieferknochens. Eine anschließende Blutvergiftung (Septikämie) führt zu Abszessbildung an allen Organen. Der Erreger kann durch einen Abstrich und Anzüchtung auf geeigneten Nährmedien identifiziert werden.

Behandlungsstrategie: Unterstützung der Abszessreifung, Spaltung der reifen Abszesse, lokale und systemische Versorgung mit Antibiotika, Stärkung des Immunsystems.

Allopathie

- Unterstützung der Abszessreifung mit Campher- oder Ichthyolsalben (10 %ig),
- Spaltung der Abszesse und Spülen mit desinfizierenden Lösungen (z.B. Wasserstoffperoxid 2–3 %ig, Jod-Lösung, Betaisodona®); dazu kann die Backentasche nach außen umgelegt werden,

- lokal Leukase®-Kegel einbringen,
- systemisch Chloramphenicol 3–5 mg/100 g p. o. 2-mal täglich.

Homöopathie

- Monopräparate, je nach Arzneimittelbild: Myristica sebifera D6; Hepar sulfuris D6, Mercurius solubilis D12,
- Kombinationspräparate: SupraCell® N 300, SupraCell® N 400, Engystol®-N.

Phytotherapie

- Warme Kompressen oder Umschläge mit Leinsamen, Heublumen oder Kartoffelbrei auf die betroffene Stelle.

6.3 Verstopfung der Backentaschen

Krankheitsursache: Verfütterung von klebrigen Substanzen (Schokolade, Kaubonbon, Lakritze), die in den Backentaschen kleben bleiben.

Symptome, Diagnose: Ständiges Reiben und Kratzen an den Backentaschen deuten auf Entleerungsprobleme hin. Die Nahrungsaufnahme kann gestört sein.

Behandlungsstrategie: Manuelle Entleerung der Backentaschen, Optimierung der Fütterung.

Allopathie

- Umstülpen der Backentaschen mit einer stumpfen Pinzette, vorsichtiges Ausräumen der klebrigen Massen,
- Spülen mit physiologischer Kochsalzlösung.

7 Atmungsorgane

7.1 Infektion der Atemwege (Rhinitis, Sinusitis, Bronchitis, Bronchopneumonie)

Krankheitsursachen: Extreme Temperaturen, Zugluft, plötzliche Futterumstellung, Stress, Hygienemangel im Stallbereich (feuchte Einstreu) zusammen mit einer Reihe von Erregern: Sendaivirus, Mäusepneumonievirus, Streptokokken, *Pasteurella pneumotropica*. Der Haarwurm *(Trichosomoides nasalis)* verursacht eine Rhinitis und Konjunktivitis.

Symptome, Diagnose: Niesen, Reiben der Nase, Ausfluss aus der Nase (zuerst serös, später eitrig), verklebte Nasenlöcher, oft Konjunktivitis, Atemschwierigkeiten und Atemgeräusche, Appetitlosigkeit, gestörtes Allgemeinbefinden. Bei schweren bakteriellen Infektionen sind perakute Todesfälle möglich. Nachweis der Erreger durch Abstriche und das Anzüchten im Labor.

Behandlungsstrategie: Bekämpfung der Erreger, Erleichterung der Atmung, Stärkung des Immunsystems, Optimierung von Fütterung und Haltungsbedingungen.

Allopathie

- Lokal antibiotische Augentropfen (auch in die Nasenlöcher träufeln): Aquapred-N®, Oleomycetin®,
- bei hohem Fieber systemische antibiotische Therapie, z.B. mit Chloramphenicol 1 mg/100 g p.o., 3–5 mg/100 g s.c., immer ein Antibiogramm anfertigen!
- gegen den Haarwurm Fenbendazol (Panacur®), 1 mg/100 g Körpergewicht über 4 Tage,
- Multivitamingaben (z.B. Pervivet® Nager), bei Bedarf Infusion von 5%igen Glucose- oder Elektrolytlösungen,
- Stärkung des Immunsystems mit Paraimmunitätsinducern, z.B. Baypamune®, 0,1–0,2 ml pro Tier.

Homöopathie

- Monopräparate, je nach Arzneimittelbild: Aconitum D4, D6, D30; Bryonia D4, D6, D30; Ipecacuanha D6; Lachesis D8, D12, D30,
- Kombinationspräparate: SupraCell® N 300, SupraCell® N 500.

Phytotherapie gegen Entzündung und Krämpfe der Atemwege:

- Inhalationen mit Meersalz, Emser Salz, Menthol oder ätherischen Ölen von Kamille, Pfefferminze, Salbei, Thymian, Anis, Fenchel und Eukalyptus (Handtuch über den Käfig hängen, Schale mit heißem Wasser und dem Wirkstoff mit darunter stellen),
- Zubereitung als Aufguss, Sirup, Hustensaft, Frischpflanze von Eibisch, Malve, Spitzwegerich, Huflattich, Königskerze, Isländisch Moos oder Süßholz,
- Fertigpräparate, z.B. Kneipp Spitzwegerich-Pflanzensaft Hustentrost®.

8 Verdauungstrakt

8.1 Verstopfung (Obstipation)

Krankheitsursachen: Endoparasiten, proliferative Ileitis (s. Kap. 8.3), Fressen von Einstreu bei mangelhafter Fütterung, zu wenig Trinkwasser.

Symptome, Diagnose: Kleine, harte Kotbällchen oder kein Kotabsatz mehr, Inappetenz, schmerzhaftes Abdomen, verhärtete Kotmassen sind strangartig im Abdomen ertastbar.

Behandlungsstrategie: Aufweichend der Kotmassen, Zufuhr von Flüssigkeit p. o., Regulierung der Darmflora.

Allgemeine Maßnahmen

- Stets frisches Trinkwasser (Kontrolle des Auslaufröhrchens!).
- Eine ausgewogene Futterration anbieten, um die Darmperistaltik in Bewegung zu halten. Stress vermeiden.

Allopathie

- Aufweichen der Kotmassen: Paraffinum liquidum p. o. und rektal mit einer Spritze eingeben,
- Infusion mit physiologischer Kochsalzlösung s. c.,
- Unterstützung der Darmflora: Bird Bene Bac®, Sauerkrautsaft, naturbelassener Joghurt.

Homöopathie

- Monopräparate, je nach Arzneimittelbild: Nux vomica D6; Plumbum aceticum D6, Lycopodium D6,
- Kombinationspräparate: SupraCell® N 600, Chelidonium Komplex®, Nux vomica Homaccord®.

Phytotherapie

- Quellmittel: Leinsamen, Flohsamen, Agar-Agar, Weizenkleie,
- Anregung des Dickdarms: Senna als Aufguss (Tröpfchenweise), Sirup, Urtinktur; Rhabarber Tabletten, Sirup, Urtinktur; Aloe Tinktur (1–2 Tropfen).

8.2 Akute Darmentzündung (Enteritis)

Krankheitsursachen: Bandwurmbefall *(Hymenolepis fraterna)*, belastende Faktoren (Stress, falsche Fütterung, plötzliche Futterumstellung, Antibiotikagaben) ermöglichen ein Ungleichgewicht der Darmflora: pathogene Keime gewinnen die Überhand (z.B. *E. coli*, Salmonellen, Clostridien, *Bacillus pisiformis)*.

Symptome, Diagnose: Durchfall, Schwäche, Appetitlosigkeit, Polydipsie, Austrocknung, Krämpfe. Tod durch Kreislaufversagen und/oder Endotoxine.

Behandlungsstrategie: Bekämpfung der Erreger, Stützung des Kreislaufs, Abstellen der belastenden Faktoren, Fütterungs- und Haltungsoptimierung, Regulierung der Darmflora.

Allgemeine Maßnahmen
- Futterentzug für 24 Stunden (statt Wasser Elektrolytlösungen anbieten),
- anschließend trockene Kost,
- Hygienemaßnahmen im Käfig, um Reinfektion zu verhindern.

Allopathie
- Antibiotische Therapie: Chloramphenicol 3–5 mg/100 g s.c., oder 1 mg/100 g p.o., 5–10 mg/100 ml Trinkwasser, bei anderen Präparaten die Hinweise unter 3. Allgemeine Therapiehinweise beachten!
- Infusion mit 4–5 ml NaCl 0,9 % oder Vollelektrolytlösung s.c.,
- gegen Bandwurmbefall Praziquantel (Droncit®) 0,5 mg/100 g Körpergewicht s.c. oder Niclosamid (Mansonil®), 10 mg/100 g Körpergewicht p.o. alle 14 Tage,
- gegen Endotoxinschock Dexamethason 600 µg/kg s.c.,
- Wiederherstellung der Darmflora mit Bird Bene Bac®,
- Stimulierung des Immunsystems mit Baypamune® 0,1–0,2 ml/Tier.

Homöopathie
- Monopräparate, je nach Arzneimittelbild: Ipecacuanha D6; Arsenicum album D6; Veratrum album D4, D6; Mercurius solubilis D6, D12; Pyrogenium D8,

- Kombinationspräparate: Gastricumheel®, Vomitusheel®, SupraCell® N 500, SupraCell® N 600, Gastri L90 N®, Mucosa compositum®, Nux vomica Homaccord®, Spascupreel®, Spasmo-Injektopas®, Cefaspasmon®.

Phytotherapie

- Gegen Entzündungen und Krämpfe: Aufguss aus Kamille, Pfefferminze, Melisse, Süßholz, Gänsefingerkraut, Ringelblume,
- Schleimhautschutz: Kaolin, Bolus alba, Pektin, Heilerde: bis zu 3 Messerspitzen täglich in lauwarmem Wasser gelöst eingeben; Schleime aus Leinsamen, Hafer, Reis,
- Regulation der Verdauung: Aufguss aus Kamille, Pfefferminze, Melisse, Anis, Fenchel, Kümmel,
- Fertigpräparate: Dysticum®, Stullmisan®, Cefagastrin®, Gastritol®, Infitrakt®.

8.3 Wet Tail Syndrome (Proliferative Ileitis, Transmissible Ileumhyperplasie)

Krankheitsursachen: Noch nicht genau bekannt; es werden verschiedene Krankheitserreger (Viren, Giardien, *E. coli*, Pfriemenschwänze) sowie minderwertiges Futter, familiäre Veranlagung und Transportstress diskutiert.

Symptome, Diagnose: Bei Tieren zwischen 3–8 Wochen treten Appetitlosigkeit, wässriger Durchfall, Austrocknung auf. In der akuter Form Tod durch Kreislaufversagen innerhalb von 48 Stunden. Der Schwanz und das Hinterteil sind vom Durchfall durchweicht (Wet Tail = nasser Schwanz). In der subakuten Form kommen Wachstumsverzögerungen, chronischer Durchfall (auch blutig), ein verdickter Darm (kann als strangartiges Gebilde ertastet werden), Darmverschluss, Vorfall des Enddarms und Bauchfellentzündung vor.

Behandlungsstrategie, Therapie: siehe Kapitel 8.2

8.4 Tyzzer's Disease

Krankheitsursache: *Bacillus pisiformis*

Symptome, Diagnose: V. a. bei Mutter- und Jungtieren. Durchfall, Appetitlosigkeit, mattes, struppiges Fell, perakuter Verlauf bei Jungtieren mit plötzlichen Todesfällen, schleichender, chronischer Verlauf bei älteren Tieren. Nachweis der Erreger im Kot durch Anzüchtung auf geeigneten Nährmedien.

Behandlungsstrategie: Bekämpfung der Erreger, Optimierung der Fütterung und der Stallhygiene, Wiederherstellung der Darmflora.

Allopathie

- Antibiotische Therapie: Chloramphenicol 3–5 mg/100 g s.c. oder 1 mg/100 g p.o., 5–10 mg/100 ml Trinkwasser, bei anderen Präparaten die Hinweise unter 3. Allgemeine Therapiehinweise beachten!
- Infusion mit 4–5 ml NaCl 0,9 % oder Ringer®-Lösung s.c.,
- Wiederherstellung der Darmflora mit Bird Bene Bac®.

Homöopathie

- Monopräparate, je nach Arzneimittelbild: Ipecacuanha D6; Arsenicum album D6; Veratrum album D4, D6; Mercurius solubilis D6, D12; Pyrogenium D8,
- Kombinationspräparate: SupraCell® N 500, SupraCell® N 600, Gastricumheel®, Vomitusheel®, Gastri L90 N®, Mucosa compositum®, Nux vomica Homaccord®, Spascupreel®, Spasmo-Injektopas®, Cefaspasmon®.

Phytotherapie

- Gegen Entzündungen und Krämpfe: Aufguss aus Kamille, Pfefferminze, Melisse, Süßholz, Gänsefingerkraut, Ringelblume,
- Schleimhautschutz: Kaolin, Bolus alba, Pektin, Heilerde: bis zu 3 Messerspitzen täglich in lauwarmem Wasser gelöst eingeben; Schleime aus Leinsamen, Hafer, Reis,
- Regulation der Verdauung: Aufguss aus Kamille, Pfefferminze, Melisse, Anis, Fenchel, Kümmel,

- Fertigpräparate: Dysticum®, Stullmisan®, Cefagastrin®, Gastritol®, Infitrakt®.

8.5 Endoparasiten

8.5.1 Protozoen

Krankheitsursachen: *Giardia* spp., *Spironucleus muris* und *Trichomonas* spp.
Physiologische Darmbewohner, können durch Störungen im Gleichgewicht der Darmflora (Antibiotika, Stress, falsche Fütterung etc.) Überhand nehmen und Durchfälle verursachen.
Symptome, Diagnose: Durchfall, die Erreger sind in einem Kotausstrich unter dem Mikroskop zu erkennen.
Behandlungsstrategie: Bekämpfung der Erreger, Normalisierung der Darmflora, Optimierung der Fütterung und Haltungsbedingungen.
Allopathie

- Metronidazol (Clont®) 8 mg/100 g p. o.,
- Unterstützung der Darmflora mit Bird Bene Bac®, naturbelassener Joghurt, Sauerkrautsaft.

Homöopathie: Nur unterstützend zur Allopathie

- Monopräparate: Podophyllum D6; Arsenicum album D6; Veratrum album D6, je 5 Globuli im Trinkwasser auflösen,
- Kombinationspräparate: SupraCell® N 600, Abrotanum-Injeel®, Tanacet-Heel®, Mucosa compositum®, Calcium carbonicum-Injeel®.

8.5.2 Bandwurmbefall

Krankheitsursachen: *Hymenolepis fraterna (nana)* und *diminuta.* Wichtig: Auf den Menschen übertragbar!
Symptome, Diagnose: Struppiges Fell, Abmagerung, Inappetenz, Polyurie und Durchfall (z. T. blutig). Nachweis einer Entwicklungsstufe der Erreger (Oozysten) nach Anreicherung mittels Flotationsmethode.

Behandlungsstrategie: Bekämpfung der Erreger, Optimierung der Fütterung und der Haltungsbedingungen, Unterstützung der physiologischen Darmflora.

Allgemeine Maßnahmen

- Während der Behandlungszeit tägliche Reinigung und Desinfektion des Stalls, um Reinfektionen zu vermeiden,
- stressfreie Umgebung schaffen,
- hochwertige, ausgewogene Kost anbieten,
- Vitaminzufuhr über das Trinkwasser sichern.

Allopathie

- Niclosamid (Mansonil®) 10 mg/100 g Körpergewicht alle 14 Tage, Praziquantel (Droncit®) 0,5 mg/100 g Körpergewicht,
- Unterstützung der Darmflora mit Bird Bene Bac®, Sauerkrautsaft, naturbelassener Joghurt.

Homöopathie: Nur unterstützend zur Allopathie!

- Monopräparate: Natrium sulfuricum D12, Crotalus D12, je 5 Globuli im Trinkwasser auflösen, Calcium carbonicum D200, einmal pro Woche 5 Globuli im Trinkwasser auflösen,
- Kombinationspräparate: SupraCell® N 500, Abrotanum-Injeel®, Tanacet-Heel®, Mucosa compositum®, Calcium carbonicum-Injeel®.

8.5.3 Pfriemenschwanzbefall (Oxyuridose)

Krankheitsursache: *Syphacia obvelata*

Symptome, Diagnose: Bei starkem Befall Abmagerung, Enteritis, Darminvagination und Rectumprolaps. Nachweis der Eier im Stuhl mittels Flotationsmethode oder im Tesafilmabklatsch vom Anus.

Behandlungsstrategie: Bekämpfung der Erreger, Regeneration des Darms, Optimierung der Fütterungs- und Haltungsbedingungen

Allgemeine Maßnahmen

- Während der Behandlungszeit tägliche Reinigung und Desinfektion des Stalls, um Reinfektionen zu vermeiden,
- stressfreie Umgebung schaffen,

- hochwertige, ausgewogene Kost anbieten,
- Vitaminzufuhr über das Trinkwasser sichern.

Allopathie

- Orale Wurmkuren mit Fenbendazol (Panacur®) 0,5–0,8 mg/100 g Körpergewicht,
- Unterstützung der Darmflora mit Bird Bene Bac®, Sauerkrautsaft.

Homöopathie: nur unterstützend zur Allopathie

- Monopräparate: Abrotanum D1; China D4; Calcium carbonicum D12,
- Kombinationspräparate: SupraCell® N 500, Abrotanum-Injeel®, Tanacet-Heel®, Mucosa compositum®, Calcium carbonicum-Injeel®.

9 Fortpflanzungsorgane

9.1 Gesäugeentzündung (Mastitis)

Krankheitsursachen: Streptokokken, Staphylokokken, Pasteurellen. Eindringen der Keime durch die Milchkanäle bzw. durch feinste Läsionen (hervorgerufen durch raue Einstreu oder die Jungtiere, gefährdet sind v. a. Tiere mit tief hängendem Gesäuge).

Symptome, Diagnose: Schmerzhaftes, geschwollenes Gesäuge, Hautrötung, Verhärtungen des Gesäugegewebes, z. T. stark gestörtes Allgemeinbefinden

Behandlungsstrategie: Entzündungshemmende und desinfizierende Maßnahmen, Bekämpfung der Erreger, Stimulation des Immunsystems. Eine Handaufzucht der Jungtiere ist nicht zu empfehlen.

Allopathie

- Systemische Antibiotika, je nach Erreger (Antibiogramm aus dem Sekret des betroffenen Gesäugekomplexes), z. B. Chloramphenicol 3–5 mg/100 g s.c. oder 1 mg/100 g p.o., 5–10 mg/100 ml Trinkwasser, bei anderen Präparaten die Hinweise im Kap. 3. Allgemeine Therapiehinweise S. 257 f. beachten!
- lokal kühlende Heparin-Gels, essigsaurer Tonerde, Mastitis-Salben,
- Stimulation der Immunsystems: Paraimmunitätsinducer (z. B. Baypamune® 0,05–0,1 ml/Tier).

Homöopathie

- Monopräparate, je nach Arzneimittelbild: Phytolacca D4, D6, D12; Apis D4, D6, D30; Hepar sulfuris D4, D6, D12, D30; Streptokokken-Nosode, Staphylokokken-Nosode,
- Kombinationspräparate: Phytolacca-Injeel® forte, Lachesis compositum®, Echinacea compositum®, Staphylosal®.

Phytotherapie

- Kühlende, entzündungshemmende Anwendungen: Umschläge mit Calendula-Lösungen, Quarkpackungen, Essigwasser-Umschläge,
- Fertigpräparate: Euterbalsam N.

9.2 Gebärmutterentzündung (Endometritis)

Krankheitsursachen: Staphylokokken, Streptokokken, Pasteurellen, Korynebakterien

Symptome, Diagnose: Ausfluss aus der Scheide, gestörtes Allgemeinbefinden, Appetitlosigkeit, vergrößertes Abdomen

Behandlungsstrategie: Versuch mit systemischen Antibiotika, ansonsten Kastration mit Entfernung der entzündeten Gebärmutter

Allopathie

- Systemisch Chloramphenicol 3–5 mg/100 g s.c. oder 1 mg/100 g p.o., 5–10 mg/100 ml Trinkwasser, bei anderen Präparaten die Hinweise unter 3. Allgemeine Therapiehinweise beachten!
- Entfernung der entzündeten Gebärmutter.

Homöopathie

- Monopräparate, je nach Arzneimittelbild: Sabina D4, D6; Pyrogenium D15, D30; Lachesis D8, D30,
- Kombinationspräparate: Lachesis compositum®, Mucosa compositum®, Metrovetsan®, SupraCell® N 300, Metro-Adnex-Injeel®, Metrovetsan®, Lamioflur®, Pulsatilla-Injeel® forte.

10 Harnorgane

10.1 Nierenentzündung (Nephritis, Nephrose)

Krankheitsursachen: Ungeklärt; bei alten Tieren oft chronisch
Symptome, Diagnose: Aufgekrümmter Rücken, vermehrtes Trinken, Austrocknung, Proteinausscheidung im Urin
Behandlungsstrategie: Unterstützung der Nierenfunktion, Optimierung der Fütterung

Allgemeine Maßnahmen

- Heilwasser zu trinken geben,
- auf gute Vitaminversorgung achten.

Allopathie

- Es gibt keine spezifische Nierentherapie.
- Gegen die Austrocknung Infusionen mit Vollelektrolyt-Lösungen (3–5 ml s. c.).

Homöopathie

- Monopräparate, je nach Arzneimittelbild: Cantharis D4; Phosphorus D8; Thuja D6,
- Kombinationspräparate: SupraCell® N 900, SupraCell® N 300, Reneel®, Pascorenal®, Loges® Uro-L90.

Phytotherapie

- Aufguss aus Goldrute und Orthosiphonblättern zu trinken geben (mit Honig oder Sirup süßen).

11 Verschiedenes

11.1 Übergewicht

Übergewicht führt zu vermehrten Kreislaufproblemen bei extremen Temperaturen und vermindert die Fruchtbarkeit.
Maßnahmen: weniger Kraftfutter, kalorienarme Leckerchen (kein Zucker, kein Fett siehe Beschreibung auf der Packung). Viel Bewegung ermöglichen, z.B. in speziellen Laufkugeln aus Kunststoff.

11.2 Überalterung

Ab dem 15. Lebensmonat beginnen Alterserscheinungen wie Herz und Zahnprobleme, Nierenerkrankungen und Leberveränderungen. Symptomatisch zeigen sich u.a. ein stumpfes Fell, Austrocknung, verklebte Augen und Gleichgewichtsstörungen.

Therapeutisch kann eine ausgewogene Ernährung, ausreichende Vitaminversorgung und die Bekämpfung einzelner Symptome Erleichterung bringen. Homöopathisch kann je nach Arzneimittelbild mit folgenden Monopräparaten vorgegangen werden: Arnica montana D4; Arsenicum album D6, D12, D30; Kalium carbonicum D4; Sepia D8; Crataegus D1; Lycopodium D12,

Kombinationspräparate: SupraCell® N 200, Coenzym compositum®, Cerebrum compositum®, Cralonin®, Ambra-Injeel®.

11.3 Kannibalismus

Das Fressen des eigenen Nachwuchses kommt bei sehr jungen und unerfahrenen Müttern häufiger vor. Ursächlich für den Kannibalismus werden Vernachlässigung, falsche Haltung und Fütterung (zu wenig Eiweiß und Vitamin E), Krankheiten, Stress, Störung des Weibchens 48 Stunden vor bis 10 Tage nach der Geburt,

Anfassen der Jungtiere vor dem 10. Lebenstag, ungünstige Lage und Größe des Nests.

Zur Vorbeugung sollten alle oben genannten Faktoren abgestellt werden. Zusätzlich sollte reichlich weiches Nistmaterial zur Verfügung gestellt werden. Der Käfig sollte kurz vor und eine Woche nach dem Wurf nicht geputzt werden, es sollte genügend Futter, Wasser und trockene Einstreu zur Verfügung stehen.

Ratte

1 Anatomische und physiologische Besonderheiten

Wegen ihrer Intelligenz und ihres freundlichen Wesens werden Ratten als Heimtiere immer beliebter. Es existieren verschiedene Farbschläge: creme-, mink- oder champagnerfarben mit hellroten oder dunkelroten Augen, Scheckenratten mit schwarzen Augen und unterschiedlich weiß-schwarz oder weiß-braun gescheckten Fell, Haubenratten mit dunklem Kopf und Aalstrich auf dem Rücken.

Ratten sind **Allesfresser**. Der Magen ist durch eine Falte in zwei Abteilungen geteilt, weshalb die Ratte sich nicht erbrechen kann.

Neben den Augen befinden sich die so genannten Harderschen Drüsen. Sie produzieren ein rötliches Sekret. Verkrustungen in diesem Bereich deuten auf eine verminderte Putzaktivität der Ratte hin und können somit Hinweise auf ein gestörtes Allgemeinbefinden oder geriatrische Probleme geben.

Körpergewicht: 250–300 g (Weibchen), 350–500 g (Männchen)
Körperinnentemperatur: 37–39,5 °C
Atmung: 70–110 Atemzüge pro Minute
Puls: 250–400 Schläge pro Minute
Geschlechtsreife: 6 Wochen
Brunsthäufigkeit und Zyklusdauer: Das ganze Jahr über mit einer Zykluslänge von 4–5 Tagen. Auch nach einer Geburt setzt der Zyklus schon nach 24 Stunden wieder ein.
Trächtigkeitsdauer: 21–23 Tage
Absetzalter: 3 Wochen

2 Haltung, Pflege, Fütterung

Ratten sind überaus **intelligente Tiere**. Je mehr Umgebungsreize und Anregung sie in ihrer Jugend erfahren, umso zutraulicher und stressresistenter werden sie. Eine Ratte sieht ihren Käfig als ihr eigenes Revier an und sollte darum schon als Jungtier zu zweit oder in Gruppen gehalten werden. Um ältere Tiere, v.a. ausgewachsene Männchen, zusammen zu bringen, muss das in einem neuen Käfig geschehen, da ansonsten der jeweils Alteingesessene sein Revier bis aufs Blut verteidigt.

Der **Käfig** sollte aus leicht zu reinigendem Kunststoff mit rostfreien Gitterstäben bestehen. Ein Häuschen mit kleinem Einschlupfloch aus Holz oder Kunststoff ist geeignet als Zufluchtsort und Schlafmöglichkeit. **Laufräder sind für Ratten ungeeignet**, da der Körperbau der Ratte nicht für die Bewegung in Lordose-Haltung ausgelegt ist und der Schwanz leicht gequetscht werden kann. Eine dicke Schicht **Einstreu** aus staubfreiem Material wie Holzwolle, Zellstoff, Papier oder groben Sägespänen wird gerne als Versteck genutzt. Plastik- oder Pappröhren (z.B. aus dem Baustoffhandel), verschiedene **Spielzeuge und Klettermöglichkeiten** sind ebenfalls beliebt.

Besonders Albinoratten (reinweiß mit hellroten Augen) reagieren **empfindlich auf UV-Strahlen**. Erblindung durch zu starke oder zu lange Lichteinwirkung ist keine Seltenheit!

Ratten sind im Grunde **nachtaktiv**, können jedoch durch die Fütterung am Tage zu einer gewissen Tagaktivität umerzogen werden. Als **Allesfresser** benötigt eine Ratte täglich rund 15–20 g Futter. Es sollte mindestens 25 % Rohprotein, 45 % Kohlenhydrate und 8 % Fett beinhalten. Neben **Kraftfutter** (herkömmliche Fertigmischung) eignen sich Obst und Gemüse als Saftfutter. Selbst gesammeltes **Grünfutter** nur an unbelasteten Stellen suchen (keine Straßenränder oder Bahndämme), gut waschen und gut trocknen (nasses Futter verdirbt schnell und kann zu Verdauungsproblemen führen).

Zusätzlich kann Heu, trockenes Brot, alle Getreidesorten, Sonnenblumen- und Kürbiskerne, Nüsse, Hundekuchen, Kartoffeln, Nudeln, für den **Eiweißbedarf** gekochtes Fleisch, Leber, Fisch, Mehlwürmer und gekochtes Ei angeboten werden. Ratten neigen leicht zu Übergewicht. Ausreichend Bewegung und eine ausgewogene Ernährung sind darum wichtig, um die Tiere vor gesundheitlichen Schäden durch Fettsucht zu bewahren. **Trinkwasser** sollte aus hygienischen Gründen in einer Flasche und nicht in einem Napf angeboten werden. Eine Ratte benötigt rund 10 % des eigenen Gewichts an Flüssigkeit pro Tag.

3 Allgemeine Therapiehinweise

Das **richtige Anfassen**: Handzahme Tiere können von oben mit der Hand genommen werden, Daumen und Zeigefinger liegen knapp hinter den Vorderbeinen. Wahlweise kann ein Vorderbein mit dem Zeige- und Mittelfinger fixiert werden, während der Daumen leicht unter das Kinn gedrückt wird. Das Hochheben am Schwanz sollte nur von geübten Personen durchgeführt werden: dazu greift man das Tier möglichst nah an der Schwanzwurzel. Vorsicht: Die Haut am Schwanz ist sehr leicht vom Untergrund zu lösen!

Streptomycin und Dihydrostreptomycin wird von Ratten nicht vertragen und sollte darum nicht verwendet werden. Nach einer Therapie mit Ivomectin sind Ratten oft einen Tag lang müde und abgeschlagen.

Arzneimittel können über das Trinkwasser verabreicht werden, das mit Sirup oder süßem Saft schmackhafter gemacht werden kann.

Für die künstliche Ernährung im Krankheitsfall ist Babynahrung (Früchte, Gemüse, Fleisch) geeignet, das mit Honig, Sirup und Pflanzenöl angereichert werden kann.

Subkutane Injektionen können bei einer ruhigen Ratte in eine hochgezogene Hautfalte zwischen den Ohren platziert werden (max. 5 ml). Intramuskuläre Injektionen in die langen Sitzbeinmuskeln sind möglich, wegen der Gefahr irreparabler Nervenschädigungen und damit verbundenen Lähmungen müssen sie aber sehr sorgfältig mit einer möglichst feinen Kanüle ausgeführt werden. Die maximale Menge beträgt an dieser Stelle 0,25 ml.

Tab. 8: Arzneistoffe für Ratten

Arzneistoff	Dosierung	Anwendung
Antibiotika		
Amoxicillin	5–10 mg/kg	i. m. alle 12 Stunden
Amoxicillin + Clavulansäure	5–10 mg/kg	p. o.
Ampicillin	10–20 mg/kg 5–10 mg/kg	p. o. s. c.
Cefalexin	60 mg/kg	p. o.
Chloramphenicol-palmitat	50 mg/kg	p. o. 3-mal täglich
Chloramphenicol-succinat	30 mg/kg	i. m. 3-mal täglich
Enrofloxacin	5–10 mg/kg	s. c., p. o.
Gentamicin	5 mg/kg	i. m., s. c.
Oxytetracyclin	50 mg/kg 400 mg/Liter Trinkwasser	p. o.
Tetracyclin	200–500 mg/1 Liter Trinkwasser	
Trimethoprim-Sulfonamid	50–60 mg/kg	p. o., s. c., i. m.
Antiparasitika		
Dichlorvos-Kassette (Baygon-Strip®)	in 30 cm Abstand für 24 Stunden vor dem Käfig aufstellen; 3-mal mit je 1 Woche Pause	
Ivermectin	0,2–0,4 mg/kg	s. c.
Niclosamid	200 mg/kg	p. o.
Praziquantel	5 mg/kg	p. o.

Arzneistoff	Dosierung	Anwendung
Sonstige		
Acetylsalicylsäure	400 mg/Liter Trinkwasser	
Atropin + Ketamin + Xylazin	0,1–0,3 mg/kg 40–50 mg/kg 1–2 mg/kg	s. c. i. m. i. m.
Diazepam	2,5 mg/kg	i. p.
Prednisolon	2–10 mg/kg	s. c.
Triamteren	30 mg/kg	p. o.

4 Haut und Haarkleid

4.1 Leitsymptome Haarausfall und Alopezie

Krankheitsursachen: Milben- oder Läusebefall, Eiweißmangel, Nephrose, Dermatitiden bakteriellen Ursprungs, Überalterung
Behandlungsstrategie: Richtet sich nach der einzelnen Erkrankung. Grundsätzlich Optimierung der Haltungsbedingungen: Stallhygiene, allergenfreie Einstreu, gleichbleibend hochwertige Kost, Vitamingaben mit dem Trinkwasser, Eiweißversorgung sicherstellen.

4.2 Milbenbefall

4.2.1 Befall mit Radfordia ensifera

Krankheitsursachen: *Radfordia ensifera*, mangelhafte Haltungsbedingungen, schlechte Fütterung, Stress, hohes Alter und Vorerkrankungen
Symptome, Diagnose: Befällt Tiere jeden Alters. Juckreiz, Schuppenbildung, Verdickung der Haut an Kopf, Ohren und Hals. Nachweis der langbeinigen Milben in einem tiefen Hautgeschabsel vom Rande einer veränderten Hautstelle.
Behandlungsstrategie: Bekämpfung der Parasiten, Optimierung der Haltungsbedingungen und Stärkung des Immunsystems
Allgemeine Maßnahmen
- Optimierung der Fütterung,
- regelmäßige Reinigung des Stalls und der Umgebung,
- Desinfektion des Stalls, des Stallinventars und der Umgebung mit geeigneten Antiparasitika, z.B. Permetrin, Dichlorvos.

Allopathie
- Lokal: Bepudern mit 1%igem Lindan®.

- Aufhängen einer Dichlorvoskassette in Käfignähe (Vorsicht: struppiges Fell, zusammengekrümmte Haltung, später Krämpfe und Lähmungen deuten auf eine Vergiftung der Ratte hin! Schon bei den ersten Symptomen die Kassette weiter vom Tier entfernen!).

Homöopathie: Nur unterstützend zur Allopathie!

- Monopräparate: Sulfur D6, Psorinum D30, Hepar sulfuris D6,
- Kombinationspräparate: SupraCell® N 200, Dermisal®, Cutis compositum®; Stärkung des Immunsystems mit PetMun®.

Phytotherapie

- Einreibungen mit Lorbeer- oder Hauswurzöl, das mit ätherischen Ölen von Teebaum, Lavendel, Thymian oder Nelken versetzt werden kann.
- Waschungen oder Bäder mit Aufguss aus Thymian, Schafgarbe, Lavendel, Efeu. Gegen die Hautentzündung helfen Waschungen mit Zinnkraut- oder Stiefmütterchentee, Walnussblätterabsud und Molkebäder.
- Regelmäßige Bäder mit schwefelhaltigen Präparaten.
- Äußerliche Anwendung von Perubalsam, Schafgarben- oder Zinnkraut-Salben.

4.2.2 Räude

Krankheitsursache: *Notoedres muris*
Lebt in einer tiefen Hautschicht ausschließlich auf dem Wirt. Ansteckung über direkten Kontakt oder über andere Haustiere
Symptome, Diagnose: Bläschen, Papeln, gelbe Krusten und warzenartige Hautwucherungen an Ohren, Nase, dem Schwanz, den Füßen und den Genitalien. Starker Juckreiz, oft bakterielle Infektionen an den aufgekratzten Hautpartien. Nachweis der Milben in einem tiefen Hautgeschabsel.
Behandlungsstrategie: Bekämpfung der Parasiten, Vermindern des Juckreizes, Optimierung der Haltungsbedingungen, Stärkung des Immunsystems,

Allgemeine Maßnahmen

- Die Krusten mit desinfizierenden Lösungen (z. B. Betaisodona®), Paraffin- oder Pflanzenölen einweichen und vorsichtig entfernen,
- Optimierung der Fütterung,
- regelmäßige Reinigung des Stalls und der Umgebung,
- Desinfektion des Stalls, des Stallinventars und der Umgebung mit geeigneten Antiparasitika, z. B. Permetrin.

Allopathie

- Lokal: 01–0,25 %ige Lindan®-Lösung 1–2-mal anwenden,
- systemisch: Ivermectin (Ivomec®) 0,2 mg/1 kg Körpergewicht, s. c. auf Grund des geringen Körpergewichts und der hohen Konzentration des Wirkstoffs im Präparat ist eine exakte Dosierung sehr schwierig. Zur Verdünnung kann Propylenglykol verwendet werden.

Homöopathie: Nur unterstützend zur Allopathie!

- Monopräparate: Sulfur D6, Psorinum D30, Hepar sulfuris D6,
- Kombinationspräparate: SupraCell® N 200, Dermisal®, Cutis compositum®; Stärkung des Immunsystems mit PetMun®.

Phytotherapie

- Einreibungen mit Lorbeer- oder Hauswurzöl, das mit ätherischen Ölen von Teebaum, Lavendel, Thymian oder Nelken versetzt werden kann,
- Waschungen oder Bäder mit Aufguss aus Thymian, Schafgarbe, Lavendel, Efeu, Zinnkraut, Stiefmütterchen, Walnussblätterabsud und Molkebäder,
- regelmäßige Bäder mit schwefelhaltigen Präparaten,
- äußerliche Anwendung von Perubalsam, Schafgarben- oder Zinnkraut-Salben.

4.2.3 Befall mit Liponyssus bacoti

Krankheitsursachen: *Liponyssus bacoti* lebt vorwiegend in der Umgebung des Tieres und ist nur während der Blutmahlzeit auf dem Wirt zu finden. Faktorenkrankheit: Mangelhafte Haltungsbe-

dingungen, schlechte Fütterung, Stress, hohes Alter und Vorerkrankungen.
Wichtig: Auf den Menschen übertragbar!
Symptome, Diagnose: Juckreiz, Ekzeme, bakterielle Sekundärinfektionen, Blutarmut und Fruchtbarkeitsstörungen. Nachweis der Milben mit der Lupe oder dem bloßen Auge in der Einstreu
Behandlungsstrategie: Bekämpfung der Erreger auf dem Tier und in der Umgebung, Stärkung des Immunsystems, Optimierung der Fütterung und Haltungsbedingungen
Allgemeine Maßnahmen
- Verbesserung der Haltungsbedingungen: regelmäßige Reinigung und Desinfektion des Käfigs,
- Futteroptimierung,
- Desinfektion der Umgebung mit geeigneten Antiparasitika, z.B. Permetrin, Dichlorvos.

Allopathie
- Lokal: Aufhängen einer Dichlorvoskassette in Käfignähe (Vorsicht: struppiges Fell, zusammengekrümmte Haltung, später Krämpfe und Lähmungen deuten auf eine Vergiftung der Ratte hin! Schon bei den ersten Symptomen die Kassette weiter vom Tier entfernen!).
- Systemisch: Ivermectin (Ivomec®) 0,2 mg/1 kg Körpergewicht, s.c. auf Grund des geringen Körpergewichts und der hohen Konzentration des Wirkstoffs im Präparat ist eine exakte Dosierung sehr schwierig. Zur Verdünnung kann Propylenglykol verwendet werden. **Wichtig**: Ratten reagieren auf Ivermectin oft mit Abgeschlagenheit am Tag nach der Applikation.

Homöopathie: Nur unterstützend!
- Monopräparate, je nach Arzneimittelbild: gegen die Anämie: China D6, Chininum arsenicosum D4, D6; Ferrum metallicum D4, D8; Ferrum phosphoricum D8, gegen die Hautveränderungen: Sulfur D6; Psorinum D30; Hepar sulfuris D6,
- Kombinationspräparate: SupraCell® N 200, Dermisal®, Cutis compositum®; Stärkung des Immunsystems mit PetMun®.

Phytotherapie

- Einreibungen mit Lorbeer- oder Hauswurzöl, das mit ätherischen Ölen von Teebaum, Lavendel, Thymian oder Nelken versetzt werden kann.
- Waschungen oder Bäder mit Aufguss aus Thymian, Schafgarbe, Lavendel, Efeu, Zinnkraut, Stiefmütterchen, Walnussblätterabsud und Molkebäder.
- Regelmäßige Bäder mit schwefelhaltigen Präparaten.
- Äußerliche Anwendung von Perubalsam, Schafgarben- oder Zinnkraut-Salben.

4.2.4 Rattenmilbenbefall

Krankheitsursache: *Ornithonyssus bacoti.* Wichtig: Auf den Menschen übertragbar!

Symptome, Diagnose: Starker Juckreiz, die Milben sind an weichen Hautstellen mit dem bloßen Auge erkennbar.

Behandlungsstrategie: Bekämpfung der Parasiten, Optimierung der Haltungsbedingungen und der Fütterung, Stärkung des Immunsystems.

Allgemeine Maßnahmen

- Regelmäßige Reinigung und Desinfektion des Käfigs,
- Futteroptimierung,
- Desinfektion der Umgebung mit geeigneten Antiparasitika, z. B. Permetrin, Dichlorvos, (Blattanex® Fliegenstrip).

Allopathie

- Lokal: Phosphorsäureester Bromodan als 0,5–0,6 %iges Bad, das ganze Tier behandeln! 2–3-mal im Abstand von 7 Tagen, Dichorphos (Lindan®) 0,025 %ig.
- Systemisch: Ivermectin (Ivomec®) 0,004 ml/100 g Körpergewicht, auf Grund des geringen Körpergewichts und der hohen Konzentration des Wirkstoffs im Präparat ist eine exakte Dosierung sehr schwierig. Zur Verdünnung kann Propylenglycol verwendet werden.

Homöopathie: Nur unterstützend zur Allopathie!
- Monopräparate: Sulfur D6; Psorinum D30; Hepar sulfuris D6,
- Kombinationspräparate: SupraCell® N 200, Dermisal®, Cutis compositum®; Stärkung des Immunsystems mit PetMun®.

Phytotherapie
- Einreibungen mit Lorbeer- oder Hauswurzöl, das mit ätherischen Ölen von Teebaum, Lavendel, Thymian oder Nelken versetzt werden kann,
- Waschungen oder Bäder mit Aufguss aus Thymian, Schafgarbe, Lavendel, Efeu. Gegen die Hautentzündung helfen Waschungen mit Zinnkraut- oder Stiefmütterchentee, Walnussblätterabsud und Molkebäder,
- regelmäßige Bäder mit schwefelhaltigen Präparaten,
- äußerliche Anwendung von Perubalsam, Schafgarben- oder Zinnkraut-Salbe.

4.3 Läusebefall

Krankheitsursachen: *Polyplax serrata, Polyplax spinulosa.* Übertragung durch direkten Kontakt. Letztere kann als Überträger vom *Haemobartonella muris* fungieren.

Symptome, Diagnose: Starker Juckreiz, Ekzeme v. a. an Schultern, Hals und Rückenpartie. Die Läuse sind mit dem bloßen Auge zu erkennen.

Behandlungsstrategie: Bekämpfung der Parasiten, Optimierung der Haltungsbedingungen und der Fütterung, Stärkung des Immunsystems

Allgemeine Maßnahmen
- Regelmäßige Reinigung und Desinfektion des Käfigs,
- Futteroptimierung,
- Desinfektion der Umgebung mit geeigneten Antiparasitika, z. B. Permetrin, Dichlorvos.

Allopathie
- Lokal: Hexachlorcyclohexan (Lindan®) 0,25–0,5%ig, Amitraz (Ectodex®) 0,05%ige Lösung. Als Spray Fipronil (Frontline®),

- systemisch: Ivermectin (Ivomec®) 0,2 mg/1 kg Körpergewicht, s.c. auf Grund des geringen Körpergewichts und der hohen Konzentration des Wirkstoffs im Präparat ist eine exakte Dosierung schwierig. Zur Verdünnung kann Propylenglykol verwendet werden.

Homöopathie: Nur unterstützend zur Allopathie!

- Monopräparate: Sulfur D6; Psorinum D30, Hepar sulfuris D6,
- Kombinationspräparate: SupraCell® N 200, Dermisal®, Cutis compositum®; Stärkung des Immunsystems mit PetMun®.

Phytotherapie

- Einreibungen mit Lorbeer- oder Hauswurzöl, das mit ätherischen Ölen von Teebaum, Lavendel, Thymian oder Nelken versetzt werden kann,
- Waschungen oder Bäder mit Aufguss aus Thymian, Schafgarbe, Lavendel, Efeu. Gegen die Hautentzündung helfen Waschungen mit Zinnkraut- oder Stiefmütterchentee, Walnussblätterabsud und Molkebäder,
- regelmäßige Bäder mit schwefelhaltigen Präparaten,
- äußerliche Anwendung von Perubalsam, Schafgarben- oder Zinnkraut-Salben.

4.4 Hautentzündung (Dermatitis), Hautabszesse

Krankheitsursachen: Infizierte Bisswunden oder Kratzer, Parasitenbefall, durchweichte Hautpartien bei Durchfall, verstärktem Speichelfluss, Tränenfluss bei Augenerkrankungen. Beteiligte Keime: Staphylokokken, Streptokokken, Korynebakterien, Pseudomonaden bei Tieren, die ihre Schnauze oft und gerne zwischen den Gitterstäben hin und her reiben.

Symptome, Diagnose: Entzündete, schmerzhafte Hautareale, z.T. eitrig-suppend, Schmerzhaftigkeit, bei starker Infektion mit aggressiven Erregern beeinträchtigtes Allgemeinbefinden

Behandlungsstrategie: Spaltung der Abszesse, Bekämpfung der Erreger, Beseitigung der Ursachen, Optimierung der Fütterung, Stärkung des Immunsystems

Allgemeine Maßnahmen

- Scheren der betroffenen Hautpartien (Einverständnis des Besitzers einholen!),
- Parasitenbekämpfung (s. Kap. 4.2 und 4.3),
- Eiweiß- und Vitamin-Versorgung sicherstellen, z.B. mit Multivitaminen®, Pervivet® Nager,
- hygienische Haltungsbedingungen schaffen.

Allopathie

- Abszesspaltung und Spülung,
- Wundtoilette mit Wasserstoffperoxid-Lösung 3%ig oder milden desinfizierenden Lösungen (z.B. Betaisodona®),
- antibiotische Wundsalben,
- Einlegen von Leukase®-Kegeln in die Abszesshöhlen.

Homöopathie

- Monopräparate, je nach Arzneimittelbild im Trinkwasser auflösen: Sulfur D30 (5 Globuli), Mercurius solubilis D12 (10 Globuli), Hepar sulfuris D2 (10 Globuli), Psorinum D30 (5 Globuli),
- Kombinationspräparate: SupraCell® N 200, SupraCell® N 300, Dermisal®, Cutis compositum®; Stärkung des Immunsystems mit PetMun®.

Phytotherapie

- Waschungen oder Bäder mit Aufguss aus Thymian, Schafgarbe, Lavendel, Efeu. Gegen die Hautentzündung helfen Waschungen mit Zinnkraut- oder Stiefmütterchentee, Walnussblätterabsud und Molkebäder.
- Äußerliche Anwendung von Perubalsam, Schafgarben- oder Zinnkraut-Salben,
- regelmäßige Bäder mit schwefelhaltigen Präparaten.

4.5 „Ring Tail"

Krankheitsursache: Ein zu trockenes, extrem heißes Klima (rel. Luftfeuchte unter 25%)

Symptome, Diagnose: Betrifft Jungtiere im Alter zwischen 7–15 Tagen. Einschnürungen am Ende des Schwanzes, Ödeme, Entzündungen, aufsteigender Gewebetod von der Schwanzspitze Richtung Körper und schließlich das Absterben der Schwanzspitze.

Behandlungsstrategie: Verbesserung des Umgebungsklimas, Optimierung der Fütterung, Amputation der nekrotischen Schwanzspitze, sofern sie nicht spontan abgestoßen wird.

Allgemeine Maßnahmen

- Luftbefeuchter in der Nähe des Käfigs aufstellen,
- für Umgebungstemperaturen von max. 25 °C sorgen.

Allopathie

- Antibiotische Salben (z. B. Betaisodona®), um Sekundärinfektionen zu vermeiden,
- bei fehlender Demarkation des absterbenden Gewebebezirks Amputation der nekrotischen Schwanzspitze,
- Stärkung des Immunsystems: Paraimmunitätsinducer, z. B. Baypamune® 0,25–0,5 ml pro Tier,
- Vitamin-Gaben.

Homöopathie

- Monopräparate, je nach Arzneimittelbild: Arnica D4, D6; Hamamelis D4, D6; Sulfur D4, D6, D30,
- Kombinationspräparate: SupraCell® N 400, Traumeel®, Traumisal®.

Phytotherapie

- Waschungen mit Aufguss aus Arnica, Calendula, Kamille, Hamamelis,
- Betupfen mit der Tinktur,
- Auftragen von Salben mit Arnica, Calendula, Kamille, Hamamelis,
- Fertigpräparate: Kamilloplant®, Wundbalsam®, Kamillosan®.

5 Krallen

5.1 Zu lange Krallen, Fehlstellungen

Krankheitsursachen: Besonders bei der Haltung im Kunststoffkäfig nutzen sich die Krallen zu wenig ab. Fehlstellungen wie Korkenziehernägel kommen selten vor, können aber zu Druckstellen an den Sohlenflächen führen oder sogar einwachsen. Beim Freilauf, z. B. auf Teppichboden, können zu lange Krallen leicht hängen bleiben und abreißen.

Allgemeine Maßnahmen

- Regelmäßiges Schneiden der Krallen,
- spezielle Krallenzangen haben eine ovale Schnittfläche, damit die Kralle nicht gequetscht wird und splittert,
- bei hellen Krallen kann man die begleitenden Blutgefäße sehen: Sie reichen für gewöhnlich die ersten Millimeter in die Kralle hinein dürfen nicht verletzt werden!
- beim Schneiden den Druck auf die Kralle langsam erhöhen, bei starken Abwehrbewegungen ist man wahrscheinlich zu nah an den Blutgefäßen und Nerven und sollte etwas weiter entfernt vom Ballen schneiden.

5.2 Verletzungen

Krallenverletzungen können lang anhaltend bluten und sind für das Tier sehr schmerzhaft. Gefährlich sind sie in der Regel nicht.

Allgemeine Maßnahmen

- Weitgehend vom Krallenbett gelöste Krallenteile können vorsichtig entfernt werden.
- Blutungen mit Wasserstoffperoxid-Lösung, Eisensulfitlösung oder am sedierten Tier mit einem Kauter zum Stillstand bringen.
- Die Wunde reinigen.

- Bis zur Ausheilung Zeitungspapier anstelle der Einstreu verwenden.

Allopathie

- Lokal werden antibiotische oder desinfizierende Salben oder Sprays aufgetragen.
- Systemische Antibiose nur bei heftiger Infektion (starke Schwellung und vermehrte Wärme des umliegenden Gewebes, Eiterbildung, evtl. erhöhte Körperinnentemperatur): Chloramphenicol 20–50 mg/kg p.o. 2-mal täglich oder 10 mg/kg i.m. 2-mal täglich; Enrofloxacin 5 mg/kg p.o., s.c. 2-mal täglich, Amoxicillin (Clamoxyl®) 150 mg/kg i.m. 1-mal täglich.
- Stärkung des Immunsystems mit Paraimmunitätsinducern (Baypamune®) 0,5 ml/Tier.

Homöopathie

- Monopräparate, je nach Arzneimittelbild: Arnica D3, D4; Calendula D2, Hamamelis D3,
- Kombinationspräparate: SupraCell® N 400, Traumeel®, Traumisal®.

Phytotherapie

- Waschungen mit Aufguss aus Arnica, Calendula, Kamille, Hamamelis,
- Betupfen mit der Tinktur,
- Auftragen von Salben mit Arnica, Calendula, Kamille, Hamamelis,
- Fertigpräparate: Kamilloplant®, Wundbalsam®, Kamillosan®.

6 Augen

6.1 Bindehautentzündung (Konjunktivitis)

Krankheitsursachen: Bakterielle Infektionen (Salmonellen, *Pasteurella pneumotropica*, *Staphylococcus aureus*), SDA-Virus (s.u.). Zugluft, Reizungen (Desinfektionsmittel, Ammoniak-Dämpfe bei unregelmäßiger Stallreinigung), mechanische Reize (Fremdkörper, Staub, z.B. aus der Einstreu, Trauma), Abszesse im Oberkiefer (durch Karies) oder Zahnwurzelinfektionen, Bisswunden, Vitamin-A-Mangel bei Jungtieren.

Symptome, Diagnose: Anschwellen und kräftige Rotfärbung der Bindehäute, verstärkter Tränenfluss, z.T. auch eitrig-gelblich auch aus der Nase. Zum Teil Anschwellen der Augenumgebung oder der gesamten Gesichtshälfte, Entzündung und Hervortreten des gesamten Augapfels (Exophthalmus) bei Infektionen mit dem SDA-Virus (s.u.).

Behandlungsstrategie: Abstellen der Ursache, Bekämpfung der Erreger, Optimierung der Fütterung und der Haltungsbedingungen

Allgemeine Maßnahmen

- Verkrustetes Sekret mit weichem Tuch und isotonischer Kochsalzlösung, abgekochtem Wasser oder geeignetem Kräuteraufguss entfernen. **Wichtig:** Keinen Kamillenaufguss an das Auge bringen (wirkt austrocknend und evtl. Verschlimmerung durch allergische Reaktion)!
- Stallhygiene optimieren, Einstreu ohne Sägemehl, Hobelspäne oder Torf verwenden, auf nicht-reizende Reinigungs- und Desinfektionsmittel umstellen.

Allopathie

- Antibiotische (und antientzündliche) Augensalben, je nach Präparat 3–5-mal täglich über mindestens 5 Tage, z.B. Terramycin®, Terracortril®, Gent-Ophtal®, Aquapred-N®, Oleomycetin®,

- systemische Antibiose bei Störung des Allgemeinbefindens: Chloramphenicol 20–50 mg/kg p.o. 2-mal täglich oder 10 mg/kg i.m. 2-mal täglich; Enrofloxacin 5 mg/kg p.o., s.c. 2-mal täglich, Amoxicillin (Clamoxyl®) 150 mg/kg i.m. 1-mal täglich,
- Stärkung des Immunsystems mit Paraimmunitätsinducern (Baypamune®) 0,5 ml/Tier.

Homöopathisch:

- Monopräparate, je nach Arzneimittelbild: Euphrasia D2, D3; Apis D4, D6, D30; Pulsatilla D4, D6, D30,
- Kombinationspräparate: Keratisal Tropfen®, Pfx Euphrasia 130®, Pfx Cineraria I 9®, Vetokehl Not®, Quentakehl D6®, Euphrasia Oligoplex®, Oculoheel®, Belladonna Homaccord®, Conjunctisan Augentropfen®.

Phytotherapie

- Bindehautsack-Spülungen und Augenkompressen mit Aufguss aus Fenchel, Augentrost, Calendula oder 5–10%igen Lösungen von Augentrost-, Hypericum- oder Calendulatinktur.

6.2 SDA (Sialodakryoadenitis)

Kranheitsursache: Corona-Virus

Symptome, Diagnose: Jungtierkrankheit (2–4 Wochen) mit Anschwellen der Speicheldrüsen und der Harderschen Drüsen nah am Auge. „Rote Tränen“, eine bleibende Keratokonjunktivitis, Austrocknung und evtl. Vorfall des Augapfels, manchmal Lungenentzündungen.

Behandlungsstrategie: Optimierung der Haltungsbedingungen, Stärkung des Immunsystems

Allgemeine Maßnahmen

- Alle Gegenstände aus dem Käfig entfernen.

Allopathie

- Mindestens 4–5-mal täglich Vitamin A-haltige Augentropfen (Regepithel®), sowie antibiotikahaltige Präparate (Oleomycetin®, Terramycin®),

- systemisch Chloramphenicol 20–50 mg/kg p. o. 2-mal täglich oder 10 mg/kg i. m. 2-mal täglich; Enrofloxacin 5 mg/kg p. o., s. c. 2-mal täglich, Amoxicillin (Clamoxyl®) 150 mg/kg i. m. 1-mal täglich,
- Stärkung des Immunsystems mit Paraimmunitätsinducern (Baypamune®) 0,5 ml/Tier.

Homöopathisch:

- Monopräparate, je nach Arzneimittelbild: Euphrasia D2, D3; Apis D4, D6, D30; Pulsatilla D4, D6, D30,
- Kombinationspräparate: Keratisal Tropfen®, Pfx Euphrasia 130®, Pfx Cineraria I 9®, Vetokehl Not®, Quentakehl D6®, Euphrasia Oligoplex®, Oculoheel®, Belladonna Homaccord®, Conjunctisan Augentropfen®.

Phytotherapie

- Bindehautsack-Spülungen und Augenkompressen mit Aufguss aus Fenchel, Augentrost, Calendula oder 5–10 %igen Lösungen von Augentrost-, Hypericum- oder Calendulatinktur.

7 Ohren

7.1 Ohrenentzündungen (Otitis externa, media und interna)

Krankheitsursachen: Anhäufung von Ohrenschmalz im äußeren Gehörgang, Fremdkörper, Aufsteigen einer Hals- und Rachenentzündung ins Mittelohr. Beteiligte Erreger: *Mycoplasma pulmonis, Bacillus actinoides*, Streptokokken

Symptome, Diagnose: Kratzen am Ohr, Kopfschütteln. Bei Otitis media und interna Torticollis, Appetitlosigkeit, Apathie, Nystagmus.

Behandlungsstrategie: Bekämpfung der Erreger, evtl. Entfernen der Fremdkörper, Optimierung der Haltungsbedingungen, Stärkung des Immunsystems

Allgemeine Maßnahmen

- Bei Otitis externa und media mit intaktem Trommelfell Reinigung der Ohren mit geeignetem Ohrreiniger (z.B. Bay-O-Pet® Ohrenspülung, Epi-Otic®, Kamillenohrreiniger®).

Allopathie

- Bei Otitis externa mit intaktem Trommelfell lokal antibiotische und antientzündliche Kombinationspräparate: Fuciderm®, Aurizon®, Surolan®,
- bei Otitis media und interna systemisch Antibiotika, z.B.: Chloramphenicol 50 mg/kg p.o. 3-mal täglich, Cefalexin 60 mg/kg p.o. 1-mal täglich,
- Vitamin-B-Komplex.

Homöopathie

Otitis externa

- Monopräparate je nach Arzneimittelbild: Sulfur D6,

Otitis media und interna

- Monopräparate je nach Arzneimittelbild: Belladonna D6, D30; Hepar sulfuris D8; Kalium sulfuricum D6; Hydriasis D4, D6,
- Kombinationspräparate: SupraCell® N 300, SupraCell® N 500.

8 Mund- und Rachenraum

8.1 Zahnfehlstellungen

Krankheitsursachen: Veranlagung zu Zahnfehlstellungen werden angeboren, in diesen Fällen reiben die Kauflächen von Ober- und Unterkiefer nicht aufeinander. Werden die Backenzähne nicht gleichmäßig abgerieben, bleiben z.T. nadelspitze Zahnecken oder Zahntreppen stehen: die unteren Molaren wachsen zur Zunge, die oberen Richtung Wange. Die Incisivi wachsen hörnerförmig nach außen. Inappetenz, Abmagerung, Abszesse in den Wangen oder im Kiefer, Verlust von Zähnen, Tod durch Verhungern.

Symptome, Diagnose: Inappetenz, unzerkautes, breiiges Futter in den Mundwinkeln, schlechte Futteraufnahme bei anfänglichem Appetit, Abmagerung, später Zahnfleischentzündungen, Zungenverletzungen, Backenabszesse.

Behandlungsstrategie: Zahnkontrolle, genügend Hartfutter anbieten.

Allgemeine Maßnahmen

- Auf genügendes Hartfutterangebot achten,
- die Ursache (zu kurzer oder zu langer Unterkiefer) ist meist nicht zu beheben,
- regelmäßige Zahnkontrollen durch den Tierarzt und gegebenenfalls Kürzen der betroffenen Zähne sind unbedingt nötig.

Allopathie

- Untersuchung des Gebisses mit dem Otoskop und einem Kiefer- und Wangenspreizer,
- Kürzen der Zahnecken mit einer Nagelzange oder im Falle der Incisivi mit einer kleinen Trennscheibe,
- Behandlung der Zahnfleischentzündungen mit Kamillenpräparaten (z.B. Kamillosan®),
- Abszesse spalten, spülen (z.B. mit Wasserstoffperoxid-Lösung 2–3 %ig oder Betaisodona®-Lösung),

- Leukase®-Kegel in die Wundhöhle einlegen.
- Vitamingaben (z. B. Multivitamine®, Pervivet® Nager).

Homöopathie

- Monopräparate, je nach Arzneimittelbild gegen Zahnfleisch- und Mundschleimhautverletzungen: Mercurius solubilis D8, Mercurius sublimatus corrosivus D6, Borax D3,
- Kombinationspräparate: Traumeel®, Echinacea compositum®, Mucosa compositum®, Chamomilla-Injeel®, Arnica-Injeel®, Borax-Injeel®, Kreosotum-Injeel®, SupraCell® N 300, SupraCell N 500.

Phytotherapie

- Bepinseln oder Kompressen mit Aufguss oder Tinktur von Kamille, Calendula, Arnika,
- Fertigpräparate: Kamillosan®, Kamilloplant®, Wundbalsam®.

9 Atmungsorgane

9.1 Infektion der Atemwege (Rhinitis, Bronchitis, Bronchopneumonie)

Krankheitsursachen: Extreme Temperaturen, Zugluft, plötzliche Futterumstellung, Stress, Hygienemangel im Stallbereich (feuchte Einstreu) zusammen mit einer Reihe von Erregern: Sendaivirus, Streptokokken, *Pasteurella pneumotropica, Corynebacterium kuscheri, Mycoplasma pulmonis* (Murine Respiratorische Mykoplasmose MRM). Bei älteren Tieren oft chronisch progessive Pneumien.

Symptome, Diagnose: Niesen, Reiben der Nase, Ausfluss aus der Nase (zuerst serös, später eitrig), verklebte Nasenlöcher, oft Konjunktivitis, Atemschwierigkeiten und Atemgeräusche, Appetitlosigkeit, gestörtes Allgemeinbefinden. Bei schweren bakteriellen Infektionen sind perakute Todesfälle möglich. Nachweis der Erreger durch Abstriche und das Anzüchten im Labor.

Behandlungsstrategie: Bekämpfung der Erreger, Erleichterung der Atmung, Stärkung des Immunsystems, Optimierung von Fütterung und Haltungsbedingungen

Allgemeine Maßnahmen

- Den Käfig an einen ruhigen, hellen Ort ohne direkte Sonneneinstrahlung stellen, Zugluft vermeiden,
- Verfütterung von Möhren (Vit. A),
- Krusten um die Nase mit lauwarmem Wasser, physiologischer Kochsalzlösung oder Pflanzenöl einweichen und entfernen.

Allopathie

- Lokal antibiotische Augentropfen (auch in die Nasenlöcher träufeln): Aquapred-N®, Oleomycetin®, Terramycin®, Gent-Ophtal®,

- systemische antibiotische Therapie, am einfachsten im Trinkwasser, z.B. mit Chloramphenicol 20–50 mg/kg s.c., p.o. 2-mal täglich, Enrofloxacin (Baytril®) 50–100 mg/l oder 5 mg/kg s.c. 2-mal täglich,
- Multivitamingaben, bei Bedarf Infusion von 5%igen Glucose- oder Elektrolytlösungen,
- Stärkung des Immunsystems mit Paraimmunitätsinducern, z.B. Baypamun® 0,1–0,2 ml pro Tier.

Homöopathie

- Monopräparate, je nach Arzneimittelbild: Aconitum D4, D6, D30; Bryonia D4, D6, D30; Ipecacuanha D6; Lachesis D8, D12, D30,
- Kombinationspräparate: Bronch Injektopas®, Bronchialis Heel®, Droperteel®, Tartephedreel®, Cefasept®, SupraCell® N 500, Pulmonaria Spezial 110®, Febrisal®, Bronchi/Plantago compositum®.

Phytotherapie gegen Entzündung und Krämpfe der Atemwege:

- Inhalationen mit Meersalz, Emser Salz, Menthol oder ätherischen Ölen von Kamille, Pfefferminze, Salbei, Thymian, Anis, Fenchel, Eukalyptus (Handtuch über den Käfig hängen, Schale mit heißem Wasser und den Wirkstoff mit darunter stellen),
- Eukalyptus, Eibisch, Malve, Spitzwegerich, Huflattich, Königskerze, Isländisch Moos, Süßholz: Zubereitung als Aufguss, Sirup, Hustensaft, Frischpflanze. Fertigpräparate z.B. Kneipp Spitzwegerich-Pflanzensaft Hustentrost®.

Physikalische Maßnahmen:

- Prießnitz-Umschläge: feuchtwarme Wickel um den Brustkorb über 20–30 Minuten.

10 Herz und Kreislauf

10.1 Bakterielle Erkrankungen des Herzens (Perikarditis und Endokarditis)

Krankheitsursachen: Verschleppung von Bakterien von Lungenentzündungen oder Abszessen über die Blut- oder Lymphbahnen
Symptome, Diagnose: Bläuliche Verfärbung der Schleimhäute, durch Stauungen Rötung von Füßen, Ohren und Schwanz, Atemprobleme durch Lungenödem oder Wasseransammlung im Brustraum
Behandlungsstrategie: Bekämpfung der Erreger, Entlastung des Herzens

Allgemeine Maßnahmen

- Stress vermeiden,
- Futteroptimierung (kochsalzarm),
- Vitamine zuführen.

Allopathie:

- Antibiotika zur Behandlung der Primärerkrankung (z.B. Tetracycline, Enrofloxacin, Chloramphenicol),
- Entlastung des Herzens mit Triamteren 30 mg/kg p.o.

Homöopathie:

- Monopräparate zur Unterstützung des Herzens, je nach Arzneimittelbild: Bryonia D4; Lachesis D8; Belladonna D6,

Phytotherapie:

- Pflanzen: Weißdorn, Königin der Nacht, Maiglöckchen, Adonisröschen, Meerzwiebel. Es empfiehlt sich diese Pflanzen nur als Fertigpräparate (s.u.) anzuwenden.
- Fertigpräparate: Cefascillan®, Löwe-Komplex®, Crataegus-Heel®, Oxacant®, Cardiacum®.

10.2 Hitzschlag

Krankheitsursache: Hitzestau durch schwül-warmes Wetter, direkte Sonneneinstrahlung (z.B. auf dem Balkon oder beim Transport im Auto)

Symptome, Diagnose: Starke Erregung, schnelle Atmung, Muskelzittern, erhöhte Körpertemperatur

Behandlungsstrategie: Senken der Körpertemperatur, Stabilisierung des Kreislaufs, Optimierung der Haltungsbedingungen

Allgemeine Maßnahmen

- Bachblüten Rescue® Remedy Tropfen eingeben,
- überschüssige Wärme durch wiederholtes Auflegen nasser Tücher auf den Kopf und die Ohren, wiederholtes Eintauchen der Gliedmaßen in kaltes Wasser,
- vorbeugend Stall stets gut belüften, das Tier niemals der prallen Sonne aussetzen, stets für eine kühle Fluchtstätte und reichlich Trinkwasser sorgen.

Allopathie

- Infusionen mit kühler NaCl-Lösung 0,9%,
- Glucocorticoide i.m.

Homöopathie

- Monopräparate, je nach Arzneimittelbild: Aconitum D4, D30; Gelsemium D6, D30; Belladonna D4, D30; Hypericum D6; Veratrum album D4,
- Kombinationspräparate: Veratrum-Homaccord®, Cactus compositum®, Carbo compositum.

11 Verdauungstrakt

11.1 Verstopfung (Obstipation)

Krankheitsursachen: Endoparasiten (Zestoden, Spironucleus), Tyzzer's Disease, Fressen von Einstreu bei mangelhafter Fütterung, zu wenig Trinkwasser
Symptome, Diagnose: Kleine, harte Kotbällchen oder kein Kotabsatz mehr, Inappetenz, schmerzhaftes Abdomen, verhärtete Kotmassen sind strangartig im Abdomen ertastbar.
Behandlungsstrategie: Bekämpfung der Ursache (Parasiten, fehlerhafte Fütterung), Aufweichen der Kotmassen, Zufuhr von Flüssigkeit p.o. oder parenteral, Regulierung der Darmflora

Allgemeine Maßnahmen

- Stets frisches Trinkwasser anbieten (Kontrolle des Auslaufröhrchen – es sind bereits Tiere vor einer vollen Flasche verdurstet!).
- Eine ausgewogene Futterration anbieten, um die Darmperistaltik in Bewegung zu halten.
- Stress vermeiden.

Allopathie

- Aufweichen der Kotmassen: Paraffinum liquidum p.o. und rectal mit einer Spritze eingeben,
- Infusion mit physiologischer Kochsalzlösung s.c.,
- Unterstützung der Darmflora: Bird Bene Bac®, Sauerkrautsaft, naturbelassener Joghurt.

Homöopathie

- Monopräparate, je nach Arzneimittelbild: Nux vomica D6; Plumbum aceticum D6; Lycopodium D6,
- Kombinationspräparate: SupraCell® N 600, Chelidonium Komplex®, Nux vomica-Homaccord®.

Phytotherapie

- Quellmittel: Leinsamen, Flohsamen, Agar-Agar, Weizenkleie,

- Anregung des Dickdarms: Senna als Aufguss (tröpfchenweise), Sirup, Urtinktur; Rhabarber Tabletten, Sirup, Urtinktur; Aloe Tinktur (1–2 Tropfen).

11.2 Akute Darmschleimhautentzündung (Enteritis), Tyzzer's Disease

Krankheitsursachen: Bandwurmbefall *(Hymenolepis fraterna)*, Kryptosporidien, belastende Faktoren (Stress, falsche Fütterung, plötzliche Futterumstellung, Antibiotikagaben) zusammen mit pathogenen Keimen, z.B. *E. coli*, Salmonellen, Clostridien, *Bacillus pisiformis* (Tyzzer's Disease), *Helicobacter*, Rota- und Adenoviren

Symptome, Diagnose: Durchfall, Kotanschoppung durch Verkleben der Analregion, Schwäche, Appetitlosigkeit, Polydipsie, Austrocknung, Krämpfe, Tod durch Kreislaufversagen und/oder Endotoxine

Behandlungsstrategie: Bekämpfung der Erreger, Stützung des Kreislaufs, Abstellen der belastenden Faktoren, Fütterungs- und Haltungsoptimierung, Regulierung der Darmflora

Allgemeine Maßnahmen

- Futterentzug für 24 Stunden (statt Wasser Elektrolytlösungen anbieten),
- anschließend trockene Kost (Heu, Hafer),
- Hygienemaßnahmen im Käfig, um Reinfektion zu verhindern.

Allopathie

- Antibiotische Therapie, z.B. Chloramphenicolpalmitat 50 mg/kg p.o.; Enrofloxacin (Baytril®) 5–10 mg/kg p.o., s.c.,
- Infusion mit NaCl 0,9% oder Vollelektrolytlösungen s.c.,
- gegen Bandwurmbefall Praziquantel (Droncit®) 0,5 mg/100 g Körpergewicht s.c. oder Niclosamid (Mansonil®), 10 mg/100 g Körpergewicht p.o. alle 14 Tage,
- Wiederherstellung der Darmflora mit Bird Bene Bac®,
- Stimulierung des Immunsystems mit Baypamune® 0,1–0,2 ml/Tier.

Homöopathie

- Monopräparate, je nach Arzneimittelbild: Ipecacuanha D6; Arsenicum album D6; Veratrum album D4, D6; Mercurius solubilis D6, D12; Pyrogenium D8,
- Kombinationspräparate: Gastricumheel®, Vomitusheel®, Gastri L90 N®, Mucosa compositum®, SupraCell® N 700, Nux vomica-Homaccord®, Spascupreel®, Spasmo-Injektopas®, Cefaspasmon®.

Phytotherapie

- Gegen Entzündungen und Krämpfe: Aufguss aus Kamille, Pfefferminze, Melisse, Süßholz, Gänsefingerkraut, Ringelblume,
- Schleimhautschutz: Kaolin, Bolus alba, Pektin, Heilerde: bis zu 3 Messerspitzen täglich in lauwarmem Wasser gelöst eingeben; Schleime aus Leinsamen, Hafer, Reis,
- Regulation der Verdauung: Aufguss aus Kamille, Pfefferminze, Melisse, Anis, Fenchel, Kümmel,
- Fertigpräparate: Stullmisan®, Cefagastrin®, Gastritol®, Infitrakt®.

11.3 Endoparasiten

11.3.1 Protozoen

Krankheitsursachen: *Giardia muris, Spironucleus muris*, physiologische Darmbewohner, können durch Störungen im Gleichgewicht der Darmflora (Antibiotika, Stress, falsche Fütterung etc.) Überhand nehmen und Durchfälle verursachen.

Symptome, Diagnose: Durchfall, die Erreger sind in einem Kotausstrich unter dem Mikroskop zu erkennen.

Behandlungsstrategie: Bekämpfung der Erreger, Normalisierung der Darmflora, Optimierung der Fütterung und Haltungsbedingungen

Allgemeine Maßnahmen

- Stall während der Therapie täglich, anschließend mindestens wöchentlich gründlich reinigen und desinfizieren,
- nur frisches, qualitativ hochwertiges Futter anbieten.

Allopathie

- Metronidazol (Clont®) 80 mg/kg p. o.,
- Unterstützung der Darmflora mit Bird Bene Bac®, naturbelassenem Joghurt, Sauerkrautsaft.

Homöopathie: Nur unterstützend zur Allopathie. Monopräparate: Podophyllum D6, Arsenicum album D6, Veratrum album D6, je 5 Globuli im Trinkwasser auflösen,

- Kombinationspräparate: Abrotanum-Injeel®, Tanacet-Heel®, Mucosa compositum®, Calcium carbonicum-Injeel®.

11.3.2 Bandwurmbefall

Krankheitsursachen: *Hymenolepis fraterna (nana)* und *diminuta*. Wichtig: ist auf den Menschen übertragbar!

Symptome, Diagnose: Bei starkem Befall struppiges Fell, Abmagerung, Inappetenz, Polyurie und Durchfall (z. T. blutig). Nachweis einer Entwicklungsstufe der Erreger (Oozysten) nach Anreicherung mittels Flotationsmethode

Behandlungsstrategie: Bekämpfung der Erreger, Optimierung der Fütterung und der Haltungsbedingungen, Unterstützung der physiologischen Darmflora

Allgemeine Maßnahmen

- Während der Behandlungszeit tägliche Reinigung und Desinfektion des Stall, um Reinfektionen zu vermeiden,
- stressfreie Umgebung schaffen,
- hochwertige, ausgewogene Kost anbieten,
- Vitaminzufuhr über das Trinkwasser sichern.

Allopathie

- Niclosamid (Mansonil®) 100 mg/kg Körpergewicht alle 14 Tage, Praziquantel (Droncit®) 5 mg/kg Körpergewicht,

- Unterstützung der Darmflora mit Bird Bene Bac®, naturbelassenem Joghurt, Sauerkrautsaft.

Homöopathie: Nur unterstützend zur Allopathie

- Monopräparate: Natrium sulfuricum D12, Crotalus D12, je 5 Globuli im Trinkwasser auflösen, Calcium carbonicum D200, einmal pro Woche 5 Globuli im Trinkwasser auflösen.
- Kombinationspräparate: Abrotanum-Injeel®, Tanacet-Heel®, Mucosa compositum®, Calcium carbonicum-Injeel®.

11.3.3 Pfriemenschwanzbefall (Oxyuridose)

Krankheitsursachen: *Syphacia muris, Aspiculuris tetraptera*
Symptome, Diagnose: Bei starkem Befall Abmagerung, Enteritis, Darminvagination und Rektumprolaps. Wegen des starken Juckreizes rund um den Anus sind Selbstverletzungen möglich. Nachweis der Eier im Stuhl mittels Flotationsmethode oder im Tesafilmabklatsch vom Anus.
Behandlungsstrategie: Bekämpfung der Erreger, Regeneration des Darms, Optimierung der Fütterungs- und Haltungsbedingungen
Allopathie

- Piperazincitrat 3 g/Liter Trinkwasser, Thiabendazol 0,1–0,3 % im Futter,
- Unterstützung der Darmflora mit Bird Bene Bac®, Sauerkrautsaft.

Homöopathie: Nur unterstützend zur Allopathie

- Monopräparate: Abrotanum D1; China D4; Calcium carbonicum D12,
- Kombinationspräparate: Abrotanum-Injeel®, Tanacet-Heel®, Mucosa compositum®, Calcium carbonicum-Injeel®.

12 Fortpflanzungsorgane

12.1 Gesäugeentzündung (Mastitis)

Krankheitsursachen: Infektionen durch *Staphylococcus aureus* und *Pasteurella pneumotropica*
Eindringen der Keime durch die Milchkanäle bzw. durch feinste Läsionen (hervorgerufen durch raue Einstreu oder die Zähne der Jungtiere, gefährdet sind v.a. Tiere in unhygienischen Haltungsbedingungen).
Symptome, Diagnose: Schmerzhaftes, geschwollenes Gesäuge, Hautrötung, Verhärtungen des Gesäugegewebes, z.T. stark gestörtes Allgemeinbefinden, Todesfälle sind möglich.
Behandlungsstrategie: Entzündungshemmende und desinfizierende Maßnahmen, Bekämpfung der Erreger, Stimulation des Immunsystems. Eine Handaufzucht der Jungtiere ist mit Milchaustauscher (Rezept s. 14.3) möglich.
Allopathie
- Systemische Antibiotika, je nach Erreger (Antibiogramm aus dem Sekret des betroffenen Gesäugekomplexes), z.B. Ampicillin (Ampisan®) 150 mg/kg s.c. 2-mal täglich, Chloramphenicol 20–50 mg/kg p.o. 2-mal täglich oder 10 mg/kg i.m. 2-mal täglich,
- lokal kühlende Heparin-Gels, essigsaurer Tonerde, Mastitis-Salben,
- Stimulation des Immunsystems: Paraimmunitätsinducer (z.B. Baypamune® 0,05–0,1 ml/Tier).

Homöopathie
- Monopräparate, je nach Arzneimittelbild: Phytolacca D4, D6, D12; Apis D4, D6, D30; Hepar sulfuris D4, D6, D12, D30; Streptokokken-Nosode, Staphylokokken-Nosode,

- Kombinationspräparate: Phytolacca-Injeel® forte, Lachesis compositum®, SupraCell® N 300, Echinacea compositum®, Staphylosal®, Pyrogemium compositum N®.

Phytotherapie

- Kühlende, entzündungshemmende Anwendungen: Umschläge mit Calendula-Lösungen, Quarkpackungen, Essigwasser-Umschläge.

12.2 Murine Genitalmykoplasmose

Krankheitsursache: *Mycoplasma pulmonis*
Symptome, Diagnose: Neben respiratorischen Symptomen Fruchtbarkeitsstörungen, Metritis, Pyometra, eitrige Entzündungen der Eierstöcke. Z.T. Ausfluss aus der Scheide, gestörtes Allgemeinbefinden, Appetitlosigkeit, vergrößertes Abdomen.
Behandlungsstrategie: Versuch mit systemischen Antibiotika (Tetracyclin), ansonsten Kastration mit Entfernung der entzündeten Gebärmutter samt Eierstöcke

Allopathie

- Systemisch Tetracyclin (z.B. aniMedica® Tetracyclin-HCl) 200–500 mg/l Trinkwasser,
- Entfernung der entzündeten Gebärmutter.

Homöopathie

- Monopräparate, je nach Arzneimittelbild: Pulsatilla pratensis D4; Sabina D3, Sepia D6; Pyrogenium D8, D15, D30; Aristolochia D12,
- Kombinationspräparate: Metrovetsan®, Lachesis compositum®, Mucosa compositum®.

13 Harnorgane

13.1 Nierenentzündung (Nephritis)

Krankheitsursachen: Ungeklärt; bei alten Tieren oft chronisch
Symptome, Diagnose: Aufgekrümmter Rücken, vermehrtes Trinken, Austrocknung, Proteinausscheidung im Urin
Behandlungsstrategie: Unterstützung der Nierenfunktion, Optimierung der Fütterung

Allgemeine Maßnahmen

- Heilwasser zu trinken geben,
- auf gute Vitaminversorgung achten.

Allopathie

- Es gibt keine spezifische Nierentherapie.
- Gegen die Austrocknung Infusionen mit Vollelektrolyt-Lösungen (3–5 ml s. c.).

Homöopathie

- Monopräparate, je nach Arzneimittelbild: Apis mellifica D4, D30; Cantharis D4; Solidago D2,
- Kombinationspräparate: SupraCell® N 900, SupraCell® N 300, Reneel®, Pascorenal®, Loges® Uro-L90.

Phytotherapie

- Aufguss aus Goldrute und Orthosiphonblättern zu trinken geben (mit Honig oder Sirup süßen).

14 Verschiedenes

14.1 Übergewicht

Ratten neigen zu Übergewicht. Dies führt zu vermehrten Kreislaufproblemen, v.a. bei extremen Temperaturen und vermindert die Fruchtbarkeit.

Maßnahmen: weniger Kraftfutter, kalorienarme Leckerchen (kein Zucker, kein Fett, siehe Beschreibung auf der Packung). Viel Bewegung ermöglichen.

14.2 Überalterung

Dunkelrotbraune Ablagerungen rund um die Augen, Haarlosigkeit und orangefarbene Schuppen im Fell sind für die Ratte typische Alterserscheinungen.

Ab dem 15. Lebensmonat beginnen Alterserscheinungen wie Herz und Zahnprobleme, Nierenerkrankungen und Leberveränderungen. Symptomatisch zeigen sich u.a. ein stumpfes Fell, Austrocknung, verklebte Augen und Gleichgewichtsstörungen.

Therapeutisch kann eine ausgewogene Ernährung, ausreichende Vitaminversorgung und die Bekämpfung einzelner Symptome Erleichterung bringen. Homöopathisch kann je nach Arzneimittelbild mit folgenden Monopräparaten vorgegangen werden: Arnica montana D4, Arsenicum album D6, D12, D30; Kalium carbonicum D4; Sepia D8; Crataegus D1; Lycopodium D12,

Kombinationspräparate: SupraCell® N 200, Coenzym compositum®, Cerebrum compositum®, Cralonin®, Ambra-Injeel®.

14.3 Aufzucht mit der Hand

Bei Erkrankung oder bei Verhaltensstörungen der Mutter kann eine Aufzucht der Jungtiere mit der Hand versucht werden. Wichtig ist eine Rotlichtquelle oder ein Heizkissen auf der Stufe 1 als Wärmespender. Rattenmilch besteht aus 9,7 % Eiweiß, 13 % Fett und 3,2 % Milchzucker. Als Milchersatz kann 100 ml Kaffeesahne mit dem Eiklar eines mittelgroßen Hühnereis vermischt werden. Fangen die Jungtiere an selbstständig zu fressen, wird der Milchersatz mit gekochten Kartoffeln, Gemüse oder fertiger Babynahrung gemischt und so lange weiter gegeben, bis die Jungtiere das Erwachsenenfutter annehmen.

Singvögel

Kanarienvögel, Finken und Prachtfinken

1 Anatomische und physiologische Besonderheiten

Sperlingsvögel, zu denen die vom Menschen gehaltenen Singvögel gehören, unterteilen sich in über 4900 Arten. Die beliebtesten Vertreter unter den Heimtieren sind: Kanarienvögel *(Serinus canaria* var. *domestica)*, Gesangskanarien (Harzer Rolle, Belgische Wasserschläger), Farbkanarien in über 140 Farbschlägen, die Prachtfinken, die ursprünglich auf dem afrikanischen und dem australischen Kontinent, sowie in Südostasien und Mikronesien beheimatet sind. Zu den australischen Finken zählen der Zebrafink *(Taeniopygia guttata)* und die Gouldamadine *(Chloebia gouldiae)*, bekannte Vertreter der afrikanischen Finken sind der Schmetterlingsfink *(Granatina bengala)* und der Bandfink *(Amadina fasciata)*. Der Tigerfink (*Amadava* sp.) und der Reisfink zählen zu den asiatischen Finken.

Je nach Schnabelform unterteilen sich die Singvögel in Körnerfresser (dickschnabelig) und Früchte- oder Insektenfresser (schmalschnabelig).

Die Lunge der Vögel ist starr, zudem fehlt Vögeln das Zwerchfell. Die Atmung erfolgt über die Belüftung so genannter Luftsäcke. Durch Bewegungen des Brustkorbs werden die Luftsäcke mit Luft gefüllt, die zuvor durch die Lungen strömt. Beim Festhalten eines Vogels mit der Hand ist darum darauf zu achten, dass die Atembewegung nicht eingeschränkt wird.

Singvögel benötigen viel Energie. Besonders in der Mauser muss auf energiereiches, hochwertiges Futter geachtet werden. Auf Futterentzug reagieren sie sehr empfindlich: schon 24 Stunden ohne Nahrungsaufnahme können tödlich sein.

Körperinnentemperatur: 40–43 °C

Atmung: 50–100 Atemzüge pro Minute (Zimmertemperatur), bis 300 bei Hitze.

Puls: 200–800 Schläge pro Minute.

2 Haltung, Pflege, Fütterung

Singvögel sind **gesellige Tiere**. Für eine artgerechte Haltung sollten sie **mindestens zu zweit, besser noch in größeren Gruppen** gehalten werden. Ein geeigneter **Vogelkäfig** muss **doppelt so breit wie hoch** sein. Zu hohe, zu schmale, runde oder verwinkelte Käfige sind nicht geeignet. Ideal ist eine Kunststoffwanne (leicht zu reinigen und zu desinfizieren, keine Spalten oder Risse, die als Reservoir für Parasiten dienen) mit einem rostfreien Gitteraufsatz.

Als **Standort** sollte ein heller, zugluftfreier Ort nahe am Fenster gewählt werden (Vorsicht mit Kippfenstern!). Eine Seite des Käfigs sollte dabei an der Wand stehen, um den Vögeln eine Rückzugmöglichkeit auf eine Käfigseite zu ermöglichen. In ausreichend großen Käfigen oder Volieren können ungiftige Topfpflanzen zusätzlich als Versteck dienen. Kleinere Käfige sind so zu platzieren, dass eine Käfighälfte z.B. hinter einer Grünpflanze oder einem Regal verschwindet.

Singvögel reagieren stark auf den Wechsel von Tag und Nacht. Steht der Käfig in einem Raum mit künstlicher Beleuchtung (z.B. im Wohnzimmer), sollte am Abend ein dunkles Tuch über den Käfig gedeckt werden.

Sitzstangen werden im Käfig in unterschiedlichen Höhen angebracht und in verschiedenen Dicken angeboten. Naturäste von ungiftigen Gehölzen (z.B. Obstgehölze, Ahorn, Birke, Holunder) werden gerne als Sitzgelegenheit und zum Schnabelwetzen angenommen. Sandpapier, ob auf den Sitzstangen oder auf dem Boden, hat in einem Vogelkäfig nichts zu suchen.

Als **Einstreu** eignet sich grober Sand in unterschiedlicher Körnung; Steinchen werden von Körnerfressern gerne als Verdauungshilfe gefressen. Badewannen, z.B. zum Einhängen in die Käfigtür, sollten jederzeit zugänglich sein und müssen wie die Trink- und Futternäpfe täglich gereinigt werden.

Futter und Wasser sollten niemals unter den Sitzstangen platziert werden (Verschmutzung durch Kot und somit Infektionsgefahr). Trinkwasser sollte immer angeboten werden, auch wenn Wüstenvögel wie die Zebrafinken einige Tage ohne Wasser auskommen können.

In Volieren mit Vögeln, mit denen auch gezüchtet wird, werden **Brutmöglichkeiten** aus glattem, leicht zu reinigendem Material ohne Spalten oder Risse (Rückzugsorte für Milben und andere Parasiten) angebracht. Bei allen Singvögeln muss die Futterration aus 3–4 Teilen **Körnerfutter**, 1 Teil **eiweißreichem Weichfutter** und zusätzlichem **Grünfutter** bestehen. Besonders die Eiweißkomponente wird oft vernachlässigt, was zu Mangelerscheinungen führt! **Gekeimtes Körnerfutter** bietet Abwechslung und einen hohen Vitamin- und Nährstoffgehalt. Dazu werden die Körner 24 Stunden lang eingeweicht, danach 24 Stunden abgedeckt stehen gelassen, bis die grünen Triebspitzen zu sehen sind. Vorsicht: Gekeimte Körner verderben sehr leicht! Nicht alle Fertigmischungen sind keimfähig (z. B. durch Haltbarmachen durch Bestrahlung).

Neben handelsüblichem Körnerfutter sollte stets ein Weich- oder Eifutter (mit mindestens 20 % Eiweiß) angeboten werden. Selbst hergestelltes Weichfutter kann aus 1 Ei, 40–50 g gemahlenem Zwieback und handelsüblicher Vitamin-Mineralmischung (z. B. Korvimin®) bestehen. Als Grünfutter eignen sich z. B. Vogelmiere, Petersilie, junger Löwenzahn, Obst (Apfel, Birne, Weintrauben etc.) und einige Gemüsesorten (Mais, Karotten). Nicht geeignet sind blähende Grünfutter wie Kohl, sowie gespritztes oder stark gedüngtes Futter (Treibhaussalat). Selbst gesammeltes Grünfutter nur von unbelasteten Stellen nehmen (Straßenränder oder Bahndämme meiden!), gut waschen und trocknen. Welkes Grünfutter aus dem Käfig entfernen. Für Allesfresser eignen sich zusätzlich Mehlwürmer, Blattläuse und Katzenfutter.

3 Allgemeine Therapiehinweise

DMSO (Dimethylsulfoxid)-haltige Präparate (Panolog®) sind absolut unverträglich und führen zu plötzlichen Todesfällen. Aminoglykoside können die Nieren schädigen, Sulfonamide lösen in manchen Fällen Blutarmut aus und erhöhen die Blutungsneigung. Gritsteinchen, die von Körnerfressern zur Nahrungszerkleinerung aufgenommen werden, können auf Grund ihres Gehalts an Calcium und Magnesium oral aufgenommene Tetracycline negativ beeinflussen. Durch Ansäuern des Trinkwassers mit Ascorbinsäure oder Zitronensaft kann dies vermieden werden.

Während der Heilungsphase sind Umgebungstemperaturen von 29–32 °C ideal. Alternativ kann eine Käfighälfte (oder eine Ecke der Voliere) mit Rotlicht bestrahlt werden.

Um einen Einzelvogel untersuchen zu können, muss dieser schnell und exakt mit der Hand gegriffen werden. Hierbei handelt es sich um ein sehr strapaziöses Ereignis für das Tier; der Halter muss zuvor über das Risiko eines Schocks aufgeklärt werden. Die Hand greift über Rücken und Nacken, der Kopf wird mit Daumen und Zeigefinger fixiert. Um eine lange, erschöpfende Jagd zu vermeiden, vorher alle Hindernisse aus dem Käfig entfernen und das Licht abdunkeln. Nötige Instrumente und Medikamente schon vorher bereit legen, um die Zeitspanne in der Hand des Untersuchers möglichst kurz zu halten. Vorsicht bei stark geschwächten Tieren, bei ihnen ist die Gefahr an einem Schock zu sterben besonders groß.

Der Ernährungszustand wird am Brustmuskel erfühlt: Eine gleichmäßig runde Brust deutet auf eine guten Ernährungszustand und reichlich Flugmöglichkeiten hin. Je deutlicher sich das Brustbein abzeichnet, desto dünner ist das Tier. Käfigvögel ohne Freiflugmöglichkeit zeigen eine oval gewölbte Brust.

Präparate, die oral verabreicht werden müssen, können mit einer gebogenen Knopfkanüle direkt in den Kropf gegeben werden. Der Tierhalter kann Medikamente entweder über das Trinkwasser, das Futter oder direkt in den Schnabel verabreichen (vorsichtig, damit das Präparat nicht in die Lungen gerät!). Für Injektionen (s.c., i.m.) eignet sich bei kleinen Vögeln der Bereich des rechten Brustmuskels, subkutane Injektionen können auch in die Nackenhaut zwischen den Flügelansätzen oder in die Kloakengegend gesetzt werden.

Tab. 9.: Arzneistoffe für Singvögel

Arzneistoff	Dosierung	Anwendung
Antibiotika		
Amoxicillin	200–400 mg/l Trinkwasser	
Ampicillin	1000–2000 mg/l Trinkwasser	
Chloramphenicol	100–200 mg/l Trinkwasser	
Chlortetracyclin	1000–1500 mg/l Trinkwasser	
Doxycyclin	250 mg/l Trinkwasser 75–100 mg i. m.	
Enrofloxacin	50–500 mg/l Trinkwasser	
Erythromycin	100–125 mg/l Trinkwasser	
Furazolidin	100–200 mg/l Trinkwasser	
Lincomycin	100–200 mg/l Trinkwasser	
Neomycin	80–100 mg/l Trinkwasser 5–10 mg/100 g Körpergewicht p. o.	
Polymyxin	50 000 I. E./l Trinkwasser	
Spektinomycin	200–400 mg/l Trinkwasser	
Tylosin	250–400 mg/l Trinkwasser	
Antimykotika		
Ketoconazol	25–35 mg/100 g Weichfutter (wasserunlöslich) 3–4 mg/100 g Körpergewicht p. o.	
Miconazol 2%ig Salbe	lokal	
Nystatin	20 000 I. E./100 g Weichfutter	

Arzneistoff	Dosierung	Anwendung
Antiparasitika		
Ivermectin	0,02 % Lösung (verdünnt mit Propylenglykol, 0,05 ml pro Kanarie)	
Narkotika, Sedativa		
Ketamin	2–3 mg/100 g Körpergewicht	i. m.
Metomidat	1–1,5 mg/100 g Körpergewicht	i. m.
Sonstige		
Eisen	3–10 mg/100 g Körpergewicht	i. m.
Elektrolyt-Glucose-Lsg.	0,6 ml/100 g Körpergewicht	i. m., s. c.
Vitamin A	20 000 I. E./l Trinkwasser	
Vitamin-B-Komplex	0,05–0,1 ml/100 g Körpergewicht	i. m.

4 Haut und Federkleid

Hauterkrankungen sind ein sehr großes Problemfeld. Oft gehen verschiedene Erkrankungen Hand in Hand (z.B. Milbenbefall mit Pilzerkrankungen oder bakteriellen Infektionen), die einzeln diagnostiziert und behandelt werden müssen. Neben äußerlichen Einflüssen (z.B. Parasiten, psychogene Störungen) können auch innere Erkrankungen Haut- oder Federkleidveränderungen herbeiführen.

4.1 Milbenbefall

4.1.1 Fußräude

Krankheitsursache: Cnemidocoptes-Arten
Symptome, Diagnose: Schwammartige, harte, kalkartige Auflagerungen an den Ständern.
Behandlungsstrategie: Bekämpfung der Milben am Tier und in der Umgebung, Optimierung der Haltungsbedingungen und der Fütterung.

Allgemeine Maßnahmen

- Krusten mit Paraffinum liquidum betupfen. Durch das Paraffin werden die Bohrgänge verschlossen und die Milben sterben ab,
- Käfig samt Sitzstangen, Spielsachen, Wasser- und Futternäpfen, Badewannen etc. desinfizieren,
- Fütterung überprüfen,
- Vitamine zuführen (z.B. AviConcept®, Korvimin®, SupraCell® Lebensvitamine zum Sprühen).

4.1.2 Rote und Nordische Vogelmilbe

Krankheitsursache: *Dermanyssus avium* und *Ornithonyssus sylviarum*

Symptome, Diagnose: Nordische Vogelmilbe: tagsüber Unruhe, häufiges Putzen. Rote Vogelmilbe: nächtliche Unruhe, Müdigkeit und Abgeschlagenheit am Tage. Bei Massenbefall Blutarmut (blasser Schnabel) sowie Todesfälle bei Nestlingen und brütenden Weibchen. Die Milben können auf dem Tier selbst und in seiner Umgebung gesehen werden (Ritzen, Einstreu, unter den Sitzstangen).

Behandlungsstrategie: Bekämpfung der Milben am Tier und in der Umgebung, Optimierung der Haltungsbedingungen und der Fütterung

Allgemeine Maßnahmen

- Reinigung und Desinfektion des Käfigs samt Inventar und Umgebung.

Allopathie

- Spot-On aus Ivermectin (Ivomec®) 0,02 % Lösung (verdünnt mit Propylenglykol, 0,05 ml pro Kanarie) zwischen die Schultern auf die nackte Haut; 2 Wiederholungen nach je 2 Wochen,
- für die Umgebung Carbamat- oder Permetrinprodukte (z. B. Bolfo®-Plus), Wiederholungen bei Zimmertemperatur nach 5 Tagen (unter 20 °C nach 7 Tagen),
- Vitamine zuführen (z. B. AviConcept®, Korvimin®, SupraCell® Lebensvitamine zum Sprühen).

Homöopathie: Nur unterstützend!

- Monopräparate: Sulfur D30 und Kreosotum D4, je 5 Globuli täglich im Trinkwasser auflösen,
- Kombinationspräparate: V22 Tropfen, SupraCell® SC 20.

Phytotherapie

- Besprühen des Vogels mit einem Aufguss aus Kamille, Salbei und Brennnessel (Vorsicht Zugluft!) oder als Badewasser anbieten.

4.1.3 Federmilben

Krankheitsursache: *Proctophyllodes*-Arten

Symptome, Diagnose: Vorkommen v.a. bei Kanarienvögeln. Die Milben leben an der Unterseite der Federn nah am Federschaft. Die Federn sehen durch den Milbenkot schmutzig-fleckig aus. Später kommt es zu Gefiederschäden, die Tiere sehen zerrupft aus. Starker Juckreiz führt zu Hautläsionen und Sekundärinfektionen der Haut.

Behandlungsstrategie: Bekämpfung der Milben, Optimierung der Fütterung und der Haltungsbedingungen.

Allgemeine Maßnahmen

- Reinigung und Desinfektion des Käfigs samt Inventar und Umgebung.

Allopathie

- Spot-On aus Ivermectin (Ivomec®) 0,02 % Lösung (verdünnt mit Propylenglykol, 0,05 ml pro Kanarie) zwischen die Schultern auf die nackte Haut. 2 Wiederholungen nach je 2 Wochen,
- Vitamine zuführen (z.B. AviConcept®, Korvimin®, SupraCell® Lebensvitamine zum Sprühen).

Homöopathie: Nur unterstützend!

- Monopräparate: Sulfur D30 und Kreosotum D4, je 5 Globuli täglich im Trinkwasser auflösen,
- Kombinationspräparate: V22 Tropfen, SupraCell® SC 20.

Phytotherapie

- Besprühen des Vogels mit einem Aufguss aus Kamille, Salbei und Brennnessel (Vorsicht Zugluft!) oder als Badewasser anbieten.

4.2 Stockmauser und Federmissbildungen

Krankheitsursachen: Mangelzustände (Vitamin-, Mineralstoff-, Aminosäuremangel), Haltungsfehler (zu enge Käfige, Flügelschlagen durch zu wenig Freiflug, zu geringe Luftfeuchte, direkte Sonnenbestrahlung), Parasiten, Verletzungen, hormonelle Störungen (z.B. durch zu lange Lichtperioden, auch Kunstlicht!), Kälte oder Stress während der Mauser, Dermatitis, Polyomaviren, Verhaltensstörungen.

Symptome, Diagnose: V.a. an Kopf und Hals Federausfall mit unzureichendem Nachwachsen, z.T. glanzloses Gefieder, abgebrochene, gespaltene und ausgefranste Federn, Verdickung einzelner Federkiele an Schwanz und Flügeln, feststeckende Federfahnen in verhärteten Scheiden, darüber pinselartige Gebilde.

Behandlungsstrategie: Abstellen der Ursachen, Beheben von Mangelsituationen, Optimierung der Haltungsbedingungen und der Fütterung.

Allgemeine Maßnahmen

- Optimierung der Fütterung: Eiweißanteil in der Nahrung überprüfen.
- Optimierung der Haltungsbedingungen: Käfig groß genug? Genügend Freiflug? Stress durch verstorbene oder neu dazugenommene Artgenossen? Einrichten eines geregelten Nacht-Tag-Rhythmus durch abendliches Abdecken des Käfigs, Herausziehen der abgebrochenen und gespaltenen Federn.

Allopathie

- Vitaminpräparate (z.B. Korvimin®, AviConcept®, SupraCell® Lebensvitamine),
- Einleitung der Mauser mit Thyroxin (L-Thyroxin Henning® inject.) bis zu 0,1 mg/100 g,
- Lokal Betupfen mit Lugol'scher Lösung.

Homöopathie

- Monopräparate, je nach Arzneimittelbild: Sulfur D30; Berberis D4; Lycopodium D6; Natrium muratiacum D12; je 5 Globuli im Trinkwasser auflösen,
- Kombinationspräparate: V22 Tropfen, SupraCell® SC 20.

Phytotherapie

- Besprühen des Vogels mit einem Aufguss aus Kamille, Ringelblume und Brennnessel (Vorsicht Zugluft!) oder als Badewasser anbieten.

4.3 Federbalgzysten (Lumps)

Krankheitsursache: Vermutlich erblich

Symptome, Diagnose: Vorkommen v. a. bei Formkanarien und hellen Farbkanarien ab dem 3. Lebensjahr: Die Feder rollt sich im Federbalg zusammen und wächst dort weiter. Der Federbalg füllt sich zudem mit Sekret und beginnt sich vorzuwölben. Die Zysten können bis zu 2 cm groß werden.

Behandlungsstrategie: Spalten der Zysten, lokal antibiotische Versorgung.

Allopathie

- Spalten der Zysten unter Narkose,
- Ausräumen und Vernähen der Wundräume,
- Vitamine zuführen (z.B. AviConcept®, Korvimin®, SupraCell® Lebensvitamine zum Sprühen).

Homöopathie

- Monopräparate, unterstützend nach der Operation: Arnica D3, D4; Calendula D2; Staphisagria D6,
- Kombinationspräparate: V44 Tropfen; V22 Tropfen; Traumeel®, SupraCell® SC 20, SupraCell® SC 40.

4.4 Verblassen der Federfarben, glanzloses Gefieder

Krankheitsursachen: Mangel an Carotin und/oder Vitamin A, Veränderungen im Hormonhaushalt, Mangel an Bewegung und frischer Luft.

Symptome, Diagnose: allmähliches Ausbleichen der Gefiederfarben bei intaktem Gefieder und ungestörtem Allgemeinbefinden.

Behandlungsstrategie: Optimierung der Fütterung und der Haltungsbedingungen.

Allgemeine Maßnahmen

- Statt eines Überangebots an mittelmäßigem Futter rationierte hochwertige Kost mit ausreichend Weichfutteranteil und Vita-

minzusatz (z.B. AviConcept®, Korvimin®, SupraCell® Lebensvitamine) anbieten,
- ausreichend Bewegungsmöglichkeit (Käfiggröße!).

Homöopathie
- Kombinationspräparate: V22 Tropfen, SupraCell® SC 20.

4.5 Candidose

Krankheitsursachen: *Candida albicans*, zusätzlich mangelhafte Haltungsbedingungen, Fütterungsfehler, geschwächte Immunabwehr.

Symptome, Diagnose: Vor allem bei Prachtfinken und rezessiv weißen Kanarienvögeln: gestörte Futteraufnahme, verklebtes Nackengefieder durch ausgeschleudertes Kopfsekret („Kopfschwitzen"), Durchfall, Atembeschwerden, weiße Beläge auf den Schleimhäuten, manchmal ein geblähter Kropf und Bindehautentzündungen.

Bei Befall der Haut ausfallende Federn am Kopf mit verdickter, roter, feuchter Haut. Krusten und Hautabschilferungen rund um die Federbälge der betroffenen Gebiete.

Nachweis des Erregers im Nativpräparat oder im Ausstrich mit Giemsa-Färbung: Es zeigen sich bei Candida sprossende Zellen (Blastokonidien).

Behandlungsstrategie: Bekämpfung des Erregers, Stärkung des Immunsystems, Optimierung der Haltungsbedingungen und der Fütterung.

Allgemeine Maßnahmen
- Vitaminversorgung sicherstellen (z.B. mit Korvimin®).

Allopathie
- Lokal: Antimykotika, z.B. Miconazol-Salbe 2%ig; Enilconazol 0,2%ige Lösung (Imaverol®) 2-mal pro Woche für 2–4 Wochen (Vorsicht, kann oral aufgenommen toxisch wirken!), antibiotische oder desinfizierende Salben gegen Sekundärinfektionen (z.B. Betaisodona®),

- systemisch: Nystatin (Moronal®) 10000 I.E./100 ml Trinkwasser über 3–6 Wochen; Ketoconazol (Nizoral®) 3–4 mg/100 g Körpergewicht p.o.

Homöopathie

- Monopräparate, je nach Arzneimittelbild: Sulfur D30, Kreosotum D4, je 5 Globuli im Trinkwasser auflösen,
- Kombinationspräparate: V33 Tropfen, SupraCell® SC 70.

Phytotherapie

- Besprühen des Vogels mit dem Aufguss aus Kamille, Salbei, Brennnessel (Vorsicht, Zugluft!) und als Badewasser anbieten.

4.6 Hautentzündung (Dermatitis)

Krankheitsursachen: Meist Sekundärinfektionen nach Hautverletzungen (z.B. nach vermehrtem Kratzen durch Hautparasiten oder Juckreiz durch systemische Erkrankungen (Pocken). Beteiligte Keime: *E. coli*, Streptokokken, Staphylokokken, Klebsiellen, Hefen, Pilze (*Aspergillus*).

Symptome, Diagnose: Örtlicher Federausfall, gerötete, schuppige, juckende, nässende Hautbezirke, die intensiv bekratzt oder beknabbert werden. Erregernachweis im Abklatschpräparat oder im Abstrich mit Anzucht im Labor.

Behandlungsstrategie: Bekämpfung der Erreger, Unterstützung der Hautheilung, Optimierung der Haltungsbedingungen und der Fütterung

Allgemeine Maßnahmen

- Um weiteres Kratzen oder Beknabbern zu vermeiden, einen Halskragen (z.B. aus Pappe oder altem Röntgenfilm) herstellen. Dabei darauf achten, dass der Vogel einerseits mit dem Schnabel den Rand nicht erreicht (sonst wird der Kragen innerhalb kürzester Zeit zerknabbert) und andererseits weiterhin fressen und trinken kann.
- Im Zweifelsfall den Kragen mehrmals täglich abnehmen, um Futterpausen zu ermöglichen.

Allopathie

- Lokal antibiotische und/oder antimykotische Salben oder Lotion auftragen. **Wichtig:** Kein DMSO-haltiges Präparat verwenden, kein Panolog® – absolute Unverträglichkeit mit Todesfolge!

Homöopathie

- Monopräparate, je nach Arzneimittelbild: Sulfur D30; Kreosotum D4; Hepar sulfuris D6; Psorinum D30, je 5 Globuli im Trinkwasser auflösen,
- Kombinationspräparate: V33 Tropfen, SupraCell® SC 30, SupraCell® SC 2000.

Phytotherapie

- Besprühen des Vogels mit einem Aufguss aus Kamille, Ringelblume und Brennnessel (Vorsicht Zugluft!) oder als Badewasser anbieten,
- Fertigpräparat: SupraCell® Vitalisierungstee.

4.7 Pocken (Schnappkrankheit)

Krankheitsursachen: Kanarien-Pockenvirus *(Avipox serinae)*
Symptome, Diagnose: Übertragung erfolgt direkt von Tier zu Tier oder indirekt (Futter, Einstreu, Gerätschaften).

- Hautform: gelbliche, krustige Hautverdickungen in den Schnabel- und Augenwinkeln, auf der Nase, unter dem Schnabel, an den Ständern und Füßen und den Federfollikeln,
- Schleimhautform: gelbliche, tiefgreifende Auflagerungen auf der geröteten Schleimhaut von Hals und Rachen,
- Lungenform: alle Symptome einer Lungenentzündung, Bindehautentzündung, Schnupfen,
- Perakute Form: Plötzliche Todesfälle aus scheinbar voller Gesundheit heraus.

Nachweis des Virus durch Anzucht im Labor oder durch mikroskopischen Nachweis der Einschlusskörperchen, die das Virus in manchen Zellen hinterlässt.

Behandlungsstrategie: Verhindern oder Bekämpfen von Begleitinfektionen, vitaminreiche Kost, Unterstützung des Immunsystems

Allgemeine Maßnahmen

- Hautpocken heilen nach ca. 3 Wochen ab,
- in jedem Fall kranke Tiere von Gesunden absondern, eventuell notimpfen,
- leicht verdauliches Futter anbieten.

Allopathie

- Gegen das Virus selbst gibt es keine Behandlung.
- Sekundärinfektionen mit Antibiotika (lokal oder systemisch) behandeln,
- vorbeugend sind jährliche Impfungen möglich,
- Vitamingaben über das Trinkwasser.

Homöopathie

- Monopräparate, je nach Arzneimittelbild: Lachesis D12; Coffea D2, Aconitum D4; Echinacea angustifolia D6, D12; Hepar sulfuris D6; Mercurius solubilis D12; Borax D4; je 5 Globuli im Trinkwasser auflösen,
- Kombinationspräparate: V33 Tropfen, SupraCell® SC 2000, Echinacea compositum®, Engystol® (jeden 2. Tag eine Ampulle ins Trinkwasser).

Physikalische Maßnahmen

- Rotlichtbestrahlung auf einer Käfigseite anbieten, die andere Hälfte mit einem Tuch abhängen.

4.8 Chronische Ekzeme

Krankheitsursachen: Leber- und Nierenerkrankungen (fütterungsbedingt, infektiös), Vergiftungen (Blei, Pflanzenschutzmittel, Pflanzendünger). Zu Vergiftungen kommt es meist durch die Aufnahme giftiger Substanzen beim unbeaufsichtigten Freiflug (z.B. Beknabbern von Bleigewichten in Gardinen, Trinken von gedüngtem Wasser aus Blumenuntersetzern).

Symptome, Diagnose: Chronische, therapieresistente Ekzeme, Juckreiz, Sekundärinfektionen mit Pilzen, Bakterien.

Behandlungsstrategie: Ausschließen aller anderer möglicher Ursachen (Ektoparasiten, Endoparasiten), Behandlung des Grundleidens, Abstellen anderer Ursachen.

Allopathie

- Symptomatisch,
- bei Sekundärinfektionen geeignete antibiotische oder antimykotische Therapie.

Homöopathie

- Monopräparate, je nach Arzneimittelbild: Sulfur D30; Berberis D4; Lycopodium D6; je 5 Globuli im Trinkwasser auflösen,
- Kombinationspräparate: V33 Tropfen, SupraCell® SC 2000.

Phytotherapie

- Besprühen des Vogels mit einem Aufguss aus Kamille, Ringelblume und Brennnessel (Vorsicht Zugluft!) oder als Badewasser anbieten.

5 Schnabel

5.1 Schnabelverletzungen

Krankheitsursachen: Nach Panikattacken oder Kämpfen, durch unsachgemäßes Kürzen des Schnabels.

Symptome, Diagnose: Starke Blutungen, eingerissenes oder gebrochenes Schnabelhorn, Appetitlosigkeit oder Futterverweigerung, nachlässige Gefiederpflege.

Behandlungsstrategie: Stoppen der Blutung, Verhindern von Sekundärinfektionen, Weichfutter anbieten, bei sehr starken Verletzungen evtl. Euthanasie.

Allgemeine Maßnahmen

- Blutungen mit Wasserstoffperoxid 2–3%ig, Eisenchlorid oder dem Kauter zum Stillstand bringen,
- die Wunde reinigen,
- schmackhaftes Weichfutter anbieten, das Trinkwasser mit 10% Traubenzucker oder Honig (1 Esslöffel auf 500 ml) anreichern,
- später in der Heilungsphase abstehende Hornteile evtl. mit feinem Sandpapier glätten, um ein Hängenbleiben und erneutes Aufreißen zu verhindern,
- sprödes Horn mit Ringelblumensalbe einreiben.

Allopathie

- Lokal antibiotische oder desinfizierende Salben (z.B. Betaisodona®).

Homöopathie

- Monopräparate, je nach Arzneimittelbild: Arnica D30; Calendula D2; Hamamelis D3; je 5 Globuli im Trinkwasser auflösen.
- Kombinationspräparat: Traumeel®.

Phytotherapie

- Betupfen mit dem Aufguss von Arnica und Ringelblume
- Salben aus Arnica und Ringelblume auftragen.

5.2 Schnabeldeformationen

Krankheitsursachen: Verletzungen an der Wachstumsgrenze, Vitaminmangel (Vit. A, Vit. D, Biotin), angeborene Defekte (Kreuzschnabel), keine Möglichkeit zum Schnabelwetzen.

Symptome, Diagnose: Ungleichmäßiges Wachstum von Ober- und Unterschnabel, gespaltener Unterschnabel durch Haltungsfehler während der Aufzucht, unregelmäßige Hornstreifen.

Behandlungsstrategie: Korrektur des Schnabelhorns, Optimierung der Haltungsbedingungen und der Fütterung.

Allgemeine Maßnahmen

- Kürzen des Schnabelhorns, evtl. zuvor mit warmem Gylcerin oder warmem Pflanzenöl einweichen,
- Ränder mit Sandpapier glatt schleifen. Starke Deformationen in mehreren Sitzungen angleichen,
- Möglichkeiten zum Schnabelwetzen bieten: handelsübliche Wetzsteine, naturbelassener Kalksandstein oder Ziegelstein.

Allopathie

- Vitamin- und Mineralstoffmangel ausgleichen (z.B. mit Korvimin®, SupraCell® Lebensvitamine).

Homöopathie

- Monopräparate, je nach Arzneimittelbild: Sulfur D30, Antimonium crudum D4; Silicea D6; Thuja D6.

Phytotherapie

- Einreiben oder Betupfen des Schnabelhorns mit Calendula-Salbe, Olivenöl oder Glyzerin.

6 Augen

6.1 Bindehautentzündung (Konjunktivitis) und Augenlidentzündung (Blepharitis)

Krankheitsursachen: Zugluft, Reizungen (Reinigungsmittels, Dämpfe in der Küche), mechanische Reize (Sand), Verletzungen, Infektionen mit Streptokokken, Staphylokokken, *E. coli*, *Candida albicans*, bei rezessiv weißen Kanarien durch Vitamin-A-Mangel, Folgeerscheinung bei Pocken, Sinusitis, Toxoplasmose, Newcastle Disease, Cytomegalievirus u.a. virale Infektionen.

Symptome, Diagnose: Anschwellen und kräftige Rotfärbung der Bindehäute, verstärkter Tränenfluss, z.T. auch eitrig-gelblich mit verklebtem Gefieder, verklebter Lidspalt, ständiges Kratzen und Reiben des Kopfes an der Sitzstange und dem Gitter. Nachweis der Erreger durch Anzucht im Labor.

Behandlungsstrategie: Ausschalten der Ursachen, Behandlung evtl. Grunderkrankungen, Bekämpfen der Erreger, Optimierung der Fütterung.

Allgemeine Maßnahmen

- Einstreu entfernen und gegen Zeitungspapier tauschen,
- verkrustetes Sekret mit weichem Tuch und isotonischer Kochsalzlösung, abgekochtem Wasser oder Kräuteraufguss entfernen. **Wichtig:** Keinen Kamillenaufguss an das Auge bringen (wirkt austrocknend und evtl. Verschlimmerung durch allergische Reaktion).

Allopathie

- Antibiotische (und antientzündliche) Augensalben, je nach Präparat 3–5-mal täglich über mindestens 5 Tage: z.B. Aquapred-N®, Gent-Ophtal®, Oleomycetin®.

Homöopathisch

- Monopräparate, je nach Arzneimittelbild: Euphrasia D2, D3; Apis D4, D6, D30; Pulsatilla D4, D6, D30,
- Kombinationspräparate: Keratisal Tropfen®, Pfx Euphrasia 130®, Pfx Cineraria I 9®, Vetokehl Not®, Quentakehl D6®, Euphrasia Oligoplex®, Oculoheel®, Belladonna Homaccord®, Conjunctisan Augentropfen®.

Phytotherapie

- Aufguss aus Fenchel, Augentrost, Calendula ins Auge träufeln.

6.2 Augenentzündungen (Keratitis, Iriitis und Panophthalmie)

Krankheitsursachen: Traumata, starke UV-Einwirkung, Viruserkrankungen, übergreifende Infektionen aus der Umgebung (z.B. Bindehäute), bei Kanarienvogel durch Infektionen mit *Toxoplasma gondii.*

Symptome, Diagnose: Bei der Keratitis können alle Schichten (oberflächliche, mittlere, tiefe) der Hornhaut betroffen sein. Es kommt zu einer weißlichen Trübung der Hornhaut (Hornhautödem) und im weiteren Krankheitsverlauf zu einsprossenden Blutgefäßen (oberflächlich oder tief). Weitere Symptome sind Tränenfluss, Zusammenkneifen des Auges, Lichtscheue. Später Ausbreitung über das ganze Auge (Panophthalmie).

Behandlungsstrategie: Beseitigung der Ursache, entzündungshemmende und antibiotische Maßnahmen, evtl. operatives Vorgehen, Stimulation der Hornhautregeneration.

Allopathie

- Wichtig: Bei Hornhautdefekten keine Corticosteroide lokal anwenden!
- bei Virusinfektionen: Aciclovir (z.B. Zovirax® Augensalbe) und Paraimmunitätsinducer (z.B. Baypamune®),
- bei bakteriellen Infektionen: Augensalben oder Augentropfen, z.B. Terramycin®, Gent-Ophtal®, Oleomycetin®,

- Epithelschutz und -regeneration: Augensalben oder Tropfen mit Dexpanthenol (z. B. Pan-Ophtal®) oder Vitamin A (z. B. Regepithel®).

Homöopathie

- Monopräparate, je nach Arzneimittelbild: Mercurius sublimatus corrosivus D6; Silicea D6, D12, D30,
- Kombinationspräparate: Keratisal®, Euphrasia-Injeel®, Cornea suis-Injeel®, Aethiops 19 Komplex®, Pfx Conium 133®, Pfx Euphrasia 130®, Pfx Cineraria I 9®.

Phytotherapie

- Ausspülungen oder Kompressen mit Aufguss von Calendula und Augentrost oder Calendula- und Augentrosttinkturen (5–10 %ige Lösung) oder entsprechende Augentropfen/-salben.

7 Rachenraum, Halsraum (Kropf)

7.1 Entzündungen von Hals und Luftröhre (Laryngitis, Tracheitis, Syringitis)

Krankheitsursachen: Reizungen (eingeatmetes Futter oder Medikamente, Dämpfe bei Haltung in der Küche), Infektionen mit Bakterien, Pilzen *(Aspergillus)*, Viren (Pocken, Paramyxovirose, Herpes), Ornithose, Parasitosen (Milben s. Kap. 9.2, Trichomonaden s. Kap. 11.7, Candidose s. Kap. 4.5), Fremdkörper (Gummibänder, Kunststofffasern).

Symptome, Diagnose: Speichelfluss, Stimmverlust, angestrengtes schnelles Heben und Senken des Brustbeins als Zeichen für Atemnot, Schnappatmung mit vorgestrecktem Hals, gestörtes Allgemeinbefinden, Inappetenz.

Nachweis der Bakterien, Viren oder Pilze im klinischen Bild (Beläge, Eiter) und nach Abstrich im Labor. Parasiten der Trachea zeigen sich im Gegenlicht.

Behandlungsstrategie: Bekämpfen der Ursache, Stärkung des Immunsystems

Allgemeine Maßnahmen

- Vorsicht mit dem Handling, Schockgefahr!
- Trinkwasser mit Traubenzucker oder Honig anreichern (ca. 1 Esslöffel auf 500 ml).

Allopathie

- Richtet sich nach der Grunderkrankung,
- Vitamingaben (z.B. Korvimin®, SupraCell® Lebensvitamine).

Homöopathie

- Richtet sich nach der Grunderkrankung.

Physikalische Maßnahmen

- Bestrahlung mit Rotlicht: eine Käfighälfte mit einem Tuch abhängen, die andere Hälfte aus ca. 20–30 cm Entfernung anstrahlen.

7.2 Kropfentzündung

Krankheitsursachen: Zugluft, Verletzungen der Kropfschleimhaut durch Fremdkörper, Bakterien, Viren, Pilzinfektionen (*Candida albicans*), verdorbenes Futter (Schimmelpilze), Futterüberladung mit Kropferweiterung.

Symptome, Diagnose: Gestörtes Allgemeinbefinden, Inappetenz, Hochwürgen von Kropfinhalt mit Schleim und Herausschleudern desselben, verklebtes Gefieder im Kopfbereich, krampfhaftes Hervorstrecken des Kopfes mit Würge- oder Schluckbewegungen, bei Kropfüberladung ist der gespannte Kropf gut tastbar, beim Palpieren erzeugt man einen Würgereiz, eine verdickte Kropfwand deutet auf Trichomonadose oder Candidose hin.

Behandlungsstrategie: Bekämpfung der Ursache, Optimierung der Fütterung und der Haltungsbedingungen.

Allgemeine Maßnahmen

- Vorsicht mit dem Handling, Schockgefahr! Trinkwasser mit Traubenzucker oder Honig anreichern (ca. 1 Esslöffel auf 500 ml), Vitamingaben (z.B. Korvimin®, SupraCell® Lebensvitamine).
- Als Futter nur Weichfutter sowie eingeweichte Körner anbieten: dazu die Körner über Nacht in Kamillentee einlegen (nicht länger als 12 Stunden im Käfig belassen, sie verderben schnell).

Allopathie

- Je nach Ursache antibiotische oder antimykotische Therapie, z.B. Nystatin (Moronal®) 10000 I.E./100 ml Trinkwasser über 3–6 Wochen, Oxytetracyclin (Terramycin®) 2,5–5 mg/100 g p.o., Enrofloxacin (Baytril®) 1 mg/100 g p.o.,
- Vitamingaben (z.B. Korvimin®),
- zur Belebung der Darmflora Bird Bene Bac®, Bene Bac® Pulver.

Homöopathie

- Monopräparate, je nach Arzneimittelbild: Belladonna D3; Bryonia D4; Hepar sulfuris D6; Echinacea ang. D6; je 5 Globuli im Trinkwasser auflösen,

- Kombinationspräparate: SupraCell® SC 10, PetMun®, Mucosa comp. Injeel®-forte, je eine Trinkampulle 2-mal pro Woche im Trinkwasser auflösen.

Phytotherapie

- Aufguss aus Kamille, Calendula, Arnika an Stelle des Trinkwassers anbieten.

Physikalische Maßnahmen

- Bestrahlung mit Rotlicht: eine Käfighälfte mit einem Tuch abhängen, die andere Hälfte aus ca. 20–30 cm Entfernung anstrahlen.

8 Nase

8.1 Nasenschleimhaut- und Unteraugenhöhlenentzündung (Rhinitis und Sinusitis)

Krankheitsursachen: Als Begleiterkrankung bei bakteriellen Infektionen, Viruserkrankungen (z.B. Pocken), Pilzinfektionen, Luftsackmilbenbefall, als Einzelerkrankung nach extremen Temperaturänderungen, Vitamin-A-Mangel, Reizungen (z.B. Dämpfe bei Haltung in der Küche).

Symptome, Diagnose: Niesen, Nasenausfluss, verklebte Federn in der Nasengegend, Verstopfung der Nasenlöcher mit bräunlichem Sekret, Reiben des Schnabels an der Sitzstange oder den Gittern, Kopfschütteln, Kratzen an der Nase, Schnabelatmung, im weiteren Verlauf Sinusitis mit aufgetriebenen Unteraugenhöhlen.
Nachweis der Erreger durch Abstrich und Anzucht der Erreger im Labor.

Behandlungsstrategie: Beseitigung der Ursache, Erleichterung der Atmung, Unterstützung des Immunsystems.

Allgemeine Maßnahmen

- Vorsicht mit dem Handling, Schockgefahr!
- Entfernen der Krusten an der Nase nach Einweichen mit Kräuteraufguss, isotonischer Kochsalzlösung oder Paraffin,
- Trinkwasser mit Traubenzucker oder Honig anreichern (ca. 1 Esslöffel auf 500 ml).

Allopathie

- Antibiotische Therapie, je nach Erreger (Antibiogramm!),
- Vitamingaben mit dem Trinkwasser oder dem Futter (z.B. Korvimin®, SupraCell® Lebensvitamine),
- Unterstützung des Immunsystems mit Paraimmunitätsinducern (z.B. Baypamune®).

Homöopathie

- Monopräparate, je nach Arzneimittelbild: Belladonna D3; Hepar sulfuris D6; Mercurius solubilis D12; Echinacea ang. D6; je 5 Globuli im Trinkwasser auflösen,
- Kombinationspräparate: V33 Tropfen; Mucosa compositum®, einmal wöchentlich 1 Trinkampulle im Trinkwasser auflösen.

Phytotherapie gegen Entzündung und Krämpfe der Atemwege

- Inhalationen mit Meersalz oder Emser Salz oder ätherischen Ölen von Pfefferminze, Kamille, Salbei, Thymian oder Eukalyptus.

Physikalische Maßnahmen

- Bestrahlung mit Rotlicht: eine Käfighälfte mit einem Tuch abhängen, die andere Hälfte aus ca. 20–30 cm Entfernung anstrahlen.

9 Atmungsorgane

9.1 Lungen- und Luftsackentzündung (Pneumonie, Aerosacculitis)

Krankheitsursachen: Haltungsklima (Hitze, Kälte, Zugluft), Reizungen (z.B. durch Dämpfe bei Haltung in der Küche), Fremdkörper (Staub), Parasiten, *Toxoplasma gondii*, Bakterien (v.a. Streptokokken, Staphylokokken, Pasteurellen, Yersinien), chronische Pilze *(Aspergillus)*, Viren (Lungenpocken, Newcastle Disease, Psittakose).

Symptome, Diagnose: Atemnot, Schnabelatmung bei vorgestrecktem Hals, Niesen, Nasenausfluss, verklebtes Gefieder im Kopfbereich, Reiben des Schnabels an der Stange oder dem Gitter, Atemgeräusche, hochgradig gestörtes Allgemeinbefinden mit Fieber und Inappetenz.

Behandlungsstrategie: Bekämpfung der Infektion, Lösen des Schleims, Erleichterung der Atmung, Stärkung des Immunsystems.

Allgemeine Maßnahmen

- Vorsicht mit dem Handling, Schockgefahr!
- Trinkwasser mit Traubenzucker oder Honig anreichern (ca. 1 Esslöffel auf 500 ml).

Allopathie

- Antibiotische Therapie, je nach Erreger (Antibiogramm!),
- Vitamingaben mit dem Trinkwasser oder dem Futter (z.B. Korvimin®),
- Unterstützung des Immunsystems mit Paraimmunitätsinducern (z.B. Baypamune®).

Homöopathie

- Monopräparate, je nach Arzneimittelbild: Belladonna D3; Hepar sulfuris D6; Mercurius solubilis D12; Echinacea ang. D6,

- Kombinationspräparate: V55 Tropfen; Mucosa compositum®, einmal wöchentlich 1 Trinkampulle im Trinkwasser auflösen.

Phytotherapie gegen Entzündung und Krämpfe der Atemwege

- Inhalationen mit Meersalz oder Emser Salz oder ätherischen Ölen von Kamille, Pfefferminze, Salbei, Thymian oder Eukalyptus.

Physikalische Maßnahmen

- Bestrahlung mit Rotlicht: eine Käfighälfte mit einem Tuch abhängen, die andere Hälfte aus ca. 20–30 cm Entfernung anstrahlen.

9.2 Luftröhren- oder Lungenmilben (Acariasis, Sternostomose)

Krankheitsursache: *Sternostoma tracheacolum*

Symptome, Diagnose: Stimmverlust, Schluckbewegungen, später Schnabelatmung, Kopfschleudern, Niesen, Würgen, rasselnde Atemgeräusche, die Milben sind im Gegenlicht in der Trachea sichtbar.

Behandlungsstrategie: Bekämpfung der Parasiten, Optimierung der Haltungsbedingungen

Allgemeine Maßnahmen

- Behandlung aller Neuzugänge und Ausstellungstiere,
- Reinigung und Desinfektion des Käfigs und des Inventars.

Allopathie

- Spot-On aus Ivermectin (Ivomec®) 0,02 % Lösung (verdünnt mit Propylenglykol, 0,05 ml pro Kanarie) zwischen die Schultern auf die nackte Haut. 2 Wiederholungen nach je 2 Wochen.
- Wahlweise Trichlorphos (Neguvon®) 2%ig als Spot-On 0,03–0,05 ml/Vogel am 1., 5. und 9. Behandlungstag.

Homöopathie: Nur unterstützend!

- Monopräparate: Sulfur D30 und Kreosotum D4, je 5 Globuli täglich im Trinkwasser auflösen,
- Kombinationspräparate: V33 Tropfen, SupraCell® SC 10, Mucosa compositum®.

Phytotherapie gegen Entzündung und Krämpfe der Atemwege

- Inhalationen mit Meersalz oder Emser Salz oder ätherischen Ölen von Kamille, Pfefferminze, Salbei, Thymian oder Eukalyptus,
- Kamille, Pfefferminze, Salbei, Thymian, Eukalyptus, Zubereitung als Aufguss, Sirup, Hustensaft,
- bei Fertigpräparaten auf alkoholfreie Zubereitungen achten!

10 Herz und Kreislauf

10.1 Erkrankungen des Herzens und des Gefäßsystems

Krankheitsursachen: Angeborene oder erworbene Herzfehler, Erkrankungen von Niere oder Leber, Komplikation bei bakteriellen oder viralen Infekten, Vergiftungen, krankheitsbedingter Rückstau des Blutes ins Herz, Tumore der Herzbasis oder der Schilddrüse

Symptome, Diagnose: Zunächst verminderte Belastbarkeit (fliegt kaum noch oder nur kurze Strecken), Schwanken auf der Stange, später bläulich verfärbte Schleimhäute, Beine und Schnabelhaut, schwere Atemnot, unter Belastung epileptiforme Anfälle.

Bei Gefäßerkrankungen wie Krampfadern (häufig beim Kanarienvogel!) z.T. Federverlust und Federmissbildungen durch die Minderdurchblutung, zentralnervöse Ausfälle.

Nachweis der Erkrankung am lebenden Tier schwierig, evtl. durch Röntgenbild, die Belastung für das Tier in einem solchen Zustand ist jedoch erheblich (Vorsicht: Schockgefahr!).

Behandlungsstrategie: Behandlung der Grunderkrankung, Entlastung und Unterstützung des Herzens, Optimierung der Fütterung und Haltungsbedingungen.

Allgemeine Maßnahmen

- Die Zufuhr von Sauerstoff kann etwas entlastend wirken,
- das Trinkwasser mit Traubenzucker oder Honig (1 Esslöffel auf 500 ml) anreichern.

Allopathie

- Zur Unterstützung des Herzens Digitalis-Präparate (Lanitop®) im Trinkwasser verabreichen, genaue Dosierung jedoch schwierig, Erfolg zweifelhaft.

Homöopathie

- Monopräparate, je nach Arzneimittelbild: Crataegus D1, Cactus D1, Veratrum album D3, Kalium carbonatum D4,
- Kombinationspräparate: Cardiacum Heel®; V44 Tropfen.

Phytotherapie

- Pflanzen: Weißdorn, Königin der Nacht, Maiglöckchen, Adonisröschen, Meerzwiebeln, es wird zur Anwendung als Fertigpräparat (s. u.) geraten.
- Fertigpräparate: Cefascillan®, Löwe-Komplex®, Viscorapas-Duo®, Cardiacum 1® oder 2® Pascoe S, Crataepas 100®, Naranocor®/Naranocor H®, Sedocardin®, Crataegus-Heel S®, Oxacant®/Oxacant forte®, Convastabil®.

11 Verdauungstrakt

11.1 Bakterielle Drüsenmagenentzündung (Going-light-Syndrom)

Krankheitsursache: Umstritten, beteiligt sind so genannte Megabakterien (nicht kultivierbar, schwer zu behandeln, eventuell Pilz?) im Zusammenhang mit schädlichen Faktoren wie Stress, Fütterungsfehler, Haltungsfehler.

Symptome, Diagnose: Vorkommen v.a. bei Kanarienvögeln: unspezifische Symptome wie Erbrechen und Schwäche, Ausscheiden unverdauter Körner. Unter dem Mikroskop zeigen sich die Bakterien als große (40 × 2 µm), grampositive, stabförmige Gebilde.

Behandlungsstrategie: Bekämpfen der Erreger, Optimierung der Fütterung und Haltungsbedingungen.

Allgemeine Maßnahmen

- Körnerfutter entfernen, nur hochwertiges Weichfutter anbieten,
- Einstreu entfernen (um die Aufnahme von Steinchen zu verhindern).

Allopathie

- Trinkwasser auf einen pH von 2,4–2,6 ansäuern: Ascorbinsäure oder 6 ml HCl 1N pro Liter Wasser,
- Neomycin plus Amphotericin 5–10 mg/100 g Körpergewicht p.o. (am besten mit der Kropfsonde),
- Vitaminversorgung sicherstellen (z.B. mit Korvimin®, Supra-Cell® Lebensvitamine).

Homöopathie

- Monopräparate, je nach Arzneimittelbild: Nux vomica D6; Ipecacuanha D6; Veratrum album D4, D6; Carbo vegetabilis D6, D8; je 5 Globuli im Trinkwasser auflösen,

- Kombinationspräparate: V66 Tropfen, SupraCell® SC 10, Mucosa compositum®, zweimal wöchentlich 1 Trinkampulle im Trinkwasser auflösen.

Physikalische Maßnahmen

- Bestrahlung mit Rotlicht: eine Käfighälfte mit einem Tuch abhängen, die andere Hälfte aus ca. 20–30 cm Entfernung anstrahlen.

11.2 Leitsymptom Durchfall

Krankheitsursachen: Stress, Infektionen *(E. coli, Yersinia pseudotuberculosis, Salmonella typhimurium, Campylobacter jejuni, Candida albicans, Mycobacterium avium)*, Fütterungsfehler, verdorbenes Futter, lange Hungerperioden, Parasitenbefall (Kokzidien, Würmer), Vergiftungen (Beknabbern von Zimmerpflanzen), Leber- und Nierenerkrankungen.

Behandlungsstrategie: Beseitigung der Ursache, Entlastung des Magen-Darm-Trakts, Ersetzen der fehlenden Flüssigkeit, Optimierung der Fütterung, Stabilisierung der Darmschleimhaut, Bindung und Ausscheidung von Giftstoffen, Regulierung der Darmflora.

Allgemeine Maßnahmen

- Vorsicht mit dem Handling, Schockgefahr!
- Trinkwasser mit Traubenzucker oder Honig anreichern (ca. 1 Esslöffel auf 500 ml),
- Vitamingaben (z. B. Korvimin®).

Physikalische Maßnahmen

- Bestrahlung mit Rotlicht: eine Käfighälfte mit einem Tuch abhängen, die andere Hälfte aus ca. 20–30 cm Entfernung anstrahlen.

11.3 Vergiftungen

Krankheitsursachen: Fressen von unbekömmlichen Lebensmitteln (Wurst, Käse, fette Soßen), Beknabbern von bleihaltigen Lacken, Gardinengewichten, giftigen Zimmerpflanzen (z. B. Alpenveilchen), Verfütterung von Kohl, kohlartigem Gemüse, grünen Bohnen u.a. unverträglichem Gemüse, gespritztem, belastetem oder stark gedüngtem Obst und Gemüse, verfaultem oder verschimmeltem Futter (Vorsicht mit frischen Keimlingen!)

Symptome, Diagnose: Plötzliche Apathie, gesträubtes Gefieder, u.U. Krämpfe, blutig-schleimige Durchfälle, Erbrechen, bei Bleivergiftungen im chronischen Stadium Erblindung und Lähmungserscheinungen.

Behandlungsstrategie: Beseitigung der Ursache, Entlastung des Magen-Darm-Trakts, Ersetzen der fehlenden Flüssigkeit, Optimierung der Fütterung, Stabilisierung der Darmschleimhaut, Bindung und Ausscheidung von Giftstoffen, Regulierung der Darmflora

Allgemeine Maßnahmen

- Vorsicht mit dem Handling, Schockgefahr!
- Trinkwasser mit Traubenzucker oder Honig anreichern (ca. 1 Esslöffel auf 500 ml).

Allopathie

- Zur Bindung der Giftstoffe Na-EDTA,
- Infusion mit Glucose-Elektrolyt-Lösung 0,6 ml pro 100 g Körpergewicht s.c., i.m.,
- zur Unterstützung der Darmflora Bird Bene Bac®, Bene Bac® Pulver,
- Vitamin- und Mineralstoffgaben (z.B. Korvimin®, SupraCell® Lebensvitamine).

Homöopathie

- Monopräparate, je nach Arzneimittelbild: Nux vomica D6; Arsenicum album D6, D12; Carbo vegetabilis D6; je 5 Globuli im Trinkwasser auflösen,
- Kombinationspräparate: Lymphomyosot®, Dysenteral®, Mucosa compositum®, Nux vomica Homaccord®.

Phytotherapie

- Krampflösend, entzündungshemmend: Aufguss aus Kamille, Schwarztee, Fenchel,
- Schleimhautschutz: Aufguss oder Abkochung von Tormentillwurzel, Heidelbeere, Eichenrinde; Schleim aus Leinsamen,

Reis, Apfelpektin; Lösung in lauwarmem Wasser zum Eingeben mit Tonmineralien, Bolus alba, Heilerde,

- Fertigpräparat Dysticum®.

Physikalische Maßnahmen

- Bestrahlung mit Rotlicht: eine Käfighälfte mit einem Tuch abhängen, die andere Hälfte aus ca. 20–30 cm Entfernung anstrahlen.

11.4 Bakterielle Durchfallerkrankungen

Krankheitsursachen: *E. coli, Yersinia pseudotuberculosis, Salmonella typhimurium, Campylobacter jejuni, Mycobacterium avium* (Darmform)

Symptome, Diagnose: Apathie, Abmagerung, Inappetenz, Nachweis der Erreger aus einer Kotprobe im Labor

Behandlungsstrategie: Beseitigung der Ursache, Entlastung des Magen-Darm-Trakts, Ersetzen der fehlenden Flüssigkeit, Optimierung der Fütterung, Stabilisierung der Darmschleimhaut, Bindung und Ausscheidung von Giftstoffen, Regulierung der Darmflora

Allgemeine Maßnahmen

- Vorsicht mit dem Handling, Schockgefahr!
- Trinkwasser mit Traubenzucker oder Honig anreichern (ca. 1 Esslöffel auf 500 ml).

Allopathie

- Antibiotische Therapie mit dem Trinkwasser oder Weichfutter, je nach Erreger und Resistenzlage, z.B. Oxytetracyclin (Terramycin®) 2,5–5 mg/100 g p.o., Enrofloxacin (Baytril®) 1 mg/100 g p.o.,
- Vitamingaben (z.B. Korvimin®),
- zur Wiederherstellung der physiologischen Darmflora im Anschluss an die Therapie Bird Bene Bac®, Bene Bac® Pulver für 5 Tage.

Homöopathie

- Monopräparate, je nach Arzneimittelbild: Ipecacuanha D6; Arsenicum album D6; Veratrum album D4, D6; Mercurius solubilis D6, D12; Pyrogenium D8,
- Kombinationspräparate: V77 Tropfen, SupraCell® SC 70, Mucosa compositum®.

Phytotherapie

- Krampflösend, entzündungshemmend: Aufguss aus Kamille, Schwarztee, Fenchel,
- Schleimhautschutz: Aufguss oder Abkochung von Tormentillwurzel, Heidelbeere, Eichenrinde; Schleim aus Leinsamen, Reis, Apfelpektin; Lösung in lauwarmem Wasser zum Eingeben mit Tonmineralien, Bolus alba, Heilerde,
- Fertigpräparat Dysticum®.

Physikalische Maßnahmen

- Bestrahlung mit Rotlicht: eine Käfighälfte mit einem Tuch abhängen, die andere Hälfte aus ca. 20–30 cm Entfernung anstrahlen.

11.5 Kokzidiose

Krankheitsursache: *Isospora*-Arten

Symptome, Diagnose: Betrifft Vögel aller Altersgruppen: Schwäche, Abmagerung, chronischer Durchfall, Todesfälle sind möglich. Nachweis der Erreger in Kotsammelproben, die zwischen 14.00 und 18.00 Uhr gesammelt werden müssen (periodische Ausscheidung der Kokzidien).

Behandlungsstrategie: Beseitigung der Ursache, Entlastung des Magen-Darm-Trakts, Ersetzen der fehlenden Flüssigkeit, Optimierung der Fütterung, Stabilisierung der Darmschleimhaut, Bindung und Ausscheidung von Giftstoffen, Regulierung der Darmflora.

Allgemeine Maßnahmen

- Während der Behandlung täglich die Einstreu wechseln.

Allopathie

- Sulfadimidine 0,2%ig als Trinkwasser: 3 Tage behandeln, 2 Tage Pause, 3 Tage behandeln; wahlweise Amprolium und Ethopabat (80 mg und 5 mg pro ml Trinkwasser), 3 Tage behandeln, 2 Tage Pause, 3 Tage behandeln; oder Sulfachlorpyrazin 30%ig, 1 g pro Liter Trinkwasser, 5 Tage behandeln, 2 Tage Pause, 5 Tage behandeln; oder Toltrazuril (Baycox® 2,5%ige Lösung) 1–2 ml für 2–4 Tage,
- im Anschluss an die Behandlung Kontrolle des Kots,
- Wiederherstellung der Darmflora mit Bird Bene Bac®, Bene Bac® Pulver,
- während der Behandlungspausen (NICHT während der Medikamentengaben!) Vitaminversorgung sicherstellen (v. a. Vitamin B), z. B. mit Korvimin®, SupraCell® Lebensvitamine.

Homöopathie

- Monopräparate für die Nachbehandlung, je nach Arzneimittelbild: Nux vomica D6; Mercurius solubilis D12; je 5 Globuli im Trinkwasser auflösen,
- Kombinationspräparate: V66 Tropfen, SupraCell® SC 70, Mucosa compositum®, einmal pro Woche 1 Trinkampulle im Trinkwasser auflösen.

Phytotherapie

- Krampflösend, entzündungshemmend: Aufguss aus Kamille, Schwarztee, Fenchel,
- Schleimhautschutz: Aufguss oder Abkochung von Tormentillwurzel, Heidelbeere, Eichenrinde; Schleim aus Leinsamen, Reis, Apfelpektin; Lösung in lauwarmem Wasser zum Eingeben mit Tonmineralien, Bolus alba, Heilerde.

Physikalische Maßnahmen

- Bestrahlung mit Rotlicht: eine Käfighälfte mit einem Tuch abhängen, die andere Hälfte aus ca. 20–30 cm Entfernung anstrahlen.

11.6 Atoxoplasmose

Krankheitsursache: *Isospora serini* beim Kanarienvogel
Symptome, Diagnose: Betrifft Jungvögel im Alter zwischen 2–6 Monaten. Tod nach wenigen Tagen durch Abmagerung, Inappetenz und z.T. zentralnervösen Störungen. Nachweis der Oozysten im Kot möglich, aber schwierig.
Therapie: s. Kap. 11.5; Vorbeugung durch optimale Haltungsbedingungen und einem 1 : 1 Angebot von Körner- und Weichfutter

11.7 Flagellatenbefall: Trichomonadose und Cochlosomose

Krankheitsursachen: *Trichomonas gallinae* und *Cochlosoma* spp.
Symptome, Diagnose Trichomonadose: Die Erkrankung tritt u.a. bei Kanarienvögeln v.a. in den Sommermonaten auf: Apathie, Schmatzen, Atembeschwerden, verringerte Futteraufnahme, Durchfall. Im Rachenraum festsitzende, gelbe, käsige Beläge, die sich bis in den Kropf ausdehnen.
Nachweis der Flagellaten im Ausstrich eines Rachentupfers.
Symptome, Diagnose Cochlosomose: Übertragung der Erreger von den Ammenvögel auf die Nestlinge. Betroffen sind v.a. Japanische Möwchen und Prachtfinken. Starke mukös-wässrige Durchfälle bei den Nestlingen, bereits ausgeflogene Tiere kümmern und sehen struppig aus. Nachweis der Erreger im Ausstrich des frischen Kots.
Behandlungsstrategie: Bekämpfen der Erreger, Optimierung der Fütterung und Haltungsbedingungen. Ammenvögel vor der Übernahme der Jungen mit Ronidazol behandeln.
Allopathie
- Dimetridazol 100 mg/l Trinkwasser; Ronidazol 40–50 mg/l Trinkwasser über 5–7 Tage; Ipronidazol 60 mg/l Trinkwasser über 7 Tage,
- im Anschluss an die Behandlung Kontrolle des Kots,

- Wiederherstellung der Darmflora mit Bird Bene Bac®, Bene Bac® Pulver.

Homöopathie

- Monopräparate, je nach Arzneimittelbild: Belladonna D3; Bryonia D4; Hepar sulfuris D6; Echinacea ang. D6; je 5 Globuli im Trinkwasser auflösen,
- Kombinationspräparate: SupraCell® SC 10, PetMun®, Mucosa comp. Injeel®-forte, je eine Trinkampulle 2-mal pro Woche im Trinkwasser auflösen.

Phytotherapie

- Aufguss aus Kamille, Calendula, Arnika an Stelle des Trinkwassers anbieten.

Physikalische Maßnahmen

- Bestrahlung mit Rotlicht: eine Käfighälfte mit einem Tuch abhängen, die andere Hälfte aus ca. 20–30 cm Entfernung anstrahlen.

12 Fortpflanzungsorgane

12.1 Legenot

Krankheitsursachen: Der Vogel kann bereits legebereite Eier nicht legen auf Grund von Stress (Lärm, Unweltbedingungen), zu junge oder zu alte Tiere, zu große Eier, Verengungen der Eileiter durch Entzündungen oder Tumore, Mangelernährung, Ei(schalen) anomalien, Hormonstörungen (Oxitocinmangel), Fettleibigkeit, Zwillingseier.

Symptome, Diagnose: Ständiges Pressen, Absetzen großer Mengen blutvermischtem Kots, schließlich völlige Erschöpfung, Dunkelfärbung des Bauches und Tod. Das Ei kann in vielen Fällen im weit gestellten Beckenknochen ertastet oder mit einem Röntgenbild dargestellt werden.

Behandlungsstrategie: Hilfestellung bei der Eientwicklung, Unterstützung des Kreislaufs.

Allgemeine Maßnahmen

- Feuchte Wärme (Dampf) zuführen.

Allopathie

- Bei tastbarem Ei Paraffinum liquidum oder Glyzerin in die Kloake geben und vorsichtig versuchen, das Ei herauszudrücken, **Vorsicht:** nicht das Ei zerdrücken!
- Das Ei kann auch angestochen und die Eierschale in Teilen mit der Pinzette entfernt werden. Dabei nicht die Schleimhaut verletzen! Stets kontrollieren, ob sich ein zweites Ei finden lässt.
- Bei kreislaufstabilen Tieren kann eine operative Entfernung eines Eis, das sich zu weit in der Bauchhöhle befindet um herausgedrückt zu werden, erwogen werden.
- Zur Unterstützung des Kreislauf 0,6 ml Elektrolyt- oder 5%ige Glukoselösung pro 100 g Körpergewicht i. m. oder s. c.

Homöopathie

- Monopräparate, je nach Arzneimittelbild: Caulophyllum D6; Secale cornutum D6; je 5 Globuli im Trinkwasser auflösen,
- zur Prophylaxe Pulsatilla D6; Aristolochia D6; je 5 Globuli täglich im Trinkwasser auflösen.

Physikalische Maßnahmen

- Bestrahlung mit Rotlicht: eine Käfighälfte mit einem Tuch abhängen, die andere Hälfte aus ca. 20–30 cm Entfernung anstrahlen.

12.2 Legezwang (Dauerleger)

Krankheitsursachen: Hormonelle Dysbalancen, Haltungsfehler (Nistgelegenheit als Dauerreiz, kein geregelter Tag-Nacht-Rhythmus).

Symptome, Diagnose: Ständiges Eierlegen mit nur kurzen oder gar keinen Brutperioden, oft missgebildete Eier mit zu dünner Schale.

Behandlungsstrategie: Optimierung der Haltungsbedingungen, Nistgelegenheiten entfernen, Calcium- und Vitamin-D-Versorgung sicherstellen.

Allgemeine Maßnahmen

- Für einen geregelten Tag-Nacht Rhythmus sorgen, indem der Käfig abends abgedunkelt wird,
- Stress vermeiden,
- die Eier nicht entfernen, jedoch die Nistgelegenheit entziehen.

Allopathie

- Falls die allgemeinen Maßnahmen nicht zum Erfolg führen: einmalig Methoxyprogesteronacetat (Perlutex®) 3 mg/100 g Körpergewicht i.m. in den rechten Brustmuskel, nach 7 Tagen den Eierstock operativ entfernen,
- unterstützend Vitaminpräparate, z.B. AviConcept®.

Homöopathie

- Monopräparate zur Vorbeugung: Pulsatilla D6; Aristolochia D6; je 5 Globuli im Trinkwasser auflösen,
- Kombinationspräparate: V11 Tropfen, SupraCell® SC 10.

12.3 Tumore von Eierstock und Hoden

Krankheitsursache: Unbekannt

Symptome, Diagnose: Umfangsvermehrungen im Bauchbereich, durch den Druck auf den Ischiasnerv Lähmungserscheinungen des linken Beins.

Behandlungsstrategie: In frühen Stadien kann eine Operation erwogen werden. Meistens jedoch werden die Tiere mit fortgeschrittenen Krankheiten beim Tierarzt vorgestellt, eine Euthanasie ist in Fällen mit schweren Ausfallserscheinungen und gestörtem Allgemeinbefinden anzuraten.

13 Harnorgane

13.1 Nierenentzündung (Nephritis)

Krankheitsursachen: Infektionen, z.T. mit dem Blut verschleppt aus anderen Infektionsherden zusammen mit begünstigenden Faktoren wie Stress, Fütterungsfehler (Vitamin-A-Mangel), Wassermangel, Unterkühlung, Durchnässung.
Vergiftungen (Blei, Pflanzenschutzmittel, stark gesalzene Speisen), als Nebenwirkung einer Therapie mit Sulfonamiden.
Symptome, Diagnose: Akute Nierenentzündung: gestörtes Allgemeinbefinden, Apathie, Inappetenz, Durchfälle, plötzliche Todesfälle, chronische Nierenentzündung: wässriger Harnanteil im Kot, Polydipsie, später Erbrechen und chronische Ekzeme, Abmagerung, durch evtl. Vergrößerung der Nieren Lähmungserscheinungen.
Behandlungsstrategie: Bekämpfung der Ursache (Infektion, Haltungs- oder Fütterungsfehler), bei Austrocknung Infusionen.

Allgemeine Maßnahmen

- Natriumarmes Heilwasser für die Nierentherapie zu trinken geben (z.B. Wernarzer Wasser, Staatl. Bad Brückenau),
- bei schlechter Verfassung mit Traubenzucker anreichern.

Allopathie

- Antibiotika, je nach Resistenzlage: Doxycyclin (Ronaxan®) 7,5–10 mg/100 g Körpergewicht i.m., Enrofloxacin (Baytril®) 50–500 mg/Liter Trinkwasser, Chloramphenicol 100–200 mg/Liter Trinkwasser.

Homöopathie

- Monopräparate, je nach Arzneimittelbild: Cantharis D4; Phosphorus D8; Thuja D6,
- Kombinationspräparate: Cantharis compositum®, Berberis Homaccord®, Reneel®, Uro-loges®, Vetokehl Not®, Nephro-Injektopas®.

Phytotherapie

- Aufguss aus Goldrute, Brennnessel, Birkenblättern, Heidekraut, Zinnkraut, Bohnenschalen, Schafgarbe, Wacholderbeeren, Hauhechel zur Durchspülungstherapie zu trinken geben.

14 Verschiedenes

14.1 Entflogene Vögel

Ein entflogener Vogel entfernt sich zunächst nicht allzu weit von seinem Heimatort. Eine bekannte Stimme sollte das Tier von dem Fenster oder Tür aus rufen, von dem der Ausreißer gestartet ist. Die Suche sollte sich auf hoch gelegene Landeplätze (Bäume, Fensterbretter) konzentrieren, dabei immer laut rufen oder pfeifen. Wurde das Tier gesichtet, nicht versuchen es mit der Hand zu fangen, sondern ihm den Käfig hinhalten. Oft klettern die Tiere erleichtert zurück ins sichere Zuhause.

Bleibt das Tier vorerst verschwunden und war auch eine Suchaktion in der näheren Umgebung nicht erfolgreich, den Käfig an exponierter Stelle (weit oben liegendes Fenster) mit offenem Türchen und reichlich Futterangebot stehen lassen und regelmäßig rufen und pfeifen. Es sind vereinzelt Tiere sogar nach Tagen wieder im Käfig gefunden worden.

14.2 Psychische Störungen

14.2.1 Federrupfen

Krankheitsursachen: Neben Stoffwechselstörungen (erhöhter Harnsäurespiegel, Nieren- und Lebererkrankungen), Haut- und Federkrankheiten auch Vernachlässigung, Einzeltierhaltung, Verlust eines Partners, Langeweile, Haltungsfehler (Temperatur, zu trockene Luft, Bewegungsmangel, zu enger Käfig bei mehreren Tieren und damit Federrupfen durch Andere), Fettleibigkeit.

Behandlungsstrategie: Ursachen abstellen, Fütterung und Haltungsbedingungen optimieren.

Allgemeine Maßnahmen

- Halskragen aus Pappe oder Röntgenfilm anlegen (Vorsicht: das Tier muss noch fressen und trinken können!),
- Ausziehen abgebrochener Federn,
- das Tier beschäftigen: grüne Äste ungiftiger Gehölze zum Zerknabbern anbieten, Spielzeuge, Freiflug, Einzeltieren einen Partner dazusetzen,
- beim Bepicken durch andere Vögel die kahlen Stellen mit Bitterpaste bestreichen, eventuell betroffene Jungvögel von den Eltern trennen,
- nie zu viele Tiere auf zu engem Raum halten.

AllopathieAllopathie

- Vitamine und Mineralien zufüttern (z.B. Korvimin®, SupraCell® Lebensvitamine),
- eine ausgewogene, hochwertige Kost anbieten.

Homöopathie

Kombinationspräparat: SupraCell® SC 20

14.2.2 Trauer

Krankheitsursachen: Stirbt ein Tier oder wird ein Einzeltier von seiner menschlichen Bezugsperson getrennt, kann dies zu regelrechten Krankheitserscheinungen führen.

Symptome, Diagnose: Apathie, Inappetenz, Kümmern trotz keiner erkennbaren Ursache (gute Diagnostik durchführen, oft kommen erregerbedingte Erkrankungen hinzu!).

Allgemeine Maßnahmen

- Wenn die Möglichkeit besteht, das Tier in einer größeren Schar unterbringen.
- Oft blühen die Tiere richtig auf und finden sogar einen neuen Partner.
- Ansonsten ein Tier dazusetzen, das dem verstorbenen oder entflogenen im Charakter ähnelt.
- Zudem brauchen die Tiere viel Aufmerksamkeit, eine optimale abwechslungsreiche Ernährung und während der Krankheits-

und Erholungsphase Vitamine und Traubenzucker im Trinkwasser.

Sonstige Maßnahmen

Täglich 3–5 Globuli der Bachblütenmischung Larch, Honeysuckle, Mustard (SupraCell®) im Trinkwasser auflösen.

Wellen-
sittich

1 Anatomische und physiologische Besonderheiten

Der Wellensittich *(Melopsittacus undulatus)* ist ein sehr beliebter Stubenvogel. In seiner Heimat Australien **lebt** er **in großen Schwärmen** mit bis zu 1000 Tieren. Seit 1840 wird der Wellensittich in Europa gezüchtet. Neben der ursprünglichen Wildfarbe (grüner Körper, gelber Kopf mit dem typischen Wellenmuster, dunkelblauer Schwanz) existieren rund 80 unterschiedliche Farbschläge, u.a. blau, grau, gelb, weiß (Albino), Schecken und viele mehr.

Außer bei ungewöhnlichen Farbschlägen erkennt man das ausgewachsene Weibchen an der braunen, das Männchen an der blauen Wachshaut der Nase. Bei Jungvögeln reicht das Wellenmuster bis an die Schnabelwachshaut, bei geschlechtsreifen Tieren ist die Stirn dagegen unifarben.

Die Lunge der Vögel ist starr, zudem fehlt Vögeln das Zwerchfell. Die Atmung erfolgt über die Belüftung so genannter Luftsäcke. Durch Bewegungen des Brustkorbs werden die Luftsäcke mit Luft gefüllt, die zuvor durch die Lungen strömt. Beim Festhalten eines Vogels mit der Hand ist darum darauf zu achten, dass die Atembewegung nicht eingeschränkt wird.

Wellensittiche benötigen viel Energie. Besonders in der Mauser muss auf energiereiches, hochwertiges Futter geachtet werden. Auf Futterentzug reagieren sie sehr empfindlich, darum darf auch bei Fettleibigkeit niemals das Grundfutter (Körnermischung) entzogen werden.

Bei der Balz würgt das Männchen Futter hoch, dies darf nicht mit Erbrechen verwechselt werden.

Körperinnentemperatur: 42–42,5 °C
Atmung: 75–95 Atemzüge pro Minute (Zimmertemperatur)
Puls: 260–600 Schläge pro Minute
Körpergewicht: 30–40 g
Lebenserwartung: 12–14 Jahre
Geschlechtsreife: 3–4 Monate
Eier pro Gelege: 4–5
Brutdauer: 18 Tage
Nestlingszeit: 28–32 Tage

2 Haltung, Pflege, Fütterung

Wellensittich sind **gesellige Tiere**. Für eine artgerechte Haltung sollten sie **mindestens zu zweit gehalten** werden. Dabei ist es von untergeordneter Rolle, ob zwei Weibchen, zwei Männchen oder ein gemischtes Paar zusammen leben. In größeren Gruppen sollten niemals die weiblichen Tiere in der Überzahl sein, da ansonsten erbitterte Kämpfe zwischen den Weibchen um die Gunst der Männchen entbrennen.

Wünscht sich der Tierhalter einem handzahmen Vogel, so kann zunächst ein Einzeltier angeschafft werden, zu dem nach der Eingewöhnungszeit ein Gesellschaftstier gesetzt wird. Wellensittich-Paare bleiben auch in freier Wildbahn ein Leben lang zusammen. Um ein harmonisches Paar zu erhalten, sollte darauf geachtet werden, dass bei der Auswahl der Einzeltiere charakterlich ähnliche Exemplare ausgesucht werden. Verliert ein Tier seinen Partner durch Krankheit oder Entfliegen, so kann dieser Verlust große psychische Probleme bis hin zur Apathie und völliger Futterverweigerung nach sich ziehen.

Ein geeigneter **Vogelkäfig** muss **doppelt so breit wie hoch** sein. Zu hohe, zu schmale, runde oder verwinkelte Käfige sind nicht geeignet. Ideal ist eine Kunststoffwanne (leicht zu reinigen und zu desinfizieren, keine Spalten oder Risse, die als Reservoir für Parasiten dienen) mit einem rostfreien Gitteraufsatz.

Als **Standort** sollte ein heller, zugluftfreier Ort nahe am Fenster gewählt werden (Vorsicht mit Kippfenstern!). Eine Seite des Käfigs sollte dabei an der Wand stehen, um den Vögeln eine Rückzugsmöglichkeit auf eine Käfigseite zu ermöglichen. Wellensittiche sind sehr verspielt. Spielzeuge (Glöckchen, Bälle, Klettermöglichkeiten etc.) innerhalb und außerhalb des Käfigs werden gerne angenommen. Gleichzeitig sollte **in einem vogelsicheren Zimmer Freiflug** ermöglicht werden. Vogelsicher bedeutet: keine giftigen Topfpflanzen, Lacke, offener Alkohol, Filzstift- oder Kugelschreiberminen, größeren Wasserbehälter (Gießkannen, Blumenvasen: Gefahr des Ertrinkens), brennende Kerzen oder Zigaretten (auch kein Aschenbecher!), Ziergefäße, in die der Vogel rutschen könnte etc.

Wellensittiche reagieren stark auf den Wechsel von Tag und Nacht. Steht der Käfig in einem Raum mit künstlicher Beleuchtung (z.B. einem Fernseher), sollte am Abend ein dunkles Tuch über den Käfig gedeckt werden.

Sitzstangen werden im Käfig in unterschiedlichen Höhen angebracht und in verschiedenen Dicken angeboten. Naturäste von ungiftigen Gehölzen (z.B. Obstgehölze, Ahorn, Birke, Holunder) werden gerne als Sitzgelegenheit und zum Schnabelwetzen angenommen. Sandpapier, ob auf den Sitzstangen oder auf dem Boden, hat in einem Vogelkäfig nichts zu suchen.

Als **Einstreu** eignet sich grober Sand in unterschiedlicher Körnung; grobkörniger Grit wird als Verdauungshilfe gefressen. Badewannen, z.B. zum Einhängen in die Käfigtür, sollten jederzeit zugänglich sein und müssen wie die Trink- und Futternäpfe täglich gereinigt werden.

Futter und Wasser sollten niemals unter den Sitzstangen platziert werden (Verschmutzung durch Kot und somit Infektionsgefahr). Trinkwasser sollte immer angeboten werden. Der Bedarf liegt zwischen 3 ml und 15 ml pro Vogel und Tag.

Wellensittiche zählen zu den Krummschnäblern. Als **Grundfutter** dienen rund 2 Teelöffel handelsüblichen **Körnermischung**. Dabei ist auf gute Qualität und Frische zu achten. **Gekeimtes Körnerfutter** bietet Abwechslung und einen hohen Vitamin- und Nährstoffgehalt. Dazu werden die Körner 24 Stunden lang eingeweicht, danach 24 Stunden abgedeckt stehen gelassen, bis die grünen Triebspitzen zu sehen sind. Vorsicht: Gekeimte Körner verderben sehr leicht! Nicht alle Fertigmischungen sind keimfähig (z.B. durch Haltbarmachen durch Bestrahlung).

Besonders gerne wird **Kolbenhirse** gefressen, sie sollte jedoch wegen des hohen Nährwertes nur rationiert angeboten werden.

Als **Grünfutter** eignen sich z. B. Vogelmiere, Petersilie, junger Löwenzahn, Obst (Apfel, Birne, Weintrauben, Holunderbeeren etc.) und Gemüsesorten (Mais, Karotten). Nicht geeignet sind blähende Grünfutter wie Kohl, sowie gespritztes oder stark gedüngtes Futter (Treibhaussalat). Selbst gesammeltes Grünfutter nur von unbelasteten Stellen nehmen (Straßenränder oder Bahndämme meiden!), gut waschen und trocknen. Welkes Grünfutter aus dem Käfig entfernen.

Für den **Eiweißbedarf** gekochtes Ei und Magerquark anbieten.

Verweigert der Vogel dieses Zusatzfutter, muss der Vitaminbedarf über Zusätze im Trinkwasser gedeckt werden. Anfangs kann ein zerdrücktes Obst mit gekochtem Eigelb und Körnern vermischt werden. Weiteres Obst, Eiweißfutter und Grünes auch einzeln anbieten, oft dauert es Wochen oder Monate, bis sich die Tiere an Zusatzfutter gewöhnen.

Der Bedarf an Mineralien und Calcium kann über entsprechende Wetzsteine gedeckt werden, die gleichzeitig der Schnabelpflege dienen.

Kalorienhaltige Kräcker mit Zucker oder Honig sind echte Dickmacher und sollten selten oder nie angeboten werden. Keinesfalls sollte der Wellensittich gewürzte Speisen oder alkoholische Getränke zu sich nehmen. Durch Fehlernährung kann es zu schweren Durchfällen kommen, zudem können innere Organe wie die Nieren geschädigt werden.

3 Allgemeine Therapiehinweise

Aminogylkoside und Gentamicin können zu schweren Nierenschädigungen führen. Sulfonamide können Gewebeblutungen und Blutarmut auslösen. Sulfadiazin mit Trimetoprim kann Verdauungsstörungen und Erbrechen verursachen.

Um einen Einzelvogel untersuchen zu können, muss dieser schnell und exakt mit der Hand gegriffen werden. Selbst handzahme Tiere sind in der Regel nicht daran gewöhnt festgehalten zu werden, darum handelt es sich um ein sehr strapaziöses Ereignis für das Tier; der Halter muss zuvor immer über das Risiko eines Schocks aufgeklärt werden. Das richtige Halten: Die Hand greift über Rücken und Nacken, der Kopf wird mit Daumen und Zeigefinder fixiert.

Um eine lange, erschöpfende Jagd zu vermeiden, vorher alle Hindernisse aus dem Käfig entfernen und das Licht abdunkeln. Nötige Instrumente und Medikamente schon vorher bereit legen, um die Zeitspanne in der Hand des Untersuchers möglichst kurz zu halten. Vorsicht bei stark geschwächten Tieren, bei ihnen ist die Gefahr an einem Schock zu sterben besonders groß.

Versucht das Tier zu beißen während es festgehalten wird, hält man ihm z.B. einen Holzspatel hin. Beim Beißen auf den Gegenstand kann zugleich die Schnabelhöhle eingesehen werden.

Der Ernährungszustand wird am Brustmuskel erfühlt: eine gleichmäßig runde Brust deutet auf eine guten Ernährungszustand und reichlich Flugmöglichkeiten hin. Je deutlicher sich das Brustbein abzeichnet, desto dünner ist das Tier. Käfigvögel ohne Freiflugmöglichkeit zeigen eine oval gewölbte Brust.

Präparate, die oral verabreicht werden müssen, können mit einer gebogenen Knopfkanüle direkt in den Kropf gegeben werden. Der Tierhalter kann Medikamente entweder über das Trinkwasser, das Futter oder direkt in den Schnabel verabreichen (vorsichtig, damit das Präparat nicht in die Lungen gerät!). Für Injektionen in den Muskel eignet sich das obere Drittel des rechten Brustmuskels. Für Injektionen unter die Haut eignet sich der Bereich zwischen den Flügeln im Nacken.

Im Krankheitsfall können Medikamente in Babynahrung (Obst, Gemüse) angeboten werden. Die freiwillige Aufnahme ist der direkten Verabreichung per Kropfsonde oder Injektion vorzuziehen, um dem Tier Stress zu ersparen. Inappetente oder sehr geschwächte Vögel sind dennoch parenteral zu versorgen, um die Aufnahme des Medikaments sicher zu gewährleisten.

Tab 10: Arzneistoffe für Wellensittiche

Arzneistoff	Dosierung	Anwendung
Antibiotika		
Amoxicillin	200–400 mg/l Trinkwasser	
Ampicillin	5–10 mg/100 g Körpergewicht	i. m., p. o.
Cephalexin	5–10 mg/100 g Körpergewicht	
Chloramphenicol	5–10 mg/100 g Körpergewicht	i. m., p. o.
Chlortetracyclin	1000–1500 mg/l Trinkwasser	
Doxycyclin	7–10 mg/100 g Körpergewicht	i. m.
Enrofloxacin	0,75–3 mg/100 g Körpergewicht	i. m. alle 12 Stunden
	1,5 mg/100 g Körpergewicht	i. m. alle 12 Stunden
Erythromycin	5–10 mg/100 g Körpergewicht	
Neomycin	2 mg/100 g Körpergewicht	p. o.
Polymyxin	50 000 I. E./l Trinkwasser	
Tylosin	250–400 mg/l Trinkwasser	

Arzneistoff	Dosierung	Anwendung
Antimykotika		
Ketoconazol	25–35 mg/100 g Weichfutter	wasserunlöslich
	3–4 mg/100 g Körpergewicht	p. o.
Miconazol 2%ig Salbe		lokal
Nystatin	20 000 I. E./100 g Weichfutter	
Antiparasitika		
Ivermectin	0,02%ige Lösung (verdünnt mit Propylenglykol 0,1 ml pro Tier = 2 mg/100 g Körpergewicht)	
Narkotika, Sedativa		
Ketamin	2–3 mg/100 g Körpergewicht	i. m.
Metomidat	1–1,5 mg/100 g Körpergewicht	i. m.
Sonstige		
Eisen	3–10 mg/100 g Körpergewicht	i. m.
Elektrolyt-Glucose-Lsg.	0,6 ml/100 g Körpergewicht	i. m., s. c.
Vitamin A	20 000 I. E./l Trinkwasser	
Vitamin-B-Komplex	0,05–0,1 ml/100 g Körpergewicht	i. m.
Vitamin K	0,5–1 mg/100 g Körpergewicht	i. m.

4 Haut und Federkleid

Hauterkrankungen sind ein sehr großes Problemfeld. Oft gehen verschiedene Erkrankungen Hand in Hand (z.B. Milbenbefall mit Pilzerkrankungen oder bakteriellen Infektionen), die einzeln diagnostiziert und behandelt werden müssen. Neben äußerlichen Einflüssen (z.B. Parasiten, psychogene Störungen) können auch innere Erkrankungen Haut- oder Federkleidveränderungen herbeiführen.

4.1 Französische Mauser

Krankheitsursachen: Mangelzustände (Vitamin-, Mineralstoff-, Aminosäuremangel), virale Infektionen.

Symptome, Diagnose: Im Alter von 4–7 Wochen fallen die Flügel- und Schwanzfedern beidseitig aus, die Tiere sind flugunfähig („Hopser" oder „Renner").

Behandlungsstrategie: Optimierung der Haltungsbedingungen und der Fütterung.

Allgemeine Maßnahmen

- Optimierung der Fütterung: Eiweißanteil in der Nahrung überprüfen,
- Stress vermeiden.

Allopathie

- Vitaminpräparate (z.B. AviConcept®, Korvimin®, SupraCell® Lebensvitamine) mit dem Futter oder dem Wasser.

Homöopathie

- Monopräparate, je nach Arzneimittelbild: Sulfur D30; Natrium muriaticum D12; je 5 Globuli im Trinkwasser auflösen,
- Kombinationspräparate: V22 Tropfen, SupraCell® SC 20.

4.2 Polyomavirusinfektion (Budgerigar-Fledgling-Syndrom, BFS)

Krankheitsursachen: Polyomaviren, ausgeschieden von erwachsenen Wellensittichen über Federfollikel, Kropf, Nase, Lunge
Symptome, Diagnose: Zwischen dem 15. und 19. Lebenstag sterben zwischen 25–100% der Jungvögel: Die Bauchpartie ist schwarz verfärbt, das Deckgefieder fehlt, die Konturfedern wachsen verzögert. Die Übertragung von der Mutter auf die Jungen im Ei soll angeblich mit dem Auftreten von Tumoren im Alter von 1–2 Jahren in Zusammenhang stehen.
Behandlungsstrategie: Unterstützung des Immunsystems, Vitaminversorgung sicherstellen.

Allgemeine Maßnahmen

- Beenden der Zucht,
- die Zuchtvolieren gründlich desinfizieren.

Allopathie

- Keine spezifische Behandlung bekannt,
- Unterstützen des Immunsystems mit Paraimmunitätsinducern (Baypamune®),
- Vitamingaben (z.B. Korvimin®, SupraCell® Lebensvitamine, AviConcept®).

Homöopathie

- Monopräparat zur Unterstützung des Immunsystems: Echinacea ang. D6, 5 Globuli im Trinkwasser auflösen,
- Kombinationspräparate: Kombinationspräparat: V22 Tropfen, SupraCell® SC 20, Engystol® (1 Ampulle jeden 2. Tag in das Trinkwasser geben).

4.3 Schnabel- und Federnkrankheit (Beak and feather disease)

Krankheitsursachen: Viren der Gruppe Circodnaviridae
Symptome, Diagnose: Vor allem bei Jungvögeln beim ersten Federwechsel: Langsamer Verlust des gesamten Gefieders, die Fe-

dern wachsen nur verkrüppelt oder gar nicht nach. Abmagerung, Herzerkrankungen, sekundäre Infektionen.

Behandlungsstrategie: Optimierung der Fütterung und der Haltungsbedingungen, Bekämpfung der Begleitinfektionen, Hormonsubstitution. In schweren Fällen Euthanasie.

Allgemeine Maßnahmen

- Stress vermeiden,
- Schnabel und Krallen vorsichtig schneiden.

Allopathie

- Antibiotische oder antimykotische Therapie, je nach Befund,
- Acetylsalicylsäure (Aspirin®, ASS ratiopharm®) 20 mg/100 g Körpergewicht p.o.,
- Thyroxin (L-Thyroxin Henning inject) 0,1 mg/100 g Körpergewicht (Tabletten mit 0,6 g in 30 ml Wasser auflösen, davon 2–3 Tropfen p.o.),
- Vitamine zuführen (z.B. AviConcept®, Korvimin®, SupraCell® Lebensvitamine zum Sprühen).

Homöopathie

- Monopräparat zur Unterstützung des Immunsystems: Echinacea ang. D6, 5 Globuli im Trinkwasser auflösen,
- Kombinationspräparate: V22 Tropfen, SupraCell® SC20.

4.4 Candidose

Krankheitsursachen: *Candida albicans*, zusätzlich mangelhafte Haltungsbedingungen, Fütterungsfehler, geschwächte Immunabwehr.

Symptome, Diagnose: Gestörte Futteraufnahme, verklebtes Nackengefieder durch ausgeschleudertes Kopfsekret („Kopfschwitzen"), Durchfall, Atembeschwerden, weiße Beläge auf den Schleimhäuten, manchmal ein geblähter Kropf und Bindehautentzündungen.

Bei Befall der Haut ausfallende Federn am Kopf mit verdickter, roter, feuchter Haut. Krusten und Hautabschilferungen rund um die Federbälge der betroffenen Gebiete.

Nachweis des Erregers im Nativpräparat oder im Ausstrich mit Giemsa-Färbung: Es zeigen sich bei Candida sprossende Zellen (Blastokonidien).

Behandlungsstrategie: Bekämpfung des Erregers, Stärkung des Immunsystems, Optimierung der Haltungsbedingungen und der Fütterung.

Allgemeine Maßnahmen

- Vitaminversorgung sicherstellen (z.B. mit Korvimin®, SupraCell® Lebensvitamine).

Allopathie

- Lokal: Jodglyzerin oder Nystatin (Moronal®) auftragen,
- systemisch: Ketoconazol (Nizoral®) oder Miconazol, je 2 mg/100 g Körpergewicht p.o.

Homöopathie

- Monopräparate, je nach Arzneimittelbild: Sulfur D30, Kreosotum D4, je 5 Globuli im Trinkwasser auflösen,
- Kombinationspräparate: Cutis compositum®, SupraCell® SC 10.

Phytotherapie

- Besprühen des Vogels mit dem Aufguss aus Kamille, Salbei, Brennnessel (Vorsicht, Zugluft!) oder als Badewasser anbieten.

4.5 Hautentzündung (Dermatitis)

Krankheitsursachen: Meist Sekundärinfektionen nach Hautverletzungen (z.B. nach vermehrtem Kratzen durch Hautparasiten oder Juckreiz durch systemische Erkrankungen (Pocken). Beteiligte Keime: *E. coli*, Streptokokken, Staphylokokken, Klebsiellen, Hefen, Pilze *(Aspergillus)*.

Symptome, Diagnose: Örtlicher Federausfall, gerötete, schuppige, juckende, nässende Hautbezirke, die intensiv bekratzt oder beknabbert werden. Erregernachweis im Abklatschpräparat oder im Abstrich mit Anzucht im Labor.

Behandlungsstrategie: Bekämpfung der Erreger, Unterstützung der Hautheilung, Optimierung der Haltungsbedingungen und der Fütterung.

Allgemeine Maßnahmen

- Um weiteres Kratzen oder Beknabbern zu vermeiden, einen Halskragen (z.B. aus Pappe oder altem Röntgenfilm) herstellen. Dabei darauf achten, dass der Vogel einerseits mit dem Schnabel den Rand nicht erreicht (sonst wird der Kragen innerhalb kürzester Zeit zerknabbert) und andererseits weiterhin fressen und trinken kann. Im Zweifelsfall den Kragen mehrmals täglich abnehmen, um Futterpausen zu ermöglichen.

Allopathie

- Lokal antibiotische und/oder antimykotische Salben oder Lotionen (Surolan®) auftragen,
- Systemische Therapie entsprechend der Grunderkrankung,
- Vitamine zuführen (z.B. AviConcept®, Korvimin®, SupraCell® Lebensvitamine zum Sprühen).

Homöopathie

- Monopräparate, je nach Arzneimittelbild: Sulfur D30; Kreosotum D4; Hepar sulfuris D6; Psorinum D30, je 5 Globuli im Trinkwasser auflösen,
- Kombinationspräparate: V33 Tropfen, SupraCell® SC 20, Pet-Mun®.

Phytotherapie

- Besprühen des Vogels mit einem Aufguss aus Kamille, Ringelblume und Brennnessel (Vorsicht Zugluft!) oder als Badewasser anbieten.

4.6 Pocken (Schnappkrankheit)

Krankheitsursache: Wellensittich-Pockenvirus *(Avipox melopsittacus)*

Symptome, Diagnose: Übertragung erfolgt direkt von Tier zu Tier oder indirekt (Futter, Einstreu, Gerätschaften).

- Hautform: knotige Hautverdickungen in den Schnabel- und Augenwinkeln, auf der Nase, unter dem Schnabel, an den Ständern und Füßen und den Federfollikeln,

- Schleimhautform: gelbliche, tiefgreifende Auflagerungen auf der geröteten Schleimhaut von Hals und Rachen,
- Lungenform: alle Symptome einer Lungenentzündung, Bindehautentzündung, Schnupfen,
- perakute Form: Plötzliche Todesfälle aus scheinbar voller Gesundheit heraus,
- Nachweis des Virus durch Anzucht im Labor oder durch mikroskopischen Nachweis der Einschlusskörperchen, die das Virus in manchen Zellen hinterlässt.

Behandlungsstrategie: Verhindern oder Bekämpfen von Begleitinfektionen, vitaminreiche Kost, Unterstützung des Immunsystems.

Allgemeine Maßnahmen

- Hautpocken heilen nach ca. 3 Wochen ab,
- in jedem Fall kranke Tiere von Gesunden absondern, eventuell notimpfen,
- leicht verdauliches Futter anbieten,
- Vitamingaben (v.a. Vitamin C, 5 mg/100 g Körpergewicht) über das Trinkwasser.

Allopathie

- Gegen das Virus selbst gibt es keine Behandlung,
- Sekundärinfektionen mit Antibiotika (lokal oder systemisch) behandeln,
- Stabilisierung der Darmflora (Bene Bac® Pulver, Bird Bene Bac®),
- vorbeugend sind jährliche Impfungen möglich.

Homöopathie

- Monopräparate, je nach Arzneimittelbild: Lachesis D12; Coffea D2, Aconitum D4; Echinacea angustifolia D6, D12; Hepar sulfuris D6; Mercurius solubilis D12; Borax D4; je 5 Globuli im Trinkwasser auflösen,
- Kombinationspräparate: V33 Tropfen; Echinacea compositum®, SupraCell® SC 2000, Engystol® (jeden 2. Tag eine Ampulle ins Trinkwasser).

Physikalische Maßnahmen

- Rotlichtbestrahlung auf einer Käfigseite anbieten, die andere Hälfte mit einem Tuch abhängen.

5 Schnabel

5.1 Schnabelräude

Krankheitsursache: *Knemidocoptes pilae*

Symptome, Diagnose: Die Milbe befällt alle hornhaltigen Körperpartien: Schnabel, Augenlider, Kloake, Beine. Rund um den Schnabel bilden sich schwammartige Gebilde mit dunklen Vertiefungen, später treten Verformungen des Schnabels und der Krallen hinzu.

Behandlungsstrategie: Bekämpfung der Milben am Tier und in der Umgebung, Optimierung der Haltungsbedingungen und der Fütterung.

Allgemeine Maßnahmen

- Krusten mit Paraffinum liquidum betupfen. Durch das Paraffin werden die Bohrgänge verschlossen und die Milben sterben ab.
- Käfig samt Sitzstangen, Spielsachen, Wasser- und Futternäpfen, Badewannen etc. desinfizieren.
- Fütterung überprüfen: gegebenenfalls Vitamine zuführen.

Allopathie

- Spot-On aus Ivermectin (Ivomec®) 0,02 %ige Lösung (verdünnt mit Propylenglykol, 0,1 ml pro Tier = 2 mg/100 g Körpergewicht) zwischen die Schultern auf die nackte Haut. 2 Wiederholungen nach je 2 Wochen,
- für die Umgebung Carbamat- oder Permetrinprodukte (z.B. Bolfo®), Wiederholungen bei Zimmertemperatur nach 5 Tagen (unter 20 °C nach 7 Tagen).

Homöopathie: Nur unterstützend!

- Monopräparat: Sulfur D30 und Kreosotum D4, je 5 Globuli täglich im Trinkwasser auflösen,
- Kombinationspräparate: SupraCell® SC 20, SupraCell® SC 2000, PetMun®, Cutis compositum®.

Phytotherapie

- Einreiben des spröden Schnabelhorns mit Ringelblumensalbe.

5.2 Schnabeldeformationen

Krankheitsursachen: Verletzungen an der Wachstumsgrenze, Vitaminmangel (A, D, Biotin), Milbenbefall (s. Kap. 5.1), bakterielle oder virale Infektionen, chronische Rhinitis, Zubildungen, Traumata, Lebererkrankungen, keine Möglichkeit zum Schnabelwetzen.

Symptome, Diagnose: Überlanger Oberschnabel, verminderte Futteraufnahme, Futterreste unter der Zunge.

Behandlungsstrategie: Beheben der Ursache, Korrektur des Schnabelhorns, Optimierung der Haltungsbedingungen und der Fütterung

Allgemeine Maßnahmen

- Kürzen des Schnabelhorns, evtl. zuvor mit warmen Glyzerin oder warmem Pflanzenöl einweichen,
- Ränder mit Sandpapier glatt schleifen. Starke Deformationen in mehreren Sitzungen angleichen,
- Möglichkeiten zum Schnabelwetzen bieten: handelsübliche Wetzsteine, naturbelassener Kalksandstein oder Ziegel.

Allopathie

- Vitamin- und Mineralstoffmangel ausgleichen (z.B. mit Korvimin®, SupraCell® Lebensvitamine).

Homöopathie

- Monopräparate, je nach Arzneimittelbild: Sulfur D30, Antimonium crudum D4; Silicea D6; Thuja D6; Graphites D6; je 5 Globuli im Trinkwasser auflösen.

Phytotherapie

- Einreiben oder Betupfen des Schnabelhorns mit Calendula-Salbe, Olivenöl oder Glyzerin.

5.3 Übermäßiges Wachstum der Wachshaut

Krankheitsursachen: Unbekannt, eventuell hormonelle Ursachen
Symptome, Diagnose: Unregelmäßiges, zum Teil nach oben gewölbtes Wachstum der Wachshaut. Oft bei weiblichen Tieren.
Behandlungsstrategie: Entfernen des überschüssigen Horns, Ausgleich von hormonellen Dysbalancen.
Allgemeine Maßnahmen
Falls die Nasenlöcher drohen zuzuwachsen Einweichen der Haut mit Vaseline oder Ringelblumensalbe, vorsichtige Entfernung.
Allopathie: Testosteron (Testoviron®-Depot) 1 mg/100 g Körpergewicht i. m., 1-mal pro Woche bis zu 6 Wochen.

5.4 Verfärbung der Wachshaut

Krankheitsursachen: Bestimmte Hodentumore lassen beim männlichen Wellensittich die blaue Wachshaut nach braun umschlagen. Bei Weibchen färbt sich die Wachshaut bläulich, wenn Ovartumore vorliegen.
Therapie: Evtl. Operation, falls das Allgemeinbefinden gestört ist.

6 Augen

6.1 Binde- und Hornhautentzündung (Keratokonjunktivitis)

Krankheitsursachen: Beim Wellensittich kommt eine Konjunktivitis unbekannter Herkunft vor; zudem Folgeerscheinung bei Pocken, Sinusitis, Toxoplasmose, Newcastle Disease, Cytomegalievirus u. a. virale Infektionen.

Symptome, Diagnose: Anschwellen und kräftige Rotfärbung der Bindehäute, verstärkter Tränenfluss, z. T. auch eitrig-gelblich mit verklebtem Gefieder, verklebter Lidspalt, ständiges Kratzen und Reiben des Kopfes an der Sitzstange und dem Gitter; bei der Wellensittich Konjunktivitis ein Vorfall der entzündeten Schleimhaut mit blutig-eitrigem Sekret bei ungestörtem Allgemeinbefinden.
Nachweis der Erreger durch Anzucht im Labor.

Behandlungsstrategie: Ausschalten der Ursachen, Behandlung evtl. Grunderkrankungen, Bekämpfen der Erreger, Optimierung der Fütterung.

Allgemeine Maßnahmen

- Einstreu entfernen und gegen Zeitungspapier tauschen,
- verkrustetes Sekret mit weichem Tuch und isotonischer Kochsalzlösung, abgekochtem Wasser oder Kräuteraufguss (s. u.) entfernen. **Wichtig:** Keinen Kamillenaufguss an das Auge bringen (wirkt austrocknend und evtl. Verschlimmerung durch allergische Reaktion).

Allopathie

- Antibiotische (und antientzündliche) Augensalben, je nach Präparat 3–5-mal täglich über mindestens 5 Tage (Aquapred-N®, Gent-Ophtal®, Oleomycetin®),

- bei der Wellensittich-Konjunktivitis eine operative Entfernung der vorgefallenen Schleimhaut; evtl. Blutungen kommen schnell zum Stillstand.

Homöopathie

- Monopräparate, je nach Arzneimittelbild: Euphrasia D2, D3; Apis D4, D6, D30; Pulsatilla D4, D6, D30,
- Kombinationspräparate: Keratisal Tropfen®, Pfx Euphrasia 130®, Pfx Cineraria I 9®, Vetokehl Not®, Quentakehl D6®, Euphrasia Oligoplex®, Oculoheel®, Belladonna Homaccord®, Conjunctisan Augentropfen®.

Phytotherapie

- Aufguss aus Fenchel, Augentrost, Calendula aus Kompressen oder mehrmals täglich eintropfen.

6.2 Augenlid- und Hornhautentzündung (Blepharitis, Keratitis)

Krankheitsursachen: Traumata, starke UV-Einwirkung, Vitamin-A-Mangel, Viruserkrankungen (*Mycobacterium avium*, Pocken (s. Kap. 4.6), Papillome, Papovaviren), Räudemilbenbefall (s. Kap. 5.1), bakterielle Infektionen (Chlamydien, Pseudomonaden, Staphylokokken).

Symptome, Diagnose: Bei der Keratitis können alle Schichten (oberflächliche, mittlere, tiefe) der Hornhaut betroffen sein. Es kommt zu einer weißlichen Trübung der Hornhaut (Hornhautödem) und im weiteren Krankheitsverlauf zu einsprossenden Blutgefäßen (oberflächlich oder tief). Weitere Symptome sind Tränenfluss, Zusammenkneifen des Auges, Lichtscheue. Später Ausbreitung über das ganze Auge möglich (Panophthalmie).

Behandlungsstrategie: Beseitigung der Ursache, entzündungshemmende und antibiotische Maßnahmen, evtl. operatives Vorgehen, Stimulation der Hornhautregeneration.

Allopathie

- Je nach Grunderkrankung. **Wichtig:** Bei Hornhautdefekten keine Corticosteroide lokal anwenden!

- Bei Virusinfektionen: Aciclovir (z. B. Zovirax® Augensalbe),
- bei bakteriellen Infektionen: Augensalben oder Augentropfen, z. B. Terramycin®, Gent-Ophtal®, Oleomycetin®,
- Epithelschutz und -regeneration: Augensalben oder Tropfen mit Dexpanthenol (z. B. Pan-Ophtal®) oder Vitamin A (z. B. Regepithel®),
- Paraimmunitätsinducer (z. B. Baypamune®).

Homöopathie

- Monopräparate, je nach Arzneimittelbild: Mercurius sublimatus corrosivus D6; Silicea D6, D12, D30,
- Kombinationspräparate: Keratisal®, Euphrasia-Injeel®, Cornea suis-Injeel®, Aethiops 19 Komplex®, Pfx Conium 133®, Pfx Euphrasia 130®, Pfx Cineraria I 9®.

Phytotherapie

- Ausspülungen oder Kompressen mit Aufguss von Calendula und Augentrost oder Calendula- und Augentrosttinkturen (5–10 %ige Lösung) oder entsprechende Augentropfen/-salben.

7 Hals- und Rachenraum, Kropf

7.1 Hals- und Luftröhrenentzündungen (Laryngitis, Tracheitis, Syringitis)

Krankheitsursachen: Reizungen (eingeatmetes Futter oder Medikamente, Dämpfe z. B. bei Haltung in der Küche), Infektionen mit Bakterien, Pilzen *(Aspergillus)*, Viren (Pocken, Paramyxovirose, Herpes), Ornithose, Parasitosen (Einzeller s. Kap. 11.6, Milben s. Kap. 9.2), Fremdkörper (Gummibänder, Kunststofffasern).

Symptome, Diagnose: Speichelfluss, Stimmverlust, angestrengtes schnelles Heben und Senken des Brustbeins mit wippendem Schwanz als Zeichen für Atemnot, Schnappatmung mit vorgestrecktem Hals, gestörtes Allgemeinbefinden, Inappetenz.

Differenzierung zwischen Bakterien, Viren oder Pilzen durch das klinische Bild (Rötung, Beläge, Eiter) und nach Abstrich im Labor. Parasiten der Trachea zeigen sich im Gegenlicht.

Behandlungsstrategie: Bekämpfen der Ursache, Stärkung des Immunsystems.

Allgemeine Maßnahmen

- Vorsicht mit dem Handling, Schockgefahr!
- Trinkwasser mit Traubenzucker oder Honig anreichern (ca. 1 Esslöffel auf 500 ml).

Allopathie

- Richtet sich nach der Grunderkrankung,
- Antibiotika gegen Sekundärinfektionen: Chlortetracyclin (Aureomycetin®) 5 mg/10 g Futter 30 Tage lang; Doxycyclin (Ronaxan®) 7–10 mg/100 g Körpergewicht i. m., Enrofloxacin (Baytril®) 0,75–3 mg/100 g Körpergewicht 2-mal täglich i. m. oder 1,5 mg/100 g Körpergewicht 2-mal täglich p. o.,
- Pilzinfektionen: Ketoconazol (Nizoral®) oder Miconazol, je 2 mg/100 g Körpergewicht p. o.,

- Unterstützung des Immunsystems mit Paraimmunitätsinducern (Baypamune®, PetMun®),
- Unterstützung der Darmflora mit Bird Bene Bac®, Bene Bac® Pulver,
- Vitamingaben (z.B. Korvimin®, SupraCell® Lebensvitamine), Vorsicht mit Fertigmischungen: Calcium kann die Tetracycline negativ beeinflussen!

Homöopathie

- Kombinationspräparate: V33 Tropfen, SupraCell® SC 10.

Physikalische Maßnahmen

- Bestrahlung mit Rotlicht: eine Käfighälfte mit einem Tuch abhängen, die andere Hälfte aus ca. 20–30 cm Entfernung anstrahlen.

7.2 Kropfentzündung

Krankheitsursachen: Zugluft, Verletzungen der Kropfschleimhaut durch Fremdkörper oder Kropfsteine, Bakterien, Viren, Pilzinfektionen *(Candida albicans)*, verdorbenes Futter (Schimmelpilze), Vitamin-A-Mangel, Proteinmangel, Nierenerkrankungen.

Symptome, Diagnose: Gestörtes Allgemeinbefinden, Inappetenz, Abmagerung, Hochwürgen von Kropfinhalt mit Schleim und Herausschleudern desselben, verklebtes Gefieder im Kopfbereich, krampfhaftes Hervorstrecken des Kopfes mit Würge- oder Schluckbewegungen, bei Kropfüberladung ist der gespannte Kropf gut tastbar, beim Palpieren erzeugt man einen Würgereiz, eine verdickte Kropfwand deutet auf Trichomonadose oder Candidose hin. Fremdkörper und Kropfsteine können oft ertastet werden.

Behandlungsstrategie: Bekämpfung der Ursache, Optimierung der Fütterung und der Haltungsbedingungen.

Allgemeine Maßnahmen

- Vorsicht mit dem Handling, Schockgefahr!,
- Trinkwasser mit Traubenzucker oder Honig anreichern (ca. 1 Esslöffel auf 500 ml),

- als Futter nur Weichfutter (Quark, hartgekochtes Ei, Reis), Kolbenhirse sowie eingeweichte Körner anbieten: dazu die Körner über Nacht in Kamillentee einlegen (nicht länger als 6, bei Hitze 2 Stunden im Käfig belassen, sie verderben schnell!).

Allopathie

- Je nach Ursache antibiotische oder antimykotische Therapie: Chlortetracyclin (Aureomycetin®) 5 mg/10 g Futter 30 Tage lang; Doxycyclin (Ronaxan®) 7–10 mg/100 g Körpergewicht i. m., Enrofloxacin (Baytril®) 0,75–3 mg/100 g Körpergewicht 2-mal täglich i. m. oder 1,5 mg/100 g Körpergewicht 2-mal täglich p. o., Ketoconazol (Nizoral®) 2 mg/100 g Körpergewicht p. o.,
- Unterstützung des Immunsystems mit Paraimmunitätsinducern (Baypamune®, PetMun®),
- Unterstützung der Darmflora mit Bird Bene Bac®,
- Vitamingaben (z. B. Korvimin®, SupraCell® Lebensvitamine, Vorsicht mit Fertigmischungen: Calcium kann die Tetracycline negativ beeinflussen!),
- Entfernen der Fremdkörper über einen Kropfschnitt.

Homöopathie

- Monopräparate, je nach Arzneimittelbild: Belladonna D3; Bryonia D4; Hepar sulfuris D6; Echinacea ang. D6; je 5 Globuli im Trinkwasser auflösen,
- Kombinationspräparate: V33 Tropfen; SupraCell® SC 10, PetMun®, Mucosa comp. Injeel®-forte, je eine Trinkampulle zweimal pro Woche im Trinkwasser auflösen.

Phytotherapie

- Aufguss aus Kamille, Calendula oder Arnika an Stelle des Trinkwassers anbieten.

Physikalische Maßnahmen

- Bestrahlung mit Rotlicht: eine Käfighälfte mit einem Tuch abhängen, die andere Hälfte aus ca. 20–30 cm Entfernung anstrahlen.

7.3 Kropfanschoppung und Kropferweiterung (Pendelkropf)

Krankheitsursachen: Gierige Aufnahme großer Mengen Futter oder Gritsteinchen, v.a. bei männlichen Tieren. Kropferweiterungen bei handaufgezogenen Jungtieren durch zu große Futtermengen oder zu später Umstellung von Brei- auf Körnerfutter.

Symptome, Diagnose: Der übergroße, gespannte Kropf kann ertastet werden. Abmagerung, evtl. gestörtes Allgemeinbefinden, Röntgenaufnahmen des Kropfes.

Behandlungsstrategie: Entlasten des Kropfes, Bekämpfung von bakteriellen und mykotischen Begleitinfektionen, Anpassen der Fütterung.

Allgemeine Maßnahmen

- Regelmäßig kleine Mengen Futter anbieten, Weichfutteranteil erhöhen (Babygläschen Ost und Gemüse),
- Vitaminversorgung sicherstellen,
- Das Trinkwasser mit Traubenzucker anreichern.

Allopathie

- Beim angeschoppten Kropf kleine Mengen Paraffinöl, Pflanzenöl oder lauwarmes Essigwasser eingeben (mit der Sonde!). Nach vorsichtigen Massagen den Kropfinhalt absaugen,
- einen Pendelkropf evtl. chirurgisch verkleinern,
- gegen Begleitinfektionen antibiotische Präparate, z.B. Chloramphenicol 5–10 mg/100 g Körpergewicht p.o., Neomycin (Neomycin-Agraria®, Nisocla® liquid) 2 mg/100 g Körpergewicht p.o.,
- Antimykotika: Ketoconazol (Nizoral®) 2 mg/100 g Körpergewicht p.o.

Homöopathie

- Monopräparate, je nach Arzneimittelbild: Belladonna D3; Bryonia D4; Hepar sulfuris D6; je 5 Globuli im Trinkwasser auflösen,

- Kombinationspräparate: V33 Tropfen; PetMun®, Mucosa comp. Injeel®-forte, je eine Trinkampulle zweimal die Woche im Trinkwasser auflösen.

Phytotherapie

- Aufguss aus Kamille, Calendula oder Arnika an Stelle des Trinkwassers anbieten.

8 Nase

8.1 Nasenschleimhaut- und Unteraugenhöhlenentzündung (Rhinitis und Sinusitis)

Krankheitsursachen: Als Begleiterkrankung bei bakteriellen Infektionen, Viruserkrankungen (z. B. Pocken), Pilzinfektionen, Luftsackmilbenbefall, als Einzelerkrankung nach extremen Temperaturänderungen, Vitamin-A-Mangel, Reizungen (z. B. Dämpfe bei Haltung in der Küche).

Symptome, Diagnose: Niesen, Nasenausfluss, verklebte Federn in der Nasengegend, Verstopfung der Nasenlöcher mit bräunlichem Sekret, Reiben des Schnabels an der Sitzstange oder den Gittern, Kopfschütteln, Kratzen an der Nase, Schnabelatmung, im weiteren Verlauf Sinusitis mit aufgetriebenen Unteraugenhöhlen.

Nachweis der Erreger durch Abstrich und Anzucht der Erreger im Labor.

Behandlungsstrategie: Beseitigung der Ursache, Erleichterung der Atmung, Unterstützung des Immunsystems.

Allgemeine Maßnahmen

- Vorsicht mit dem Handling, Schockgefahr!
- Entfernen der Krusten an der Nase nach Einweichen mit Kräuteraufguss, isotonischer Kochsalzlösung oder Paraffin,
- Trinkwasser mit Traubenzucker oder Honig anreichern (ca. 1 Esslöffel auf 500 ml).

Allopathie

- Antibiotische Therapie, je nach Erreger (Antibiogramm!),
- Vitamingaben mit dem Trinkwasser oder dem Futter (z. B. Korvimin®, SupraCell® Lebensvitamine),
- Unterstützung des Immunsystems mit Paraimmunitätsinducern (z. B. Baypamune®).

Homöopathie

- Monopräparate, je nach Arzneimittelbild: Belladonna D3; Hepar sulfuris D6; Mercurius solubilis D12; je 5 Globuli im Trinkwasser auflösen,
- Kombinationspräparate: Kombinationspräparate: V33 Tropfen, SupraCell® SC 60, Mucosa compositum®, einmal wöchentlich 1 Trinkampulle im Trinkwasser auflösen.

Phytotherapie gegen Entzündung und Krämpfe der Atemwege

- Inhalationen mit Meersalz oder Emser Salz oder ätherischen Ölen von Kamille, Pfefferminze, Salbei, Thymian, Eukalyptus.

Physikalische Maßnahmen

- Bestrahlung mit Rotlicht: eine Käfighälfte mit einem Tuch abhängen, die andere Hälfte aus ca. 20–30 cm Entfernung anstrahlen.

9 Atmungsorgane

9.1 Lungen- und Luftsackentzündung (Pneumonie, Aerosacculitis)

Krankheitsursachen: Haltungsklima (Hitze, Kälte, Zugluft), Reizungen (z. B. durch Dämpfe bei Haltung in der Küche), Fremdkörper (Staub), Parasiten, Bakterien (v. a. Streptokokken, Staphylokokken, Pasteurellen, Yersinien), chronische Pilzinfektionen *(Aspergillus)*, Viren (Lungenpocken, Newcastle Disease, Psittakose).

Symptome, Diagnose: Atemnot, Schnabelatmung bei vorgestrecktem Hals, Niesen, Nasenausfluss, verklebtes Gefieder im Kopfbereich, Reiben des Schnabels an der Stange oder dem Gitter, Atemgeräusche, hochgradig gestörtes Allgemeinbefinden mit Fieber und Inappetenz.

Behandlungsstrategie: Bekämpfung der Infektion, Lösen des Schleims, Erleichterung der Atmung, Stärkung des Immunsystems.

Allgemeine Maßnahmen

- Vorsicht mit dem Handling, Schockgefahr!
- Trinkwasser mit Traubenzucker oder Honig anreichern (ca. 1 Esslöffel auf 500 ml).

Allopathie

- Antibiotische Therapie, je nach Erreger (Antibiogramm!),
- Vitamingaben mit dem Trinkwasser oder dem Futter (z. B. Korvimin®, SupraCell® Lebensvitamine),
- Unterstützung des Immunsystems mit Paraimmunitätsinducern (z. B. Baypamune®).

Homöopathie

- Monopräparate, je nach Arzneimittelbild: Belladonna D3; Hepar sulfuris D6; Mercurius solubilis D12; je 5 Globuli im Trinkwasser auflösen,

- Kombinationspräparate: V55 Tropfen, SupraCell® SC 50, Mucosa compositum®, 1-mal wöchentlich 1 Trinkampulle im Trinkwasser auflösen.

Phytotherapie gegen Entzündung und Krämpfe der Atemwege

- Inhalationen mit Meersalz oder Emser Salz oder ätherischen Ölen von Kamille, Pfefferminze, Salbei, Thymian, Eukalyptus.

Physikalische Maßnahmen

- Bestrahlung mit Rotlicht: eine Käfighälfte mit einem Tuch abhängen, die andere Hälfte aus ca. 20–30 cm Entfernung anstrahlen.

9.2 Luftröhren- oder Lungenmilben (Acariasis, Sternostomose)

Krankheitsursache: *Sternostoma tracheacolum*

Symptome, Diagnose: Stimmverlust, Schluckbewegungen, später Schnabelatmung, Kopfschleudern, Niesen, Würgen, rasselnde Atemgeräusche, die Milben sind im Gegenlicht in der Trachea sichtbar.

Allgemeine Maßnahmen: Prophylaxe: Behandlung aller Neuzugänge und Ausstellungstiere.

Allopathie

- Spot-On aus Ivermectin (Ivomec®) 0,02 % Lösung (verdünnt mit Propylenglykol, 0,1 ml pro Tier) zwischen die Schultern auf die nackte Haut. 2 Wiederholungen nach je 2 Wochen,
- wahlweise Trichlorphos (Neguvon®) 2 %ig als Spot-On 0,05–0,1 ml/Vogel am 1.,5. und 9. Behandlungstag.

Homöopathie: Nur unterstützend!

- Monopräparate: Sulfur D30 und Kreosotum D4, je 5 Globuli täglich im Trinkwasser auflösen,
- Kombinationspräparate: V33 Tropfen, SupraCell® SC 50.

Phytotherapie gegen Entzündung und Krämpfe der Atemwege

- Inhalationen mit Meersalz, Emser Salz oder ätherischen Ölen von Kamille, Pfefferminze, Salbei, Thymian, Eukalyptus,

- Kamille, Pfefferminze, Salbei, Thymian, Eukalyptus: Zubereitungen als Aufguss, Sirup, Hustensaft. Bei Fertigpräparaten auf alkoholfreie Zubereitungen achten!

10 Herz und Kreislauf

10.1 Erkrankungen des Herzens und des Gefäßsystems

Krankheitsursachen: Angeborene oder erworbene Herzfehler, Erkrankungen von Niere oder Leber, Komplikation bei bakteriellen oder viralen Infekten, Gicht, Vergiftungen, krankheitsbedingter Rückstau des Blutes ins Herz, Tumore der Herzbasis oder der Schilddrüse

Symptome, Diagnose: Zunächst verminderte Belastbarkeit (fliegt kaum noch oder nur kurze Strecken), Schwanken auf der Stange, später bläulich verfärbte Schleimhäute, Beine und Schnabelhaut, schwere Atemnot, bei Belastung evtl. epileptiforme Anfälle.

Nachweis der Erkrankung am lebenden Tier schwierig, evtl. durch Röntgenbild, die Belastung für das Tier in einem solchen Zustand ist jedoch erheblich (Vorsicht: Schockgefahr!).

Behandlungsstrategie: Behandlung der Grunderkrankung, Entlastung und Unterstützung des Herzens, Optimierung der Fütterung und Haltungsbedingungen.

Allgemeine Maßnahmen

- Die Zufuhr von Sauerstoff kann etwas entlastend wirken.
- Das Trinkwasser mit Traubenzucker oder Honig (1 Esslöffel auf 500 ml) anreichern.

Allopathie

- Zur Unterstützung des Herzens Digitalis-Präparate (Lanitop®) im Trinkwasser verabreichen. Genaue Dosierung jedoch schwierig, Erfolg zweifelhaft.

Homöopathie

- Monopräparate, je nach Arzneimittelbild: Crataegus D1, Cactus D1, Veratrum album D3,

- Kombinationspräparate: Cardiavis® N Truw, Cardiacum Heel®, V44 Tropfen.

Phytotherapie

- Pflanzen: Weißdorn, Königin der Nacht, Maiglöckchen, Adonisröschen, Meerzwiebeln. Die Pflanzen sollten nur als Fertigpräparate (s. u.) Anwendung finden.
- Fertigpräparate: Cefascillan®, Löwe-Komplex®, Viscorapas-Duo®, Cardiacum 1® oder 2® Pascoe S, Crataepas 100®, Naranocor®/Naranocor H®, Sedocardin®, Crataegus-Heel S®, Oxacant®/Oxacant forte®, Convastabil®.

10.2 Arteriosklerose

Krankheitsursachen: Bewegungsmangel, Fettleibigkeit

Symptome, Diagnose: Durchblutungsstörungen, Darstellung der veränderten Gefäße auf Röntgenaufnahmen.

Behandlungsstrategie: Viel Bewegung, Optimierung der Fütterung.

Allgemeine Maßnahmen

- Zur Gewichtsreduktion niemals das Grundfutter rationieren!
- Dickmacher wie süße Kräcker weglassen, Kolbenhirse rationiert anbieten (max. 2 cm pro Tier und Tag).
- Bewegung ermöglichen (Freiflug im vogelsicheren Zimmer, s. Kap. 2).
- Gewichtskontrolle mit einer Briefwaage.

Homöopathie

- Kombinationspräparat: Barium muriaticum N Fcpl 16.

11 Verdauungstrakt

11.1 Leitsymptom Durchfall

Krankheitsursachen: Stress, Infektionen *(E. coli,* Yersinien, Salmonellen, Campylobacter, *Candida albicans, Mycobacterium avium),* Fütterungsfehler, verdorbenes Futter, lange Hungerperioden, Parasitenbefall (Giardien, *Trichomonas gallinae,* Würmer), Vergiftungen (Beknabbern von Zimmerpflanzen), Leber- und Nierenerkrankungen.

Behandlungsstrategie: Beseitigung der Ursache, Entlastung der Magen-Darm-Trakts, Ersetzen der fehlenden Flüssigkeit, Optimierung der Fütterung, Stabilisierung der Darmschleimhaut, Bindung und Ausscheidung von Giftstoffen, Regulierung der Darmflora.

Allgemeine Maßnahmen

- Vorsicht mit dem Handling, Schockgefahr!
- Trinkwasser mit Traubenzucker oder Honig anreichern (ca. 1 Esslöffel auf 500 ml),
- Vitamingaben (z.B. Korvimin®).

Physikalische Maßnahmen

- Bestrahlung mit Rotlicht: eine Käfighälfte mit einem Tuch abhängen, die andere Hälfte aus ca. 20–30 cm Entfernung anstrahlen.

11.2 Bakterielle Drüsenmagenentzündung (Going-light-Syndrom)

Krankheitsursachen: Umstritten, beteiligt sind so genannte Megabakterien (nicht kultivierbar, schwer zu behandeln, eventuell Pilz?) im Zusammenhang mit schädlichen Faktoren wie Stress, Fütterungsfehler, Haltungsfehler.

Symptome, Diagnose: Unspezifische Symptome wie Erbrechen, Durchfall und Schwäche, Erbrechen von Schleim, Ausscheiden unverdauter Körner. Unter dem Mikroskop zeigen sich die Erreger als große (40 × 2 µm), grampositive stabförmige Gebilde.

Behandlungsstrategie: Bekämpfen der Erreger, Optimierung der Fütterung und Haltungsbedingungen.

Allgemeine Maßnahmen

- Behutsame Futterumstellung auf hochwertiges Weichfutter (Körner schrittweise reduzieren),
- Einstreu entfernen und gegen Zeitungspapier tauschen, um die Aufnahme von Steinchen zu verhindern.

Allopathie

- Trinkwasser auf einen pH von 2,4–2,6 ansäuern: Ascorbinsäure oder 6 ml HCl 1N pro Liter Wasser,
- Neomycin plus Amphotericin 5–10 mg/100 g Körpergewicht p.o. (am besten mit der Kropfsonde),
- zur Belebung der Darmflora Bird Bene Bac®, Bene Bac® Pulver.

Homöopathie

- Monopräparate, je nach Arzneimittelbild: Arsenicum album D6, D12, D30, Pyrogenium D8,
- Kombinationspräparate: V77 Tropfen, SupraCell® SC 70, Mucosa compositum®, 2-mal wöchentlich 1 Trinkampulle im Trinkwasser auflösen.

Phytotherapie

- Kombinationspräparat Dysticum®.

Physikalische Maßnahmen

- Bestrahlung mit Rotlicht: eine Käfighälfte mit einem Tuch abhängen, die andere Hälfte aus ca. 20–30 cm Entfernung anstrahlen.

11.3 Vergiftungen

Krankheitsursachen: Fressen von Lebensmitteln, die für den menschlichen Verzehr gedacht sind (Wurst, Käse, fette Soßen), Beknabbern von bleihaltigen Lacken, Kugelschreiberminen, Gardinengewichten, giftigen Zimmerpflanzen (z.B. Alpenveilchen), Verfütterung von rohem grünen Bohnen u.a. unverträglichem

Gemüse, gespritztes, belastetes oder stark gedüngtes Obst und Gemüse, verfaultes oder verschimmeltes Futter (Vorsicht mit frischen Keimlingen).

Symptome, Diagnose: Plötzliche Apathie, gesträubtes Gefieder, u.U. Krämpfe, blutig-schleimige Durchfälle, Erbrechen, bei Bleivergiftungen im chronischen Stadium Erblindung und Lähmungserscheinungen.

Allopathie

- Zur Bindung der Giftstoffe Na-EDTA, Infusion mit Glucose-Elektrolyt-Lösung (0,6 ml pro 100 g Körpergewicht s.c., i.m.),
- zur Unterstützung der Darmflora Bird Bene Bac®, Bene Bac® Pulver,
- Vitamin- und Mineralstoffgaben (z.B. Korvimin®, SupraCell® Lebensvitamine).

Homöopathie

- Monopräparate, je nach Arzneimittelbild: Nux vomica D6; Arsenicum album D6, D12; Carbo vegetabilis D6; je 5 Globuli im Trinkwasser auflösen,
- Kombinationspräparate: Lymphomyosot®, Dysenteral®, Mucosa compositum®, Nux vomica Homaccord®.

Phytotherapie

- Krampflösend, entzündungshemmend: Aufguss aus Kamille, Schwarztee, Fenchel,
- Schleimhautschutz: Aufguss oder Abkochung von Tormentillwurzel, Heidelbeere, Eichenrinde; Schleim aus Leinsamen, Reis, Apfelpektin; Lösung in lauwarmem Wasser zum Eingeben mit Tonmineralien, Bolus alba, Heilerde.

Physikalische Maßnahmen

- Bestrahlung mit Rotlicht: eine Käfighälfte mit einem Tuch abhängen, die andere Hälfte aus ca. 20–30 cm Entfernung anstrahlen.

11.4 Bakterielle Durchfallerkrankungen

Krankheitsursachen: *E. coli, Yersinia pseudotuberculosis,* Salmonellen, Listerien, *Mycobacterium avium* (Darmform), *Pasteurella multocida* und *P. gallinarum.*

Symptome, Diagnose: Apathie, Abmagerung, Inappetenz, Todesfälle, Nachweis der Erreger aus einer Kotprobe im Labor.

Allopathie

- Antibiotische Therapie mit dem Trinkwasser oder Weichfutter, je nach Erreger und Resistenzlage,
- zur Wiederherstellung der physiologischen Darmflora im Anschluss an die Therapie Bird Bene Bac®, Bene Bac® Pulver.

Homöopathie

- Monopräparate, je nach Arzneimittelbild: Arsenicum album D6; Mercurius solubilis D8; Podophyllum D4; Carbo vegetabilis D8; Veratrum album D6; Magnesium carbonicum D4; Magnesium phosphoricum D8; Calcium carbonicum D12; Pyrogenium D8; Sulfur D6; China D6,
- Kombinationspräparate: V77 Tropfen, Mucosa compositum®, SupraCell® SC 70.

Phytotherapie

- Krampflösend, entzündungshemmend: Aufguss aus Kamille, Schwarztee, Fenchel,
- Schleimhautschutz: Aufguss oder Abkochung von Tormentillwurzel, Heidelbeere, Eichenrinde; Schleim aus Leinsamen, Reis, Apfelpektin; Lösung in lauwarmem Wasser zum Eingeben mit Tonmineralien, Bolus alba, Heilerde,
- Fertigpräparat Dysticum®.

Physikalische Maßnahmen

- Bestrahlung mit Rotlicht: eine Käfighälfte mit einem Tuch abhängen, die andere Hälfte aus ca. 20–30 cm Entfernung anstrahlen.

11.5 Giardiose

Krankheitsursache: *Giardia intestinalis*

Symptome, Diagnose: Betrifft Vögel im Alter zwischen 2–3 Wochen: Schwäche, Kümmern, chronischer stinkender Durchfall (Kuhfladen ähnlich), Todesfälle bei bis zu 100 % der betroffenen Tiere. Nachweis der Erreger im frischen Kot mit 1 Tropfen Lugol'scher Lösung

Allgemeine Maßnahmen

- Während der Behandlung täglich die Einstreu wechseln.

Allopathie

- 0,02 % Dimetridazol im Trinkwasser der Elterntiere für 5 Tage (durch die Fütterung geben sie das Präparat an die Jungen weiter),
- wahlweise Metronidazol 2–3,5 mg/100 g Körpergewicht i.m. oder p.o. über 7–10 Tage,
- im Anschluss an die Behandlung Kontrolle des Kots,
- Vitaminversorgung sicherstellen (v.a. Vit. B), z.B. mit Korvimin®, SupraCell® Lebensvitamine.

Homöopathie

- Monopräparate, je nach Arzneimittelbild: Arsenicum album D6; Mercurius solubilis D8; Podophyllum D4; Carbo vegetabilis D8; Veratrum album D6; Magnesium carbonicum D4; Magnesium phosphoricum D8; Calcium carbonicum D12; Pyrogenium D8; Sulfur D6; China D6,
- Kombinationspräparate: V77 Tropfen, Mucosa compositum®, SupraCell® SC 70.

Phytotherapie

- Krampflösend, entzündungshemmend: Aufguss aus Kamille, Schwarztee, Fenchel,
- Schleimhautschutz: Aufguss oder Abkochung von Tormentillwurzel, Heidelbeere, Eichenrinde; Schleim aus Leinsamen, Reis, Apfelpektin; Lösung in lauwarmem Wasser zum Eingeben mit Tonmineralien, Bolus alba, Heilerde,
- Fertigpräparat Dysticum®.

Physikalische Maßnahmen

- Bestrahlung mit Rotlicht: eine Käfighälfte mit einem Tuch abhängen, die andere Hälfte aus ca. 20–30 cm Entfernung anstrahlen.

11.6 Trichomoniasis

Krankheitsursache: *Trichomonas gallinae*
Symptome, Diagnose: Erbrechen, Durchfall, Abmagerung, Schleimhautdefekte in der Schnabelhöhle, im Kropf und in der Speiseröhre. Nachweis der Erreger (Einzeller mit 4 Geißeln) im frischen Kot oder im Schleimhautabstrich
Therapie: siehe 11.5; Vorbeugung durch optimale Haltungsbedingungen

11.7 Psittakose (Ornithose, Chlamydiose)

Krankheitsursache: *Chlamydia psittaci.* Wichtig: anzeigepflichtige Seuche, auf den Menschen übertragbar! Eine Behandlung durch den Besitzer oder Tierarzt ohne Meldung bei der Veterinärbehörde ist verboten!
Symptome, Diagnose: Betrifft v. a. junge und immungeschwächte Tiere: Apathie, rascher Gewichtsverlust, diffuser, graugrün-wässriger Durchfall, Augenausfluss, Atemprobleme, Tod. Nachweis der Erreger aus Nasen- und Augensekret, Kot sowie aus Abstrichen der Kloake.
Behandlungsstrategie: Bekämpfung der Erreger, Stärkung des Immunsystems.

Allgemeine Maßnahmen

- Quarantäne- und Seuchenschutzmaßnahmen, beim Umgang mit den Tieren sowie der Käfigreinigung Atemschutz tragen,
- das Trinkwasser mit Traubenzucker versetzen.

Allopathie

- Chlortetracyclin (Aureomycetin®) 5 mg/10 g Futter 30 Tage lang; Doxycyclin 7–10 mg/100 g Körpergewicht i. m., Enrofloxacin (Baytril®) 0,75–3 mg/100 g Körpergewicht 2-mal täglich i. m. oder 1,5 mg/100 g Körpergewicht 2-mal täglich p. o.,
- Unterstützung des Immunsystems mit Paraimmunitätsinducern (Baypamune®, PetMun®),
- Unterstützung der Darmflora mit Bird Bene Bac®, Bene Bac® Pulver,
- Vitamingaben (Vorsicht mit Fertigmischungen: Calcium kann die Tetracycline negativ beeinflussen!).

Homöopathie

- Monopräparate, je nach Arzneimittelbild: Echinacea ang. D6; Nux vomica D6; Mercurius solubilis D12; Carduus marianus D2; Berberis D3; je 5 Globuli im Trinkwasser auflösen,
- Kombinationspräparate: Engystol®, alle 2 Tage eine Trinkampulle ins Trinkwasser mischen; Mucosa compositum®, 1-mal pro Woche 1 Trinkampulle ins Trinkwasser mischen.

Phytotherapie

- Je nach betroffenem Organkomplex, siehe die entsprechenden Kapitel.

Physikalische Maßnahmen

- Bestrahlung mit Rotlicht: eine Käfighälfte mit einem Tuch abhängen, die andere Hälfte aus ca. 20–30 cm Entfernung anstrahlen.

12 Fortpflanzungsorgane

12.1 Legenot

Krankheitsursachen: Der Vogel kann bereits legebereite Eier nicht legen auf Grund von Stress (Lärm, Unweltbedingungen), zu junge oder zu alte Tiere, zu große Eier, Verengungen der Eileiter durch Entzündungen oder Tumore, Mangelernährung, Ei(schalen)anomalien, Hormonstörungen (Oxitocinmangel), Fettleibigkeit, Zwillingseier.

Symptome, Diagnose: Ständiges Pressen, Absetzen von großen Mengen blutvermischtem Kot, schließlich völlige Erschöpfung, Dunkelfärbung des Bauches und Tod. Das Ei kann in vielen Fällen im weit gestellten Beckenknochen ertastet werden.

Behandlungsstrategie: Hilfestellung bei der Eientwicklung, Unterstützung des Kreislaufs.

Allgemeine Maßnahmen

- Feuchte Wärme (Dampf) zuführen,
- Optimierung der Fütterung und der Haltungsbedingungen.

Allopathie

- Bei tastbarem Ei Paraffinum liquidum oder Glyzerin in die Kloake geben und vorsichtig versuchen, das Ei herauszudrücken. **Vorsicht**: Nicht das Ei zerdrücken!
- Das Ei kann auch angestochen und die Eierschale in Teilen mit der Pinzette entfernt werden. Dabei nicht die Schleimhaut verletzen! Stets kontrollieren, ob sich ein zweites Ei finden lässt.
- Bei kreislaufstabilen Tieren kann eine operative Entfernung eines Eis, das sich zu weit in der Bauchhöhle befindet um herausgedrückt zu werden, erwogen werden.
- Zur Unterstützung des Kreislauf 0,6 ml Elektrolyt- oder 5%ige Glucoselösung pro 100 g Körpergewicht i. m. oder s. c.

Homöopathie

- Monopräparate, je nach Arzneimittelbild: Caulophyllum D6; Secale cornutum D6; je 5 Globuli im Trinkwasser auflösen. Zur Prophylaxe Pulsatilla D6, Aristolochia D6; je 5 Globuli täglich im Trinkwasser auflösen,
- Kombinationspräparat: SupraCell® SC 40.

Physikalische Maßnahmen

- Bestrahlung mit Rotlicht, eine Käfighälfte mit einem Tuch abhängen, die andere Hälfte aus ca. 20–30 cm Entfernung anstrahlen.

12.2 Legezwang (Dauerleger)

Krankheitsursachen: Hormonelle Dysbalancen, Haltungsfehler (Nistgelegenheit als Dauerreiz, kein geregelter Tag-Nacht-Rhythmus)

Symptome, Diagnose: Ständiges Eierlegen mit nur kurzen oder gar keinen Brutperioden, oft missgebildete Eier mit zu dünner Schale.

Behandlungsstrategie: Optimierung der Haltungsbedingungen, Nistgelegenheiten entfernen, Calcium- und Vitamin-D-Versorgung sicherstellen.

Allgemeine Maßnahmen

- Für einen geregelten Tag-Nacht Rhythmus sorgen, indem der Käfig abends abgedunkelt wird. Stress vermeiden!
- Die Eier nicht entfernen, jedoch die Nistgelegenheit entziehen.

Allopathie

- Falls die allgemeinen Maßnahmen nicht zum Erfolg führen: einmalig Methoxyprogesteronacetat (Perlutex®) 3 mg/100 g Körpergewicht i. m. in den rechten Brustmuskel, nach 7 Tagen kann der Eierstock operativ entfernt werden.

Homöopathie

- Monopräparate zur Vorbeugung: Pulsatilla D6; Aristolochia D6; je 5 Globuli im Trinkwasser auflösen,
- Kombinationspräparate: V11 Tropfen, SupraCell® SC 10.

12.3 Tumore von Eierstock und Hoden

Krankheitsursache: Unbekannt

Symptome, Diagnose: Umfangsvermehrungen im Bauchbereich, durch den Druck auf den Ischiasnerv Lähmungserscheinungen des linken Beins

Behandlungsstrategie: In frühen Stadien kann eine Operation erwogen werden. Meistens jedoch werden die Tiere mit fortgeschrittenen Krankheiten beim Tierarzt vorgestellt, eine Euthanasie ist in Fällen mit schweren Ausfallserscheinungen und gestörtem Allgemeinbefinden anzuraten.

13 Harnorgane

13.1 Nierenerkrankungen (Nephritis und Nephrose)

Krankheitsursachen: Chronische Nierenprobleme treten oft als Folgeerkrankung bei Infektionen auf, akute u.a. durch mit dem Blut verschleppte Erreger aus anderen Infektionsherden. Dazu kommen stets begünstigende Faktoren wie Stress, Fütterungsfehler (Vitamin-A-Mangel, gewürzte Speisen), Wassermangel, Unterkühlung, Durchnässung, Vergiftungen (Blei, Pflanzenschutzmittel, stark gesalzene Speisen).

Symptome, Diagnose: Akute Nierenentzündung: gestörtes Allgemeinbefinden, Apathie, Inappetenz, Durchfälle, plötzliche Todesfälle sind möglich.

Chronische Nierenentzündung: wässriger Harnanteil im Kot, Polydipsie, später Erbrechen und chronische Ekzeme, Abmagerung, durch evtl. Vergrößerung der Nieren Lähmungserscheinungen.

Behandlungsstrategie: Bekämpfung der Ursache (Infektion, Haltungs- oder Fütterungsfehler), bei Austrocknung Infusionen.

Allgemeine Maßnahmen

- Natriumarmes Heilwasser für die Nierentherapie zu trinken geben (z.B. Wernarzer Wasser, Staatl. Bad Brückenau),
- bei schlechter Verfassung mit Traubenzucker anreichern

Allopathie

- Antibiotika, je nach Resistenzlage: Doxycyclin (Ronaxan®) 7,5–10 mg/100 g Körpergewicht i.m., Enrofloxacin (Baytril®) 50–500 mg/Liter Trinkwasser, Chloramphenicol 100–200 mg/Liter Trinkwasser,
- Unterstützung des Immunsystems mit Paraimmunitätsinducern (Baypamune®).

Homöopathie

- Monopräparate, je nach Arzneimittelbild: Cantharis D4; Arsenicum album D6; Solidago D2; Phosphorus D8, Thuja D6,
- Kombinationspräparate: Renes®, Cantharis compositum®, Berberis Homaccord®, Reneel®, Uro loges®, Vetokehl Not®, Nephro-Injektopas®.

Phytotherapie

- Aufguss zur Durchspülungstherapie aus Goldrute, Brennnessel, Birkenblättern, Heidekraut, Zinnkraut, Bohnenschalen, Schafgarbe, Wacholderbeeren, Hauhechel.

Physikalische Maßnahmen

- Bestrahlung mit Rotlicht: eine Käfighälfte mit einem Tuch abhängen, die andere Hälfte aus ca. 20–30 cm Entfernung anstrahlen.

13.2 Gicht

Krankheitsursachen: Ein stark erhöhter Harnsäurewert im Blut durch zu viel Harnsäurebildung, zu geringe Verdünnung im Blut (evtl. Austrocknung), zu geringe Ausscheidung über die Nieren durch Fehlfütterung, Haltungsfehler, Vitaminmangel, Pilzgifte, Nephritis oder Nephrose, siehe Kapitel 13.1, Medikamentennebenwirkung von z.B. Sulfonamiden oder Gentamicin.

Symptome, Diagnose: Oft treten mehrere Krankheitsbilder gleichzeitig auf:

1. Gelenkgicht: gelbliche, käsige Entzündungsherde durch Harnsäurekristalle in Gelenknähe an den Ständern,
2. Eingeweidegicht: Ablagerung der Harnsäurekristalle an inneren Organen mit unspezifischen Symptomen wie verstärktes Trinken und Apathie,
3. Nierengicht: Ablagerung der Harnsäurekristalle im Bereich der Nieren mit Nierenvergrößerung, schmerzhaftes Abdomen, evtl. Lähmungserscheinungen, wenn die vergrößerte Niere auf den Nervus ischiadicus drückt (so genannte Kusshandstellung).

Behandlungsstrategie: Beheben der Ursache, Fütterungsoptimierung, Unterstützung der Nierenfunktion.

Allgemeine Maßnahmen

- Eiweißreiche hochwertige Kost anbieten,
- Trinkwasser mit Traubenzucker anreichern,
- Vitaminversorgung sicherstellen (z.B. Korvimin®, SupraCell® Lebensvitamine).

Allopathie

- Infusionen mit Elektrolyt-Glucose-Lösungen 0,6–0,8 ml pro Tier s.c. unter die Haut zwischen den Flügeln,
- Vitamin-A-Substitution.

Homöopathie

- Monopräparate, je nach Arzneimittelbild: Berberis D4; Lithium carbonicum D3; Sarsaparilla D4; je 5 Globuli im Trinkwasser auflösen,
- Kombinationspräparate: Renes®, Reneel®.

14 Verschiedenes

14.1 Entflogene Vögel

Ein entflogener Vogel entfernt sich zunächst nicht allzu weit von seinem Heimatort. Eine bekannte Stimme sollte das Tier von dem Fenster oder Tür aus rufen, von dem der Ausreißer gestartet ist. Die Suche sollte sich auf hoch gelegene Landeplätze (Bäume, Fensterbretter) konzentrieren, dabei immer laut rufen oder pfeifen. Wurde das Tier gesichtet, nicht versuchen es mit der Hand zu fangen, sondern ihm den Käfig hinhalten. Oft klettern die Tiere erleichtert zurück ins sichere Zuhause.

Bleibt das Tier vorerst verschwunden und war auch eine Suchaktion in der näheren Umgebung nicht erfolgreich, den Käfig an exponierter Stelle (weit oben liegendes Fenster) mit offenem Türchen und reichlich Futterangebot stehen lassen und regelmäßig rufen und pfeifen. Es sind vereinzelt Tiere sogar nach Tagen wieder im Käfig gefunden worden.

14.2 Psychische Störungen

14.2.1 Federrupfen

Krankheitsursachen: Neben Stoffwechselstörungen (erhöhter Harnsäurespiegel, Nieren- und Lebererkrankungen), Haut- und Federkrankheiten auch Vernachlässigung, Einzeltierhaltung, Verlust eines Partners, Langeweile, Haltungsfehler (Temperatur, zu trockene Luft, Bewegungsmangel, zu enger Käfig bei mehreren Tieren und damit Federrupfen durch Andere), Fettleibigkeit
Behandlungsstrategie: Ursachen abstellen, Fütterung und Haltungsbedingungen optimieren.

Allgemeine Maßnahmen

- Halskragen aus Pappe oder Röntgenfilm anlegen (Vorsicht: das Tier muss noch fressen und trinken können!),
- Ausziehen abgebrochener Federn,
- das Tier beschäftigen: grüne Äste ungiftiger Gehölze zum Zerknabbern anbieten, Spielzeuge, Freiflug, Einzeltieren einen Partner dazusetzen,
- beim Bepicken durch andere Vögel die kahlen Stellen mit Bitterpaste bestreichen, eventuell betroffene Jungvögel von den Eltern trennen,
- nie zu viele Tiere auf zu engem Raum halten.

Allopathie

- Vitamine und Mineralien zufüttern (z.B. Korvimin®, SupraCell® Lebensvitamine). Eine ausgewogene, hochwertige Kost anbieten.

Homöopathie

- Kombinationspräparat: SupraCell® SC 20.

14.2.2 Trauer

Krankheitsursachen: Wellensittich-Paare bleiben ein Leben lang zusammen. Auch bei Stubenvögeln ist dieser Instinkt sehr ausgeprägt. Stirbt eines der Tiere oder wird ein Einzeltier von seiner menschlichen Bezugsperson getrennt, kann dies zu regelrechten Krankheitserscheinungen führen.

Symptome, Diagnose: Apathie, Inappetenz, Kümmern trotz keiner erkennbaren Ursache (gute Diagnostik durchführen, oft kommen erregerbedingte Erkrankungen hinzu!)

Allgemeine Maßnahmen

- Wenn die Möglichkeit besteht, das Tier in einer größeren Schar Wellensittiche unterbringen,
- oft blühen die Tiere richtig auf und finden sogar einen neuen Partner,
- ansonsten ein Tier dazusetzen, das dem verstorbenen oder entflogenen im Charakter ähnelt,

- zudem brauchen die Tiere viel Aufmerksamkeit, eine optimale abwechslungsreiche Ernährung und während der Krankheits- und Erholungsphase Vitamine und Traubenzucker im Trinkwasser.

Sonstige Maßnahmen: Täglich 3–5 Globuli der Bachblütenmischung Larch, Honeysuckle, Mustard (SupraCell®) im Trinkwasser auflösen.

Schildkröte

1 Anatomische und physiologische Besonderheiten

Es existieren **weltweit rund 200 Arten** von Schildkröten. Als Heimtiere werden v. a. Landschildkröten (Testudinae), Sumpf- und Wasserschildkröten (Emydidae), Schlammschildkröten (Kinosternon) und Weichschildkröten (Trionychidae) gehalten. Beim Kauf einer Schildkröte sollte stets darauf geachtet werden, dass die Herkunft einwandfrei ist. Landschildkröten stehen unter Artenschutz und bedürfen so genannter CITES-Papiere (siehe im Internet unter www.schildkröten.net/cites.html). Obwohl viele Schildkröten von Natur aus sehr alt werden können – Landschildkröten bis zu 140 Jahren! – überleben viele nicht einmal die ersten fünf Jahre der Gefangenschaft. Schuld sind mangelhafte Haltungsbedingungen, Fütterungsfehler und falsch durchgeführte Winterruhe. Das **Alter** einer Schildkröte kann man grob an der Mittelnaht des Bauchpanzers bestimmen: Bei Jungtieren verläuft die Naht als gerade Linie. Mit 30–40 Jahren ist sie unregelmäßig gewellt, ab 60 Jahren stark geschlängelt.

Wasserschildkröten haben einen flacheren Panzer als **Landschildkröten**. Zudem haben sie gut ausgebildete Schwimmhäute zwischen den Zehen und in der Regel eine feinere Beschuppung an den Gliedmaßen. Um sich fortzupflanzen legen alle Schildkröten Eier an Land. Kreuzungen verschiedener Arten (Bastarde) kommen in gemischten Gruppen häufig vor.

Männliche Tiere haben in der Regel einen dickeren Schwanz, bleiben aber im Ganzen eher kleiner als die **Weibchen**.

Schildkröten sind **wechselwarme Tiere**, das heißt, ihre Körpertemperatur passt sich der Umgebungstemperatur an. Wie viel Wärme ein Tier benötigt, hängt primär von der Rasse ab. Trotz des scheinbar robusten Panzers sind Schildkröten **empfindliche Wesen**, die Stress, Lärm, Temperaturschwankungen, einseitige

Fütterung und grobe Behandlung nicht gut vertragen. **Als Kinderspielzeug sind sie absolut nicht geeignet!**

Die **Atmung** erfolgt bei Landschildkröten ähnlich wie bei Säugetiere mit einer Zwerchfell-ähnlichen Membran, die durch Muskeln im Inneren des Panzers bewegt wird. Rhythmische Bewegungen im Kieferbereich (Oszillieren) haben nichts mit der Atmung zu tun, sondern dienen der **Geruchswahrnehmung.** Viele Wasser- und Seeschildkröten können unter Wasser rund 70 % ihres Sauerstoffbedarfs über die lederartige Oberfläche des Panzers aufnehmen. In den Analblasen, die nah an der Kloake sitzen, findet ebenfalls ein Teil der Atmung statt, sodass sie im Falle einer Pneumonie oft mitbetroffen sind.

Unter den **Hornplatten des Panzers** befindet sich eine dünne, reichlich mit Nerven und Blutgefäßen ausgestattete Hautschicht. Sie macht den Panzer empfindlich gegen Wärmereize oder Berührungen. Dank einer guten Regenerationsfähigkeit heilen Verletzungen des Rückenpanzers (Carapax) gut.

Die **Wachstumsfugen der Knochen** schließen sich bei Schildkröten nicht; das bedeutet, dass sie einem ständigen Wachstum unterliegen.

Körpertemperatur: wechselwarm, angestrebte Temperatur 34 °C
Puls, Atmung: abhängig von der Körpertemperatur
Geschlechtsreife: abhängig von der Körpergröße, nicht vom Alter

2 Haltung, Pflege, Fütterung

Je nach Rasse brauchen Schildkröten unterschiedliche Umgebungstemperaturen, Luftfeuchtigkeit und Futterzusammensetzung.

Landschildkröten (Griechische und Maurische Landschildkröten, Breitrandschildkröten, Vierzehenschildkröten) dürfen nicht mit Sumpf- oder Wasserschildkröten zusammen gehalten werden. Ist die Rasse nicht bestimmbar (z.B. bei Bastarden) ist zur Vorsicht zu raten. Generell sollte jede Landschildkrötenart einzeln gehalten werden.

Wasserschildkröten können in gemischten Gruppen aus verschiedenen Arten gehalten werden. Auch die Vergesellschaftung mit Fischen und Amphibien ist möglich, jedoch können sie eventuell als Schildkrötenfutter enden. Viele Arten reagieren außerhalb der Paarungszeit auf andersgeschlechtliche Partner aggressiv. Bissige und aggressive Tiere sollten separiert werden.

Einige Arten sind für die ganzjährige Haltung im Freien geeignet (nordamerikanische, einige europäische und wenige Arten aus Nordchina).

Bis auf die subtropischen Arten, die ganzjährig in einem Gewächshaus gehalten werden, sollten alle Tiere in der warmen Jahreszeit in einem **ausbruchssicheren Außengehege** (mind. 15 qm) mit sehr viel Sonne, Schattenplätzen und gutem Windschutz gehalten werden. Bei der Umrandung daran denken, dass Schildkröten klettern und graben können!

Das **Gelände** kann mit Betonelementen, Holzpalisaden, Plexi- und Acrylglas gestaltet werden. Draht ist bedingt geeignet, da er leicht überklettert werden kann und keinen Schutz vor Wind bietet. Die Bodenstruktur sollte abwechslungsreich sein: grober bis feiner Kies, Rindenmulch, dicht bepflanzte Areale. Unterschlupfgelegenheiten dürfen nicht fehlen. Wichtig ist ein Hügel in sonniger Südwestrichtung als Eiablageplatz.

Der **Wasserteil** ist je nach Schildkrötenart anzulegen. Generell sollte die Wassertemperatur nicht mehr als 3 °C unter der Lufttemperatur liegen, um Erkältungen vorzubeugen. Landschildkröten brauchen ein flaches Bassin (Wasserstand max. Panzerhöhe), Sumpfschildkröten benötigen pro 15 cm Panzerlänge 50 l Wasser, in dem sie problemlos stehen können. Wasserschildkröten brauchen pro 15 cm Panzerlänge mindestens 100 l Wasser in einem tiefen Bassin (mehrfache Körperhöhe). Bei ihnen sollte der Landanteil mindestens 15 cm über dem Wasserspiegel liegen und mit einem Gemisch aus Sand, feuchtem Torf und Mulch belegt sein. Über **Sonnenplätzen** aus Kork oder Holz in einem Terrarium sollte eine Wärmelampe angebracht sein.

Eine ausgewogene, nicht zu gehaltvolle **Fütterung** ist die Grundlage einer erfolgreichen Schildkrötenhaltung. Durch Fütterungsfehler kommt es u. a. zu Verdauungsproblemen, Schädigungen der inneren Organe, Wachstumsstörungen (Riesenwuchs), Missbildungen des Panzers.

Landschildkröten können im gut bepflanzten Gehege hauptsächlich von der Vegetation leben. Zusätzlich gibt man wenig zuckerarmes Obst und Gemüse (z. B. Apfel, Birne, Kohlrabi), Kopf- und Endiviensalat nach Bedarf, Linsen, unpolierten Reis, Haferflocken, Hundekuchen. Vorsicht mit oxalathaltigem Futter (Tomate, Banane, Chicorée, Spinat, Mangold, Sauerampfer, Löwenzahn), durch das Oxalat kann es zu Blasensteinen kommen. Fleisch darf nur selten und in kleinen Mengen gegeben werden, da es die Nieren belastet. Am besten ist rein vegane Kost.

Das Futter für **Wasserschildkröten** besteht zur Hälfte aus eiweißreicher Kost wie Würmern, Schnecken, Muscheln, Fisch, Fleisch (Katzenfutter). Zusätzlich sollte Obst, Gemüse und Salat gegeben werden. Als Ballaststoff dienen Garnelen, Heuschrecken, Kellerasseln, Schaben etc.

Selbstgemachtes Gelatinefutter kann portionsweise eingefroren und bei Bedarf aufgetaut werden (Rezept s. Kap. 13.2).

Mückenlarven können nur langsam gefressen werden und dienen somit dem natürlichen Futtersuchverhalten der Tiere.

Hygiene ist oberstes Gebot bei der Schildkrötenhaltung. Auch scheinbar gesunde Tiere können Salmonellen und andere Krankheitserreger und Parasiten übertragen. Nach dem Kontakt mit dem Tier stets die Hände waschen. Alle Gerätschaften sind sauber zu halten und müssen regelmäßig desinfiziert werden. Die Tiere selbst müssen regelmäßig entwurmt werden. Kranke Tiere sind umgehend von den übrigen abzugrenzen. Kot, alte Futterreste und andere Verschmutzungen sollten täglich aus dem Gehege oder dem Terrarium entfernt werden.

3 Allgemeine Therapiehinweise

Die Darmflora der Schildkröten kann auf Metronidazol empfindlich reagieren. Bei Durchfall und Appetitlosigkeit sollte das Präparat abgesetzt werden. Aminoglykoside greifen in höheren Dosen die Nieren an. Als sichtbare Folge kann es zu Gicht kommen. Das Mittel sollte unverzüglich abgesetzt und Infusionen gegeben werden. Unter Enrofloxacin kann der Harnsäurespiegel im Blut ansteigen. Auch in diesem Fall sind Infusionen nötig. Citarin und Ivermectin werden generell nicht vertragen und können tödliche Folgen haben. Apomorphin wirkt appetitanregend, nicht emetisch.

Um die Schildkröte am Davonlaufen während der Untersuchung zu hindern, kann sie mit dem Bauchpanzer auf eine Dose gesetzt werden. Zur Inspektion des Kopfes und der Maulhöhle wird der Kopf mit zwei Fingern behutsam nach vorne gezogen, bis der Hals ganz streckt ist. Fixiert wird der Kopf mit Daumen und Mittelfinger hinter dem Kiefergelenk. Dann wird der Unterkiefer behutsam mit einem Finger der anderen Hand geöffnet (Geduld, keine Gewalt, früher oder später gibt das Tier nach) und evt. mit einem Beißhölzchen offen gehalten.

Zur Eingabe von Medikamenten eignet sich die Gabe mit dem Futter (Fleisch- oder Obstbröckchen spicken oder darin wälzen). Zur Injektion in den Muskel (i. m.) eignet sich der M. deltoideus, der seitlich an den Vorderbeinen zu tasten ist. Die Hintergliedmaßen sind zur Medikamentengabe wenig geeignet, da ihre Gefäße in die Leber und zu den Nieren führen können und so zum einen die Wirkstoffe schnell abgebaut und zum anderen die Nieren geschädigt werden können.

Um größere Mengen Flüssigkeit zu infundieren, kann eine intraperitoneale Injektion gewählt werden (i.p.): möglichst weit bauchwärts in der Kniefalte parallel zur äußeren Panzerkontur

Richtung Kopf stechen. Bei gefüllter Blase kann an dieser Stelle eine Urinprobe genommen werden.

Tab. 11: Arzneistoffe für Schildkröten

Arzneistoff	Dosierung	Anwendung
Antibiotika		
Amoxicillin	22 mg/kg	p. o. (mit Aminoglykosden kombinieren)
Chloramphenicol	50 mg/kg	p. o.
Clindamycin	5 mg/kg	p. o.
Doxycyclin	10 mg/kg	p. o.
Enrofloxacin	10–15 mg/kg 5 mg/kg 200 mg/l Wasser für Nasenspülung	i. m. alle 3 Tage p. o. alle 12–24 Stunden (1–3 ml alle 1–2 Tage)
Lincomycin	6 mg/kg	i. m.
Neomycin	10 mg/kg	p. o. (nicht systemisch!)
Badebehandlung:	1. 300 mg/l Badewasser 2. 500 mg/l Badewasser	5 Tage, 5 Tage Pause, dann Dosiserhöhung
Antimykotika		
Griseofulvin	20–40 mg/kg	p. o. (Hautmykosen)
Ketokonazol	25 mg/kg	p. o. für 14–28 Tage
Nystatin	100 000 I. E./kg	p. o. für 10 Tage
Antiparasitika		
Dimetridazol	40 mg/kg	p. o. über 4 Tage
Fenbendazol	50–100 mg/kg	p. o.
Mebendazol	20–25 mg/kg	p. o.
Metronidazol	250 mg/kg 100 mg/kg	p. o. Wiederh. nach 14 Tagen p. o. Wiederh. nach 14 und nach 28 Tagen
Praziquantel	30 mg/kg	p. o.

Arzneistoff	Dosierung	Anwendung
Narkotika, Sedativa		
Ketamin (mit kleinster Dosis beginnen, evtl. nachdosieren, nur die Hälfte bei Kombination mit Xylazin)	20–80 mg/kg	i.m.
Propofol	10 mg/kg	i.v. (Schwanzvene)
Xylazin	1–4 mg/kg	i.m.
Sonstige		
Aciclovir	80 mg/kg	p.o.
Allopurinol	100 mg/kg	p.o. über 2–3 Wochen
Delmadinonacetat (Tarden®)	3 mg/Tier	i.m. alle 8 Wochen (Hypersexualität)
Elektrolyt-Glucose-Lsg.	4 ml/kg	i.p.
Kaliumpermanganat	0,1 g auf 10 l Wasser	im Badewasser
NutriCal®	1–2 ml pro Tier und Tag	p.o., evtl. per Sonde
Oxitocin	5–10 I.E.	i.m.
Pansenflora	1 Messerspitze pro Tier und Tag	p.o.
Vitamin A	10–10 000 I.E	i.m. einmalig

4 Haut und Panzer

4.1 Panzerdefekte (akute oberflächliche Panzernekrose)

Krankheitsursachen: Infektionen mit *Beneckea chitinovorax, E. freundii, Pseudomonas*, Traumata (Verletzungen z.B. durch Hunde oder herunterfallende Gegenstände, Stürze, Aufreiten paarungswilliger Männchen, rauer Untergrund wie Betonflächen, ungeeigneter Bodenbelag wie Häckselmehl, so genannte Panzerfette oder -öle aus dem Zoohandel, Erfrierungen während des Winterschlafs), Nierenschäden, Blutvergiftung.

Symptome, Diagnose: Betroffen sind Land-, Sumpf- und Wasserschildkröten. Blutunterlaufene, nässende Stellen, abgestorbenes Horn wird brüchig („zwiebackähnlich"), Schädigungen des knöchernen Panzers, in schweren Fällen Durchbruch in die Körperhöhle. Bei sekundären Infektionen wandern diese unter dem Panzer weiter und können zu Panzernekrosen und Blutvergiftungen führen.

Behandlungsstrategie: Abtragen des sterbenden oder toten Horns, Desinfektion und Trocknen der betroffenen Stellen, Optimierung der Haltungsbedingungen.

Allgemeine Maßnahmen

- Während der Heilungsphase Landschildkröten nicht ins Wasser lassen,
- Gruppenzusammensetzung überprüfen,
- Vitamingaben (z.B. Korvimin®).

Allopathie

- Abgestorbene und angelöste Hornstücke entfernen (z.B. mit einem Kugelfräser). Dabei darauf achten, dass keine Hohlräume unter den Hornplatten zurückbleiben, unter denen sich Infektionen festsetzen und weiterwandern können.

- Desinfizieren der nässenden Stellen mit Wasserstoffperoxid 3%ig oder Jod-Präparaten.
- Wasserschildkröten 3 Tage lang in Kaliumpermanganat-Lösung baden lassen (0,1 g auf 10 Liter Wasser).
- Lokal antibiotische und antimykotische Salben oder Lotionen (z.B. Panolog®, Terracortril®-Salbe, Flammazine®, Betaisodona®).

Homöopathie

- Monopräparate, je nach Arzneimittelbild: Arnica D4, D30; Calendula D2, D4; Hamamelis D3,
- Kombinationspräparate: Traumeel®, Traumisal®.

4.2 Wunden der Weichteile

Krankheitsursachen: Bisswunden, scharfe Ränder der Hornschicht am Panzer im Nacken (zu geringer Wasserstand bei Wasserschildkröten), stoffwechselbedingte Hautläsionen (Nephritis, Kalkablagerungen in der Unterhaut).

Symptome, Diagnose: Neben den z.T. blutenden Hautdefekten kommen Sekundärinfektionen bei Sumpf- und Landschildkröten und auch Madenbefall vor.

Behandlungsstrategie: Desinfektion der Wunden, Bekämpfen oder Vermeiden von Infektionen, Optimierung der Haltungsbedingungen und der Fütterung.

Allgemeine Maßnahmen

- Landschildkröten vor Fliegen schützen (Fliegengaze),
- Vitaminversorgung.

Allopathie

- Wasserschildkröten Kaliumpermanganat ins Wasser geben (0,1 g auf 10 l),
- lokal Vitamin A haltige Salben auftragen, bei Infektionen je nach Erreger (Abstrich und Antibiogramm!).

Homöopathie

- Monopräparate, je nach Arzneimittelbild: Arnica D4, D30; Calendula D2, D4; Hamamelis D3,

- Kombinationspräparate: Traumeel®, Traumisal®.

Phytotherapie

- Lokale Anwendungen: Kompressen, Bäder, Waschungen, Umschläge mit Tinkturen oder 10–20 %igen Lösungen von Calendula, Kamille oder Echinacea. Bäder mit Nussbaumblättern,
- Fertigprodukte: Kamillosan®, Kamilloplant®, Wundbalsam®.

4.3 Nekrobazillose der Wasserschildkröten (SCUD)

Krankheitsursachen: Streptokokken, Staphylokokken, Sporenbildner u. a.

Symptome, Diagnose: Weiße Flecken an Kopf, Gliedmaßen und Panzer, darunter blutende Läsionen, Verlust der Krallen und der Mundränder, Tod durch Blutvergiftung oder allgemeine Schwäche.

Behandlungsstrategie: Bekämpfung der Erreger, Unterstützung der Heilung, Optimierung der Fütterung und der Haltungsbedingungen.

Allgemeine Maßnahmen

- Säuberung und Desinfektion des Bassins,
- Separation des erkrankten Tieres von den übrigen,
- Vitamingaben (z. B. Korvimin®).

Allopathie

- Ganzkörperbehandlungen mit Betaisodona®, Flammazine®, 24 Stunden im Trockenen halten. Anschließend das Tier von Medikamentenresten befreien, für 12 Stunden ins Wasser lassen und füttern, mehrmalige Wiederholung.
- In schweren Fällen systemische Antibiotika je nach Erreger und Resistenzlage (Antibiogramm).

Homöopathie

- Monopräparate, je nach Arzneimittelbild: Arnica D4, D30; Calendula D2, D4; Hamamelis D3,
- Kombinationspräparate: Traumeel®, Traumisal®.

Phytotherapie

- Lokale Anwendungen: Kompressen, Bäder, Waschungen, Umschläge mit Tinkturen oder 10–20 %igen Lösungen von Calendula, Kamille oder Echinacea, Bäder mit Nussbaumblättern,
- Fertigprodukte: Kamillosan®, Kamilloplant®, Wundbalsam®.

4.4 Parakeratose der Landschildkröten

Krankheitsursachen: Überdosierung von Vitamin A, diverse Bakterienarten.

Symptome, Diagnose: Flächenhafte Ablösung der oberen Hautschicht an Stellen, die vom Panzer geschützt werden (Hals, Kloakenmündung, körpernahe Bezirke der Gliedmaßen). Panzer und Krallen sind nicht betroffen. Unter den abgestoßenen Hautschichten kommen grau-rote, feuchte Hautbezirke mit z. T. schmierigen Bezirken zum Vorschein. Behandlungsversuche scheitern oft.

Behandlungsstrategie: Desinfektion und Schutz der betroffenen Hautgebiete, Unterstützung der Regeneration, Stärkung des Immunsystems, Optimierung der Haltungsbedingungen und der Fütterung.

Allgemeine Maßnahmen

- Betroffene Tiere gegen Fliegen schützen (Fliegengaze),
- Optimierung der Fütterung (Vitamin-A-reiches Futter wie Leber absetzen),
- Separieren der erkrankten Tiere.

Allopathie

- Infusionen mit Elektrolyt- oder physiologischer Kochsalzlösung,
- Bäder in Betaisodona®-Lösung, antibiotischen Salben und Lotionen (Panolog®, Terracortril®-Salbe, Flammazine®, Betaisodona®),
- Abdecken der wunden Stellen mit z. B. Zinkoxid-Salben-Spray.

Homöopathie

- Monopräparate, je nach Arzneimittelbild: Sulfur D30, Psorinum D30; Mezereum D4.

Phytotherapie

- Lokale Anwendungen: Kompressen, Bäder, Waschungen, Umschläge mit Tinkturen oder 10–20%igen Lösungen von Calendula, Kamille oder Echinacea. Bäder mit Nussbaumblättern,
- Fertigprodukte: Kamillosan®, Kamilloplant®, Wundbalsam®.

4.5 Zu schnelles Wachstum, Höckerbildung

Krankheitsursachen: Überfütterung mit energiereichem Futter, fehlender Winterschlaf.

Symptome, Diagnose: Riesenwuchs in Bezug auf das Alter, unregelmäßiger, fehlerhaft pigmentierter Panzer, Wachstumsstreifen, beim Höckerpanzer wellenförmige Rückenlinie.

Behandlungsstrategie: Fütterungsoptimierung, Winterruhe einhalten.

Allgemeine Maßnahmen

- Bereits vorhandene Schäden sind nicht zu beheben,
- Umstellung auf weniger energiereiches, artgerechtes Futter,
- saisonale Schwankungen in Temperatur- und Lichtverhältnissen anbieten,
- Winterschlaf ab dem 1. Lebensjahr gewähren.

Allopathie: Keine Behandlung bekannt.

4.6 Verfettung

Krankheitsursachen: Überfütterung; besonders Sumpf- und Wasserschildkröten, die Vierzehenschildkröte und die Breitrandschildkröte können auf Grund ihres Fressverhaltens schnell verfetten.

Symptome, Diagnose: Hervorquellendes Fettgewebe seitlich am Hals, am Übergang zum Panzer, hervorquellende Hinterbeine, die nicht mehr ganz eingezogen werden können. Im weiteren Verlauf evtl. Leberschäden sowie die Gefahr von Bissverletzungen, wenn sich die Tiere nicht mehr in ihren Panzer zurückziehen können.

Behandlungsstrategie: Optimierung der Fütterung.

Allgemeine Maßnahmen

- Aufgewogene Ration anbieten,
- das Terrarium bzw. Außengehege abwechslungsreich gestalten, um die Tiere zu mehr Bewegung zu animieren,
- vor allem die oben genannten Landschildkröten in den Sommermonaten zurückhaltend füttern.

5 Schnabel und Maulhöhle

5.1 Überschnabel (Schnabelbildung)

Krankheitsursachen: Verletzungen, zu weiches Futter, inkorrekter Kieferschluss.

Symptome, Diagnose: Das Horn des Oberkiefers wächst über den Unterkiefer hinaus. Zunächst meist ungestörtes Allgemeinbefinden, später jedoch verminderte Futteraufnahme und Verletzungsgefahr.

Behandlungsstrategie: Kürzen des Schnabelhorns, Optimierung der Fütterung und Haltungsbedingungen.

Allgemeine Maßnahmen

- Abschleifen des überschüssigen Horns mit einer kleinen Trennscheibe,
- zur Prophylaxe derbes Futter anbieten (z.B. Sepiaschalen).
- bei Kieferfehlstellungen muss das Horn regelmäßig gekürzt werden.

5.2 Maulschleimhautdefekte (Stomatitis ulcerosa)

Krankheitsursachen: *Pseudomonas*, *Aeromonas*, *Citrobacter*, *E. coli*, *Proteus*, Klebsiellen, Staphylokokken, Korynebakterien, Herpes-Viren, Mykosen

Symptome, Diagnose: Weißliche Beläge auf Zunge und Maulschleimhaut, darunter blutende Gewebeschäden, Blutungen aus dem Maul, Inappetenz, Gewichtsverlust, gestörtes Allgemeinbefinden.

Behandlungsstrategie: Bekämpfen der Erreger, Unterstützung des Immunsystems, Optimierung der Fütterung und Haltung.

Allgemeine Maßnahmen

- Separieren des erkrankten Tieres,
- Tupferproben zur Identifizierung des/der Erreger,
- Anbieten weicher, gehaltvoller Nahrung (Baby-Gläschen, NutriCal®, NutriPlus® Gel),
- bei Nahrungsverweigerung evtl. künstliche Ernährung mit Magensonde und Baby-Nahrung.

Allopathie

- Lokal: Chlorhexidin-haltige Salben (Hexoral®),
- bei Verdacht auf Herpes lokal Aciclovir (Zovirax®-Salbe),
- bei Pilzbefall z.B. Nystaderm® Mundgel, Adiclair® Creme,
- bei drohender Austrocknung Infusionen mit Vollelektrolyt-Lösungen (Ringer®-Laktat),
- systemische antibiotische Therapie je nach Antibiogramm.

Homöopathie

- Monopräparate, je nach Arzneimittelbild: Mercurius solubilis D8; Mercurius sublimatus corrosivus D6; Borax D3,
- Kombinationspräparate: Mucosa compositum®, Echinacea compositum®, Engystol®.

Phytotherapie

- Aufguss oder Tinktur von Kamille, Salbei, Myrrhe, Rhabarberwurzel,
- Fertigpräparate: Kamillosan®, Parodontal®-Mundsalbe, Ad-Muc® Salbe, Pyralvex® Gel.

6 Augen

6.1 Tränenfluss (Epiphora)

Krankheitsursachen: Betrifft v. a. Landschildkröten nach dem Winterschlaf.

Symptome, Diagnose: Tränende Augen, Verkrustungen an Augen und Nase, Rhinitis, oft allgemein geschwächt.

Behandlungsstrategie: Optimierung der Fütterung und der Haltungsbedingungen.

Allgemeine Maßnahmen

- Verkrustetes Sekret mit weichem Tuch und isotonischer Kochsalzlösung, abgekochtem Wasser oder Kräuteraufguss entfernen,
- **wichtig:** Keinen Kamillenaufguss an das Auge bringen (wirkt austrocknend und evtl. Verschlimmerung durch allergische Reaktion).

Allopathie

- Antibiotische (und antientzündliche) Augensalben, je nach Präparat 3–5-mal täglich über mindestens 5 Tage (Terramycin®, Aquapred-N®, Oleomycetin®).

Homöopathie

- Monopräparate, je nach Arzneimittelbild: Belladonna D4, D6, D30; Euphrasia D2, D3; Allium cepa D3,
- Kombinationspräparate: Keratisal Tropfen®, Pfx Euphrasia 130®, Pfx Cineraria I 9®, Vetokehl Not®, Quentakehl D6®, Euphrasia Oligoplex®, Oculoheel®, Belladonna Homaccord®, Conjunctisan Augentropfen®.

Phytotherapie

- Spülungen und Kompressen mit Aufguss aus Fenchel, Augentrost, Calendula.

6.2 Bindehautentzündung (Konjunktivitis)

Krankheitsursachen: Mischinfektionen, v.a. mit gramnegativen Bakterien,

Symptome, Diagnose: Verklebte, aber ungeschwollene Augenlider, Verkrustungen an Augen und Nase.

Behandlungsstrategie: Bekämpfung der Erreger, Optimierung der Fütterung und der Haltungsbedingungen.

Allgemeine Maßnahmen

- Verkrustetes Sekret mit weichem Tuch und isotonischer Kochsalzlösung, abgekochtem Wasser oder Kräuteraufguss entfernen,
- **wichtig:** Keinen Kamillenaufguss an das Auge bringen (wirkt austrocknend und evtl. Verschlimmerung durch allergische Reaktion).

Allopathie

- Antibiotische (und antientzündliche) Augensalben, je nach Präparat 3–5-mal täglich über mindestens 5 Tage (Aquapred-N®, Oleomycetin®).

Homöopathisch

- Monopräparate, je nach Arzneimittelbild: Euphrasia D2, D3; Apis D4, D6, D30; Pulsatilla D4, D6, D30,
- Kombinationspräparate: Keratisal Tropfen®, Pfx Euphrasia 130®, Pfx Cineraria I 9®, Vetokehl Not®, Quentakehl D6®, Euphrasia Oligoplex®, Oculoheel®, Belladonna Homaccord®, Conjunctisan Augentropfen®.

Phytotherapie

- Betupfen mit Aufguss aus Fenchel, Augentrost, Calendula.

6.3 Augenlidödem der Wasserschildkröten

Krankheitsursachen: Vitamin-A-Mangel, als Folge von Lungenentzündungen.

Symptome, Diagnose: Dick geschwollene, verklebte Augenlider, verdickte Bindehäute, eitriges Sekret im Bindehautsack, stockende bis keine Futteraufnahme.

Behandlungsstrategie: Substitution von Vitamin A, Pflege der Augen, Optimierung der Fütterung und Haltungsbedingungen.

Allgemeine Maßnahmen

- Äußerlich verkrustetes Sekret mit weichem Tuch und isotonischer Kochsalzlösung, abgekochtem Wasser oder Kräuteraufguss entfernen,
- **wichtig:** Keinen Kamillenaufguss an das Auge bringen (wirkt austrocknend und evtl. Verschlimmerung durch allergische Reaktion),
- anschließend das Auge mit einem Glasspatel öffnen, reinigen und spülen.

Allopathie

- Vitamin-A-Kuren i. m.; Täglich Augensalben (z. B. Regepithel®) in den Bindehautsack und äußerlich auftragen.

Homöopathie

- Monopräparate, je nach Arzneimittelbild: Euphrasia D2, D3; Apis D4, D6, D30; Pulsatilla D4, D6, D30,
- Kombinationspräparate: Keratisal Tropfen®, Pfx Euphrasia 130®, Pfx Cineraria I 9®, Vetokehl Not®, Quentakehl D6®, Euphrasia Oligoplex®, Oculoheel®, Belladonna Homaccord®, Conjunctisan Augentropfen®.

Phytotherapie

- Spülungen und Kompressen mit Aufguss aus Fenchel, Augentrost, Calendula.

7 Nase

7.1 „Nasse Nase" (Rhinitis)

Krankheitsursachen: *Staphylococcus aureus, Citrobacter freundii, Peudomonas aeruginosa* und *P. hydrophila, Pasteurella testudines,* Mykoplasmen, Sendaivirus.
Begünstigende Faktoren: Parasitenbefall (Nematoden), fehlerhafte Ernährung (Vitamin-A-Mangel)
Symptome, Diagnose: Wässriger, zum Teil schaumiger Ausfluss aus den Nasenlöchern und der Maulhöhle, Pigmentveränderungen der umgebenden Schilde, Formveränderung der Nasenlöcher, bei chronischem Verlauf (Viren) Gewichtsverlust, zentralnervöse Störungen.
Nachweis der Erreger durch Abstrich und Anzucht der Erreger im Labor.
Behandlungsstrategie: Beseitigung der Ursache, Erleichterung der Atmung, Unterstützung des Immunsystems, Optimierung der Fütterung und der Haltungsbedingungen.

Allgemeine Maßnahmen

- Für ausreichende Wärmeflächen sorgen,
- Hygiene einhalten,
- betroffene Tiere von Gesunden trennen.

Allopathie

- Je nach Erreger (Abstrich und Antibiogramm) einträufeln von antibiotischen Augenpräparaten in die Nasenlöcher (z.B. Gent-Ophtal®, Terramycin®),
- wöchentlich 1500 I.E. Vitamin A/kg i.m.,
- Unterstützung des Immunsystems mit Paraimmunitätsinducern (z.B. Baypamune®).

Homöopathie

- Monopräparate, je nach Arzneimittelbild: Allium cepa D3, D4, D6; Luffa operculata D4, D6; Cinnabaris D4, D6,

- Kombinationspräparate: Naso Heel S®, Engystol®, Mucosa compositum®, Euphorbium compositum®.

Phytotherapie gegen Entzündung und Krämpfe der Atemwege

- Inhalationen mit Meersalz oder Emser Salz oder ätherischen Ölen von Kamille, Pfefferminze, Salbei, Thymian, Eukalyptus.

Physikalische Maßnahmen

- Bestrahlung mit Rotlicht.

8 Atmungsorgane

8.1 Lungenentzündung (Bronchopneumonie)

Krankheitsursachen: Haltungsfehler (Kälte, Zugluft, Fehlernährung), Reizungen, Fremdkörper (Staub), Lungenwürmer, Bakterien, Mischinfektionen, *Salmonella*, *Pseudomonas*, *Aeromonas*, Mykobakterien, Kokken, Pilze (*Aspergillus*).

Symptome, Diagnose: Heftige Schleimabsonderung aus Mund und Nase (schaumig, erst wasserartig, später zähflüssig), rasselnde Atemgeräusche, Maulatmung, Schieflage im Wasser (die erkrankte Seite kann nicht richtig belüftet werden), z. T. hochgradig gestörtes Allgemeinbefinden mit Inappetenz.

Behandlungsstrategie: Bekämpfung der Infektion, Lösen des Schleims, Erleichterung der Atmung, Stärkung des Immunsystems.

Allgemeine Maßnahmen

- Optimierung der Haltung: Zugluft vermeiden (das Terrarium nicht neben dem gekippten Fenster ohne Abdeckung stehen lassen!), Idealtemperatur: 25–30 °C Außentemperatur, leicht verdauliches Eiweiß verfüttern (z. B. Milcheiweißpulver, Sojaeiweiß), Vitamingaben (z. B. Korvimin®).

Allopathie

- Antibiotische Therapie, je nach Erreger (Antibiogramm): z. B. Enrofloxacin (Baytril®) 10 mg/kg 1-mal täglich i. m.; Gentamicin 10 mg/kg alle 48 Stunden; Doxycyclin 1. Injektion 50 mg/kg i. m., nach 48 Stunden 2. Injektion mit 25 mg/kg,
- anschließend Unterstützung der Darmflora mit Bird Bene Bac®,
- zum Schleimlösen Bromhexin-HCI (Bisolvon®) 3 mg/kg p. o.;
- Vitamingaben: 10 000 I. E. Vitamin A und Vitamin-B-Komplex i. m.,

- Unterstützung des Immunsystems mit Paraimmunitätsinducern (z.B. Baypamune®).

Homöopathie

- Monopräparate, je nach Arzneimittelbild: Cuprum aceticum D4, D6; Ipecacuanha D6; Tartarus stibiatus/emeticus D4, D6,
- Kombinationspräparate: Mucosa compositum®.

Phytotherapie gegen Entzündung und Krämpfe der Atemwege

- Inhalationen mit Meersalz oder Emser Salz oder ätherischen Ölen von Kamille, Pfefferminze, Salbei, Thymian, Eukalyptus.

Phytotherapie bei feuchtem Husten

- Inhalationen mit Thymian, Anis, Fenchel, Menthol, Eukalyptus.

Physikalische Maßnahmen

- Bestrahlung mit Rotlicht.

9 Herz und Kreislauf

9.1 Hitzschlag

Krankheitsursachen: Temperaturen über 40 °C, zu warmes Badewasser (defekter Thermostat, direkte Sonneneinstrahlung im Sommer), keine Ausweichmöglichkeiten neben den Wärmelampen.

Symptome, Diagnose: Schäumen und Speicheln aus dem Maul, Apathie, bläuliche Schleimhäute, Hyperthermie, u.U. Tod durch Kreislaufversagen.

Behandlungsstrategie: Für Abkühlung sorgen, Kreislauf stabilisieren, Haltungsbedingungen optimieren.

Allgemeine Maßnahmen

- Abkühlen der Tiere unter kaltem Wasserstrahl,
- Schattenplätze und Verstecke anbieten,
- im Terrarium keine direkte Sonneneinstrahlung bei geschlossenem Deckel zulassen,
- Bachblüten Rescue® Remedy Tropfen in die Maulhöhle geben.

Allopathie

- Evtl. Corticosteroide, Infusion i.p.

Homöopathie

- Monopräparate, je nach Arzneimittelbild: Aconitum D4, D30; Gelsemium D6, D30; Belladonna D4, D30; Hypericum D6; Veratrum album D4,
- Kombinationspräparate: Veratrum-Homaccord®, Cactus compositum®, Carbo compositum®.

10 Verdauungstrakt

10.1 Leitsymptom Appetitlosigkeit (mit Erbrechen)

Krankheitsursachen: Stress (z. B. Unterbringung im Kinderzimmer), Unterkühlung, Infektionen, Parasitenbefall, Fremdkörper, Pilzerkrankungen, ungewohntes Futter, Stoffwechselprobleme nach dem Winterschlaf.

Behandlungsstrategie: Beseitigung der Ursache, Optimierung der Haltungsbedingungen, Optimierung der Fütterung, Stabilisierung der Magenschleimhaut, Regulierung der Darmflora.

Allgemeine Maßnahmen

- Vitamingaben (z. B. Korvimin®),
- Unterstützung der Darmflora mit Bird Bene Bac®.

Allopathie

- Allgemein zur Anregung des Appetits kann 4 ml/kg Aminosäurelösung (Amynin®) infundiert werden,
- Vitamingaben: einmalig 10 000 I. E. Vitamin A i. m., Vitamin-B-Komplex,
- Butanofosfan (Catosal®), Anabolika (Laurabolin®) 1 mg/kg i. m., Apomorphin 0,25 mg/kg i. m.

Homöopathie

- Monopräparate, je nach Arzneimittelbild: Lycopodium D12; Ferrum metallicum D8; China D6,
- Kombinationspräparate: China-Miniplex®, China Homaccord®, Hepar compositum®, Coenzym compositum®, Ubichinon compositum®, Cactus compositum®, Echinacea compositum®, Grippheel®.

Physikalische Maßnahmen

- Bestrahlung mit Rotlicht.

10.2 Appetitlosigkeit nach der Winterruhe

Krankheitsursachen: Verzögertes Anspringen des Stoffwechsels nach der Winterruhe, somit verlangsamte Ausscheidung der angesammelten Stoffwechselprodukte, Leberverfettung während der Winterruhe. Betroffen sind v.a. Landschildkröten, die scheinbar aufwachen, sich aber direkt wieder für längere Zeit verkriechen.
Symptome, Diagnose: Totale Futter- und Wasserverweigerung nach dem Aufwachen.
Behandlungsstrategie: Optimierung der Fütterung und Haltungsbedingungen.

Allgemeine Maßnahmen

- Augen reinigen (physiologische Kochsalzlösung oder Kräuteraufguss, s. Kap. 6.1),
- lauwarme Bäder, Sonnenbestrahlung im Freien ab Temperaturen von 13–17 °C (Zugluft vermeiden!),
- frisches Gemüse anbieten (Kopfsalat, Gurke, Mungobohnensprossen), etwas Futter in das Maul schieben, um die Schildkröte auf den Geschmack zu bringen,
- in schweren Fällen die Außentempertur auf 28–30 °C erhöhen,
- notfalls künstliche Ernährung mit Ringer-Glucoselösung (4 % der Körpermasse); 2-mal wöchentlich Zwangsernährung mit Babynahrung oder NutriCal®.

Allopathie

- Allgemein zur Anregung des Appetits kann 4 ml/kg Aminosäurelösung (Amynin®) infundiert werden.
- Vitamingaben: einmalig 10 000 I.E. Vitamin A i.m., Vitamin-B-Komplex.
- Stoffwechseltonikum Catosal®.

Homöopathie

- Monopräparate, je nach Arzneimittelbild: Lycopodium D12; Ferrum metallicum D8; China D6,
- Kombinationspräparate: China-Miniplex®, China Homaccord®, Hepar compositum®, Coenzym compositum®, Ubichinon com-

positum®, Cactus compositum®, Echinacea compositum®, Grippheel®.

10.3 Magenschleimhautentzündung (Gastritis)

Krankheitsursachen: Pilzbefall, Parasitenbefall *(Ascaroidea).*
Symptome, Diagnose: Appetitlosigkeit und Erbrechen von Futter, gestörtes Allgemeinbefinden.

Allopathie

- Antibiotische und antimykotische Kombinationspräparate p. o. eingeben: Panolog® Salbe (Inhaltstoffe werden nicht resorbiert) 0,2–0,3 ml/kg über mindestens 8 Tage,
- Unterstützung der Darmflora mit Bird Bene Bac®,
- Gegen die *Ascariodea*: Mebendazol (Telmin®) 20–25 mg/kg p. o., Fenbendazol (Panacur®) 50–100 mg/kg p. o.

Homöopathie

- Monopräparate, je nach Arzneimittelbild: Ipecacuanha D6; Arsenicum album D6, Veratrum album D4, D6,
- Kombinationspräparate: Dysenteral®, Mucosa compositum®, Nux vomica-Homaccord®.

Phytotherapie

- Krampflösend, entzündungshemmend: Aufguss aus Kamille, Schwarztee, Fenchel,
- Schleimhautschutz: Aufguss oder Abkochung von Tormentillwurzel, Heidelbeere, Eichenrinde; Schleim aus Leinsamen, Reis, Apfelpektin; Lösung in lauwarmem Wasser zum Eingeben mit Tonmineralien, Bolus alba, Heilerde.

10.4 Obstipation

Krankheitsursachen: Auftreten v. a. bei Landschildkröten nach dem Fressen der Einstreu (Reisstroh, Sand) oder Fremdkörpern, langes Fasten, Tumore.
Symptome, Diagnose: Röntgenkontrastaufnahmen

Behandlungsstrategie: Anregen der Darmtätigkeit, Aufweichen der angeschoppten Kotmassen, Optimierung der Fütterung und der Haltungsbedingungen (keinen Sand für Landschildkröten, keine Kiesel im Becken der Wasserschildkröten).

Allgemeine Maßnahmen

- Baden in lauwarmem Wasser (36 °C, Badethermometer verwenden!),
- ballaststoffreiche Nahrung anbieten.

Allopathie

- Täglich bis zum normalen Kotabsatz: Einlauf mit 1 ml warmem Paraffinöl, Eingeben von warmem Paraffinöl oder Schleim (s. u.) per Schlundsonde,
- Dexpanthenol 250 mg/kg s. c.,
- Unterstützung der Darmflora mit Bird Bene Bac®,
- bei Darmträgheit auf Grund von langem Fasten Eingeben von Babynahrung per Schlundsonde.

Homöopathie

- Monopräparate, je nach Arzneimittelbild: Nux vomica D6; Plumbum aceticum D6; Lycopodium D6,
- Kombinationspräparate: Nux vomica Homaccord®, Pfx Aloe 234, Spascupreel®, Spasmoinjektopas®.

Phytotherapie

- Leinsamen, Flohsamen und Agar-Agar als Quellmittel,
- Zur Anregung der Darmmuskulatur: Aloe-Tinktur: je nach Größe 5–15 Tropfen, Rhabarber Tabletten oder Sirup, Senna: Aufguss, Sirup, Urtinktur.

10.5 Leitsymptom Durchfall (Enteritis)

Krankheitsursachen: Bakterien (Salmonellen), Pilze (*Candida*), Parasiten (Flagellaten, Ziliaten, Blastozysten, Amöben), Medikamente (Metronidazol, Antibiotika), Fütterungsfehler (in Milch eingeweichtes Brot, verdorbenes Obst und Gemüse), Vergiftungen.

Symptome, Diagnose: Durchfall und vermehrtes Trinken, oft gestörtes Allgemeinbefinden mit Inappetenz und Apathie, auf dem Röntgenbild meistens gasgefüllte Darmschlingen (Meteorismus).
Behandlungsstrategie: Bekämpfung der Ursache, Ersetzen der verlorenen Flüssigkeit, Optimierung der Fütterung und Haltungsbedingungen.

Allgemeine Maßnahmen

- Stress vermeiden,
- bis zum Ausschluss ansteckender Infektionen erkrankte Tiere separieren,
- auf gute Hygiene und einwandfreies Futter achten!,
- eventuell verabreichte Medikamente, die den Durchfall verursacht haben könnten, absetzen,
- zur Wiederherstellung der Darmflora getrocknete Pansenflora über das Futter streuen oder mit Bird Bene Bac®.

Homöopathie

- Monopräparate, je nach Arzneimittelbild: Ipecacuanha D6; Arsenicum album D6; Veratrum album D4, D6; Mercurius solubilis D6, D12; Pyrogenium D8,
- Kombinationspräparate: Dysenteral®, Infi Rheum®, Diarrheel®, Veratrum Homaccord®, Podophyllum compositum®, Infi Tormentilla®, Mucosa compositum®, Nux vomica Homaccord®.

Phytotherapie

- Krampflösend, entzündungshemmend: Aufguss aus Kamille, Schwarztee, Fenchel,
- Schleimhautschutz: Aufguss oder Abkochung von Tormentillwurzel, Heidelbeere, Eichenrinde; Schleim aus Leinsamen, Reis, Apfelpektin; Lösung in lauwarmem Wasser zum Eingeben mit Tonmineralien, Bolus alba, Heilerde.

10.5.1 Bakterielle Enteritis

Krankheitsursachen: V. a. Salmonellen (*Salmonella*, *Arizona*). Schätzungsweise jedes dritte Tier ist infiziert, nicht alle erkranken (so genannte stille Ausscheider).

Symptome, Diagnose: Nachweis der Erreger im Stuhl, in Kloakenabstrichen oder aus der Blutkultur.

Allopathie: Antibiotische Behandlung, je nach Resistenzlage (Antibiogramm):

- Landschildkröten: Chloramphenicol 50 mg/Tier p. o.; Ampicillin (Ampisan®) 250 mg/Tier p. o.; in Kombination je 50 mg/Tier p. o.; Oxytetracyclin (Terramycin®) 5–10 mg/kg, Oxytetracyclin-HCI 50 mg/kg + Ampicillin 50 mg/kg,
- Wasserschildkröten: Badebehandlung: Neomycin 100–200 mg/10 Liter Badewasser für 4 Tage; bei Bedarf Wiederholung.

10.5.2 Parasitäre Enteritis

Spironucleus (Hexamintha) parva, Entamoeba spp.

Symptome, Diagnose: Mehrfache Abgabe von flüssigem Kot, Nachweis der Erreger im Kot

Allgemeine Maßnahmen

- Bei Wasserschildkröten Besatzdichte verringern.

Allopathie

- Metronidazol 50–100 mg/kg alle 2–3 Tage über 2–3 Wochen oder 150–275 mg/kg über 6 Tage p. o. oder i. p.; Ronidazol 10 mg/kg p. o. 8–10 Tage,
- unterstützend Leberschutz mit Amynin® 4 ml/Tier,
- Unterstützung der Darmflora mit Bird Bene Bac®.

Balatidium spp., Blastozysten

Symptome, Diagnose: Mehrfache Abgabe von flüssigem Kot, Nachweis der Erreger im Kot; vermutlich nur Sekundärerreger.

Allopathie

- Keine spezifische Behandlung bekannt,
- Unterstützung der Darmflora mit Bird Bene Bac®.

Allgemeine Maßnahmen, Homöopathie und **Phytotherapie** s. o.

Pfriemenschwänze (Oxyuriden), Spulwürmer (Askaroiden)

Symptome, Diagnose: Schleimiger, ungeformter Kot, zeitweise Durchfall; Nachweis der Wurmeier oder ganzer Würmer im Kot; 50–100 % aller Landschildkröten sind infiziert.

Behandlungsstrategie: Entwurmung, Hygienemaßnahmen

Allgemeine Maßnahmen

- Stets die ganze Gruppe entwurmen,
- Kot und Futterreste täglich entfernen,
- allgemeine Hygienemaßnahmen beachten.

Allopathie

- Mebendazol (Telmin KH®) 100–200 mg/kg p.o. 4-mal im Abstand von 5 Tagen oder 30 mg/kg an 3 aufeinander folgenden Tagen,
- Unterstützung der Darmflora mit Bird Bene Bac®.

Trichomonaden- und Monoceramonasbefall

Auch bei gesunden Tieren als Bestandteil der Darmflora vorhanden. Durch Störungen in der Darmflora massenhafte Vermehrung (Faktorenkrankheit).

Symptome, Diagnose: Nachweis der Erreger im frischen Kot.

Behandlungsstrategie: Bekämpfung der Erreger, Stärkung der physiologischen Darmflora, Optimierung der Fütterung und der Haltungsbedingungen.

Allgemeine Maßnahmen

- Belastende Medikamente rasch absetzen,
- auf ausgewogene, frische Kost achten,
- getrocknete Pansenflora über das Futter streuen,
- Stress vermeiden.

Allopathie

- Metronidazol 250 mg/kg p.o., Wiederholung nach 14 Tagen; wahlweise 100 mg/kg p.o. mit Wiederholung nach 14 und nach 28 Tagen,
- Unterstützung der Darmflora mit Bird Bene Bac®.

11 Fortpflanzungsorgane

11.1 Kloakenverletzungen

Krankheitsursachen: Sexuell hyperaktive Männchen, falsche Gruppenzusammensetzung.

Symptome, Diagnose: Zum Teil tiefgehende Verletzungen innen und außen an der Kloake, im Sommer oft mit Fliegenmadenbefall, evtl. auch Panzerverletzungen oder Hautverletzungen im Nackenbereich, Schwellungen des Schwanzes.

Behandlungsstrategie: Sexuell hyperaktive Männchen absondern, Gruppenzusammensetzung überprüfen.

Allgemeine Maßnahmen

- Trocken halten der verletzten Stellen (nicht zu den anderen ins Badewasser lassen, nach medizinischen Anwendungen evtl. mit einem Fön auf kleinster Stufe trocknen – nicht zu heiß!),
- Fliegen fernhalten (Abdecken der Behausung mit Fliegengaze),
- optimale Versorgung mit Vitaminen; in der Gruppenhaltung auf gute Versteckmöglichkeiten achten (Fluchtecken), stark verletzte Weibchen bis zu 1 Jahr nicht mehr zu den Männchen lassen.

Allopathie

- Chirurgisch abgestorbenes Material entfernen,
- lokal desinfizieren (z. B. Wasserstoffperoxid, Betaisodona®-Lösung oder Salbe); bei starker Infektion antibiotische Salben auftragen,
- bei gestörtem Allgemeinbefinden auch systemische Antibiose (nach Antibiogramm).

Homöopathie

- Monopräparate, je nach Arzneimittelbild: Arnica D4, D30; Calendula D2, D4; Hamamelis D3,
- Kombinationspräparate: Traumeel®, Traumisal®, Lymphomyosot® (bei Schwellungen).

Phytotherapie

- Lokale Anwendungen: Kompressen, Bäder, Waschungen, Umschläge mit Tinkturen oder 10–20 %igen Lösungen von Calendula, Kamille oder Echinacea. Bäder mit Nussbaumblättern,
- Fertigprodukte: Kamillosan®, Kamilloplant®, Wundbalsam®.

11.2 Legenot

Krankheitsursachen: Haltungsfehler (Stress durch falsche Gruppenzusammensetzung oder mangelhafte Gehegeausstattung), körperliche Schwäche, Missbildungen des Muttertieres oder der Eier.
Symptome, Diagnose: Bewegungsunlust, Inappetenz, Anlegen von Kuhlen für die Eiablage, ohne jedoch wirklich Eier zu legen. Maulatmung, evtl. schleimiger Ausfluss aus der Kloake. In vielen Fällen symptomlos bis unauffällig. Unbehandelt kann es zu eitrigen Bauchfellentzündungen und Tod kommen. Nachweis im Röntgenbild (adulte Weibchen jährlich vor der Winterruhe untersuchen).
Behandlungsstrategie: Stabilisierung des Kreislaufs, Anregung des Hormonhaushalts, Optimierung der Haltungsbedingungen, Vitamin-Versorgung sicherstellen.

Allgemeine Maßnahmen

- Für geeignete Eiablageplätze sorgen (sonnig, ruhig),
- Gruppenzusammensetzung überprüfen (paarungswillige Männchen fernhalten),
- das Tier vor der Behandlung gut aufwärmen.

Allopathie

- bei gestörtem Allgemeinbefinden und längerer Inappetenz Infusionen mit Glucose-Elektrolyt-Lösungen 4 ml/kg i.p.,
- bei Lage in der Kloake warmes Paraffin- oder Pflanzenöl einbringen und das Ei vorsichtig versuchen zu entfernen; bei Eiern im Eileiter (siehe Röntgenbild) Oxytocin 10 I.E./kg i.m. (Vorderbein!); Eiablage nach 30–60 Minuten; Wiederholung nach 2–3 Tagen wenn nötig;

- bei missgebildeten Eier oder wenn sie schon zu lange verhalten werden, kann es zu Verklebungen zwischen Ei und Eileiter kommen. In diesem Fall oder bei bereits vorliegender Bauchfellentzündung ist die Prognose außerordentlich schlecht.

Homöopathie

- Monopräparate, je nach Arzneimittelbild: Caulophyllum D6; Secale cornutum D6. **Zur Prophylaxe** Pulsatilla D6, Aristolochia D6.

11.3 Penisvorfall

Krankheitsursachen: Abgebrochene Paarungsvorgänge auf Grund von Störungen, Hypersexualität, Bindegewebsschwäche, Pressreize bei Verdauungsstörungen, Kloakenverstopfung oder -entzündung.

Symptome, Diagnose: Nachschleifen des ausgeschachteten Penis, im Verlauf Anschwellen und Verfärben des Penis; evt. Verletzungen durch Artgenossen, Infektionen.

Behandlungsstrategie: Behandeln der Ursachen, Kühlen, Reinigen und manuelle Reponierung, gelingt dies nicht, Amputation. Optimierung der Haltungsbedingungen (Gruppenzusammensetzung).

Allgemeine Maßnahmen

- Den Penis mit kalter physiologischer Kochsalzlösung abspülen und reinigen,
- das Tier einige Tage separat auf einer glatten, sauberen Unterlage halten.

Allopathie

- Solange keine Schäden am Penis entstanden sind, kann das Tier in kaltes Wasser gesetzt werden und der Penis nach dem Abschwellen vorsichtig mit der Hand reponiert werden.
- Um wiederholtes Vorfallen zu vermeiden, auf jeden Fall die Ursachen beheben (Infektionen, Fütterungs- oder Haltungsfehler).

- Die Kloake kann nach lokaler Betäubung (Lidocain) für einige Tage mit einer Tabaksbeutelnaht verengt werden (Vorsicht: Kotabsatz muss noch stattfinden können!).

Homöopathie

- Monopräparate, je nach Arzneimittelbild: Arnica D4, D30; Calendula D2, D4; Hamamelis D3,
- Kombinationspräparate: Traumeel®, Traumisal®.

Phytotherapie

- Lokale Anwendungen: Kompressen, Bäder, Waschungen, Umschläge mit Tinkturen oder 10–20%igen Lösungen von Calendula, Kamille oder Echinacea. Bäder mit Nussbaumblättern,
- Fertigprodukte: Kamillosan®, Kamilloplant®, Wundbalsam®.

12 Harnorgane

12.1 Leitsymptom Harnabsatzprobleme

Krankheitsursachen: Blasendilatation, Blasensteine, Blasenentzündung, Dehydratation

Symptome, Diagnose: Gewicht prüfen: Tiere mit dilatierter Blase sind oft auffallend schwer, obwohl sie seit langer Zeit schlecht fressen. Blasensteine werden auf dem Röntgenbild sichtbar (l/l Strahlengang)

Bei Blasenentzündungen werden oft kleine, stinkende Mengen Urin abgesetzt, Nachweis der Erreger im Labor. Ausgetrocknete (dehydrierte) Tiere sind auffallend leicht („leerer Panzer"), die Augen sind eingefallen.

Schildkröten können Wasser aus der Blase rückgewinnen. Oft wird bei Landschildkröten der Wasserbedarf unterschätzt. Durch die extreme Eindickung des Harns kann es zum Auskristallisieren (Blasengries, Blasensteine) und zu Verstopfungen am Blasenhals und damit zu Blasendilatationen kommen.

12.2 Blasendilatation

Krankheitsursachen: Genaue Entstehung noch strittig; evtl. im Zusammenhang mit *Spironucleus parva* (s. Kap. 10.5.2), bei extremer Abmagerung oder durch Verletzungen des Rückenmarks, Verlegung des Blasenhalses. Physiologisches Harnverhalten oft im Zusammenhang mit Inappetenz (Notfallmaßnahme des Organismus gegen Austrocknung).

Symptome, Diagnose: Trotz schlechter Futteraufnahme ein hohes Körpergewicht. Im Blasenpunktat (s. Kap. 3) können u.U. Spironucleus nachgewiesen werden.

Behandlungsstrategie: Beheben der Ursache, Entlastung des überfüllten Organs, Anregung der Harnausscheidung, Optimierung der Fütterung und der Haltungsbedingungen.

Allopathie

- Ablassen des Harns,
- bei positivem Befund auf Spironucleus Therapie gemäß Kapitel 10.5.2.

Homöopathie

- Monopräparate, je nach Arzneimittelbild: Sabal serrulatum D3; Arnica D4, D6, D30; Solidago D2, D4,
- Kombinationspräparate: Sabal Homaccord®; Solidago S Spezial 32®, Renes® compositum.

12.3 Blasenentzündung (Urocystitis)

Krankheitsursachen: *Spironucleus parva, Entamoeba invadens, Candida tropicans* u. a.

Symptome, Diagnose: Betrifft v. a. Landschildkröten: kleine Mengen stinkender, schleimiger Urin werden unter Schmerzen abgesetzt. Nachweis der Erreger im Labor.

Behandlungsstrategie: Bekämpfung der Erreger, Stärkung des Immunsystems, Optimierung der Haltungsbedingungen und der Fütterung.

Allgemeine Maßnahmen

- Solange das Tier geschwächt ist, es separat setzen,
- Heilwasser und/oder Kräuteraufgüsse zu trinken geben.

Allopathie

- Je nach Erreger (Antibiogramm): gegen bakterielle Infekte z. B. Enrofloxacin (Baytril®) 5–15 mg/kg i. m. alle 3 Tage,
- gegen *Spironucleus parva* und *Entamoeba invadens* Metronidazol 250 mg/kg p. o., Wiederholung nach 14 Tagen; wahlweise 100 mg/kg p. o. Wiederholung nach 14 und nach 28 Tagen,
- gegen *Candida tropicans* Nystatin (Moronal®) 100 000 I. E. p. o. über 10 Tage.

Homöopathie

- Monopräparate, je nach Arzneimittelbild: Cantharis D4, D6, D30; Berberis D4; Dulcamara D4, D6, D30,
- Kombinationspräparate: Cantharis compositum®, Populus compositum®, Berberis Homaccord®, Reneel®, Uro-loges®, Vetokehl Not®, Juniperes oligoplex®, Nephro-Injektopas®, Spascupreel®, Spasmo-Injektopas®, Cefaspasmon®.

Phytotherapie

- Aufguss zur Durchspülungstherapie aus Goldrute, Brennnessel, Birkenblättern, Heidekraut, Zinnkraut, Bohnenschalen, Schafgarbe, Wacholderbeeren, Hauhechel,
- Fertigpräparate: Uvalysat®, Nephro Pasc®, Uro Pasc®, Cefanephrin®, Cefasabal®, Nephro loges®.

12.4 Blasensteine (Urolithiasis)

Krankheitsursachen: Fütterung mit oxalathaltigem Grünfutter (Tomaten, Weintrauben, Spinat, Sauerampfer, Löwenzahn, Bananen), zu hohes Eiweißangebot, zu trockenes Klima, zu geringes Wasserangebot

Symptome, Diagnose: Langsames Ermatten, evtl. Harnabsatzprobleme, im weiteren Verlauf Inappetenz, als Komplikation Blasenentzündung und Blasendilatation, Nierenversagen; Nachweis der Steine im Röntgenbild, l/l Strahlengang

Behandlungsstrategie: Futterumstellung, Auflösen oder Entfernen der Steine, Behandlung der Begleiterkrankungen, Optimierung der Haltungsbedingungen

Allgemeine Maßnahmen

- Stets reichlich frisches Wasser anbieten,
- Oxalathaltiges Grünfutter zurückhaltend verfüttern.

Allopathie

- Alkalisieren des Harns mit Natriumbicarbonat (Natron) im Trinkwasser,
- evt. operative Entfernung großer Steine.

Homöopathie

- Monopräparate, je nach Arzneimittelbild: Berberis D3, D4; Lycopodium D6, D12, D30; Cantharis D4, D6, D30,
- Kombinationspräparate: Berberis Homaccord®, Solidago compositum®, Reneel®, Uro-loges®, Nephrolithol® N.

12.5 Nierenerkrankungen (Niereninsuffizienz)

Krankheitsursachen: Chronische Nierenprobleme treten oft als Folgeerkrankung bei Infektionen auf, akute u.a. durch mit dem Blut verschleppten Erregern aus anderen Infektionsherden. Bei älteren Tieren chronische Nierenerkrankungen ungeklärter Genese (idiopathisch). Hexaminthenbefall s.u. Begünstigende Faktoren sind Stress, Fütterungsfehler (zu eiweißreich), Vergiftungen (Blei, Pflanzenschutzmittel).

Symptome, Diagnose: Unspezifische Symptome, vermehrtes Trinken, evtl. gestörtes Allgemeinbefinden. Bei älteren Tieren chronische Nierenerkrankungen, in deren Folge eine Niereninsuffizienz entsteht. Schwäche, Apathie, Inappetenz, Ödeme an Augenlidern und Gliedmaßen, Kalkablagerungen in der Unterhaut („Panzerkragen"), Lockerung und Verlust der Panzerplatten mit Austritt von Flüssigkeit, die mit Urinbestandteilen gesättigt ist (Azoturie). Im Blut zeigen sich erhöhte Harnstoffwerte.

Behandlungsstrategie: Bekämpfung der Ursache (Infektion, Haltungs- oder Fütterungsfehler), Unterstützen der Nierenfunktion.

Allgemeine Maßnahmen

- Natriumarmes Heilwasser für die Nierentherapie zu trinken geben (z.B. Hirschquelle, Staatl. Bad Brückenau),
- bei noch nicht sehr weit fortgeschrittenen Fällen Tyrode-Lösung (s. Kap. 13.2.2) zum Trinken und Baden.

Allopathie

- Keine spezifische Nierentherapie bekannt,
- im weit fortgeschrittenen Stadium Euthanasie erwägen.

Homöopathie

- Monopräparate. je nach Arzneimittelbild: Cantharis D4; Phosphorus D8; Thuja D6,
- Kombinationspräparate: Renes®, Cantharis compositum®, Berberis Homaccord®, Reneel®, Uro-loges®, Vetokehl Not®, Nephro-Injektopas®.

Phytotherapie

- Aufguss zur Durchspülungstherapie mit Goldrute, Brennnessel, Birkenblättern, Heidekraut, Zinnkraut, Bohnenschalen, Schafgarbe, Wacholderbeeren, Hauhechel,
- Trinkkuren mit Heilwasser oder Tyrode-Lösung.

12.6 Spironukleusbefall (ehem. Hexaminthen)

Krankheitsursachen: *Spironucleus parva*, syn. *Hexamintha parva*
Symptome, Diagnose: Evt. auffällig leichte Tiere (leere Panzer), vermehrtes Trinken, Polyurie; oft keine klinischen Symptome, Nachweis der Erreger in frischem Kot oder Urin.
Behandlungsstrategie: Bekämpfung der Erreger, Sanierung des Badebereichs, Optimierung der Haltungsbedingungen und der Fütterung.

Allgemeine Maßnahmen

- Keine wasserbezogenen Schildkröten mit Landschildkröten gemeinsam halten!
- Badebereiche trocken legen und desinfizieren (Erreger reagieren empfindlich gegen Austrocknen),
- tägliche Reinigung und Desinfektion aller Badeutensilien.

Allopathie

- Metronidazol 250 mg/kg p.o., Wiederholung nach 14 Tagen; wahlweise 100 mg/kg p.o. mit Wiederholung nach 14 und nach 28 Tagen,
- Unterstützung der Darmflora mit Bird Bene Bac®.

Homöopathie, Phytotherapie: siehe Kapitel 12.5.

12.7 Gicht

Krankheitsursachen: Ein stark erhöhter Harnsäurewert im Blut durch entweder zu viel Harnsäurebildung, zu geringe Verdünnung im Blut (evtl. Austrocknung), zu geringe Ausscheidung über die Nieren, Fehlfütterung mit zu hohem Eiweißanteil (Fertigfutter!), kochsalzhaltiges Futter (Vorsicht Brot!), Haltungsfehler, Vitaminmangel, Pilzgifte, Nephritis oder Nephrose, siehe Kapitel 12.5, Medikamentennebenwirkung von z. B. Sulfonamiden oder Gentamicin.

Symptome, Diagnose: Oft treten mehrere Krankheitsbilder gleichzeitig auf:

1. Gelenkgicht: gelbliche, käsige Entzündungsherde durch Harnsäurekristalle in Gelenknähe,
2. Eingeweidegicht: Ablagerung der Harnsäurekristalle an inneren Organen mit unspezifischen Symptomen wie verstärktes Trinken und Apathie,
3. Nierengicht: Ablagerung der Harnsäurekristalle im Bereich der Nieren mit Nierenvergrößerung, evtl. Lähmungserscheinungen, wenn die vergrößerte Niere auf den Nervus ischiadicus drückt (so genannte Kusshandstellung).

Behandlungsstrategie: Beheben der Ursache, Fütterungsoptimierung, Unterstützung der Nierenfunktion.

Allgemeine Maßnahmen

- Ausgewogene, hochwertige Kost anbieten,
- Tyrode-Lösung zum Trinken und Baden anbieten,
- Vitaminversorgung sicherstellen (z. B. Korvimin®).

Allopathie

- Allopurinol über mehrere Wochen,
- evtl. Infusionen mit Elektrolyt-Glucose-Zyloric® Lösungen 0,4 ml/kg i. p., Vitamin-A-Substitution.

Homöopathie

- Monopräparate, je nach Arzneimittelbild: Berberis D4; Lithium carbonicum D3; Sarsaparilla D4; je 5 Globuli im Trinkwasser auflösen.
- Kombinationspräparat: Renes® compositum.

13 Verschiedenes

13.1 Winterschlaf, Winterruhe

Allgemein: Jede Schildkröte sollte schon ab dem ersten Lebensjahr die Möglichkeit zum Winterschlaf oder der Winterruhe geboten bekommen. Tiere in guter Kondition (guter Pflegezustand, nicht zu dick, ausgewogen ernährt, Weibchen auf Eier im Bauchraum kontrolliert) haben kein Problem mit der Ruhephase und werden auch problemlos wieder wach. Kranke oder verletzte Tiere oder Tiere die frisch entwurmt sind, nicht in den Winterschlaf verfallen lassen. Bei Wurmkuren mindestens 6 Wochen zwischen der letzten Medikamentengabe und dem Einleiten der Überwinterung abwarten.

Wasserschildkröten

Subtropische Arten halten Winterruhe bei 10–18 °C. Die Heizung während dieser 3 Monate abschalten, Licht in Dauer und Intensität einschränken.

Der Winterschlaf für die übrigen Arten findet bei 2–8 °C statt. Zur Vorbereitung die Temperatur allmählich absenken, Fütterung abbrechen. Sobald der Stoffwechsel heruntergefahren ist, die Tiere in eine Plastikwanne setzen, in die Wasser ungefähr eine Panzerbreite hoch eingefüllt wird. Die Überwinterung findet bei konstanter Temperatur in einem abgedunkelten Raum oder im Kühlschrank statt. Den Kühlschrank wöchentlich kurz öffnen, um die Luft auszutauschen.

Landschildkröten

Landschildkröten halten Winterschlaf bei 2–6 °C. Die Umgebungsluft und das Substrat, in dem die Schildkröte zur Überwinterung gebettet wird, müssen ausreichend feucht sein, um ein Austrocknen der Tiere zu verhindern. Kein Substrat verwenden, das die Nase verstopfen könnte.

Gut geeignet zur Überwinterung ist auch bei den Landschildkröten der Kühlschrank (konstante Temperatur, keine Probleme mit Schadnagern, gute Kontrollierbarkeit). Einmal wöchentlich den Kühlschrank öffnen, um die Luft auszutauschen.

Aufwachen nach dem Winterschlaf

Die Tiere müssen langsam an die Umgebungs- bzw. Wassertemparatur außerhalb ihres Winterquartiers angepasst werden.

Die Schildkröten danach in handwarmen Wasser baden. Die Tiere sollten langsam an die erneute Nahrungsaufnahme gewöhnt werden, es sollte nur leichte Kost (kein Kohl, Obst) in der ersten Zeit angeboten werden.

Wasserschildkröten in den ersten Tagen nicht in zu tiefes Wasser lassen, da sonst die noch trägen Tiere ertrinken können.

13.2 Rezepte

13.2.1 Gelatinefutter für Wasserschildkröten (nach Pauler)

Zutaten für 7–8 Liter fertiges Futter:
1 Liter Magermilch (1,5 % Fett)
5 Eier
1 kg Obst und Gemüse
500 g Rinderleber
500 g frische Garnelen
1 kg Tintenfisch
1 kg mageres Fischfleisch (mit Schuppen und Gräten)
4 Vitaminkapseln (z. B. Supradyn®)
420 g Speisegelatine
3 Teelöffel gemahlene Meeresalgen
2 l Wasser

Zubereitung: Feste Zutaten mit etwas Milch mit dem Stabmixer zerkleinern. Eier, Milch und 1 l Wasser beifügen und zu dicker

Suppe verrühren. Gelatine im 2. Liter Wasser auflösen (bei ca. 80 °C), leicht abkühlen lassen. Die Futtersuppe auf ca. 40 °C erwärmen, etwa die Hälfte in das Gelatinewasser einrühren. Diese Mischung portionsweise mit dem Stabmixer in die restliche Futtersuppe einarbeiten. Vitamine zufügen, sobald die Mischung etwas abgekühlt, aber noch nicht fest ist. Die Masse portionieren und einfrieren. Vor dem Verfüttern ganz auftauen lassen!

13.2 Tyrode-Lösung

Die Zubereitung kann in jeder Apotheke bestellt werden:

$CaCl_2$	0,13 g
KCl	0,2 g
$MgCl_2$	0,1 g
NaH_2PO_4	0,05 g
$NaHCO_3$	1,0 g
Glucose	1,0 g
Aqua dest.	ad 1000,0 g

13.3 Euthanasie

Das Tier in Narkose legen (s. o.), anschließend Narcoren (4 ml/kg KGW) intracardial injizieren. Wichtig: Die leider oft propagierte Methode das Tier in die Kühltruhe zu stecken ist Tierquälerei und rigoros abzulehnen. Schildkröten und andere wechselwarme Tiere bleiben auch bei tiefen Temperaturen noch lange bei Bewusstsein und erleben einen langsamen, qualvollen Tod.

Zierfische

1 Anatomische und physiologische Besonderheiten

Dieses Kapitel behandelt ausnahmslos Zierfische und schließt solche Fische aus, die der Gewinnung von Lebensmitteln dienen. Zierfische können generell in **Pflanzenfresser (Herbivore)**, **Fleischfresser (Carnivore)**, **Aufzuchtfresser (Limnivore)** und **Allesfresser (Omnivore)** eingeteilt werden.

Die äußere Gestalt der Zierfische ist so unterschiedlich wie ihr Artenreichtum. Ihr Organismus funktioniert jedoch im Wesentlichen ähnlich: Das Herz (mit nur einer Herzkammer) führt sauerstoffarmes Blut zu den Kiemen. Dort wird Kohlendioxid und Ammoniak an das Wasser abgegeben und Sauerstoff aufgenommen. Der Auftrieb im Wasser wird bei den meisten Arten mit Hilfe von Schwimmblasen erzeugt. Der Verdauungsapparat ist der jeweiligen Nahrung angepasst. Es gibt Fischarten mit Magen und Darm, sowie Fische mit einem einfachen Verdauungsrohr.

Bei der Fortpflanzung werden unterschiedliche Strategien angewendet: Man unterscheidet **eilegende Arten** (Eiablage mit oder ohne Brutpflege) von **lebendgebärenden Arten**. Neben den Sinnesorganen am Kopf (Riechmulden, Augen, Gehörknöchelchen) ist das Seitenlinienorgan das wichtigste Hilfmittel zur Orientierung.

2 Haltung, Pflege, Fütterung

Der richtige Besatz eines Aquariums ist abhängig von der Art, der Anzahl und der Größe der Fische sowie von der entsprechenden Einrichtung. Die Faustregel: pro cm Größe des ausgewachsenen Fisches mindestens 1 Liter Wasser einplanen, kann zwar eine ungefähre Richtlinie bieten, ist aber nicht in jedem Fall anwendbar (z. B. müssen Kampffische separat gehalten werden, Schwarmfische brauchen ausreichend Platz, um als Gruppe schwimmen zu können etc.). Bei der Auswahl der Fische in Anzahl und Artenauswahl müssen die Ansprüche der Tiere berücksichtigt werden: Je nach Lebensart sind sie **Einzelgänger, Schwarm- oder Paarfische.** Schwarmfische sollten mindestens zu sechst, besser ab 10 Tiere aufwärts gehalten werden. Manche Arten stecken sich Reviere innerhalb des Aquariums ab und verhalten sich gegenüber Neuzugängen aggressiv. **Zu dichter Besatz** führt in jedem Fall zu **Stress** bei den Tieren und damit zu **erhöhter Krankheitsneigung.**

Bevor Fische ins Wasser dürfen, muss das Becken 12–14 Tage lang vollständig eingerichtet und bepflanzt sein, damit sich ein **biologisches Gleichgewicht** einstellt. Die Anzahl der Fische nur langsam erhöhen. Neuzugänge für ein bereits bestehendes Becken stets einige Tage im **Quarantänebecken** beobachten, um das Einschleppen von Erkrankungen zu vermeiden. Eine **Beleuchtungseinrichtung** muss je nach Art des Biotops in Lichtfarbe und Beleuchtungsdauer eingestellt werden. Größere Becken werden einmal im Monat, kleine Becken alle 14 Tage gepflegt. Zeitschaltuhr und moderne Futterautomaten machen es möglich, die Fischbecken einige Tage allein zu lassen. Bei **Wasserparametern** wie der Wasserhärte, pH-Wert etc. immer auf die Bedürfnisse der Tiere achten.

Teststreifen zur Kontrolle der relevanten Wasserparameter gibt es in der Apotheke oder im gut sortierten Fachhandel. Für die

Wasserqualität gilt: Ammoniak <0,01 mg/l; Nitrit <0,125 mg/l; Nitrat <40 mg/l; Sauerstoff >5,5 mg/l.

Das **Futter** muss ebenfalls **auf die einzelnen Fischarten eingestellt** werden. In der Regel ist Frisch- bzw. Lebendfutter dem handelsüblichen Trockenfutter vorzuziehen. Bei Fertigfuttern auf eine ausgewogene Zusammensetzung achten: Fettgehalt ca. 3% für Pflanzenfresser und 5% für Fleischfresser, Eiweißgehalt 15–30% für Pflanzenfresser und >45% für Fleischfresser, Kohlenhydrate generell bis 30%. Durch unausgewogenes Futter kommt es u.a. zu Übergewicht und Krankheitsanfälligkeit bei den Tieren, sowie zu Milieuproblemen im Aquarium, z.B. durch unverdaute Kohlenhydrate.

3 Allgemeine Therapiehinweise

Aktuelle Forschungsberichte haben gezeigt, dass Fische **sehr schmerzempfindlich** sind. Aus diesem Grund sind operative Eingriff ausschließlich unter Ketamineinwirkung (Muskelerschlaffung bei erhaltener Schmerzempfindlichkeit) sowie das Töten durch Scherenschnitt im Nacken abzulehnen.

Generell reagiert jede Fischart unterschiedlich empfindlich auf unterschiedliche Wirkstoffe. Daher können **Dosierungsangaben** bei Fischen **nur grob angegeben** werden. Im Zweifelsfall immer ein **Probebad** mit wenigen Individuen durchführen, da nicht nur die Fischart, sondern auch die Zuchtrasse der Fische, die Größe, der Ernährungszustand, sowie Wasserparameter wie pH-Wert, Gesamthärte, Temperatur etc. Einfluss auf die Wirkung einer Substanz haben.

Jede **antibiotische Therapie**, die nicht im Quarantänebecken durchgeführt wird, beeinflusst auch die **Bakterienflora des Aquariums** (z. B. Ammoniak abbauende Anaerobier). Bis zur Wiederherstellung des biologischen Gleichgewichts im Becken sollte das Wasser alle 2–3 Tage gewechselt werden.

Generell können Medikamente in einem Tauchbad, als Dauerbad, über das Futter, per intramuskulärer Injektion oder lokal verabreicht werden.

Einige Kaltwasser-Fische können während der Heilungsphase in bis zu 20 °C warmem Wasser gehalten werden. Die höhere Temperatur regt den Stoffwechsel an und beschleunigt so den Heilungsprozess. Warmwasser-Arten vertragen bis zu 27 °C.

Bei der Untersuchung des **narkotisierten Fisches** außerhalb des Beckens stets **die Haut und die Kiemen feucht halten.** Während der Narkose kann mit einer Knopfkanüle Schleim von den Kiemenblättchen genommen werden; außerdem setzen fast alle

Tiere während der Narkose Kot ab, der auf Krankheitserreger untersucht werden kann.

Tab. 12: Arzneistoffe für Zierfische

Arzneistoff	Dosierung	Anwendung
Antibiotika		
Amoxicillin	8 mg/100 g Körpergewicht	p. o. mit dem Futter
	1,25 mg/100 g Körpergewicht	i. m. 1-mal mit Depotpräparat
Ampicillin	2–3 g auf 100 l Wasser	4–5 Tage
	1 mg/100 g Körpergewicht	i. m. 1-mal täglich
Chloramphenicol	2–3 g auf 100 l Wasser	2–3 Tage, auch in Meerwasser
	4 mg/100 g Körpergewicht	i. m.
Chlortetracyclin	2–3 g auf 100 l Wasser	2–3 Tage, bei täglichem Wasserwechsel; nur in kalkarmem Süßwasser
Florfenicol	1 mg/100 g Körpergewicht	p. o. mit dem Futter
FMC Stammlösung: 100 ml Formalin + 0,37 g Malachitgrün + 0,37 g Methylenblau	1 ml Stammlösung auf 100 l Wasser	7–10 Tage
Furazolidon	0,3–0,5 g auf 100 l Wasser	3 Tage
Gentamicinsulfat	1 g auf 100 l Wasser	2–3 Tage
Lincomycin + Spectinomycin	1,5 g auf 100 l Wasser	2–3 Tage
Neomycinsulfat	2 g auf 100 l Wasser	3 Tage
Nitrofurantoin	5 g auf 100 l Wasser	1 Stunde
	0,3 g auf 100 l Wasser	14 Tage
Oxytetracyclin	1,5 mg auf 100 l Wasser	5 Tage
Sulfonamide	10–25 g auf 100 l Wasser	3 Tage

Arzneistoff	Dosierung	Anwendung
Antimykotika		
Griseofulvin	0,7 g auf 100 l Wasser 5 mg/100 g Körpergewicht	mehrere Wochen p. o. mit dem Futter
Kochsalzlösung 2 %	Lokalbehandlung zur Entfernung des Belags bei Pilzbefall der Haut	
Antiprotozoika		
Acriflavin	1 g auf 100 l Wasser	1 Tag
Malachitgrünoxalat	40 mg auf 100 l Wasser	1–7 Tage
Metronidazol	0,5 g auf 100 l Wasser 10 mg auf 1 g Futter	3–4 Tage 5 Tage
Miconazol	1–2 mg/100 g Körpergewicht	i. m.
Antiparasitika		
Concurat	Verfütterung von Mückenlarven, die in 10 %ige Lösung (2 g auf 10 Liter Wasser) eingelegt werden	3–10 Tage
Flubendazol 5 %ig	0,2 g auf 100 l Wasser	8 Tage, evtl. wiederholen nach 8–10 Tagen
Kupfersulfat	0,15 g auf 100 l Wasser	3–10 Tage
Levamisol	3 g auf 100 l Wasser	3 Tage
Praziquantel 5 %ig	20 ml auf 100 l Wasser	2–3 Stunden
Praziquantel	0,3 g auf 100 l Wasser	3 Tage
Trichlorphon	40 mg/100 l Wasser	1–7 Tage (Cave: Giftig!!!)
Narkotika, Sedativa[1)]		
Chinaldinsulfat	5–15 mg auf 1 l Wasser	
Chlorbutanol	50 mg auf 1 l Wasser	
Chlorhydrat	3,8 g auf 1 l Wasser	
Metomidat-HCl	0,5–2 mg auf 1 l Wasser	
MS 222	50–300 mg auf 1 l Wasser	

Arzneistoff	Dosierung	Anwendung
Sonstige		
Mercurochrom	äußerlich zur Behandlung von Hautläsionen nur im Quarantänebecken!	

[1] Wichtig: Narkosemittel portionsweise zuführen, nach jeder Gabe ca. 1 min warten, wie das Tier reagiert. Bei Atemstillstand sofort in narkosemittelfreies Wasser setzen, gegebenenfalls mit der Hand bei geöffnetem Maul durchs Wasser bewegen oder über die Durchlüftung halten.

4 Haut, Flossen, Muskulatur

4.1 New tank syndrome (Lymphocystis-Infektion)

Krankheitsursache: Lymphocystis-Virus (DNS-Virus)
Symptome, Diagnose: Betroffen sind Süß- und Seewasserfische. Kugelförmige Zubildungen (hypertrophierte Zellen) bis zu 0,5 cm Größe an der Haut, den Flossen, seltener in den inneren Organen und der Muskulatur.
Behandlungsstrategie: Optimierung der Haltungsbedingungen und der Fütterung.
Allgemeine Maßnahmen
- Betroffene Tiere in Quarantäne nehmen, bis die Krankheit ausgeheilt ist,
- auf optimale Wasserqualität und stressfreie Haltungsbedingungen achten.

Allopathie
- Keine spezielle Therapie bekannt,
- bei Befall der Flossenspitzen diese evtl. mit einer Schere entfernen.

4.2 Furunkulose, bakterielle Geschwüre

Krankheitsursachen: Mischinfektionen u.a. mit *Aeromonas*, *Pseudomonas*, *Vibrio*, Chlamydien, div. Viren; sekundärer Befall mit Wasserschimmel (*Saprolegniaceae*).
Symptome, Diagnose: Im Gefolge von Hautinfektionen oder Erkrankungen der inneren Organe entwickeln sich punktförmige Blutungen und Rötungen der Haut v.a. am Flossengrund, blutige, beulenartige Umfangsvermehrungen in der Muskulatur oder aufbrechende Geschwüre von innen nach außen, z.T. mit Eröffnung des Bauchraums. Als Folge entsteht die infektiöse Bauchwasser-

sucht: Aszites, gesträubte Schuppen, Glotzaugen. Es sind auch massenhafte plötzliche Todesfälle ohne sichtbare Symptome mit hoher Erregerdichte im Blut bekannt geworden. Nachweis der Erreger im Quetschpräparat am Geschwürgrund oder aus dem Blut.
Behandlungsstrategie: Bekämpfung der Erreger, Optimierung der Haltungsbedingungen.

Allgemeine Maßnahmen

- Umsetzen der betroffenen Tiere in ein abgedunkeltes Quarantänebecken ohne Filter,
- nach 7 Tagen kompletter Wasserwechsel und Anschließen eines gut eingefahrenen Filters,
- auf vitamin- und eiweißreiche Fütterung achten.

Allopathie

- Je nach Erreger das Futter mit Oxytetracyclin (Terramycin®), Gentamicin, Chloramphenicol versetzen über 5 Tage; wahlweise wasserlösliche Antibiotika wie Chloramphenicol 2–3 g auf 100 l Wasser als Dauerbad,
- Abheilung der Geschwüre innerhalb 3 Wochen, erst dann ins Gemeinschaftsbecken setzen.

4.3 Columnaris-Infektion („Weißes Maul der Lebendgebärenden")

Krankheitsursachen: Mischinfektion u.a. mit *Chondrococcus (Flexibacter) columnaris, Cytophaga columnaris*, schlechte Haltungsbedingungen wirken prädisponierend.
Symptome, Diagnose: Verdickte weißliche Schleimschicht an Kopf, Maul, Lippen, später Ausbreitung auf weitere Hautpartien, die inneren Organe und zusätzlich sekundäre Pilzinfektionen. Plötzliche Todesfälle ohne Symptomatik kommen vor.
Behandlungsstrategie: Bekämpfung der Erreger, Optimierung der Fütterung und der Haltungsbedingungen.

Allgemeine Maßnahmen

- Umsetzen aller (!) Tiere (auch die symptomfreien) in ein Quarantänebecken,

- während der Behandlung Sanierung des Gemeinschaftsbeckens,
- Besatzdichte prüfen.

Allopathie

- Dauerbad: Trimethprim 570 mg/l plus Sulfonamid 115 mg/l (= 1 Tablette Bactrim® 400 mg/80 mg auf 70 Liter Wasser) 5 Tage lang; Ampicillin (z.B. Ampisan®) 2–3 g auf 100 l Wasser.

4.4 Flossenfäule

Krankheitsursachen: Mischinfektionen mit Erregern der Gattungen *Pseudomonas, Aeromonas, Vibrio*; schlechte Haltungsbedingungen wirken prädisponierend.

Symptomen, Diagnose: Anfangs nur ein weißer Saum am Flossenrand (v.a. Brust- und Schwanzflossen), später ausgefranste Flossenränder, abgebrochene Flossenstrahlen, Übergriff der Infektion auf die Flossenbasis, die Muskulatur, Nekrose der Schwanzflosse mit Freilegung der Wirbelsäule.

Behandlungsstrategie: Bekämpfung der Erreger, Optimierung der Haltungsbedingungen und der Fütterung.

Allgemeine Maßnahmen

- Befallene Tiere in ein Quarantänebecken setzen,
- stark befallene Tiere mit großen Muskelnekrosen oder freiliegender Wirbelsäule sind zu euthanasieren (s. Kap. 8.1).

Allopathie

- Antibakterielle Dauerbäder z.B. mit Ampicillin (Ampi-Sleecol®) 2–3 g/100 l Wasser über 4–5 Tage, Gentamicinsulfat (z.B. Vetogent®) 1 g/100 l Wasser über 5 Tage.

4.5 Befall mit Edwardsiella tarda

Krankheitsursachen: *Edwardsiella tarda*, starke organische Belastung des Wassers (Fütterungs- und Haltungsfehler).

Symptome, Diagnose: Betroffen sind v.a. Süßwasserfische wie der Marmorwels. Zunächst diffus verteilte kleine Hautdefekte, später großflächige Abszesse mit gasiger Gewebeeinschmelzung (beulenartige Vorwölbungen).

Behandlungsstrategie: Bekämpfung der Erreger, Optimierung der Haltungsbedingungen und der Fütterung.

Allgemeine Maßnahmen

- Separieren der betroffenen Fische,
- Reinigung und Desinfektion des Gemeinschaftsbeckens, Verbesserung der Filteranlage,
- geringerer Besatz,
- optimierte Fütterung.

Allopathie

- Dauerbadebehandlung mit Oxytetracyclin (Terramycin®) 50–75 mg/l Wasser über 48 Stunden, Wiederholung nach 1 Woche.

4.6 Epitheliocystis

Krankheitsursachen: Noch relativ unerforscht: Beteiligt sind ein chlamydienartiger Erreger sowie u.U. ein Orphan-Virus.

Symptome, Diagnose: Chronische Verlaufsformen und akute Verlaufsformen, ausgedehnte Hypertrophien der obersten Hautschicht an Haut und Kiemen, verwachsene Kiemenlamellen, Atemnot.

Behandlungsstrategie: Bekämpfung der Erreger, Optimierung der Haltungsbedingungen.

Allgemeine Maßnahmen

- Umsetzen aller Fische ins Quarantänebecken,
- Reinigung und Desinfektion des Gemeinschaftsbeckens,
- auf optimale Fütterung achten.

Allopathie

- Dauerbadebehandlungen mit Breitbandantibiotika wie Tetracyclin (aniMedica® Tetracyclin-HCl), Oxytetracyclin (Terramycin®).

4.7 Schimmelpilzerkrankung (Saprolegnia-Infektion)

Krankheitsursachen: Pilze der Gattungen *Saprolegnia*, sowie *Achlya, Aphanomyces, Dictyuchus, Leptolegnia;* oft als Sekundärinfektionen.

Symptome, Diagnose: Weißer, watteartiger Hautbelag, ausgehend von einer Hautverletzung.

Behandlungsstrategie: Bekämpfung der Ursache (bakterielle Infektionen), Bekämpfung der Pilze, Optimierung der Haltungsbedingungen.

Allgemeine Maßnahmen

- Umsetzen der betroffenen Fische ins Quarantänebecken,
- Abzupfen der Beläge mit einer Pinzette,
- auf optimale Fütterung achten.

Allopathie

- Betupfen der verpilzten Verletzung mit Mercurochrom (Vorsicht: von den Kiemen fernhalten!),
- bei primären bakteriellen Infektionen der antibiotischen Therapie den Vorzug lassen,
- im Anschluss Dauerbadebehandlung gegen die Pilze mit Malachitgrünoxalat 0,04 g/l Wasser.

4.8 Sporentierchenerkrankung (Myxobolus-Infektion)

Krankheitsursachen: Erreger der Gattung *Myxobolus.*

Symptome, Diagnose: Langsam wachsende, weißliche Herde in der Muskulatur, die später nach außen aufbrechen.

Behandlungsstrategie: Nicht heilbar, erkrankte Tiere euthanasieren.

Allgemeine Maßnahmen

- Betroffene Tiere euthanasieren, das Gemeinschaftsbecken reinigen und desinfizieren.

Allopathie

- Euthanasie siehe Kapitel 8.1.

4.9 Lochkrankheit (Hexamintiasis)

Krankheitsursachen: Flagellaten (*Hexamintha* sp., *Octomitus* sp., *Spironucleus* sp.), gemeinsam mit mangelhaften Haltungsbedingungen.

Symptome, Diagnose, Behandlung: siehe Kapitel 7.2

4.10 Süßwasserpünktchenkrankheit (Ichthyophthiriasis)

Krankheitsursachen: *Ichtyophthirius multifiliis*

Symptome, Diagnose: Die häufigste Parasitose bei Süßwasserfischen: Unter der Haut wachsen die Parasiten als kleine weiße Punkte. Die Tiere sind unruhig, scheuern sich an Pflanzen und Aquarieninventar, die Schleimschicht der Haut wird milchig, Atemnot bei Kiemenbefall, Todesfälle bei Massenbefall.

Behandlungsstrategie: Bekämpfung der Erreger, Optimierung der Haltungsbedingungen.

Allgemeine Maßnahmen

- Umsetzmethode: Alle Fische bei 27 °C in ein Quarantänebecken setzen. Nach 12 Stunden umsetzen in ein zweites, sauberes Quarantänebecken. Becken 1 säubern und desinfizieren. Nach weiteren 12 Stunden wieder ins gereinigte Becken 1 setzen. Diesen Rhythmus mindestens 6 Tage einhalten, bis alle weißen Punkte abgefallen sind. Die Erreger im Gemeinschaftsbecken sterben nach 55 Stunden ohne Wirt.
- Neuzugänge einige Tage im Quarantänebecken halten.

Allopathie

- Dauerbadebehandlung im Quarantänebecken mit Malachitgrünoxalat 0,04 g/l Wasser über 6–8 Tage bei 27 °C (bei Kaltwasserfischen bei 10 °C bis zu 6 Wochen!). Am 3. und 6. Tag Wasser wechseln und voll nachdosieren. Keine Filter verwenden!

4.11 Meerwasserpünktchenkrankheit (Cryptocaryoniasis)

Krankheitsursachen: *Cryptocaryon irritans*

Symptome, Diagnose: Unter der Haut wachsen die Parasiten als kleine weiße Punkte, beginnend an den Flossen, später am ganzen Körper und auf der Hornhaut der Augen.

Behandlungsstrategie: Bekämpfung der Erreger, Optimierung der Haltungsbedingungen.

Allgemeine Maßnahmen

- Umsetzmethode: Alle Fische bei 27 °C in ein Quarantänebecken setzen. Nach 12 Stunden umsetzen in ein zweites, sauberes Quarantänebecken. Becken 1 säubern und desinfizieren. Nach weiteren 12 Stunden wieder ins gereinigte Becken 1 setzen. Diesen Rhythmus mindestens 6 Tage einhalten, bis alle weißen Punkte abgefallen sind.
- Das Gemeinschaftsaquarium in jedem Fall leeren, desinfizieren und die Filter komplett austauschen.
- Neuzugänge einige Tage im Quarantänebecken halten.

Allopathie

- Dauerbadebehandlung im Quarantänebecken mit Kupfersulfat 1,5 g/l Wasser über 6–8 Tage bei 27 °C (bei Kaltwasserfischen bei 10 °C bis zu 6 Wochen!). Am 3. und 6. Tag Wasser wechseln und voll nachdosieren. Keine Filter, keine Wasseraufbereiter verwenden!
- Nach der Behandlung noch weitere 6 Tage im medikamentenfreien Quarantänebecken beobachten (mit Filter und Wasseraufbereitungsmittel).

4.12 Hauttrüberkrankheit (Protozoen-Dermatitis)

Krankheitsursachen: Pathogene Protozoen wie *Chilodonella*, *Hemiophyris*, *Tetrahymena*, *Trichodina*, *Trichodinella*, *Brooklynella hostilis*, *Apiosoma-* (*Glosatella-*) und *Epistylis*-Arten

Symptome, Diagnose: Starke Schleimabsonderung, Häutrötung, Hautablösung; die Tiere sind unruhig und scheuern sich an Pflanzen und Einrichtungsgegenständen.
Behandlungsstrategie: Bekämpfung der Erreger, Optimierung der Haltungsbedingungen.

Allgemeine Maßnahmen

- Separieren der betroffenen Fische,
- auf optimales Futter und gute Wasserqualität achten,
- Neuzugänge 3 Wochen im Quarantänebecken halten.

Allopathie

- Badebehandlung mit FCM 1 ml/100 l Wasser 2–3 Tage, Malachitgrünoxalat 0,04 g/l Wasser über 2–3 Tage, Kochsalzlösung 2 kg/100 l Wasser 10–20 Minuten.
- Keine Filter verwenden!

4.13 Hautsaugwurmbefall (Gyrodactylosis)

Krankheitsursachen: Artspezifische Trematoden der Ordnung Gyrodactylida.
Symptome, Diagnose: Milchige Schleimabsonderungen auf der Haut und den Flossen, ausgefranste Flossenränder, Sekundärinfektionen mit Bakterien oder Pilze sind möglich.
Behandlungsstrategie: Bekämpfung der Erreger, Optimierung der Haltungsbedingungen.

Allgemeine Maßnahmen

- Separieren der betroffenen Fische,
- auf optimales Futter und gute Wasserqualität achten,
- Neuzugänge 3 Wochen im Quarantänebecken halten.

Allopathie

- Dauerbadebehandlung mit Flubendazol (Flubenol® 5 %) 0,2 g/100 l Wasser für 8–10 Tage; Praziquantel (Droncit 5 %) 20 ml/100 l Wasser 2–3 Stunden; Metrifonat (Neguvon®) 0,04 g/100 l Wasser 12 Stunden.

4.14 Stäbchenkrebsbefall (Lernaeose)

Krankheitsursachen: *Lernaea elegans, L. cyprinacea*
Symptome, Diagnose: Betrifft Süßwasserfische, oft Goldfische: Kleine, blutunterlaufene Erhebungen der Haut, aus denen nach einigen Tagen das stabförmige Wurmende mit den Eipaketen herausragt
Behandlungsstrategie: Bekämpfung der Erreger, Optimierung der Haltungsbedingungen
Allgemeine Maßnahmen
- Separieren der betroffenen Fische,
- manuelles Herausziehen einzelner Parasiten mit einer Pinzette,
- auf optimales Futter und gute Wasserqualität achten,
- Neuzugänge 3 Wochen im Quarantänebecken halten.

Allopathie
- Dauerbadebehandlung Metrifonat (Neguvon®) 0,04 g/100 l Wasser 12 Stunden; **Vorsicht**: Sekundärinfektionen sind häufig!

4.15 Säure-Laugen-Krankheit

Krankheitsursachen: Zu hoher oder zu niedriger pH-Wert im Wasser.
Symptome, Diagnose: Blutunterlaufene Stellen und Schleimhautschäden an Haut und Kiemen.
Behandlungsstrategie: Optimierung der Haltungsbedingungen.
Allgemeine Maßnahmen
- Durch mehrfaches (!) Wasserwechseln den pH langsam (!) an das optimale Niveau heranführen,
- auf eventuell auftretende Sekundärinfektionen der betroffenen Hautstellen achten.

5 Augen

5.1 Meerwasserpünktchenkrankheit

Krankheitsursachen: *Cryptocaryon irritans*
Symptome, Diagnose: Unter der Haut wachsen die Parasiten als kleine weiße Punkte, beginnend an den Flossen, später am ganzen Körper und auf der Hornhaut der Augen.
Behandlung: S. Kap. 4.11

6 Atmungsorgane

6.1 Kiemenfäule (Bakterielle Kiemenentzündung)

Krankheitsursachen: Haltungsfehler (zu dichter Besatz, mangelhafte Wasserqualität, Sauerstoffmangel) führen zu Massenbesiedlung der Kiemen mit bakteriellen Erregern, Pilzen und Einzellern.
Symptome, Diagnose: Betrifft meist alle Tiere: starke Atembeschwerden, milchig-schleimiger Belag auf den Kiemen, ausgefranste oder abgestorbene Kiemenblättchen.
Behandlungsstrategie: Bekämpfung der Infektion, Optimierung der Haltungsbedingungen.

Allgemeine Maßnahmen

- Optimale Unterbringung der Tiere in einwandfreiem, sauerstoffreichem Wasser.

Allopathie

- Antibiotische Therapie, je nach Erreger (Abstrich der Kiemen und Antibiogramm!).

6.2 Kiemensaugwurmbefall (Dactylogriosis)

Krankheitsursachen: Wirtspezifische Trematoden der Ordnung Dactyogyrida oder Diplozoon.
Symptome, Diagnose: Atembeschwerden, oft wird nur ein Kiemendeckel bewegt, ruckartiges Schwimmen mit Würgebewegungen, Scheuern einer Kopfseite an Pflanzen oder Einrichtung; ausgefranste, verkürzte Kiemenblättchen, Schleimauflagerungen auf den Kiemen; Nachweis der Erreger im Kiemenquetschpräparat (kann dem Lebenden entnommen werden).
Behandlungsstrategie: Bekämpfung der Erreger, Optimierung der Haltungsbedingungen.

Allgemeine Maßnahmen

- Separieren der betroffenen Fische,
- auf optimales Futter und gute Wasserqualität achten,
- Neuzugänge 3 Wochen im Quarantänebecken halten.

Allopathie

- Dauerbadebehandlung mit Flubendazol (Flubenol® 5%) 0,2 g/100 l Wasser für 8–10 Tage; Praziquantel (Droncit® 5%) 20 ml/100 l Wasser 2–3 Stunden; Metrifonat (Neguvon®) 0,04 g/100 l Wasser 12 Stunden.

7 Verdauungstrakt

7.1 Darmfurunkulose

Krankheitsursachen: Mischinfektionen u.a. mit *Aeromonas*, *Pseudomonas*, *Vibrio*, Chlamydien; Aufnahme der Erreger mit dem Futter.

Symptome, Diagnose: Oft vorgewölbter After, Inappetenz, Tod nach wenigen Tagen. Der Darm ist mit punktförmigen oder flächigen Blutungen durchzogen, der Kot mit Blut versetzt. Nachweis der Erreger aus Abklatschpräparaten von Darm und Darminhalt.

Behandlungsstrategie: Bekämpfung der Erreger, Optimierung der Haltungsbedingungen.

Allgemeine Maßnahmen

- Umsetzen der betroffenen Tiere in ein abgedunkeltes Quarantänebecken ohne Filter.

Allopathie

- Je nach Erreger das Futter mit Oxytetracyclin (Terramycin®), Gentamicin, Chloramphenicol versetzen über 5 Tage; wahlweise wasserlösliche Antibiotika wie Chloramphenicol 2–3 g auf 100 l Wasser als Dauerbad.

7.2 Lochkrankheit (Hexamintiasis)

Krankheitsursachen: Flagellaten (*Hexamintha, Octomitus, Spironucleus*), gemeinsam mit mangelhaften Haltungsbedingungen

Symptome, Diagnose: Betroffen sind v.a. Buntbarsche und Labyrinthfische; besonders oft trifft es Neuzugänge: Futterverweigerung, Ausscheiden von gelblich, gallertigem Kot, Dunkelfärbung der Haut, bei Jungtieren Einschmelzungen der Flossen, bei Diskusfischen entlang des Seitenlinienorgans im Kopfbereich milchig-weiße Höfe, die zusammenfließen und schließlich großflächige Hautablösungen, jedoch kein sekundärer Pilzbefall.

Behandlungsstrategie: Bekämpfung der Erreger, Optimierung der Haltungsbedingungen.

Allgemeine Maßnahmen

- Jede für Flagellaten anfällige Fischart als Neuzugang 48 Stunden im Quarantänebecken halten,
- auf optimale Ernährung und beste Wasserqualität achten.

Allopathie

Behandlung im Gemeinschaftsbecken, um stumme Ausscheider (oft Skalare) mitzubehandeln: Metronidazol 0,5 mg/100 l Wasser über 5 Tage, mit Simplotan® getränkte Mückenlarven verfüttern.

8 Verschiedenes

8.1 Euthanasie

Nach einer hoch dosierten Narkose (z. B. MS 222 50–300 mg auf 1 l Wasser) oder der Einleitung von CO_2 per Ausströmer ins Wasser wird eine entsprechende Menge Pentobarbital ins Herz injiziert.

Zoonosen

Der Kontakt von Menschen zu Tieren ist generell nicht sonderlich gefährlich, wenn gewisse **Hygienemaßnahmen** eingehalten werden. Besonders **Kindern** muss klar gemacht werden, dass Tiere keine Plüschtiere sind und darum weder ins Bett gehören noch mit dem Mund berührt werden dürfen. Nach dem Kontakt mit dem Tier stets die Hände waschen, denn viele Infektionen z.B. mit Würmern oder einzelligen Darmparasiten kommen durch orale Schmierinfektionen zustande. Das Zusammenleben von Kindern mit Heimtieren ist dennoch grundsätzlich zu befürworten.

Wichtig ist, **das Heimtier frei von Parasiten zu halten** (regelmäßige Wurmkuren!) und es gut zu pflegen: Gesunde Tiere sind weniger anfällig für Krankheitserreger und Parasiten. Hundekot sollte stets vom Besitzer in einem Plastikbeutel aufgesammelt und entsorgt werden. Wurmeier können in der Umwelt oft lange überleben und können vom Wind verteilt werden. Besonders Kleinkinder, die sich alles Mögliche, auch Erde, in den Mund stecken, werden sonst durch Wurmlarven gefährdet.

Katzenklos, Aquarien und Terrarien nie mit der bloßen Hand reinigen, auf regelmäßige Reinigung und Desinfektion achten.

Immungeschwächte Personen und Schwangere sollten sich keine neuen Haustiere anschaffen. Tiere, die sich schon länger im Besitz der betroffenen Person befinden, stellen in der Regel ein sehr geringes Risiko dar, sofern das Tier gesund ist (Check beim Tierarzt) und frei von Parasiten gehalten wird. Schwangere, die Kontakt zu Katzen haben, sollten sich und ihr Tier dennoch auf Toxoplasmose-Antikörper testen lassen. Eine bereits überstandene Infektion vor der Schwangerschaft beeinträchtigt die Gesundheit des Ungeborenen nicht. Hamster sollten nur aus nachweislich LCM-freien Zuchten gekauft werden.

Beim Verdacht auf eine Zoonose sofort den Arzt aufsuchen. Immer erwähnen, dass Kontakt zu Tieren bestanden hat!

Einige wichtige Zoonosen:

1. **Bakterielle Durchfallerkrankungen**

- *Enterobacteriaceae* (Salmonellen, Klebsiellen, *E. coli*, Pseudotuberkulose): Hund, Katze, Kaninchen, Meerschwein, Frettchen, Igel, Vögel, Amphibien, Schildkröten,
- Campylobakteriose: Hund, Katze, Kaninchen, Meerschwein, Hamster, Frettchen u. v. m.; Übertragung auch von Mensch zu Mensch sowie über Lebensmittel.

2. **Parasiten**

- Bandwürmer: Hund, Katze, Fuchs, Hamster; sehr gefährlich, krebsartiges Wachstum mancher Bandwurm-Zwischenstadien in lebenswichtigen Organen!
- Spulwürmer: Hund, Katze; beim Menschen wandernde Larven unter der Haut *(Larva migrans cutanea).*
- Hakenwürmer: Hund, Katze; beim Menschen wandernde Larven unter der Haut *(Larva migrans cutanea).*
- Fadenwürmer: *Toxocara canis* und *T. mystax:* Hund, Fuchs, Katze: Larven wandern durch die Darmwand ins Blut, die Leber, die Lunge und siedeln in der Muskulatur, dem zentralen Nervensystem und den Augen; betroffen sind v. a. Kinder im Alter von 2–5 Jahren.
- Cryptosporidien: Katze, Hund; schwere Durchfallerkrankungen v. a. bei Kleinkindern und immungeschwächten Personen.
- *Giardia* spp.: Hund, Katze; wechselnder Durchfall, teils mit Erbrechen.
- *Toxoplasma gondii:* Katze, Hamster, sehr häufig! Schwere grippeartige Erkrankung, bei Schwangeren Gefährdung des Ungeborenen, bei Immungeschwächten Gehirnform.
- *Bilharziella polonica:* Wassergeflügel; so genannte „Badedermatitis“ bei wiederholtem Kontakt mit im Badegewässer schwimmenden Larven.

3. Hauterkrankungen

- Pasteurellose: Hund, Katze, Kaninchen, Nagetiere; nach Bissen starke Entzündung mit tiefgehenden Gewebeschäden,
- Hautpilze: *Trichophyton mentagrophytes, Microsporum canis*: u. a. Nagetiere, Katzen, Hunde; Mikrosporie: an Kopfhaut, Gesicht, Brust, Armen; abgebrochene Haaren, schuppige, krustige, fettige Haut; Trichophytie: an Unterarmen, Handrücken, Gesicht, Hals; von oberflächlich leicht schuppiger Haut bis zu tiefgehenden eitrigen Entzündungen,
- Milben-Infektionen: Kaninchen, Nager, Vögel, Schweine: Hautveränderungen z.T. mit Juckreiz und Sekundärinfektionen,
- Flöhe: Hund, Katze; stark juckende, kleine Bissstellen, v. a. im Bereich der Unterschenkel, z.T. allergische Hautreaktionen.

4. Atemwege

- Ornithose: Psittaciden, Singvögel, Ziertauben, Zierhühner; von leichter grippeartiger Erkrankung bis zur schweren Lungenentzündung mit Todesfolge, Muskelschmerzen, heftige Kopfschmerzen, meist chronischer Verlauf. Meldepflichtig!
- Tuberkulose: Zierfisch, Singvogel, Psittaziden, Amphibien, Schildkröten.

5. Nervensystem

- Tollwut: Hund, Katze, Fuchs, Igel, Frettchen u. v. m.; Übertragung durch Biss, in Deutschland sehr selten!
- LCM Lymphozytäre Choriomeningitis: Hamster; Gefährdung von Schwangeren, selten.

Anhang

Glossar

A

Abszess: abgekapselte Eiteransammlung

Adipositas: Fettsucht

Allergen: allergieauslösendes Antigen

Allopathie: Die Heilmethode der Schulmedizin: Die Anwendung von Heilmitteln, die beim Gesunden der Krankheit entgegengesetzte Symptome hervorrufen.

Alopezie: Haarlosigkeit

Anämie: Blutarmut

Anorexie: Appetitlosigkeit

Antibiogramm: Auflistung der Empfindlichkeit eines Erregers gegen bestimmte Antibiotika-Gruppen. Die Empfindlichkeit wird ermittelt, indem der Erreger unter dem Einfluss der einzelnen Antibiotika angezüchtet wird (Wachstumshemmung).

Antigen: Abkürzung für **Anti**somato**gen**: Jede Substanz, die vom Organismus als „fremd“ erkannt wird und die Befähigung besitzt, eine Immunantwort auszulösen.

Aspiration: Einatmen von Fremdkörpern oder/stoffen

Ataxie: Störung der Bewegungskoordination

Antitussiva: hustenreizlindernde Mittel

B

Biopsie: Untersuchung einer dem lebenden Organismus entnommenen Gewebeprobe

Blepharitis: Augenlidentzündung

Bradykardie: langsame, regelmäßige oder unregelmäßige Schlagabfolge des Herzens

C

Cystitis: Harnblasenentzündung

D

Dermatitis: Hautentzündung

Diabetes mellitus: „Zuckerkrankheit“ = Störung des Zuckerstoffwechsel. Typ 1: entsteht in Folge von Insulinmangel. Typ 2: entsteht in Folge einer verminderten Wirksamkeit des Insulins.

Diagnose: Benennung eines Krankheitsbildes; Summe der Erkenntnisse, auf denen das tierärztliche Handeln beruht.

Diarrhoe: Durchfall

Distichiasis: feine Wimpern am inneren Augenrand, die auf der Hornhaut reiben können.

Diurese: Harnbildung, Harnausscheidung

E

Ektoparasit: auf der Körperoberfläche schmarotzender Parasit

Ektropium: nach außen gewölbtes Augenlid, Bindehäute sind oft sichtbar und z. T. tiefrot.

Ekzem: Hautentzündung mit Juckreiz

Endemiegebiet: ein Landstrich, in dem eine bestimmte Erkrankung regelmäßig auftritt.

Endokarditis: Entzündung der Herzinnenhaut

endogen: im Körper entstehend, aus innerer Ursache, anlagebedingt

Endometritis: Entzündung der Gebärmutterschleimhaut

Endoparasit: Parasit, der im Inneren des Wirtes lebt.

Enteritis: Darmschleimhautentzündung

Entropium: nach innen gerolltes Augenlid

Epiphora: übermäßiger Tränenfluss

Erythem: Rötung der Haut durch erhöhte Durchblutung

exogen: durch äußere Ursachen entstanden, von außen in den Körper eingeführt.

Exanthem: Hautausschlag

Expektorantien: Medikamente zur Lösung oder Verflüssigung von Schleim in den Atemwegen

F

Fibrom: gutartige Bindegewebszubildung

Fistel: röhrenförmiger, abnormer Ausführungsgang, z. B. eines tiefen Abszesses

G

Gastritis: Magenschleimhautentzündung

gastroenteritisch: den Magen-Darm-Trakt betreffend

Gingivitis: Zahnfleischentzündung

H

Hämatom: Bluterguss

Hämolyse: Zerfall von roten Blutkörperchen

Herzinsuffizienz: verminderte Leistungsfähigkeit des Herzens

Halti: Ein Führgeschirr für Hunde, das wie ein Pferdehalfter um die Nase geführt wird und als Erziehungshilfe dient.

H.c.c.: Hepatits contagiosa canis = ansteckende Leberentzündung des Hundes; Synonym: Rubarthsche Krankheit. Infektion mit einem Adenovirus, die zu Leber- und Nierenschäden führt.

Horner-Syndrom: Nickhautvorfall, gemeinsam mit Ptosis und Miosis, hervorgerufen durch Nervenschädigungen, die zu einer Verminderung des Sympathikotonus führen.

I

idiopathisch: ohne erkennbar Ursache entstanden.

IgG, IgM, IgE: vom Immunsystem gebildete Eiweißstoffe (Antikörper), die bei der spezifischen Immunreaktion eine wichtige Rolle spielen.

Insuffizienz: verminderte Leistungsfähigkeit

Iriitis: Entzündung der Regenbogenhaut

Iris: Regenbogenhaut

K

kardiopulmonal: das Herz und die Lungen betreffend

Keratitis: Hornhautentzündung

Kinetose: Reisekrankheit, Übelkeit durch starke Reizung des Gleichgewichtsorgans

Kolik: krampfartige Bauchschmerzen

Konjunktivitis: Bindehautentzündung

Koprophagie: Kotfressen

Kryporchismus: fehlender oder unzureichender Hodenabstieg

L

Letalität: Anzahl der Todesfälle bezogen auf die Anzahl der Erkrankten in Prozent

M

Meteorismus: Ansammlung von Gas im Magen-Darm-Trakt

Mikrophthalmus: zu kleiner Augapfel (durch Veranlagung oder in Folge einer Erkrankung)

Miktion: Harnabsatz

Miosis: Engstellung der Pupille
Morbidität: Anzahl der Erkrankten bezogen auf die Gesamtpopulation in Prozent
Mydriasis: Weitstellung der Pupille
Myokarditis: Herzmuskelentzündung

N

Nekrose: Absterben bestimmter Gewebeareale durch Zelltod
Nephritis: Nierenentzündung
Nephrose: degenerative Nierenerkrankung
Nystagmus: unwillkürliche rhythmische Bewegung des Auges mit langsamer Bewegung in die eine und schneller Bewegung in die andere Richtung

O

Obstipation: Verstopfung
Ödem: Wasseransammlung im Gewebe
Oligurie: verminderte Harnausscheidung
Ovarialzyste: Eierstockszyste
Ovarien, ovariell: Eierstöcke, zu den Eierstöcken gehörig

P

Pankreatitis: Bauchspeicheldrüsenentzündung
Panophtalmie: akute eitrige Entzündung des gesamten Augapfels
Parakeratose: abnormer Verhornungsprozess der Haut
parenteral: Medikamentengabe unter Umgehung des Verdauungssystems
Perikarditis: Herzbeutelentzündung
Pharyngitis: Halsentzündung
Pneumonie: Lungenentzündung
Pollakisurie: Ausscheidung kleiner Urinmengen bei häufigem Harndrang
Polyurie: Ausscheidung großer Urinmengen
Präputium: Vorhaut
Prophylaxe: Vorbeugung, individuelle und generelle Maßnahmen zur Verhütung drohender Krankheiten
Pseudonormalurie: die Ausscheidung einer physiologischen Menge Urin, der auf Grund einer Niereninsuffizienz aber eine unphysiologische Dichte aufweist.
Ptosis: Herabhängen des Augenlids
Pyodermie: eitrige Hautentzündung
Pyometra: eitrige Gebärmutterentzündung bei geschlossenem Muttermund

R

Rezidiv: Wiederauftreten einer Krankheit nach (scheinbarer) völliger Genesung

S

Schock: akutes, fortschreitendes, generalisiertes Kreislaufversagen, das durch ein Missverhältnis zwischen Blut- und Gefäßvolumen bedingt ist.

Septikämie: Blutvergiftung, Eindringen und Verschleppung von Erregern über die Blutbahn

Spot-On: Präparat, das lokal auf die Haut aufgetragen wird und dessen Inhaltstoff sich über die gesamte Hautoberfläche verteilt.

Stomatitis: Mundschleimhautentzündung

Strangurie: Brennen und Schmerzen beim Harnabsatz (Harnzwang)

Symptom: Zeichen, in der Medizin Krankheitszeichen

T

Tachykardie: Herzjagen

Torticollis: Kopfschiefhaltung

Trachea: Luftröhre

Trauma: mechanische oder psychische Gewalteinwirkung, die zu Schäden am Organismus führt.

Tympanie: Gasansammlung in Körperhöhlen

U

Ulcus, Ulcera: Geschwür

Urämie: krankhaft erhöhter Harnsäurespiegel im Blut mit Harnsäurevergiftung

V

Vaginitis: Scheidenentzündung

Vomitus: Erbrechen

Wichtige Wirkstoffe und Handelspräparate

A

Acepromazin (Rp)	Vetranquil® (TA)
Acetylcystein (Ap)	Fluimucil®, Equimucin®
Aciclovir (Ap)	Zovirax® Lippenherpescreme
Aminosäure-Lösung (Ap)	Amynin®, Amino-Hydrose®
Amoxicillin (Rp)	Amox® (TA), Clamoxyl®, aniMedica Amoxi-Tabs®, Vetrimoxin® (TA), Amoxi-Sleecol® (TA)
Ampicillin (Rp)	Ampisan®, aniMedica Ampicillin-Dosierer, Vetricillin® Oral, Ampi-Sleecol®
Amicillin+ Clavulansäure (Rp)	Synulox® (TA)
Atipamezol (Rp)	Antisedan® (TA)

B

Benazeptril (Rp)	Fortecor®
Benzylbenzoat (Ap)	Penochron®
Benzylpenicillin (Rp)	Aulicin®
Benzylpenicillin + Distreptomycin (Rp)	Vetripen®-Depot N
Benzylpenicillin-Procain (Rp)	Vetriproc®
Betamethason (Rp)	Celestovet®
Bromhexin (Ap)	Bisolvon®
Butanofosfan(Ap)	Catosal®

C

Cabergolin (Rp)	Galastop®
Cefalexin (Rp)	Veticef®, Chassotcefalexin® (TA), Cobaxim®, Rilexine®
Cimetidin (Rp)	Tagamet®
Chloralhydrat (Rp)	Chloraldurat® Atarost (TA)
Chloramphenicol (Rp)	Chloromycetin Succinat®
Chlorhexidin (Ap)	Hexoral®
Chlortetracyclin (Rp)	Aureomycetin®,

Clindamycin (Rp)	Clerobe®, Antirobe®, aniclindan® 75
Ciclosporin (Rp)	Optimmune® Augensalbe
Clomipramin (Rp)	Clomicalm®
Clotrimazol (Ap)	Canesten®

D

Dexamethason (Rp)	aniMedica Dexamethason 0,5 mg
Diazepam (Rp)	Valium®
Digitoxin (Rp)	Cardiaca®
Dimenhydramin (Ap)	Vomex A®
Dichlorvos-Kassette (fv)	Blattanex® Fliegenstrip
Doxycyclin (Rp)	Ronaxan®

E

Enalapril (Rp)	Enacard®
Enilconazol (Ap)	Imaverol®
Enrofloxacin (Rp)	Baytril®
Erythromycin (Rp)	Erythrotil®, Erythrocin® vet.

F

Febantel (Rp)	Rintal®
Fenbendazol (Rp)	Panacur®
Fipronil (Ap)	Frontline®
Florfenicol (Rp)	Nuflor® (TA)
Flubendazol (Rp)	Flubenol®, Vermicat®
Flunixin-Meglumin (Rp)	Finadyne®
Furazolidon (fv)	Aquafuran®
Furosemid (Rp)	Dimazon®
Fusidinsäure (Rp)	Fucidine®, Fuciderm®

G

Gentamicin (Rp)	Frieso®-Gent, aniMedica® Gentamicin 50, Vetogent®
Griseofulvin (Rp)	Licuden®

I

Imidacloprid (Rp)	Advantage®
Imidapril (Rp)	Prilium® (TA)
Ivermectin (Rp)	Ivomec®

K

Ketoprofen (Rp)	Romefen®
Ketamin (Rp)	Ketanest®, Enalgon®, Ketamin Gräub®,
Ketoconazol (Rp)	Nizoral®

L

Levamisol (Rp)	Citarin-L®
Lincomycin (Rp)	Albiotic®, aniMedica Lincotad
Lufenuron (Rp)	Program®

M

Marbofloxacin (Rp)	Marbocyl® (TA)
Medetomidin (Rp)	Domitor®
Metamizol (Rp)	Novalgin®, Novaminsulfon®
β-Methyldigoxin (Rp)	Lanitop®
Metoclopramid (Rp)	Paspertin®
Metomidat (Rp)	Hypnodil® (TA)
Metoxyprogesteron (Rp)	Sedometril®
Miconazol (Ap; Rp)	Daktar® Mundgel, Mycoderm® Mundgel
MS 222 (Rp)	Tricain®

N

Neomycin (Rp)	Neomycin-Agraria®, Nisocla® liquid
Niclosamid (Rp)	Manosil®
Nitroscanat (Rp)	Troscan®
Nystatin (Ap)	Moronal®

O

Orbifloxacin (Rp)	Orbax®
Oxytetracyclin (Rp)	Terramycin®
Oxytocin (Rp)	Oxytosel®, Perlacon®, Orasthin®

P

Pentobarbital (Rp)	Narcoren®, Eutha® 77
Permethrin (Rp)	Expot®
Pimobendan (Rp)	Vetmedin®
Phenobarbital (Rp)	Luminal®
Phenylbutazon (Rp)	Vétoquinol Phenylbutazon,
Praziquantel (Rp)	Droncit®, anipracit®, Docatel® (TA)
Propranolol (Rp)	Dociton®, Obsidan®, Propra-ratiopharm®, Propranolol STADA®

Propofol (Rp)	Rapinovet®
Propoxur (fv)	Bolfo®
Pyrantel (Rp)	Banminth®
Pyriproxifen (Rp)	Cyclio®

Q

Quinapril (Rp)	Accupro®

S

Selamectin (Rp)	StrongHold®
Spectinomycin (Rp)	Spectam®
Spiramycin (Rp)	Suanatem®
Sulfadimidin (Rp)	aniMedica® Sulfadimidin
Sulfadoxin + Trimetoprim (Rp)	Synutrim®
Sulfaquinoxalin (Rp)	aniMedica Sulfaquinoxalin-Natrium

T

Testosteron (Rp)	Testoviron®-Depot
Tetracyclin (Rp)	aniMedica® Tetracyclin-HCl
Thyroxin (Rp)	L-Thyroxin Henning® inject.
Tolfenaminsäure (Rp)	Tolfedine® (TA)
Toltrazuril (Rp)	Baycox®
Triamteren (Rp)	Triamteren comp.-ratiopharm®, Triamteren/HCT AL®
Trimethoprim/Sulfadoxin (Rp)	Duoprim®

V

Verapamil (Rp)	Azupamil®, durasoptin® FT, Falicard®, Isoptin®, Udramil®, Verahexal®

X

Xylazin (Rp)	Rompun®, aniMedica Xylazin 2%

Handelspräparate und ihre Wirkstoffe

A

Accupro®	Quinapril	Rp
Advantage®	Imidacloprid	Rp
Adiclair® Mundgel	Nystatin	Ap
aniclindan®	Clindamycin	Rp
Aquapred-N®	Chloramphenicol, Prednisolon	Rp
Allergodil®	Azelastin	Rp
Ampisan®	Ampicillin	Rp
Amynin®	Methionin	Ap
Aspirin®	Acetylsalicylsäure	Ap
ASS ratiopharm®	Acetylsalicylsäure	Ap
Aureomycetin®	Chlortetracyclin	Rp
Aurizon®	Marbofloxacin, Clotrimazol, Dexamethason	Rp
Azupamil®	Verapamil	Rp

B

Bactrim®	Trimetoprim, Sulfonamid	Rp
Banminth®	Pyranthelembolat	Rp
Baycox®	Toltrazuril	Rp
Baypamune®	inaktivieres Parapoxvirus ovis	Rp
Baytril®	Enrofloxacin	Rp
Befedo®	Metoclopramid	Rp
Bepanthen® Salbe	Dexpanthenol	Ap
Benadryl®	Diphenhydramin	Ap
Betagentam®	Gentamicin, Betamethason	Rp
Betaisodona®	Povidon-Jod	Ap
Bird Bene Bac®	Darmflorabakterien	Ap
Bisolvon®	Bromhexin	Ap
Bolfo-Plus-Spray®	Propoxur	fv
Buscopan®	Butylscopolamin	Ap

C

Capstar®	Nitenpyram	Rp

Canesten®	Clotrimazol	Ap
Canosan®	Glykosaminoglykane	fv
Cardiovet®	Enalapril	Rp
Catosal®	Butanofosfan	Ap
Citarin®	Levamisol	Rp
Clamoxyl®	Amoxicillin	Rp
Clarvisor-Augentropfen®	Pirenoxin	Ap
Clerobe®	Clindamycin	Rp
Clomicalm®	Clomipramin	Rp
Clont®	Metronidazol	fv
Cyclio®	Pyriproxyfen	Rp

D

Daktar® Crème	Miconazol	Ap
D.A.P. ®	Canine Beruhigungspheromone	Ap
depot medrate®	Methylpredisolon	Rp
Dimazon®	Furosemid	Rp
Dinolytic®	Prostaglandin	Rp
Dociton®	Propranolol	Rp
Domitor®	Medetomidin	Rp
Doryl®	Carbachol	Rp
Drontal plus®	Febantel, Praziquantel, Pyrantel	Rp
Droncit®q	Praziquantel	Rp

E

Ectodex®	Amitraz	Rp
Enacard®	Enalapril	Rp
Expot®	Permethrin	Ap

F

FeliFriend®	felide Gesichtshormone	Ap
FeliWay®	felide Gesichtshormone	Ap
Finadyne®	Flunixin-Meglumin	Rp
Flammazine®	Sulfadiazin-Silber	Rp
Flubenol®	Flubendazol	Rp
Fluoreszein SE Thilo®	Fluoreszein-Natrium	Ap
Fortecor®	Benzeptril	Rp
Frontline®	Fipronil	Ap
Fuciderm®	Fusidinsäure, Betamethason	Rp
Fungizid®	Clotrimazol	Ap

Fungur®M Crème	Miconazol	Ap
G		
Galastop®	Cabergolin	Rp
Gent-Ophtal®	Gentamicin	Rp
H		
Hexoral®	Chlorhexidin	Ap
I		
Imaverol® vet.	Enilconazol	Ap
Ipacetine®	Chitosan	fv
Ivomec®	Ivermectin	Rp
J		
Jodosept®	Jod-PVP-Komplex	Ap
K		
Kamillenohrreiniger®	Kamillenextrakt	fv
Kamillosan®	Auszug aus Kamillenblüten	Ap
Konakion®	Vitamin K	Ap
L		
L-Thyroxin Henning® inject.	Thyroxin	Rp
Lanitop®	Methyldigoxin	Rp
Lasix®	Furosemid	Rp
Laurabolin®	Nandrolon	Rp
Lefax®	Simeticon	Ap
Leukase®-Kegel	Framycetinsulfat, Lidocain	Rp
Likuden®	Griseofulvin	Rp
Lindan®	Hexachlorcyclohexan	Rp
Lopatol®	Nicolscanat	Rp
M		
Maaloxan®	Magnesiumhydroxid	Ap
Mansonil®	Niclosamid	Rp
Marbocyl®	Marbofloxacin	Rp
MCP Hexal®	Metoclopramid	Rp
Moronal®	Nystatin	Ap
N		
Nizoral®	Ketoconazol	Rp

Nystaderm® Mundgel	Nystatin	Ap
Neomcycin-Agraria®	Neomcycin	Rp
Nepresol®	Dihydralazinsulfat	Rp
Nisocla® liquid	Neomycin	Rp
Novalgin®	Metamizol	Rp

O

Obisdan®	Propranolol	Rp
Oleomycetin®	Chloramphenicol, Prednisolon	Rp
Optimmune®	Ciclosporin	Rp
Orbax®	Orbifloxacin	Rp
Otifree®	Calendula-Extrakt	Ap

P

Panacur®	Fenbendazol	Rp
Panolog®	Dimethylsulfoxid	Rp
Pan-Ophtal®	Dexpanthenol	Ap
Paspertin®	Metoclopramid	Rp
Penochron®	Benzylbenzoat	Rp
Perlutex®	Medroxyprogesteron	Rp
Peroxidem®	Benzoylperoxid	Rp
Pravidel®	Bromocriptin	Rp
Program®	Lufenuron	Rp
Propra-ratiopharm®	Propranolol	Rp

R

Regepithel®	Retinolpalmitat	Ap
Rhythmonorm®	Propafenon	Rp
Rintal®	Febantel	Rp
Rompun®	Xylazin	Rp
Ronaxan®	Doxycyclin	Rp

S

Sedometril®	Medroxyprogesteron	Rp
Simplotan®	Tinidazol	Rp
Sostril®	Ranitidin	Rp
Spektrolin®	Spectimycin; Lincomycin	Rp
Stronghold®	Selamectin	Rp
Suanatem®	Spiramycin	Rp
Surolan®	Miconazol, Polymyxin B, Prednisolon	Rp

Synchrosin®	Chlormadinoacetat	Rp
Synulox®	Amoxicillin, Clavulansäure	Rp
T		
Tagamet®	Cimetidin	Rp
Tarden®	Delmadinoacetat	Rp
Telmin®	Mebendazol	Rp
Terracortril®	Gentamicin, Betamethason	Rp
Terramycin®	Oxytetracyclin	Rp
Testoviron®-Depot	Testosteron	Rp
Thibenzole®	Thiabendazol	Rp
Tiguvon®	Fenthion	Rp
Tolfedine®	Tolfenaminsäure	Rp TA
U		
Uro-Pet®	DI-Methionin	fv
Uro-Vaxom®	inaktivierte E.-coli-Erreger	Rp
V		
Valium®	Diazepam	Rp
Verahexal®	Verapamil	Rp
Vetogent®	Gentamicin	Rp
Vetranquil®	Acepromazin	Rp TA
Vomex A®	Dimenhydramin	Ap
Voren®	Dexamethason	Rp
W		
Welpan®	Febantel, Pyrantel	Rp
Y		
Yxin® Augentropfen	Tetryzolin	Ap
Z		
Zedan® Super Plus	Mischung ätherischer Öle	fv
Zovirax® Lippenherpescreme	Aciclovir	Ap
Zyloric®	Allopurinol	Rp

Literaturverzeichnis

Cécile-Simone Alexander: Physikalische Therapie für Kleintiere, Parey Buchverlag Berlin, 2001

Gerald Bassleer: Fischkrankheiten im Meerwasseraquarium, Natur Verlag, 1991

Roland Bauer: Erkrankungen der Aquarienfische, Paul Parey, 1991

Yolande Bishop: The Veterinary Formulary, Pharmaceutical Press, 5th edition 2001

Erwin Dahme, Eugen Weiss: Grundriß der speziellen pathologischen Anatomie der Haustiere, Enke Verlag, 4. Auflage 1988

Wolfgang Daubenmerkl: Tierkrankheiten und ihre Behandlung, 2. Aufl. 2004, Wissenschaftliche Verlagsgesellschaft mbH Stuttgart

Ursula Eggenschwieler: Die Schildkröte in der tierärztlichen Praxis, Schöneck Verlag, 2000

Sabine Ehmann: Arzneimitteltherapie bei Reptilien, Eigenverlag, 1995

Anja Ewringmann, Barbara Glöckner: Leitsymptome bei Meerschweinchen, Chinchilla und Degu, Enke, 2005

William R. Fenner: Kleintierkrankheiten, Gustav Fischer Verlag, 1994

Ulrich Freudiger, Ernst-Günther Grünbaum, Ernst Schimke: Klinik der Hundekrankheiten, Gustav Fischer Verlag, 1993

Karl Gabrisch, Peernel Zwart: Krankheiten der Heimtiere, Schlütersche, 5. Auflage 2005

Rolf Hackbarth: Krankheiten der Reptilien, Franck-Kosmos Verlagsgesellschaft, 1992

Gaby Karmann, Detlef Ost: Naturheilkunde für Katzen, ECON Taschenbuchverlag, 1987

Manfred Kirchgeßner: Tierernährung, DLG-Verlag – Frankfurt (Main), 7. Auflage 1987

Wilfried Kraft, Ulrich M. Dürr: Katzenkrankheiten, Verlag M. & H. Schaper, 1996

Lexikon Medizin, Urban & Schwarzenberg, 1997

Wolfgang Löscher, Fritz R. Ungemach, Reinhard Kroker: Grundlagen der Pharmakotherapie bei Haus- und Nutztieren, Paul Parey, 6. Auflage 2003

Birgit und Heinz Mehlhorn, Günter Schmahl: Gesundheit für Zierfische, Springer Verlag, 1992

Georg H. Muller, Robert W. Kirk, Danny W. Scott: Kleintierdermatologie, Gustav Fischer Verlag, 1993

Nickel/Schummer/Seifferle: Lehrbuch der Anatomie der Haustiere, Verlag Paul Parey, 1984

Barbara und Michael Rakow: Bewährte Indikationen der Homöopathie in der Veterinärmedizin, Sonntag Verlag Stuttgart, 1995

Adam Rijnberg, Hans W. de Vries: Anamnese und körperliche Untersuchung kleiner Haus- und Heimtiere, Gustav Fischer Verlag, 1993

Michael Rolle, Anton Mayr: Medizinische Mikrobiologie, Infektions- und Seuchenlehre, Enke Verlag, 6. Auflage 1993

Michael Rommel, Johannes Eckert, Erich Kutzer, Wolfgang Körting, Thomas Schnieder: Veterinärmedizinische Parasitologie, Parey Buchverlag Berlin, 2000

Vera Schmidt: Augenkrankheiten der Haustiere, Enke Verlag, 2. Auflage 1988

Alois Weber, Werner Treben: Hamster Homöopathie und Kräuteranwendungen, Ennsthaler Verlag, 1995

Alois Weber, Werner Treben: Vögel Homöopathie und Kräuteranwendungen, Ennsthaler Verlag, 1995

Hans Wolter: Kompendium der tierärztlichen Homöopathie, Enke Verlag, 1989

Sachregister

SACHREGISTER

D

E

I

J

K

L

M

N

SACHREGISTER

P

SACHREGISTER

Q

R

T

Autorin
Susanne E. Kaiser
Kilstetter Straße 24, 14167 Berlin
Susanne.E.Kaiser@ScienceScription.de

Studium der Veterinärmedizin (1992–1998) an der FU Berlin, danach Assistenzstellen im Kleintier- und Nutztierbereich. Weiterbildung zur Fachzeitschriftenredakteurin (2000–2001). Seit 2001 Vertretungsärztin und freie Journalistin. Seit November 2006 als Chefredakteurin im eigenen Verlag (at verlag GbR) tätig.